U0331676

# 路由交换技术

## 详解与实践 第4卷

新华三大学 / 编著

清華大学出版社

北京

## 内 容 简 介

H3C 网络学院系列教程《路由交换技术详解与实践　第 4 卷》教材详细讨论了建设大规模网络所需的安全和优化技术,包括安全优化的广域网络概述、宽带接入技术、传统 VPN 技术、安全 VPN 技术、BGP/MPLS VPN、增强网络安全性、服务质量及开放应用体系架构等。本书的最大特点是理论与实践紧密结合,依托 H3C 路由器和交换机等网络设备精心设计的大量实验,有助于读者迅速、全面地掌握相关的知识和技能。

本书是为网络技术领域的深入学习者编写的。对于大、中专院校在校学生,本书是深入计算机网络技术领域的好教材;对于专业技术人员,本书是掌握计算机网络工程技术的好向导;对于普通网络技术爱好者,本书也不失为学习和了解网络技术的优秀参考书籍。

本书封面贴有清华大学出版社防伪标签,无标签者不得销售。

版权所有,侵权必究。举报:010-62782989,beiqinquan@tup.tsinghua.edu.cn。

**图书在版编目(CIP)数据**

路由交换技术详解与实践. 第 4 卷/新华三大学编著. —北京:清华大学出版社,2018 (2024.7 重印)
(H3C 网络学院系列教程)
ISBN 978-7-302-50515-0

Ⅰ.①路…　Ⅱ.①新…　Ⅲ.①计算机网络−路由选择−高等学校−教材 ②计算机网络−信息交换机−高等学校−教材　Ⅳ.①TN915.05

中国版本图书馆 CIP 数据核字(2018)第 138930 号

责任编辑:田在儒
封面设计:王跃宇
责任校对:赵琳爽
责任印制:宋　林

出版发行:清华大学出版社
　　　　网　　　　址:https://www.tup.com.cn,https://www.wqxuetang.com
　　　　地　　　　址:北京清华大学学研大厦 A 座　　　　　　邮　　编:100084
　　　　社 总 机:010-83470000　　　　　　　　　　　　　邮　　购:010-62786544
　　　　投稿与读者服务:010-62776969,c-service@tup.tsinghua.edu.cn
　　　　质量反馈:010-62772015,zhiliang@tup.tsinghua.edu.cn
印 装 者:三河市龙大印装有限公司
经　　销:全国新华书店
开　　本:185mm×260mm　　　　印　　张:29.75　　　　字　　数:779 千字
版　　次:2018 年 7 月第 1 版　　　　　　　　　　　　　印　　次:2024 年 7 月第 7 次印刷
定　　价:79.00 元

产品编号:078671-01

## 新华三大学培训开发委员会

顾　问　于英涛　尤学军　黄智辉
主　任　李　涛
副主任　李劲松　陈　喆　邹双根　解麟猛

## 认证培训编委会

陈　喆　曲文娟　张东亮　赵国卫　刘小嘉　陈永波
朱嗣子　酉海华　孙　玥

## 本书编审人员

主　　编　张东亮
参编人员　金　山　翟运波　王继尧　纪合宝
　　　　　马文斌　张智奇

# 版权声明

© 2003 2018 新华三技术有限公司(简称新华三)版权所有

本书所有内容受版权法的保护,所有版权由新华三拥有,但注明引用其他方的内容除外。未经新华三事先书面许可,任何人不得将本书的任何内容以任何方式进行复制、经销、翻印、存储于信息检索系统或者其他任何商业目的的使用。

版权所有,侵权必究。

H3C 网络学院系列教程

## 路由交换技术详解与实践　第 4 卷

新华三大学　编著

2018 年 7 月印刷

# 出版说明

伴随着时代的快速发展,IT 技术已经与人们的日常生活密不可分,在越来越多的人依托网络进行沟通的同时,IT 技术本身也演变成了服务、需求的创造和消费平台,这种新的平台逐渐创造了一种新的生产力和一股新的力量。

新华三是全球领先的新 IT 解决方案领导者,致力于新 IT 解决方案和产品的研发、生产、咨询、销售及服务,拥有 H3C® 品牌的全系列服务器、存储、网络、安全、超融合系统和 IT 管理系统等产品,能够提供包括大互联、大安全、云计算、大数据和 IT 咨询服务在内的一站式、全方位 IT 解决方案。同时,新华三也是 HPE® 品牌的服务器、存储和技术服务的中国独家提供商。

以技术创新为核心引擎,新华三 50% 的员工为研发人员,专利申请总量超过 7200 件,其中90% 以上是发明专利。2016 年新华三申请专利超过 800 件,平均每个工作日超过 3 件。

2004 年 10 月,新华三的前身——杭州华三通信技术有限公司(简称华三)出版了自己的第一本网络学院教材,开创了业界相关培训教材正式出版的先河,极大地推动了 IT 技术在业界的普及;在后续的几年间,华三陆续出版了《路由交换技术 第 1 卷》《路由交换技术 第 2 卷》《路由交换技术 第 3 卷》《路由交换技术 第 4 卷》等网络学院教材系列书籍,以及《H3C 以太网交换机典型配置指导》《H3C 路由器典型配置指导》《根叔的云图——网络故障大排查》等网络学院参考书系列书籍。

作为 H3C 网络学院技术和认证的继承者,新华三会适时推出新的 H3C 网络学院系列教程,以继续回馈广大 IT 技术爱好者。《路由交换技术详解与实践 第 4 卷》是新华三所推出H3C 网络学院系列教程的新版本。

相较于以前的 H3C 网络学院系列教程,本次新华三对教材进行了内容更新,以更加贴近业界潮流和技术趋势;另外,本书中的所有实验、案例都可以在新华三所开发的功能强大的图形化全真网络设备模拟软件(HCL)上配置和实践。

新华三希望通过这种形式,探索出一条理论和实践相结合的教育方法,以顺应国家提倡的"学以致用、工学结合"教育方向,培养更多实用型的 IT 技术人员。

希望在 IT 技术领域,这一系列教材能成为一股新的力量,回馈广大 IT 技术爱好者,为推进中国 IT 技术发展尽绵薄之力,同时也希望读者对我们提出宝贵的意见。

新华三大学
培训开发委员会认证培训编委会
**2018 年 1 月**

# H3C认证简介

H3C认证培训体系是中国第一家建立国际规范的完整的网络技术认证体系,H3C认证是中国第一个走向国际市场的IT厂商认证。H3C致力于行业的长期增长,通过培训实现知识转移,着力培养高业绩的缔造者。目前H3C在全国拥有20余家授权培训中心和450余家网络学院,已有40多个国家和地区的25万人接受过培训,13万多人获得各类认证证书。H3C认证曾获得"十大影响力认证品牌""最具价值课程""高校网络技术教育杰出贡献奖""校企合作奖"等数项专业奖项。H3C认证将秉承"专业务实,学以致用"的理念,快速响应客户需求的变化,提供丰富的标准化培训认证方案及定制化培训解决方案,帮助您实现梦想、制胜未来。

按照技术应用场合的不同,同时充分考虑客户不同层次的需求,H3C为客户提供了从工程师到架构官的四级数字化技术认证体系和更轻、更快、更专的数字化专题认证体系。

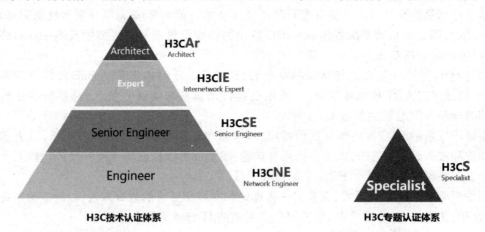

H3C将积极推动与各行各业建立更紧密的合作关系,认真研究各类客户不同层次的需求,不断完善认证体系,提升认证的含金量,使H3C认证能有效证明您所具备的网络技术知识和实践技能,帮助您在竞争激烈的职业生涯中保持强有力的竞争实力!

# 前 言

随着互联网技术的广泛普及和应用,通信及电子信息产业在全球迅猛发展起来,从而也带来了网络技术人才需求量的不断增加,网络技术教育和人才培养成为高等院校一项重要的战略任务。

H3C网络学院(HNC)主要面向高校在校学生开展网络技术培训,培训使用H3C网络学院系列培训教程。H3C网络学院培训教程根据技术方向和课时分为多卷,高度强调实用性和提高学生动手操作的能力。

H3C网络学院的《路由交换技术详解与实践》第2、3、4卷教材在H3CSE-Routing&Switching认证培训课程内容基础上进行了丰富和加强,内容覆盖面广,讲解由浅入深,包括大量与实践相关的知识,学员学习后可具备H3CSE-Routing&Switching的备考能力。

本书适合以下几类读者。

- 大、中专院校在校生:本书既可作为H3C网络学院的教科书,也可作为计算机通信相关专业学生的参考书。
- 公司职员:本书可以用于公司进行网络技术的培训,帮助员工理解和熟悉各类网络应用,提升工作效率。
- 网络技术爱好者:本书可以作为所有对网络技术感兴趣的爱好者学习网络技术的自学书籍。

H3C网络学院《路由交换技术详解与实践 第4卷》教材详细讨论了建设大规模网络所需的安全和优化技术,不但重视理论讲解,而且精心设计了相关实验,充分凸显了H3C网络学院教程的特点——专业务实、学以致用。本书经过精心设计,结构合理,重点突出,图文并茂,有利于学员快速完成全部内容的学习。

依托新华三集团强大的研发和生产能力,教材涉及的技术都有其对应的产品支撑,能够帮助学员更好地理解和掌握知识与技能。教材技术内容都遵循国际标准,从而保证了良好的开放性和兼容性。

H3C网络学院《路由交换技术详解与实践 第4卷》教材包括8篇共30章,并附7个实验。各章及附录内容简介如下。

**第1篇 安全优化的广域网络概述**

本篇共1章,主要概述了安全优化的广域网络所涉及的主要技术。

**第2篇 宽带接入技术**

本篇共5章,首先介绍了宽带接入技术的基本概念,其次介绍了PPPoE基本原理及配置,PON特别是EPON技术的关键原理及配置,同时,简要介绍了EPCN技术。最后介绍了ADSL及ADSL2/2+技术。

### 第3篇　传统 VPN 技术

本篇共3章,首先概述了 VPN 的基本概念,其次分别讲解了 GRE 和 L2TP 两种 VPN 的数据封装格式、数据封装及解封装流程,最后介绍了两种 VPN 的主要配置方法,并给出了常见故障的排查方法。

### 第4篇　安全 VPN 技术

本篇共5章,首先介绍了数据安全涉及的包括加解密、完整性、PKI 等基本概念;其次讲解了 IPSec VPN 和 SSL VPN 体系结构及工作原理,IPSec VPN 的配置方法;最后介绍了 IPSec 相关的高级应用。

### 第5篇　BGP/MPLS VPN 技术

本篇共4章,首先介绍了 MPLS 的概念,标签及标签分发等技术;其次重点讲解了 BGP/MPLS VPN 私网路由及私网标签的传递中涉及的多 VRF 和 MP-BGP 技术,并详细讲解了 BGP/MPLS VPN 数据转发流程,BGP/MPLS VPN 的配置和故障排除;最后介绍了 BGP/MPLS VPN 的相关扩展技术。

### 第6篇　增强网络安全性

本篇共5章,介绍了网络威胁来源及构建安全网络的关注点及构建安全网络所涉及的主要技术及管理手段。内容包括业务隔离、访问控制、认证授权、攻击防范及防病毒、事件审计、安全制度管理及设计等。

### 第7篇　服务质量

本篇共6章,首先介绍了 QoS 基本概念及主要的 QoS 服务模型,其次讲解了 DiffServ 服务模型流量监管、拥塞管理、拥塞避免等技术原理及配置方法,最后讲解了 IP 头压缩、PPP 载荷压缩、LFI 等链路有效性增强技术及配置方法。

### 第8篇　开放应用体系架构

本篇共1章,首先介绍了传统体系结构网络设备所面临的挑战和开放应用体系架构的优越性,其次深入介绍了开放应用体系架构主要包括的组件及其之间的关系,再次详细讲解了开放应用体系架构四种工作模式及主要的适用场景,最后介绍了联动和管理的概念及实现方式。本篇同时概述了开放应用体系架构的典型案例。

### 附录实验

实验1　配置 GRE VPN

实验2　配置 L2TP VPN

实验3　IPSec VPN 基本配置

实验4　配置 IPSec 保护传统 VPN 数据

实验5　BGP/MPLS VPN 基础

实验6　配置流量监管

实验7　配置拥塞管理

为启发读者思考,加强学习效果,本书所附实验为任务式实验。H3C 授权的网络学院教师可以从 H3C 网站上下载实验的教师参考,其中包含了所有实验内容的具体答案。

各型设备和各版本软件的命令、操作、信息输出等均可能有所差别。若读者采用的设备型号、软件版本等与本书不同,可参考所用设备和版本的相关手册。

新华三大学
培训开发委员会认证培训编委会

# CONTENTS

目　录

## 第 4 篇　安全 VPN 技术

## 第 5 篇　BGP / MPLS VPN 技术

## 第 6 篇　增强网络安全性

# 第7篇　服 务 质 量

## 第 8 篇　开放应用体系架构

## 附录　课程实验

第1篇

# 安全优化的广域网络概述

## 第1章　远程网络连接需求

# 远程网络连接需求

各种网络应用的不断出现对网络提出了越来越高的要求。网络不仅应具备基本的连通性,具备足够的性能和安全性,而且必须是智能而优化的,可以适应复杂的需求和状况。本章将给出远程网络连接的主要需求概况。

## 1.1　本章目标

学习完本章,应该能够达到以下目标。

(1) 描述远程连接的典型需求分类。

(2) 描述大规模网络对广域连通性的需求。

(3) 描述大规模网络对安全性的需求。

(4) 描述大规模网络对优化性的需求。

## 1.2　远程连接需求分类

在构造网络的远程连接部分时,主要的需求如下。

(1) 连通性需求:它是计算机网络的基本功能。要通过计算机网络将分散于各地的机构、人员、设施连接起来,必须根据其使用时间、地点、所需带宽,以及可以承受的费用选择适当的连接方式。远程连接的可靠性相对较低,相对更容易发生故障,因此应该对重要的站点和应用配置冗余连接或备份连接。

(2) 安全性需求:由于远程连接超出组织本身的管理范围,构建在其他组织的网络和设施之上,因此面临着更多的安全风险,例如数据遭到窃听、攻击者非法拨号接入等。因此网络必须能够确认接入者的身份,防止远程传输的数据被窃听或伪造,对外隐藏网络内部的细节信息,减少系统的漏洞,防范潜在的攻击风险。

(3) 优化性需求:基于网络的应用日趋多样化,而远程连接的带宽相对较为昂贵,因此更容易发生资源不足的情况。在此种情况下,网络应该有能力辨别出不同的应用类型、用户和数据流,并为其提供适当的资源。

## 1.3　连通性需求

典型的企业网络由少数园区、少量大/中型分支机构、较多的小型分支机构以及一定数量的 SOHO(Small Office & Home Office)/移动办公人员构成(图 1-1)。其各部分对远程连通性的需求包括。

(1) 园区及大型分支机构之间:作为核心的园区和大型分支机构之间数据传输量大,也经常处于整个网络的核心,其稳定性直接关系到整个网络的稳定性,因此在其互连时经常采用高速、高可靠性的连接方式,如高速专线、高速 MAN 连接、高速分组交换 WAN 连接等。为了进一步提高可靠性,经常采用双线路冗余,甚至从两个以上的运营商租用线路。

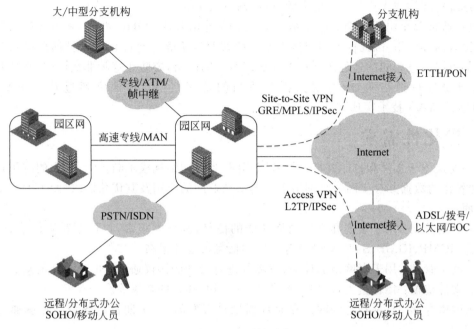

图 1-1 连通性需求

（2）中型分支机构：中型分支机构的数量多于大型分支机构和园区，数据量和稳定性要求高于小型分支机构。根据费用与性能的平衡，中型分支机构可以采用中低速专线、分组交换技术或 Site-to-Site VPN 技术连接到网络的核心。

（3）小型分支机构/SOHO/移动办公人员：小型分支机构数量大，数据量低，SOHO/移动办公人员要求随时随地可以接入，并且接入费用应比较低廉。因而它们通常利用无处不在的 Internet 通过 Access VPN 技术接入，或用基于 ISDN/PSTN 的拨号直接接入。

# 1.4 安全性需求

当今的企业网对安全性的需求越来越高，主要体现在广域传输安全性，节点/站点安全性，以及接入安全性等方面。

首先，由于分散于各地的机构需要通过广域网互相连接，企业的数据必须跨越广域网传送，因而数据的广域传输安全性必须得到保障。对一般的组织而言，直接从运营商租用的专线和分组交换 WAN 连接的安全性较高；而公共网络的安全性较低，在基于公共网络构建的 VPN 中传送的数据容易遭到窃听和篡改，因此通常采用 IPSec 对报文进行完整性检查和加密。

其次，一个组织的数据处理和存储设备实际上都位于各个节点或站点中，因而节点/站点本身的安全性也必须得到保障。对外通告内部的明细路由信息或链路状态信息相当于通告了整个网络的结构，这样做的风险比较大。因而在不同组织之间发布路由时，通常会对发布的路由信息加以控制。

一个有效方法是在组织内部使用私有地址，这种地址无法在公共网络上直接路由。使用 GRE 这种 Site-to-Site VPN 技术允许跨越公共网连接使用私有地址的站点。

另一个更安全的方法是在组织内部使用独立的地址空间，这种地址空间可以与外部地址空间重合，因而无法从外部网络直接访问。BGP/MPLS VPN 技术允许企业、运营商使用完全重合的地址空间构建 VPN,获得更高的节点/站点安全性。

最后,通常每个组织都会有一定数量的人员在外出差或 SOHO 办公,必须允许这些人随时随地接入内部网络,因此保证用户接入安全性就非常重要。允许移动人员远程接入意味着任何人都可以通过相同的远程访问技术连接到组织的网络,要防止这种非法访问,必须对接入用户的身份进行严格验证,并对其授予适当的访问权限。这通常通过基于 RADIUS/TACACS 的 AAA 技术实现。

# 1.5　优化性需求

与早期仅用于文件和打印共享的局域网不同,当今网络规模不断扩大,其中的应用日益丰富,各种各样的数据共存于同一个网络上。典型企业网的应用及其优化需求(图 1-2)包括以下几个方面。

(1) 网络控制:用于实现和维持网络功能的信息,其种类很多,包括链路协议信息、路由协议信息、ICMP、IGMP、STP、VRRP 等。这类信息重要性很高。

(2) 网络管理:用于对网络的性能、故障等进行管理的协议通信,如 SNMP 消息。

(3) 文件传输:传输量大,占用大量带宽,如 FTP 和文件共享等。

(4) 网络存储:日常动态的网络存储数据量是突发的,而定期批量备份的数据通常是集中而大量的。

(5) 语音、视频应用数据及相关应用的控制:占用的带宽相对恒定,要求比较稳定的网络服务。类似 IP 音频/视频电话这样的应用要求比较强的实时性,并且其呼叫控制信息要求很强的实时性和可靠性。

(6) 远程维护和操作:要求进行实时的交互式操作,这类应用要求操作流畅,因此对延迟比较敏感,如 Telnet 这样的字符交互应用要求的带宽比较低,但使用越来越广泛的图形化远程操作应用对带宽的要求相对较高。

(7) 电子交易和 ERP:此类应数据量较小,但对可靠性的要求非常高。

(8) Internet 访问:此类访问主要包括 Web 访问、下载等,其突发性强,带宽需求不稳定,但通常要求并不严格。

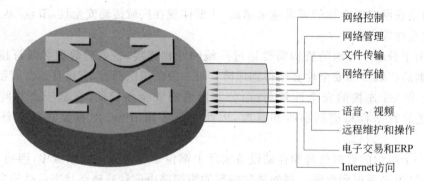

图 1-2　典型企业网的应用及其优化需求

由此可见,各种类型的数据对网络服务的要求有着显著的区别。因此,网络必须能够根据对用户的服务承诺,区分其所发送的报文类型,并根据其特点为其提供不同等级、具有不同特点的服务。这要求网络实现 QoS(Quality of Service,服务质量)。

QoS 是一种对不同的用户、应用类型、数据流提供有差别服务,并可进而保证其获得的网络资源,提供其所需性能的机制。例如,实现了 QoS 的网络能够对于实时性要求高的 IP 电话音频流报文以最快速度转发;对占用带宽较高的远程容灾备份保证其享有的带宽;对普通用户访问外部网站的流量允许在资源紧缺时部分丢弃,而对网站设计专业人员访问外部网站的流量给予保证等。

## 1.6 本章总结

(1) 远程连接要求以适当的费用提供足够的性能,并确保移动接入的方便性。

(2) 远程连接的安全性需求体现在广域传输安全性、节点/站点安全性和接入安全性等方面。

(3) 网络应对不同的用户、应用类型、数据流提供有差别服务,并可进而保证其获得的网络资源,提供其所需性能的机制。

## 1.7 习题和答案

### 1.7.1 习题

(1) 远程网络连接需求包括( )。

    A. 安全性需求    B. 优化性需求    C. 适应性需求    D. 连通性需求

(2) 选择远程网络连接类型时,应考虑其( )。

    A. 带宽    B. 费用    C. 安全性    D. 可靠性

(3) 某公司要求所选取的远程连接线路不可能被窃听,这属于( )。

    A. 安全性需求    B. 优化性需求    C. 连通性需求

(4) 某公司要求在带宽不足时优先保证其库存管理应用报文的转发,这属于( )。

    A. 安全性需求    B. 优化性需求    C. 连通性需求

### 1.7.2 习题答案

(1) A、B、D    (2) A、B、C、D    (3) A    (4) B

第2篇

# 宽带接入技术

# 第2章

# 宽带接入技术概述

随着 Internet 的快速发展普及,网上话音通信、音频视频广播和宽带交互式新媒体的出现和发展对接入网带宽的要求将越来越高,由此带来了宽带接入技术的蓬勃发展。企业网中的部分用户如 SOHO 办公者,小型分支结构中的用户在接入企业网络时也越来越倾向于使用相对便宜的宽带接入技术先接入 Internet,然后通过安全 VPN 的方式来访问企业网络。

本章将重点介绍几种常见的宽带接入技术及其在企业网背景下的相关应用。

## 2.1 本章目标

学习完本章,应该能够达到以下目标。

(1) 理解企业网 SOHO 办公者、小型分支结构的接入对宽带技术的需求。

(2) 描述宽带接入技术关键概念、主要介质及分类。

(3) 列举主要的宽带接入技术并描述其特点。

## 2.2 企业网的宽带接入技术需求

传统的企业网络中经常使用专线技术(如 T1 和 E1 等)来连接不同的分支机构。专线技术在实际应用中可以保证较高的安全性,但随之而来的是较为昂贵的线路租用费用和较低的利用率。

随着现代商业模式的发展,企业的 SOHO 用户及移动用户在极大地提高企业运作效率和降低企业运作成本的同时,也迫切需要高速、灵活、便宜的接入技术来访问企业网络。由于大多数企业从业务角度都需要接入 Internet,因此让企业的 SOHO 和移动用户通过 Internet 以安全 VPN 的方式来访问企业网络成为目前主流的选择(图 2-1)。

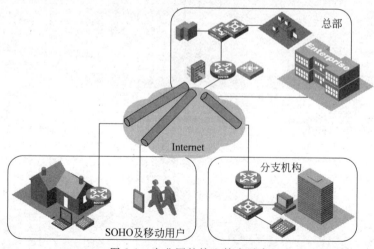

图 2-1 企业网的接入技术需求

在 Internet 接入技术的需求方面,企业网的用户和普通的个人用户并没有太大的区别,当然是接入带宽越高越好,接入成本越低越好,接入方式越灵活越好。这些需求可以说从某种程度上造就了宽带接入技术的蓬勃发展。

# 2.3 宽带接入技术关键概念

## 2.3.1 什么是宽带接入

对于电信运营商来说,数据网络的建设分为三层,即核心交换网(又称为骨干网)、城域网和接入网。

(1) 核心交换网相当于城市之间的高速公路。

(2) 城域网相当于城市市区内的道路。

(3) 接入网则是将道路从市区一直延伸到小区,直至每个家庭用户或分支办公室。

### 1. 什么是接入网

在传统的 PSTN 网络概念中,接入网即为本地交换机(Local Exchange)与用户之间的连接部分,通常包括用户线传输系统、复用设备、交叉连接设备或用户/网络终端设备。国际电信联盟(ITU-T)第13组于1995年7月通过了关于接入网框架结构方面的建议 G.902,其中对接入网(图 2-2)的定义如下。

接入网由业务节点接口(Service Node Interface,SNI)和用户网络接口(User Node Interface,UNI)之间的一系列传送实体(如线路设备和传输设施)组成,为供给电信业务而提供所需传送承载能力的实施系统,可经由管理接口(Q3)配置和管理。

接入网主要解决的是"最后一公里接入"(The Last Kilometer Access)的问题。由于骨干网一般采用光纤结构,传输速度快,因此接入网便成为整个网络系统的带宽瓶颈。而用户对网络带宽的需求可以说是永无止境的,因此接入网的宽带成为必然的发展趋势。

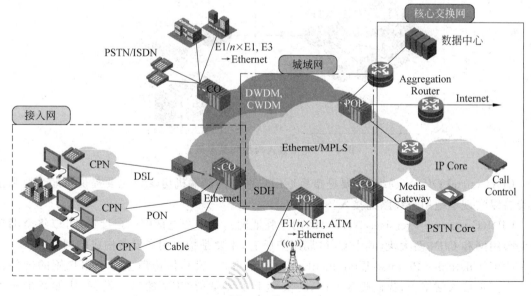

图 2-2 接入网

虽然传统以太网技术不属于接入网的范畴。但由于以太网具有巨大的网络基础和长期的经验知识,已经是非常成熟的技术,而且在性价比、可扩展性、可靠性和 IP 网络的适应性上都很有优势,因此目前运营商在数据网络的建设上,从骨干网到接入网都趋于以太网化。

**2. 什么是宽带**

接入网接入终端用户的数据传输速率达到多高才能被称为"宽带"? 这在业界并没有统一并被多数人接受的定义。这主要是因为互联网连接速度越来越快,技术发展日新月异,这导致术语"宽带"更像一个不断变化的目标。因此,人们实际上只能讨论宽带"目前"的状况,并依据计划或最初的发展做出假设性的推断。

根据比较权威的 ITU-T 标准化部门的 I.113 建议中的定义,目前主流的宽带接入技术的速率需要高于 ISDN 主速率接口 PRI 的传输速率(1.5~2Mbps)。表 2-1 列出了部分宽带接入技术的带宽情况(以下数值为理论参考值,并不代表实际应用中用户可以获得的接入速率,用户可获得的实际带宽和传输距离以及运营商的具体策略有很大关系)。

表 2-1　常用宽带接入技术带宽

| 技术标准 | 带　宽 | 技术标准 | 带　宽 |
| --- | --- | --- | --- |
| ADSL(G.dmt) | 8Mbps | ADSL2＋ | 16Mbps |
| ADSL(G.lite) | 1.5Mbps | VDSL | 52Mbps |
| SHDSL | 4.6Mbps | Cable | 30Mbps |
| ADSL2 | 8Mbps | 光纤 | 1000Mbps |

## 2.3.2　宽带接入模型和基本概念

在图 2-3 所示的宽带接入模型中,主要有三个基本概念: CO、CPN 和 CPE。

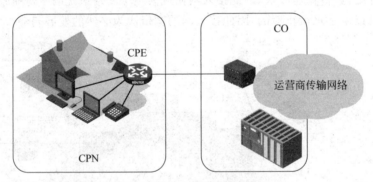

图 2-3　宽带接入模型和基本概念

CO(Central Office,局端)主要是指靠近用户网络的局端机房,CO 主要提供本地交换和接入设备以实现本地用户线路的接入。

CPN(Customer Premises Network,用户驻地网),从整个电信网的角度讲,可以将全网划分为公用网和 CPN 两大块,其中 CPN 属用户所有,主要是指由用户设备构成的网络。

CPE(Customer Premise Equipment,用户端设备)一般是指物理上位于用户侧的硬件设备。在宽带接入网络中,我们提到 CPE 时实际上主要是指 CPN 的出口设备,比如宽带路由器、宽带调制解调器、机顶盒等。

本章主要介绍常用的宽带接入技术在"最后一公里接入"时的技术特点和应用,即从 CPN(CPE)到 CO 这一段线路的接入,从 CO 往上,涉及运营商城域网和核心网的部分并不是本章介绍的重点。

# 2.4 主要的宽带接入技术

## 2.4.1 宽带接入的传输介质

在现有的宽带接入技术中,常见的传输介质主要包括铜质双绞线、光纤、同轴电缆、无线电波和电力线路等,如图 2-4 所示。

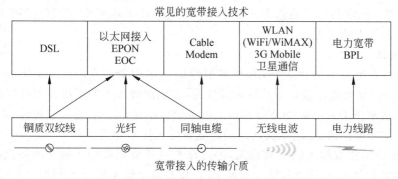

图 2-4 宽带接入的传输介质和技术

**1. 铜质双绞线**

在传统的窄带网络中,铜质双绞线(电话线)已经被广泛使用,采用调制解调器接入,通过电话线拨号上网,其速率最高可以达到 56Kbps,如果采用窄带 ISDN 技术,两个 B 信道捆绑使用时可以提供最高速率 128Kbps 的连接。

从本质上来说,铜质双绞线(电话线)是窄带网络的主流传输介质,但由于窄带时代铜线的大量铺设,电信运营商也比较倾向于在现有的铜线资源上进行技术改造以进行更高带宽的数据传输,目前主要的技术包括一系列的 DSL(Digital Subscriber Line,数字用户线路)技术。

在某些用户分布比较密集的园区或者住宅小区中,采用铜质双绞线(网线,如常用的四对五类双绞线)直接入户的方式直接运行以太网 Ethernet 也是目前常见的宽带接入方式之一。

**2. 光纤**

相对于传统的窄带接入介质,光纤的带宽高、抗干扰能力强、可靠性高、节约管道资源。使用光纤进行宽带接入的成本也在持续降低中。铜是世界性战略资源,以铜缆为基础的传统线路成本会越来越高,而光纤的原材料二氧化硅是取之不尽,用之不竭的,在使用寿命上也远高于铜线。因此在新铺用户线路或者老电缆替换中,光纤已经成为更合理的选择,特别是在网络的主干段乃至配线段。

在原有的铜线网络中有源设备相对较多,电磁干扰难以避免,维护成本越来越高,作为无源传输介质的光纤则可以避免这类问题。

接入网络光纤化的技术一般统称为 Fiber-To-The-x(FTTx)。在以光纤为介质的宽带接入应用中,上层应用多为以太网,其中比较典型的应用为基于无源光网络的 EPON。

**3. 同轴电缆**

同轴电缆从用途上分可分为基带同轴电缆和宽带同轴电缆。前者主要用于早期以太网连接,而后者主要用于有线电视系统。有线电视网络核心的资源之一是同轴电缆入户,而基于同轴电缆网络的 Cable Modem 技术是宽带接入技术中最先成熟和进入市场得到广泛应用的技术。

除此之外,在同轴电缆上进行宽带接入的技术还包括一系列的 EOC(Ethernet Over Cable)技术。

**4. 无线电波**

利用无线电波进行无线宽带接入是当前宽带技术发展的趋势之一,其优势显而易见,在解决了带宽、稳定性和安全性的问题之后,无线宽带接入带给用户的是无与伦比的灵活性和极大的便利。

在地面侧,无线宽带接入技术主要包括 WLAN(WiFi/WiMAX)和基于蜂窝移动通信网络的 3G 技术等。同时利用近地轨道的静止同步卫星对个人或者企业用户提供无线宽带接入的技术和应用也在不断完善中。

**5. 电力线路**

利用电力线传输宽带数据、语音和视频信号的技术主要有 BPL(Broadband over Power Lines)技术等。其最大优势是采用普通电源线路,而电源线几乎普及所有家庭和商业机构。

BPL 技术要解决的核心问题是通过相关设备使数据信号与电流一道传输。而在客户端,只要接入插座即可进行通信,这比其他的固定宽带接入技术要灵活得多。

虽然 BPL 提供宽带接入的领域有限,但可作为对其他宽带接入的一种补充,特别是在对偏远地区的覆盖上 BPL 比较有优势。目前 BPL 技术需要解决的其他问题主要集中在成本和传输距离、安全和信号干扰等方面。

## 2.4.2　常见的光纤接入模式

不管使用哪种宽带接入技术,在从 CO 到 CPE 的运营商网络中(特别是新建的网络),实际上大多都部分或者全部使用了光纤作为传输介质,即使是在无线宽带接入的应用中,从 CO 到靠近用户的无线接入点之间往往也会通过光纤进行连接。

FTTx 作用范围一般从 CO 到 CPE,CO 侧的设备为光线路终端(Optical Line Terminal, OLT),用户端设备为光网络单元(Optical Network Unit,ONU)或者光网络终端(Optical Network Terminal,ONT)。

FTTx 技术一般根据光纤到用户的距离来分类,如图 2-5 所示,可分为 FTTH(Fiber To The Home,光纤到户)、FTTB(Fiber To The Building,光纤到大楼)和 FTTC(Fiber To The Curb,光纤到路边)三种接入模式。

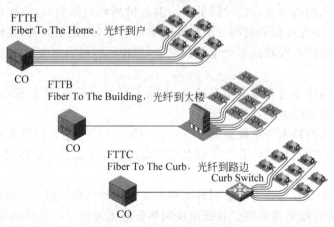

图 2-5　主要的光纤接入模式

在 FTTC 结构中,ONU 放置在路边或电线杆的分线盒边。从 ONU 到各个用户之间一般采用铜质双绞线或者同轴电缆进行连接,这样从 ONU 到用户家里仍可采用现有的铜缆设施,可以推迟入户的光纤投资。在铜质双绞线或者同轴电缆上可以选择的技术包括 DSL、Cable Modem、EoC 或直接运行的以太网等。

在 FTTB 结构中,ONU 被直接放到楼内,光纤到大楼后可以采用 DSL、Cable Modem、EoC 或直接运行的以太网等方式接入用户家中。FTTB 与 FTTC 相比,光纤化程度进一步提高,因而更适用于高密度以及需提供窄带和宽带综合业务的用户区。

在 FTTH 结构中,ONU 直接放置于用户的办公室或家中,是真正全透明的光纤网络,它们不受任何传输制式、带宽、波长和传输技术的约束,是光纤接入网络发展的理想模式和长远目标。

### 2.4.3 主要的宽带接入技术及其组网

目前主流的宽带技术及其组网模式如图 2-6 所示。在 CPN 这一侧常见的 CPE 设备包括各种调制解调器、边缘交换机、机顶盒和宽带路由器等。CPE 通过铜质双绞线、光纤、电力线路、同轴电缆、无线电波等介质连接到 CO 的接入设备(针对不同的接入方式和技术有不同的接入设备)上。

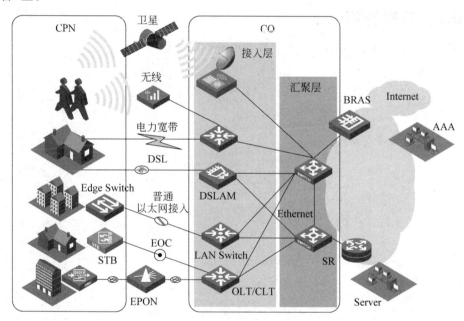

图 2-6　主要的宽带接入技术

从接入设备到运营商网络的汇聚层,目前一般是通过路由交换设备汇聚到 Ethernet/IP 网络,在早期的应用中,特定的技术比如 ADSL 也会采用 ATM 网络进行汇聚。

从运营商网络的汇聚层再到核心层的边缘设备一般为宽带接入服务器(Broadband Remote Access Server,BRAS)。BRAS 主要完成网络承载、汇聚用户流量和认证计费控制实现等功能。

基于前面介绍的常见的传输介质,不管是铜质双绞线、光纤、同轴电缆、无线电波还是电力线路等,宽带接入技术发展方向是以太网化。而在下面的章节中,将主要讨论基于铜质双绞线、光纤和同轴电缆等介质的宽带接入技术,如直接运行的以太网、EPON、EOC 和 DSL 等。

## 2.5　本章总结

（1）企业网 SOHO 办公者、小型分支结构的接入对宽带技术的需求。

（2）宽带接入技术关键概念及分类。

（3）主要的宽带技术简介。

## 2.6　习题和答案

### 2.6.1　习题

（1）下列宽带接入技术中带宽最高的是（　　）。

　　A．ADSL　　　　　　B．ADSL2＋　　　　C．VDSL　　　　　D．Cable Modem

（2）常见的宽带接入传输介质包括（　　）。

　　A．光纤　　　　　　B．同轴电缆　　　　C．铜质双绞线

　　D．无线电波　　　　E．电力线路

（3）下列选项中，属于光纤直接入户的接入方式的是（　　）。

　　A．FTTC　　　　　　B．FTTH　　　　　　C．FTTB　　　　　D．FTTA

### 2.6.2　习题答案

（1）C　　（2）A、B、C、D、E　　（3）B

# 第3章

# 以太网接入

以太网是现有局域网采用的最通用而且最成熟的通信协议标准。由于以太网在性价比、可扩展性、可靠性和 IP 网络的适应性上的优势,以太网也已经成为宽带接入网络乃至运营商城域网和骨干网的首选技术之一。

## 3.1 本章目标

学习完本章,应该能够达到以下目标。

(1) 理解以太网接入的典型应用。

(2) 掌握 PPPoE 技术的基本原理。

(3) 掌握 PPPoE 的典型配置。

(4) 了解以太网接入的优势和劣势。

## 3.2 以太网接入的典型应用

### 3.2.1 什么是以太网接入

IP 技术的发展成熟使语音、数据、视频和移动等应用的融合成为必然,统一通信已成为发展的趋势。以 IP 技术为核心进行网络改造并承载多种新型业务以提升竞争力,是固网运营商的发展方向。

以太网技术由于标准化程度高、应用广泛、带宽提供能力强、扩展性良好、技术成熟,设备性价比高,对 IP 支持良好,已成为城域网和接入网的发展趋势。

图 3-1 是一个利用以太网技术提供宽带接入的示例。在图 3-1 所示的以太网接入组网应用中,主要有如下三类设备。

(1) 位于 CPN 也就是用户侧的设备——家庭网关(Home Gateway,HG):HG 的主要作用是将家庭内的网络化信息设备(计算机、电话、电视机等)连接到运营商的接入网络,通常由具备多种接口的 SOHO 路由器完成上述功能。

(2) 位于运营商接入网边缘的设备——接入点设备(Access Node,AN):AN 的主要作用是接入来自不同家庭或园区网络的数据流量,通常由二层或三层以太网交换机完成上述功能。

(3) 位于 AN 和运营商城域网乃至骨干网之间设备——汇聚设备(Aggregation,AGG):AGG 的主要作用是汇聚来自不同 AN 的数据流量,通常由性能较高的路由交换设备完成上述功能。

以太网接入一般适用于园区或者住宅小区内用户的密集接入,以光纤和双绞线作为主要的传输介质,方便用户接入带宽的升级。当采用光纤时,结合相应的光传输技术,以太网也能支持较长距离的接入,因而也适用于对带宽和线路质量要求高,空间分布较为离散,距离较远的用户群的接入。

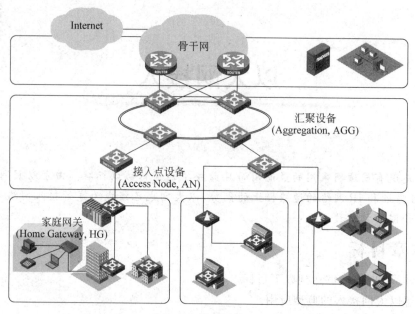

图 3-1  以太网接入

### 3.2.2  大型园区接入的典型应用

大型园区的接入是以太网接入的典型应用场景之一。对于用户众多的大型住宅园区,可以在园区内设置一台园区交换机作为 AN。园区交换机下行以百兆或千兆光纤连接所有楼道交换机,楼道交换机再连接到各用户的 HG,实现园区网络的汇聚;上行则采用千兆光纤连接到 AGG,实现园区网络的高速接入。

在如图 3-2 所示的以太网接入应用中,AN 可以选用三层交换机或二层交换机进行部署,其区别如下。

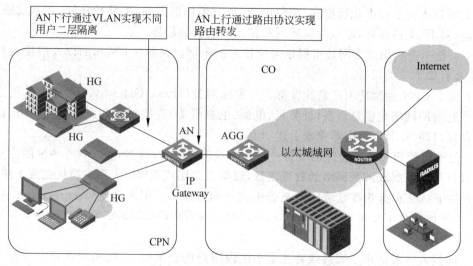

图 3-2  大型园区接入的典型应用

（1）采用三层转发延伸到 AN 的接入方式时,AN 上行通过路由协议实现路由转发,AN 下行通过 VLAN 实现不同用户二层隔离,这样广播域被限制在 AN 下行的同一业务 VLAN

内,提高了接入网的带宽利用率。如果二层交换在 AGG 终结,则广播域的范围扩大到一台 AGG 设备下的同一业务 VLAN。

（2）在二层交换终结在 AGG 设备的方案中,一台 AGG 设备最多可接入用户终端数将受限于其自身 MAC 地址表项数。如果采用三层到 AN 的方案,AN 对用户进行高密度接入并终结二层转发,从而同一 AGG 可以接入更多用户终端。

（3）采用三层到 AN 的方案时,AN 和 AGG 上无须支持和部署复杂的二层隔离和安全特性,网络改造规模小,有利于采用已有设备以较低成本进行快速部署。

根据上面的对比,不难发现,选用三层交换机作为 AN 进行部署比起选用二层交换机优势明显,在大部分的以太网接入应用中也采用了这种方式。

## 3.3 PPPoE 原理及配置

### 3.3.1 PPPoE 原理

#### 1. PPPoE 的基本原理和应用方式

在利用以太网技术进行宽带接入的应用中,如何对用户进行认证、授权和计费也是运营商需要考虑的首要问题。在以太网交换机上支持的一些认证手段如 IEEE 802.1x 主要基于以太网交换机上的物理端口,而且在部署上需要尽量靠近边缘,甚至需要在运营商管理范围之外的一些接入设备上进行部署,因此在部署和管理上都不太方便,具有一定的局限性。

RFC 2516 定义的 PPPoE(Point-to-Point Protocol over Ethernet)技术(图 3-3)可以说很好地解决了以太网接入应用中的用户认证问题。PPPoE 协议采用 Client/Server 方式,它将包含用户认证信息的 PPP 报文封装在以太网帧之内,在以太网上提供点对点连接的同时,也利用 PPP 协议的 PAP 和 CHAP 认证方式对用户进行认证。

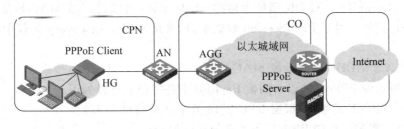

图 3-3 以太网接入用户的认证——PPPoE

PPPoE Client 可以是用户侧的 HG 设备,也可以是连接到网络的 PC。PPPoE Client 将以太网帧(携带 PPP 帧)通过以太网传送到 PPPoE Server 上以进行 PPP 认证。在实际应用中,PPPoE Server 通常是位于骨干网的边缘层宽带接入服务器(Broadband Remote Access Server,BRAS)。宽带接入服务器主要完成两方面功能。

（1）网络承载功能:负责终结用户的 PPPoE 连接、汇聚用户的流量功能。

（2）控制实现功能:与认证系统、计费系统和客户管理系统及服务策略控制系统相配合实现用户接入的认证、计费和管理功能。

这两项功能都可以利用路由器设备进行实现,为方便理解,在后续的组网图和介绍中我们都以路由器来代替宽带接入服务器和模拟 PPPoE Server。

PPPoE 有两个明显的阶段:Discovery 阶段和 PPP Session 阶段,具体如下。

（1）Discovery 阶段:当主机开始 PPPoE 进程时,它必须先识别接入端的以太网 MAC 地址,建立 PPPoE 的 SESSION_ID,这就是 Discovery 阶段的目的。

（2）PPP Session 阶段：当 PPPoE 进入 Session 阶段后，PPP 报文就可以作为 PPPoE 帧的净荷封装在以太网帧发到对端，SESSION_ID 必须是 Discovery 阶段确定的 ID，MAC 地址必须是对端的 MAC 地址，PPP 报文从 Protocol ID 开始。在 Session 阶段，主机或服务器任何一方都可发 PADT（PPPoE Active Discovery Terminate）报文通知对方结束本 Session。

**2. PPPoE 的帧结构**

图 3-4 是 PPPoE 的帧结构，在其结构中需要注意以下几点。

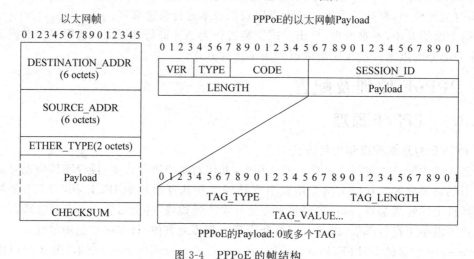

图 3-4　PPPoE 的帧结构

（1）ETHER_TYPE 为 0x8863 时表示该帧为 Discovery 阶段的报文，ETHER_TYPE 为 0x8864 时则表示该帧为 PPP Session 阶段的报文。

（2）DESTINATION_ADDR 部分为目的 MAC 地址，可以是广播 MAC 地址（0xffffffff）或者单播 MAC 地址。对于 PPP Session 数据来说，必须使用在 Discovery 阶段中确认的单播 MAC 地址。

（3）SOURCE_ADDR 则表示源 MAC 地址。

在图 3-4 所示的 PPPoE 的以太网帧 Payload 中各字段的解释如下。

（1）VER：PPPoE 的版本，根据 RFC 2516 要求必须被设为 0x1。

（2）TYPE：根据现存的 PPPoE 版本必须被设为 0x1。

（3）CODE：用于标识 Discovery 阶段和 PPP Session 阶段的不同报文，其取值在后面进行详细介绍。

（4）SESSION_ID：用于唯一标识一个 PPP Session，在 Discovery 阶段被定义，在 PPP Session 阶段被使用。保留值为 0xffff。

（5）LENGTH：仅指 PPPoE Payload 的长度，不包括以太网帧和 PPPoE 的头部。

（6）Payload：PPPoE 的 Payload 包括 0 或多个 TAG。TAG 采用图 3-4 所示的 TLV（Type-Length-Value）结构：其中 TAG_TYPE 表示 TAG 的类型，常用的类型在后面会进行介绍。TAG_LENGTH 则表示 TAG_VALUE 的长度。

**3. PPPoE 的协商过程**

图 3-5 为 PPPoE 的协商过程，PPPoE Client 先将用户数据封装为 PPP，再将 PPP 封装到以太网帧中，PPP 中相关的验证信息将会送给 PPPoE Server 进行 PAP 或 CHAP 验证。通过验证之后，PPPoE Client 会以 IPCP 协商的形式从 PPPoE Server 获得 IP 地址。

PPPoE Client 和 PPPoE Server 之间的 PPPoE 协商过程分为 Discovery 阶段和 PPP

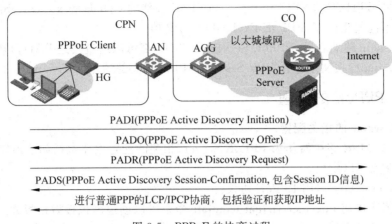

图 3-5 PPPoE 的协商过程

Session 阶段。

Discovery 阶段的协商过程如下。

（1）PPPoE Client 在以太网口上广播 PADI(PPPoE Active Discovery Initiation)报文,该报文以以太网帧的形式被 ADSL Modem 桥接到运营商的集中路由器（PPPoE Server）上。（PPPoE 头部：CODE＝0x09；SESSION_ID＝0x0000。PPPoE Payload：TAG_TYPE 必须包括 Service-Name,用于指示请求的服务；也可以包含其他的 TAG）

（2）PPPoE Server 在收到 PADI 之后,发送回 PADO(PPPoE Active Discovery Offer)报文,其中包含 PPPoE Server 的 AC-name（Access Concentrator's name）信息和可以提供的服务信息 Service-Name,以供 PPPoE Client 进行选择。（PPPoE 头部：CODE＝0x07；SESSION_ID＝0x0000。PPPoE Payload：必须包含至少一个 Service-Name 的 TAG,用于指示可以提供的服务类型；必须包含 AC-name 的 TAG）

**注意**：在实际应用中,运营商的网络中可能存在多台 PPPoE Server 来响应 PPPoE Client 的 PADI 报文。通常在 Discovery 阶段,PPPoE Client 需要发现所有可用 PPPoE Server,并根据其 AC-name 和 Service-Name 信息来选择一个合适的 PPPoE Server。

（3）PPPoE Client 发送一个单播的 PADR(PPPoE Active Discovery Request)报文给选定的 PPPoE Server。报文中包含服务信息 Service-Name。（PPPoE 头部：CODE＝0x19；SESSION_ID＝0x0000。PPPoE Payload：TAG_TYPE 必须包括 Service-Name,用于指示请求的服务；也可以包含其他的 TAG）

（4）PPPoE Server 发回 PADS(PPPoE Active Discovery Session-Confirmation)报文,其中包含 Session ID 信息。完成 Discovery 阶段。（PPPoE 头部：CODE＝0x19；SESSION_ID 由 PPPoE Server 定义。PPPoE Payload：TAG_TYPE 必须包括 Service-Name,用于指示 PPPoE Server 同意提供的服务；也可以包含其他的 TAG）

**注意**：在此阶段,如果 PPPoE Server 和 Client 就服务类型 Service-Name 未能达成一致,SESSION_ID 将被设为 0x0000,无法建立 PPP Session。

在 Discovery 阶段之后,PPPoE Client 已经知道了 PPPoE Server 的 MAC 地址和 Session ID,并可以据此来建立相应的 PPP 连接。接下来进入 PPP Session 阶段。

PPP Session 阶段的协商过程如下。

在 PPP Session 阶段,PPPoE Client 和 PPPoE Server 之间进行普通的 LCP、NCP、IPCP 协商来进行 PPP 验证(PAP 或 CHAP)和 IP 地址的分配。这里不再赘述。

以太网帧的 ETHER_TYPE 为 0x8864,PPPoE 头部的 CODE＝0x00,SESSION_ID 在会话建立过程中不能发生改变,PPPoE Payload 为 PPP 帧。

　　在 PPP Session 建立之后,PPPoE Server 和 Client 都可以通过发送 PADT(PPPoE Active Discovery Terminate)报文来终止 PPP Session。PPPoE 头部的 CODE＝0xa7,不包括 TAG。

## 3.3.2　PPPoE 的配置

**1. PPPoE Server 的相关配置**

如果以 H3C MSR 路由器作为 PPPoE Server,相关的配置主要包括如下内容。

(1) 配置虚拟接口模板。

(2) 在以太网接口上启用 PPPoE 协议。

在系统视图下使用 **interface virtual-template** 命令可以创建虚拟接口模板并进入虚拟接口模板视图。在虚拟接口模板视图下可以进行如下配置。

设置 PPP 的工作参数(PAP 验证):

**ppp authentication-mode pap** [[**call-in**] **domain** *isp-name*]

设置 PPP 的工作参数(CHAP 验证):

**ppp authentication-mode chap** [[**call-in**] **domain** *isp-name* ]
**ppp chap user** *username*

设置 PPP 的工作参数(通过使用全局地址池给对端分配地址):首先定义全局 IP 地址池,然后在接口上使用全局地址池给 PPP 用户分配 IP 地址。

**ip pool** *pool-number low-ip-address* [*high-ip-address*]
**remote address pool** [*pool-number*]

进入指定的以太网接口视图,使用 **pppoe-server** 命令绑定虚拟接口模板在以太网接口上启用 PPPoE 协议。

**pppoe-server bind virtual-template** [*number*]

**2. PPPoE Client 的相关配置**

如果以 H3C MSR 路由器作为 PPPoE Client,相关的配置主要包括如下内容。

(1) 配置拨号接口。

(2) 配置 PPPoE 会话。

相关的配置命令如下。

配置 Dialer-group Rule:

**dialer-rule** *dialer-group* { *protocol-name* { **permit** | **deny** } | **acl** *acl-number* }

创建一个 Dialer 接口:

**interface dialer** *number*

配置接口 IP 地址:

**ip address** { *address mask* | **ppp-negotiate** }

使能共享 DDR:

**dialerbundleenable**

配置接口的 Dialer Group：

**dialer-group** *group-number*

在以太网接口视图下建立一个 PPPoE 会话,并且指定该会话所对应的 Dialer Bundle,该 Dialer bundle 的序号 number 与 Dialer 接口的编号相同。

**pppoe-clientdial-bundle-number** *number*〔 **no-hostuniq** 〕

**注意**：可在 Dialer 接口视图下通过配置 **dialer timer idle** *idle*〔 **in** ｜ **in-out**〕命令来设置链路空闲时间,当 idle 配置为 0 时,PPPoE 会话工作在永久在线模式下,否则工作在按需拨号模式下。

**3. PPPoE Server 典型配置举例**

在图 3-6 所示的组网中,用一台 MSR 路由器(RTA)来作为 PPPoE Server,PPPoE Client 则有两个,其中 PPPoE Client1 是一台 MSR 路由器(HG),PPPoE Client2 是一台安装了 Windows 操作系统的 PC。PPPoE Server 和 PPPoE Client 都通过以太网接口连接到一台以太网交换机(SWA,模拟以太网接入环境)。

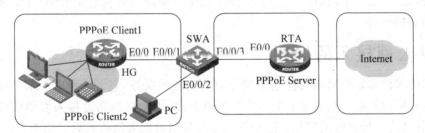

图 3-6　典型配置(Server 的配置)

在 PPPoE Server 上的配置如下。

(1) 增加一个 PPPoE 用户。

```
[RTA]local-user user1 class network
[RTA-luser-user1]password simple pass1
[RTA-luser-user1]service-type ppp
```

(2) 配置域用户使用本地认证方案。

```
[RTA]domain system
[RTA-isp-system]authentication ppp local
```

(3) 增加一个本地 IP 地址池(9 个 IP 地址)。

```
[RTA]ip pool 1 1.1.1.2 1.1.1.10
```

(4) 配置虚拟模板参数。

```
[RTA]interface virtual-template 1
[RTA-Virtual-Template1]ppp authentication-mode pap domain system
[RTA-Virtual-Template1]remote address pool 1
[RTA-Virtual-Template1]ip address 1.1.1.1 255.0.0.0
```

(5) 配置 PPPoE 参数。

```
[RTA]interface GigabitEthernet0/0
```

```
[RTA-GigabitEthernet0/0]pppoe-server bind virtual-template 1
```

**4. PPPoE Client1 典型配置举例**

在 PPPoE Client1 上的配置如下。

（1）拨号接口相关配置。

```
[HG]dialer-group 1 rule ip permit
[HG]interface dialer 1
[HG-Dialer1]ip address ppp-negotiate
[HG-Dialer1]dialer bundle enable
[HG-Dialer1]dialer-group 1
[HG-Dialer1]ppp pap local-user user1 password simple pass1
```

（2）配置 PPPoE 会话。

```
[HG]interface GigabitEthernet0/0
[HG-Ethernet0/0]pppoe-client dial-bundle-number 1
```

在 PPPoE Client2 上，利用 Windows 操作系统自带的工具创建 PPPoE 连接并输入相应的用户名和密码即可。

# 3.4　以太网接入的局限

以太网接入的传输距离和其使用物理介质有直接的关系，表 3-1 列出了基于不同介质的以太网的传输距离数据。从表 3-1 中的数据可以看出，以太网在高速接入方面的能力毋庸置疑，但维持其高速的传输距离较短。这个问题导致早期的以太网接入只适用于用户相对密集，运营商可以就近部署局端设备的大型园区和住宅小区。

表 3-1　以太网接入的传输距离问题

| 名称 | 速度 | 介质类型 | 传输距离（最大线缆长度） | 协议标准 |
|---|---|---|---|---|
| 100BASE-TX | 100Mbps | 2 对 5 类 UTP | 100m | 802.3u |
| 100BASE-FX | 100Mbps | 多模光纤 | 2000m | |
| 100BASE-T4 | 100Mbps | 4 对 3 类 UTP | 100m | |
| 1000BASE-SX | 1Gbps | 多模光纤 | 275m/550m | 802.3z |
| 1000BASE-LX | 1Gbps | 单模光纤 | 550m/5000m | |
| 1000BASE-CX | 1Gbps | 2 对 STP | 25m | |
| 1000BASE-T | 1Gbps | 4 对 5 类 UTP | 100m | 802.3ab |

对于一些相对比较偏远，密集程度较低的用户，如果要应用以太网接入，往往需要使用大量的有源设备进行级联来扩展以太网的传输距离，从而大大增加了网络建设和维护成本。

以太网技术本身并不能解决上述问题，但随着无源光网络技术的发展，特别是在无源光网络上运行以太网的技术出现，以太网的传输距离得到了极大的扩展。

# 3.5　本章总结

（1）以太网接入的典型应用。

（2）PPPoE 技术的基本原理。

（3）PPPoE 在 H3C 路由器上的典型配置。

（4）以太网接入的局限性：传输距离问题。

# 3.6 习题和答案

## 3.6.1 习题

（1）下列 PPPoE 的报文中，可能包含有效的 PPP SESSION_ID 信息的是（　　）。

　　A. PADI（PPPoE Active Discovery Initiation）

　　B. PADO（PPPoE Active Discovery Offer）

　　C. PADR（PPPoE Active Discovery Request）

　　D. PADS（PPPoE Active Discovery Session-Confirmation）

　　E. PADT（PPPoE Active Discovery Terminate）

（2）判断题：在二层交换终结 AN 设备的以太网接入组网中，一台 AGG 设备最多可接入用户终端数将受限于其自身 MAC 地址表项数。（　　）

　　A. 正确　　　　　　B. 错误

（3）PPPoE 的 SESSION_ID 在_____阶段确定。

（4）在 PPPoE 的配置中，虚接口模板配置在_____侧。

## 3.6.2 习题答案

（1）D、E　　（2）B　　（3）Discovery　　（4）PPPoE Server

# 第4章

# EPON 技 术

以太网(Ethernet)技术经过 20 多年的发展,以其简便实用,价格低廉的特性,几乎已经完全应用到局域网中,并被证明是承载 IP 数据包的最佳载体。随着 IP 业务在城域和干线传输中所占的比例不断攀升,以太网也在通过传输速率、可管理性等方面的改进,并逐渐向接入、城域甚至骨干网上渗透。

以太网在高速接入方面的能力毋庸置疑,但维持其高速的传输距离较短。本章介绍的 PON(Passive Optical Network,无源光网络)技术,特别是 EPON(Ethernet over PON,以太无源光网络)技术,完美地解决了以太网传输距离短的问题,同时能以较少的投入和较高的可靠性来提供千兆级的带宽。

## 4.1 本章目标

学习完本章,应该能够达到以下目标。

(1) 了解 PON 技术的优势和组成结构。

(2) 理解 EPON 的关键技术原理。

(3) 掌握 EPON 的基本配置。

## 4.2 PON 技术简介

### 4.2.1 什么是 PON 技术

Internet 的兴起始于利用普通电话线路的拨号上网,随着人们访问内容需求的不断增长,Internet 的接入带宽需求也在持续增长。普通 Modem 拨号上网的速率最大只有 56Kbps,随后的 DSL 和 Cable Modem 技术的兴起将接入速率提升到了兆级(Megabit),开创了所谓的"宽带接入"时代。

用户对于带宽的需求几乎是无止境的,日常使用的 PC 的 CPU 计算速率越来越快,硬盘空间越来越大,有线和无线的局域网接入速率越来越快,再加上诸如高清晰视频,网络游戏,远程教育之类的高带宽要求的应用越来越多,这些都对互联网用户的"最后一公里接入"速率带来了极大的挑战。

值得庆幸的是,局域网络中的以太网技术如今也同样适用于"最后一公里的接入"网络。业界普遍认为以太网接入将成为未来宽带接入的主流,而且能够为用户提供一种无缝的端到端通信。

以太网在高速接入方面的能力毋庸置疑,但维持其高速的传输距离较短。这个问题导致早期的以太网接入只适用于密集的大型园区和住宅小区。

本章介绍的 PON 技术(图 4-1),特别是 EPON 技术,可以说完美地解决了以太网传输距离短的问题,同时能以较少的投入和较高的可靠性来提供千兆级(Gigabit)的带宽。

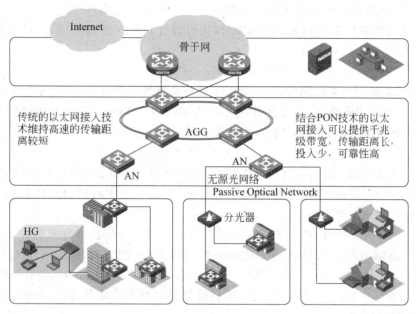

图 4-1 PON 技术

无源光网络使用单根光纤传输多用户的信号,无源分光器则用来分离不同用户的信号。无源表示从 CO 到用户侧的传输设备都不需要电源,极大地减少了网络建设和维护的成本。其另一个优势在于,相对于通常的点到点以太网接入,PON 技术节省了大量的光纤。

## 4.2.2 PON 的组成结构

PON 的组成结构如图 4-2 所示,一个典型的 PON 系统由 OLT(Optical Line Terminal,光线路终端)、ONU(Optical Network Unit,光网络单元)、POS(Passive Optical Splitter,无源分光器)三类设备组成。

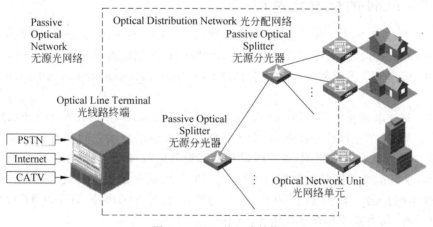

图 4-2 PON 的组成结构

### 1. OLT

OLT 一般放置在局端 CO 侧,是整个 PON 系统的核心设备。OLT 通常是一台以太网交换机、路由器或者多媒体转换平台。OLT 提供面向无源光纤网络的光纤接口(PON 接口)。根据以太网向城域网和广域网发展的趋势,OLT 上将提供多个 1Gbps 和 10Gbps 的以太接口,可以支持 WDM(Wavelength Division Multiplexing,波分复用)传输。

OLT 除了提供网络集中和接入的功能外,还可以针对用户的 QoS/SLA 的不同要求进行带宽分配,网络安全和管理配置。

**2. ONU**

ONU 用于连接用户侧的网络设备(如 PC、机顶盒以及交换机等)或与其合为一体,通常放置在用户家里、楼道或者路边,主要的作用是负责用户接入 PON 网络,实现光信号到电信号的转换。一般提供 1Gbps 或 100Mbps 以太网接口。

**3. POS**

PON 是一种典型的点到多点(P2MP)的结构,POS 作为一个连接 OLT 和 ONU 的无源设备,它的功能是在 OLT 和 ONU 间提供光信号传输通道,分发下行数据到各个 ONU,并将上行数据集中耦合到一根光纤上。

作为无源光纤分支器件,POS 把由馈线光纤输入的光信号按功率分配到若干输出用户线光纤上。POS 各输出端口的输出功率比值一般被称为分光比,常用的 POS 的分光比包括 1∶2、1∶4、1∶8、1∶16、1∶32、1∶64 和 1∶128。当分光比为 1∶2 时,功率会有平均分配(50∶50)和非平均分配(5∶95、40∶60、25∶75)等多种类型。对于其他分光比,功率会平均分配到若干输出用户线光纤上。

POS 不需要外部能源,仅需要入射光束,但会增加光功率损耗,主要是由于它们对入射光进行分光,分割了输入(下行)功率的缘故。这种损耗被称为分光器损耗,通常以功率增益单位 dB 表示,并且主要由输出端口的数量决定。

EPON 系统中 POS 可以多级连接,灵活实现各种组网方式,只要保证最终 ONU 处的光衰减值在 ONU 的光接收灵敏度之上即可。一般支持 1∶2 和 1∶16 分光器,1∶4 和 1∶8 分光器两级连接。

OLT 和 ONU 之间的光纤网络通常被称为 ODN(Optical Distribution Network,光分配网络)。

## 4.2.3　PON 的标准化过程

光纤接入从技术上可分为两大类:有源光网络(Active Optical Network,AON)和无源光网络(Passive Optical Network,PON)。其中,PON 的标准化过程如图 4-3 所示。

1983 年,英国电信集团的研究实验室 BTRL(British Telecom Research Lab)最先发明了 PON 技术。

1988 年,基于电话业务的 TPON(Telephony over Passive Optical Network)设想首先被 BTRL 提出。PON 是一种纯介质网络,由于消除了局端与用户端之间的有源设备,它能避免外部设备的电磁干扰和雷电影响,减少线路和外部设备的故障率,提高系统可靠性,同时可节省维护成本,是电信维护部门长期期待的技术。PON 的业务透明性较好,原则上可适用于任何制式和速率的信号。目前基于 PON 的实用技术主要有 APON/BPON、GPON、EPON/GEPON 等几种,其主要差异在于采用了不同的二层技术。

1995 年,由某些电信运营商组建的全业务接入网联盟(Full Service Access Network,FSAN)以国际研究组的形式共同研究了全业务接入网技术。PON 技术的第一个国际标准在 1996 年由 FSAN 和 ITU 联合提出,其标准号为 ITU-T G.982。

1997 年,根据 FSAN 建议,ITU-T 提出了以 ATM 为基础的,上下行速率均为 155Mbps 的 APON(ATM Passive Optical Network)标准 G.983.1。在 2001 年,有关规范被修正为上

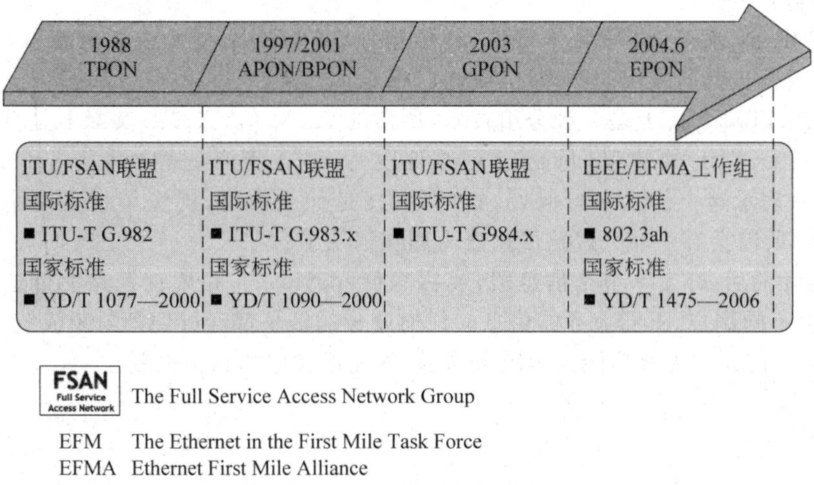

FSAN The Full Service Access Network Group
EFM The Ethernet in the First Mile Task Force
EFMA Ethernet First Mile Alliance

图 4-3　PON 的标准化过程

行 155Mbps 和下行 622Mbps 不对称传输系统和上、下行均为 622Mbps 对称系统的 Broadband PON 即 BPON。目前 APON/BPON 技术包括 ITU-T G.983.x(1～5)的一系列标准。

GPON 的概念最早由 FSAN 于 2002 年 9 月提出,ITU-T 在此基础上于 2003 年 3 月完成了 ITU-T G.984.1 和 G.984.2 的制定,2004 年 2 月和 6 月完成了 G.984.3 的标准化。从而最终形成了 GPON 的标准族。

在以太网基础上发展起来的 EPON,是遵循 IEEE 802.3 工作组规范的无源光网络。为了更好适应 IP 业务,EFMA(Ethernet First Mile Alliance,第一英里以太网联盟)在 2001 年年初提出了在二层用以太网取代 ATM 的 EPON 技术,IEEE 802.3ah 工作小组对其进行了标准化,并于 2004 年正式发布 EPON 技术标准 IEEE 802.3ah。由于其将以太网技术与 PON 技术完美结合,因此成为非常适合 IP 业务的宽带接入技术。

## 4.2.4　主要 PON 技术对比

主要 PON 技术对比如表 4-1 所示,其具体内容如下。

表 4-1　主要 PON 技术对比

| PON | 速率 | 优势 | 劣势 |
| --- | --- | --- | --- |
| APON/BPON | 最高速率为 622Mbps | | 带宽不足、技术复杂、价格高、承载 IP 业务效率低 |
| EPON | 1.25～10Gbps 对称速率 | 高速率 基于以太网,产品成熟度和价格方面的优势明显 | |
| GPON | 下行速率: 1.25Gbps 和 2.5Gbps 上行速率: 155Mbps、622Mbps、1.25Gbps、2.5Gbps | 高速率、支持多业务 | 技术复杂、成本较高,产品的成熟度稍逊于 EPON |

### 1. APON/BPON

APON/BPON 基于 ATM 技术实现,其传输速率在 PON 技术中相对较低,最高速率为 622Mbps,而且限于其所采用的物理层结构,已很难再提高。

我们知道 ATM 实际上是一种分组技术,所谓的 ATM 信元(cell)实际上是具有固定长度的分组。按照 CCITT 的建议,每个信元的长度为 53 个字节,其中前面 5 个字节为信头(header),用来表示这个信元来自何处、到何处去、是什么类型、优先等级等控制信息。由于 ATM 有信头,所以会有一部分线路传输能力用在信头上。

ATM 信元的后 48 个字节是信息段,或称净荷(payload),是要在线路上传送的信息。信息段装载来自不同用户、不同业务的信息。任何业务的信息都经过切割封装成统一信元格式,如图 4-4 所示。信元的主要功能为确定虚通道,并完成相应的路由控制。

| | GFC<br>(4比特) | VPI<br>(8比特) | VCI<br>(16比特) | PTI<br>(3比特) | CLP<br>(1比特) | HEC<br>(8比特) | Payload<br>(48字节) |
|---|---|---|---|---|---|---|---|
| UNI信元格式 | GFC<br>(4比特) | VPI<br>(8比特) | VCI<br>(16比特) | PTI<br>(3比特) | CLP<br>(1比特) | HEC<br>(8比特) | Payload<br>(48字节) |
| NNI信元格式 | VPI<br>(12比特) | | VCI<br>(16比特) | PTI<br>(3比特) | CLP<br>(1比特) | HEC<br>(8比特) | Payload<br>(48字节) |

图 4-4　ATM 信元格式

APON 根据 ATM 协议,按照固定长度 53 个字节包来传送数据,其中 48 个字节负荷,5 个字节开销,这个过程耗时且复杂,给 OLT 和 ONU 增加了额外的成本。因此 APON 运载 IP 协议的数据效率低且困难。APON/BPON 还存在技术复杂、价格高等问题,在市场上未能取得成功。目前业界最主要的两个 PON 标准,一个是由 IEEE 802.3ah 工作组制定的 EPON 标准,另一个是由 ITU/FSAN 制定的 GPON 标准。

### 2. GPON

GPON 在二层采用 ITU-T 定义的通用组帧程序(Generic Framing Procedure,GFP)的方法来对 Ethernet、TDM、ATM 等多种业务进行封装映射,在提高效率的同时允许可变长度的帧与 ATM 单元混合组帧。

GPON 能提供 1.25Gbps 和 2.5Gbps 的下行速率,和 155Mbps、622Mbps、1.25Gbps、2.5Gbps 几种上行速率,并具有较强的 OAM 功能。针对 FTTB 开发的 GPON 系统,其 OLT 到 ONT 的最远接入距离可以达到 60km 以上。

在 PON 技术中,GPON 在多业务承载能力方面具有优势。在 GPON 标准的业务模型中,定义了数据、PSTN、电路专线和视频 4 类业务,能更好地满足企业用户的多业务需求。GPON 标准定义的精细化带宽分配机制则很好地满足了针对企业客户的带宽管理需要。

GPON 也能较好地满足企业客户的业务安全保障方面要求。由于 PON 网络多个 ONU 共享光纤的特质,企业客户对业务的安全性容易有所顾虑,担心 PON 网络的下行业务数据被其他企业获取。事实上,在 PON 网络中,虽然下行数据是以时分复用的方式发送,但每个 ONU 会根据数据帧中的 ONUID 识别自己应接收的数据,并过滤其他 ONU 的数据。

为防止恶意侦听,G.984 协议中还定义了完善的数据加密机制。针对下行数据,利用 AES-128 算法,为每个 ONU 采用不同的密钥进行数据加密。而 AES 是目前公认最为安全的加密算法之一。同时 GPON 标准中还定义了密钥更新机制,ONU 会定期向 OLT 发送更新密钥,进一步增强了安全性。

在高速率,支持多业务,传输距离及安全方面,GPON 有优势。但其技术的复杂和成本目前要高于 EPON,产品的成熟性也逊于 EPON。

### 3. EPON

EPON 基于以太网技术,物理层要求相对宽松,变长帧结构保证无须重组拆分数据包。EPON 可以提供 1.25Gbps 的上下行对称速率。

由于以太网普及程度很高,EPON 在产品成熟度和价格方面相比 A/BPON,GPON 具有明显的优势。目前 IEEE 已经正式发布了 IEEE 802.3av 10G EPON 标准,进一步扩大了 EPON 在传输速率方面的优势。

### 4. PON 技术共同优点

对于上文提到几种 PON 技术,其共同的优点如下。

(1) 带宽高。相对于其他的主流宽带接入技术如 DSL,PON 技术在带宽的优势上非常明显。DSL 在已有的铜线资源上使理论接入速率可以达到十兆级别,实际的接入速率还要受用户到 CO 的距离和铜线质量的影响,以及运营商的服务能力、策略等方面的限制。因此对于用户来说,实际可以享受到的接入速率通常只有几兆。而 PON 技术在用户侧的 ONU 上动态分配带宽可以达到百兆级别。

(2) 覆盖范围广。普通的以太网传输距离限制在 100m 左右,通常只能通过级联交换机延长传输距离。DSL 技术传输距离则通常为 1～5km。而 PON 的传输距离可以达到 10～20km。其中 EPON 技术标准在 1∶32 分光比下有 10km 和 20km 两种传输规格,在分光比更小的情况下,则可以传输更远一些,ONU 也能正常运行。

(3) 可靠性高。普通的以太网只能通过级联交换机延长传输距离,有源设备都是潜在的故障点,有源设备的增加会导致网络中故障风险增大,从而降低网络的可靠性。在 PON 网络中除了 OLT 和 ONU,几乎没有有源器件,大大降低了故障发生的概率和维护成本。

(4) 节省资源。在图 4-5 中可以看到三种不同的光纤接入方式。

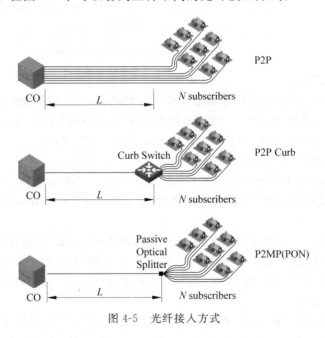

图 4-5　光纤接入方式

如果采用点到点(P2P)的光纤到户接入,在有 N 个用户的情况下需要 N 条骨干光纤,2N 个光纤收发器。如果采用从 Curb 交换机 P2P 接入用户的方式,则需要 1 条骨干光纤,2N+2 个光纤收发器,同时 Curb 交换机作为有源设备,还需要额外的小区机房供电。而 PON 技术通过无源分光器进行点到多点(P2MP),仅需要 1 条骨干光纤,N+1 个光纤收发器即可,同时无须额外供电,大大节省了网络建设和维护的资源。

# 4.3  EPON 关键技术

## 4.3.1  EPON 的层次结构

对于以太网技术而言,PON 是一个新的媒质。IEEE 802.3ah 定义的 EPON 技术在 IEEE 802.3 以太网的物理层、MAC 层以及 MAC 层以上则尽量做最小的改动以支持新的应用和媒质。其层次结构如图 4-6 所示。

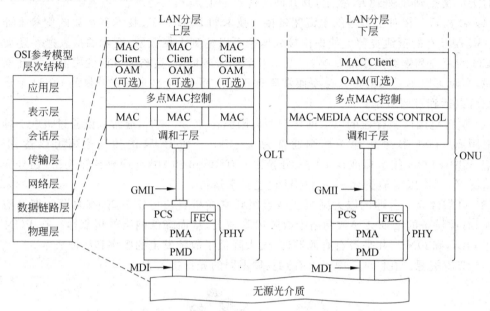

图 4-6   EPON(IEEE 802.3ah) 的层次结构

### 1. EPON 的物理层

EPON 物理层的主要功能是将数据编成合适的线路码;完成数据的前向纠错;将数据通过光电、电光转换完成数据的收发。EPON 物理层由物理编码子层(PCS)、前向纠错子层(FEC)、物理媒体附属子层(PMA)和物理媒体依赖子层(PMD)构成。

在千兆以太网的物理层基础上,EPON 的物理层增加了前向纠错子层(FEC)。前向纠错子层是一个可选子层,处于物理编码子层和物理媒体附属子层中间,完成前向纠错功能。前向纠错子层使我们在选择激光器、分光器的分路比、接入网的最大传输距离时有了更大的自由。

### 2. MPCP 协议

传统以太网 MAC 层实体之间是点到点的结构,PON 的 MAC 层实体间是点到多点结构。为了使 PON 能够融合到 Ethernet 架构中,IEEE 802.3ah 协议在 EPON 层次结构的数据链路层规定了多点 MAC 控制协议(Multi-point MAC Control Protocol,MPCP)来完成 MAC Control 子层的相关功能。

MPCP 使用消息、状态机、定时器来控制访问 P2MP(点到多点)的拓扑结构。在 P2MP 拓扑中的每个 ONU 都包含一个 MPCP 的实体,用以和 OLT 中的 MPCP 的一个实体相互通信。MPCP 涉及的内容包括 ONU 发送时隙的分配、ONU 的自动发现和加入、向高层报告拥塞情况以便动态分配带宽。

### 3. LLID 和 MPCP 的 PDU 格式

在 EPON 系统中,按照单纤双向全双工的方式以点到多点的方式传送数据。当 OLT 通过光纤向各 ONU 广播时,为了对各 ONU 区别,保证只有发送请求的 ONU 能收到数据包,IEEE 802.3ah 标准在数据链路层的 MPCP 中引入了 LLID (Logical Link ID,逻辑链路标志)的概念。

在如图 4-7 所示的 MPCP PDU 格式中,LLID 是一个两字节的字段(包括 1bit 的 Mode 字段和 15bit 的 LLID 字段),这个字段占据了原千兆以太网 IEEE 802.3z 中前导码(preamble)部分两个字节的空间。其中 Mode 标记表示为 P2P 模式还是 Broadcast 模式;LLID(逻辑链路标记)最大值为 32767,EPON 系统中的每个 ONU 由 OLT 分配一个网内独一无二的 LLID 号,这个号码决定了哪个 ONU 有权接收广播的数据。

| | |
|---|---|
| Mode(1bit)+LLID(15bit) | 2 |
| CRC | 1 |
| 目的地址 | 6 |
| 源地址 | 6 |
| 长度/类型 | 2 |
| 操作码 | 2 |
| 时间戳 | 4 |
| 数据/保留/填充 | 40 |
| FCS | 4 |

图 4-7　MPCP PDU 格式

LLID 的数量实际上就决定了 EPON 系统中 ONU 的数量,EPON 标准中 LLID 是一个两字节的字段,因此支持 64、128 甚至更多的 LLID 都是可以的;但是 ONU 个数增加后,每个 ONU 均分的带宽下降,另一方面光路损耗也在加大。目前除实验环境外,还没有实际使用 1∶128 分光比。

MPCP PDU 的其他重要字段还包括操作码(Opcode)和时间戳(Timestamp)。

MPCP 协议中定义了五种控制消息,由操作码字段标识,其含义如下。

(1) 0002:GATE(OLT 发出)。

(2) 0003:REPORT(ONU 发出)。

(3) 0004:REGISTER_REQ(ONU 发出)。

(4) 0005:REGISTER(OLT 发出)。

(5) 0006:REGISTER_ACK(ONU 发出)。

在发送 MPCP PDU 时,时间戳被用来传递当前的时间信息,以完成 OLT 与 ONU 的 MPCP 时钟同步。

### 4. MPCP 的处理过程

MPCP 定义了三种处理过程,其主要的作用如下。

(1) Discovery Processing:OLT 可以在网络中发现新的 ONU 设备,为成功注册的 ONU 分配 LLID,并且将该 ONU 的 MAC 地址与相应的 LLID 绑定。

(2) Report Processing:OLT 根据 ONU 的 Report 消息,了解 ONU 设备的带宽请求和实时状态,实现对各个 ONU 的带宽动态分配和实时状态的监控。

(3) Gate Processing:OLT 控制 ONU 在某一时隙发送数据帧或控制帧,避免 ONU 因为共享上行信道发生数据传输冲突。

## 4.3.2　EPON 系统的工作过程

与其他 PON 技术一样,EPON 技术采用点到多点的用户网络拓扑结构,利用光纤实现数据、语音和视频的全业务接入的目的。其工作过程如图 4-8 所示。

EPON 系统采用 WDM(Wavelength Division Multiplexing,波分复用)技术,利用多个激光器在单条光纤上同时发送多束不同波长激光,每个信号经过数据(文本、语音、视频等)调制后都在它独有的色带内传输。WDM 本质上是光域上的频分复用 FDM 技术。WDM 将两种

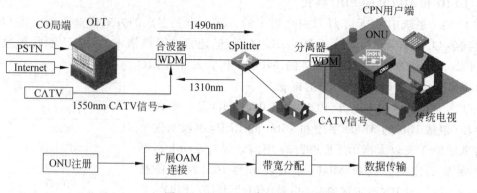

图 4-8　EPON 系统工作过程

或多种不同波长的光载波信号(携带各种信息)在发送端经复用器(又称合波器,Multiplexer)汇合在一起,并耦合到光线路的同一根光纤中进行传输;在接收端,经解复用器(又称分波器或称去复用器,Demultiplexer)将各种波长的光载波分离,然后由光接收机作进一步处理以恢复原信号。

EPON 系统中的下行中心波长为 1490nm(纳米,$1nm = 10^{-9}$ m),上行中心波长为 1310nm,实现单纤双向传输,最大可支持 20km 的传输距离。

由于在 EPON 系统中分光器 POS 仅仅简单地在物理层上把传输数据的光分成多份,所以 EPON 系统是一个天然的广播网,在物理层上所有 ONU 能够接收到相同的数据。但是每一个 ONU 有自己的链路标识 LLID,它会选择自己的数据报文上传,即使物理层面上数据被监听,EPON 系统仍然能够提供 AES128 位上下行数据加密,从而保证数据的安全性。

由于 EPON 的广播特性,在 EPON 系统中,可以在光纤上下行叠加 1550nm 的波长,传递模拟 CATV 电视信号。如图 4-9 所示,在 OLT 端将可以通过合波器将有线电视信号叠加进 EPON 网络中传输,在用户端再通过分离器分离出来。

图 4-9　ONU 的注册:Discovery 握手过程

在 EPON 系统数据传输之前需要进行 ONU 注册、扩展 OAM 连接建立和带宽分配。

**1. ONU 注册**

ONU 的注册过程采用四种 MPCP 消息：GATE、REGISTER_REQ、REGISTER 和 REGISTER_ACK,这四种消息中都包含有时间戳字段,用于记录报文发送时的本地时钟。其中,GATE 消息有两种。

- 一种为普通 GATE,以单播方式进行带宽分配。
- 另一种为发现 GATE,以广播方式进行 ONU 发现。

ONU 注册过程如下。

第1步：OLT 广播发送一个发现 GATE,通告所有 ONU 发现时隙的开始时刻及其长度。

第2步：尚未注册的 ONU 响应发现 GATE 消息,修改本地时钟和 GATE 消息中所携带的时间戳一致。当 ONU 的本地时钟到达发现时隙的开始时刻,ONU 将等待一个随机时延后发送 REGISTER_REQ 消息,REGISTER_REQ 消息中包含有 ONU 的 MAC 地址和发送 REGISTER_REQ 消息时 ONU 本地的时间戳。

第3步：当 OLT 收到一个未注册 ONU 的 REGISTER_REQ 消息后,将获得其 MAC 地址和往返时延(Round Trip Time,RTT);往返时延主要用于 ONU 与 OLT 之间时间的同步。

第4步：OLT 解析收到的 REGISTER_REQ 消息后,使用 REGISTER_REQ 消息中携带的 MAC 地址发送一个单播 REGISTER 消息到这个未注册的 ONU。其中,REGISTER 消息中包含有分配给该 ONU 的一个唯一的 LLID(Logical Link ID,逻辑链路标志)用于标识身份。

第5步：紧随 REGISTER 消息,OLT 还会发送一个普通 GATE 消息,给同一个 ONU。

第6步：ONU 收到 REGISTER 和普通 GATE 消息后,将在 GATE 消息中授权的时隙发送一个 REGISTER_ACK 消息,告知 OLT 已经成功解析了 REGISTER 消息。

至此,ONU 注册完成。

**2. 扩展 OAM 连接**

EPON 的扩展 OAM(Operation、Administration and Maintenance,操作、管理和维护)功能使 OLT 具备了对 ONU 进行远程操作、管理和维护的能力。

扩展 OAM 连接(图 4-10)的建立包括 OAM 能力发现、附加信息的交换等,是执行其他扩展 OAM 功能前所必需的确认过程。只有扩展 OAM 连接建立完成后,才可以开始数据传输。其连接建立过程如下。

图 4-10　扩展 OAM 连接

(1) 标准 OAM 发现建立完成。

(2) ONU 上报所支持的 OUI(Organizationally Unique Identifier,全球统一标识)及扩展 OAM 版本号给 OLT。

(3) OLT 确认该 ONU 上报的 OUI 及扩展 OAM 版本号是否在 OLT 所支持的 OUI 及扩展 OAM 版本号列表中。如果存在,该 ONU 的扩展 OAM 连接建立成功;如果不存在,该 ONU 扩展 OAM 连接建立失败。

### 3. 带宽分配过程

当扩展 OAM 连接建立完成后,下行数据就可以开始传输,要进行上行数据传输还需在上行带宽分配完成之后。带宽分配分为静态和动态两种,如图 4-11 所示,静态带宽由打开的窗口尺寸决定,动态带宽则根据 ONU 的需要,由 OLT 分配。

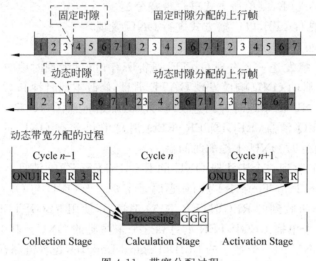

图 4-11　带宽分配过程

带宽分配主要涉及 GATE 和 REPOR 两种 MPCP 消息类型。

(1) GATE 消息是从 OLT 发送到一个单独 ONU 的用于给这个 ONU 分配传输时隙的消息。

(2) REPORT 消息是 ONU 用于把本地状况(如缓存占用量)传递给 OLT 的反馈机制,用于帮助 OLT 智能的分配时隙。

EPON 的动态带宽分配(Dynamic Bandwidth Allocation,DBA)是一种基于轮询的带宽分配方案,带宽对于 PON 层面来说,就是多少个可以传输数据的基本时隙,每一个基本时隙单位时间长度为 16ns。轮询是指网络中的多个 ONU 轮流通过 REPORT 消息实时地向 OLT 汇报当前的业务需求(Request)(如各类业务在 ONU 的缓存量级);而 OLT 则通过 GATE 消息,根据优先级和时延控制要求分配(Grant)给 ONU 一个或多个时隙;各个 ONU 则在分配的时隙中按业务优先级算法轮流发送数据帧。

可以将 EPON 系统轮询进行动态带宽分配的过程理解如下。

第 1 步:在周期 $n-1$ 中,ONU 根据上一个周期分配的时隙发送 REPORT 消息给 OLT,REPORT 消息中包含 ONU 每个队列的数据流量情况。

第 2 步:在周期 $n$ 中,DBA 算法先对前一个周期中收集的信息进行处理,然后产生 GATE 消息,给每个 ONU 分配授权时隙。

第 3 步:在周期 $n+1$ 中,ONU 根据 OLT 分配的指定时隙进行数据传送(包括发送下一个周期的 REPORT 消息)。

### 4. 数据传输过程

1) 上行和下行数据传输

在 EPON 系统中,下行数据的传输在扩展 OAM 连接建立完成之后就可以开始。

数据从 OLT 到多个 ONU 下行时,采用时分复用技术(Time Division Multiplex,TDM)将到多个 ONU 的数据复用到同一个光纤的不同时隙中。

根据 IEEE 802.3ah 协议,每一个数据帧头包含注册时分配给特定 ONU 的逻辑链路标识 (LLID),以区分网络中多个不同的 ONU。另外,部分数据帧可以标识为是给所有的 ONU(广播式)或者特殊的一组 ONU(组播)。当数据信号到达 ONU 时,ONU 根据 LLID,在物理层上进行判断,接收给它自己的数据帧,摒弃那些给其他 ONU 的数据帧。

在如图 4-12 所示的例子中,从 OLT 下行数据流量(包 1、2、3)在分光器处,分成独立的三组信号,每一组包含到所有 ONU 的包,并通过光纤发给 ONU1、2、3。ONU1 收到包 1、2、3 后,根据 LLID 进行判断,仅仅发送包 1 给终端用户 1,丢弃包 2 和包 3。

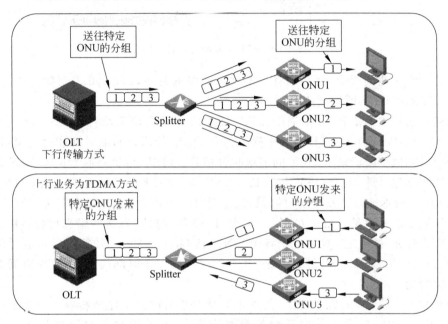

图 4-12 EPON 上行和下行传输方式

EPON 上行采用时分多址接入技术(Time Division Multiple Access,TDMA)。时分多址是把时间分隔成周期性的帧(Frame),每一个帧再分隔成若干个时隙以发送信号。就好比在任何时间只有一个人讲话,其他人轮流发言。

在 EPON 应用中 ONU 利用不同的时隙传输上行数据到 OLT,实现了上行信道资源的共享。既然是多个 ONU 之间共享上行信道,那么如何保证在发送数据时不会与其他 ONU 发生冲突?

当 ONU 注册成功后,OLT 会根据指定的带宽分配策略和各个 ONU 的状态报告,动态地给每一个 ONU 分配带宽(时隙)。在一个 OLT 端口(PON 端口)下面,所有的 ONU 与 OLT PON 端口之间时钟是严格同步的,每一个 ONU 只能够在 OLT 给它分配的时刻上面开始,用分配给它的时隙长度传输数据。

通过时隙分配和时延补偿,可以确保多个 ONU 的数据信号耦合到一根光纤时,各个 ONU 的上行包不会互相干扰。

2) 测距和时延补偿的基本概念

EPON 上行传输采用 TDMA 方式,由 OLT 来决定 ONU 发送数据的时间,由于每个 ONU 距离 OLT 远近不同会产生时延差异,如果没有有效的时延补偿机制仍然会造成上行数据传输冲突,因此 EPON 测距和时延补偿技术(图 4-13)是上行信道复用的关键。

在 ONU 注册过程中,OLT 和 ONU 在开始通信之前必须达到同步,才会保证信息正确传

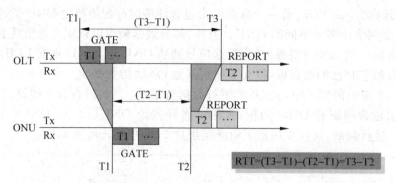

图 4-13  EPON 测距与时延补偿

输。要使整个系统达到同步,就必须有一个共同的参考时钟,即以 OLT 时钟为参考时钟,各个 ONU 时钟都和 OLT 时钟同步。

系统同步过程主要依靠 OLT 周期性的广播发送 GATE 消息给各个 ONU,对 ONU 进行空闲时隙的授权(Grant),GATE 消息中除了包含 ONU 传输开始的时间和时间窗口的长度,还包含一个时间戳字段记录了 OLT 的本地时钟信息。ONU 依靠接收到的 GATE 消息中的时间戳来同步本地时钟,由于 ONU 接收到 GATE 帧,时间上已经经过了一个下行传播时延,因此本地 ONU 的本地时钟和 OLT 的时钟的绝对时间上相差了一个下行传播时延。

EPON 同步的要求是在某一 ONU 的时刻 T(ONU 时钟)发送的信息比特,OLT 必须在时刻 T(OLT 时钟)接收它,但是由于各个 ONU 到 OLT 的距离不同,所以传输时延各不相同,要达到系统同步 ONU 的时钟必须比 OLT 的时钟有一个时间提前量,这个时间提前量就是上行传播时延。

考虑到 ONU 的本地时钟和 OLT 的本地时钟在绝对时间上已经相差了一个下行传播时延,因此实际上 ONU 的数据传输开始的时间应该比 OLT 的接收时间提前一个往返时延 RTT(Round Trip Time),也就是"下行传播时延+上行传播时延"才能保证 EPON 系统的同步,从而防止上行信道数据产生冲突。也就是说,如果 ONU 本地时钟时刻"0"发送一个比特,OLT 必须在本地时钟"RTT"时刻接收才能保证 EPON 系统的同步。

RTT 必须被 OLT 所知道并传递给 ONU,通过注册时 OLT 和 ONU 之间发现 GATE 消息和 REGISTER_REQ 消息的交互,OLT 可以计算出该 ONU 的 RTT 值,获得 RTT 的过程即为测距(Ranging),而 OLT 利用 RTT 来修正 ONU 的授权传输开始时间的过程就是时延补偿。

RTT 计算的基本过程如下。

(1) 在 OLT 发给 ONU 的发现 GATE 消息中嵌入 OLT 本地时间 T1,即发现 GATE 消息中的时间标签值为 T1。

(2) ONU 收到该消息后,修改本地时间为发现 GATE 中的时间标签值 T1,并在一段延迟之后的 T2 时刻发送 REGISTER_REQ 消息给 OLT(REGISTER_REQ 消息的时间标签值为 T2)。

(3) OLT 收到 REGISTER_REQ 消息的时间为 T3。

(4) OLT 计算 ONU 的 RTT,RTT=(T3−T1)−(T2−T1)=T3−T2。

如果 OLT 在 T4 时刻开始空闲,空闲时间长度为 ΔT,则给 ONU 分配的时隙为{T4−RTT,ΔT},即 ONU 发送数据的开始时间为 T4−RTT,分配的时间长度为 ΔT。RTT 的单位为 TQ(Time Quantum,时间量子),1TQ=16ns,也即是以 1Gbps 的速率传送 2B 数据所花费

的时间。RTT 和 Distance(OLT 与 ONU 之间的距离,单位为米)的关系大致为 RTT =
(Distance+157)/1.6393。一般来说,1km 的光纤长度能够形成大约 630 的 RTT 值。

通过在 OLT 端配置最大 RTT,可以设定 EPON 系统的覆盖范围。当 ONU 设备的 RTT
大于 OLT 端配置的 RTT 时,该 ONU 将不能成功注册。设置较小的 RTT 值可以将一些由于
距离较远而导致光功率衰减过多的 ONU 排除在 EPON 系统之外;同样,也可以通过设置较大
的 RTT,扩大 EPON 系统的覆盖范围,使尽可能多的 ONU 成功注册。

## 4.4 EPON 基本配置

### 4.4.1 EPON 系统的端口类型

以 H3C 以太网交换机作为 EPON 系统的 OLT 设备时,EPON 系统有 OLT 端口、ONU
端口和 UNI 端口,如图 4-14 所示。

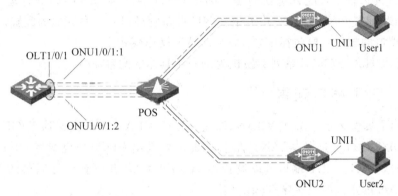

图 4-14 EPON 系统的端口类型

作为 OLT 设备的交换机上的每个 PON 端口都可以被看作一台独立的 OLT 设备,同时
每个 PON 端口也是一个 OLT 端口。OLT 端口编号采用业务板槽位编号/子板槽位编号/
OLT 端口编号。

每个 OLT 端口下都对应有 64 个逻辑的 ONU 端口,ONU 端口并非实际存在的物理端
口,仅当把 ONU 设备绑定到指定 ONU 端口后,该 ONU 端口才具有实际意义,进入 ONU 端
口视图下所进行的配置都是针对对应 ONU 设备的配置。ONU 端口编号采用业务板槽位编
号/子板槽位编号/OLT 端口编号:ONU 端口编号。

UNI(User Network Interface,用户网络接口)端口是 ONU 设备的连接用户的端口。
UNI 端口的实际编号要根据 ONU 设备而定。

### 4.4.2 EPON 的基本配置步骤

在 H3C 以太网交换机组成的 EPON 系统中,主要的配置都在 OLT 设备上进行,ONU 设
备则由 OLT 进行远程管理。EPON 的基本配置步骤如下。

(1) 配置 OLT 端口。

(2) EPON 系统参数配置(可选)。

(3) ONU 远程管理配置:

① 创建及绑定 ONU 端口;

② 管理 VLAN;

③ ONU 端口链路类型；

④ 其他配置。

（4）配置 UNI 端口：其中 OLT 端口的配置主要包括配置 OLT 端口的链路类型，设置允许通过当前 OLT 端口的 VLAN 和端口默认 VLAN 等。

EPON 系统参数配置包括以下内容。

（5）配置 OUI 及扩展 OAM 版本号列表。

（6）配置 ONU 到 OLT 的最大往返时间。

（7）配置扩展 OAM 连接过程中消息超时时间。

（8）配置加密过程中更新密钥的时间以及加密响应的超时时间。

以上为可选配置，一般情况不需修改，使用系统默认值即可。

在 OLT 设备上能通过命令行对 ONU 端口进行众多功能的配置，从而实现对 ONU 的远程管理。ONU 的远程管理配置包括创建并绑定 ONU 端口、配置 ONU 的管理 VLAN、配置 ONU 相关协议、配置 ONU 端口链路类型、ONU 设备管理以及一些其他的配置。

对 UNI 端口的配置主要包括配置 UNI VLAN 操作模式。

下面主要以 H3C S7500E 系列交换机为例介绍具体的配置命令。

## 4.4.3　OLT 端口配置

OLT 端口需要配置加入某些 VLAN，以允许这些 VLAN 内的报文通过 OLT 端口转发。默认情况下 OLT 端口只允许 VLAN1 通过，因此需要根据实际组网规划将 OLT 端口加入其他管理或业务 VLAN。OLT 端口可以设置为 Hybrid 类型，并设置允许通过的 VLAN，以及发送这些 VLAN 的报文时是否带 Tag。

在系统视图下，使用 interface 命令可以进入 OLT 接口视图。

**interface olt** *interface-number*

在 OLT 端口视图下，配置 OLT 端口的链路类型为 Hybrid。

**port link-type hybrid**

设置允许通过当前 OLT 端口的 VLAN，并设置发送这些 VLAN 的报文时是否携带 Tag。默认情况下，OLT 端口只允许 VLAN1 的报文通过，并且发送 VLAN1 的报文时带 Tag。

**port hybrid vlan** *vlan-id-list* { **tagged** | **untagged** }

设置 OLT 端口的默认 VLAN。默认情况下，OLT 端口的默认 VLAN 为 VLAN1。

**port hybrid pvid vlan** *vlan-id*

## 4.4.4　ONU 配置

**1. 创建和绑定 ONU 端口**

在对 ONU 进行远程管理之前，首先需要创建和绑定 ONU 端口。所需的 ONU 端口一般根据实际需要手工创建，如 OLT 端口下的最大分光为 $n(n \leqslant 64)$，则相应创建 $n$ 个 ONU 端口。在 OLT 接口视图下创建 ONU 端口的命令如下。

**using onu** { *onu-number1* [ **to** *onu-number2* ] } *&<1-10>*

　　OLT 支持基于 ONU 的 MAC 地址对 ONU 合法性进行认证,并拒绝非法的 ONU 接入系统。通过绑定 ONU 到 ONU 端口,可以完成 ONU 的合法性认证。在 ONU 注册过程中,OLT 先广播发送发现 GATE 消息,未注册 ONU 收到发现 GATE 消息后,在 GATE 消息授权的时刻发送 REGISTER_REQ 消息(该消息的源 MAC 为 ONU 的 MAC 地址);OLT 收到 REGISTER_REQ 消息后,检查该消息中的源 MAC 是否已经和本端的 ONU 端口进行绑定:已完成绑定的 ONU 通过合法性认证并回应 REGISTER 消息,未绑定的 ONU 不能通过合法性认证进而不能完成注册。ONU 合法性认证通过后,ONU 端口将变为 UP 状态,称该 ONU "在线"。

　　进入 ONU 端口视图进行 ONU 绑定的配置命令如下。

```
interface onu interface-number
bind onuid onuid
```

　　**注意**:一个 ONU 端口上只能绑定一台 ONU,且一台 ONU 也只能绑定到一个 OLT 下的一个 ONU 端口,即在一个 OLT 端口下,ONU 端口和 ONU 设备是一一对应的关系。

### 2. ONU 的管理 VLAN

　　如果用户需要通过 Telnet 对 ONU 进行远程管理,则 ONU 上必须要配置 IP 地址。只有管理 VLAN 对应的 VLAN 接口可以配置 IP 地址,具体包括以下两种方式。

　　(1) 通过手工指定 IP 地址。

　　(2) 通过 DHCP 分配得到(当 ONU 为 DHCP 客户端时)IP 地址。

　　以上两种获取 IP 地址的方式是互斥的,通过新的配置方式获取的 IP 地址会覆盖通过原有方式获取的 IP 地址。

　　配置 ONU 的管理 VLAN 的命令如下。

```
management-vlan vlan-id
```

　　默认情况下,管理 VLAN 为"关闭(Shutdown)"状态。打开管理 VLAN 接口的配置命令如下。

```
undo shutdown management-vlan-interface
```

　　为管理 VLAN 接口手工配置 IP 地址的命令如下。

```
ip address ip-address mask gateway gateway
```

　　配置管理 VLAN 接口 IP 地址自动获取的命令如下。

```
ip address dhcp-alloc
```

### 3. ONU 端口链路类型

　　ONU 端口支持两种链路类型:Access 和 Trunk。

　　(1) 当 ONU 直接和用户 PC 相连时,可设置 ONU 端口为 Access 链路类型,这样 ONU 端口只接收和发送不带 Tag 的报文。

　　(2) 当 ONU 下接用户家庭网关或者二层交换机时,可设置 ONU 端口为 Trunk 链路类型。

　　ONU 端口的这两种链路类型对上下行报文的处理方式如表 4-2 所示。

表 4-2　ONU 端口的链路类型及其报文处理方式

| 端口类型 | 报文方向 | 处理方式 |
|---|---|---|
| Access | 上行报文 | 只允许不带 Tag 的报文通过,并为报文添加默认 VLAN 的 Tag |
| | 下行报文 | 仅允许带有默认 VLAN Tag 的报文通过,并去 Tag |
| Trunk | 上行报文 | 对于收到的不带 Tag 的报文,添加默认 VLAN Tag;对于收到的带 Tag 的报文,直接转发 |
| | 下行报文 | 仅允许带 Tag 的报文通过 |

**注意**:表 4-2 中所描述的 Access 类型端口不包含默认情况 Access VLAN 1 的端口。保持为默认情况(Access VLAN 1)的 ONU 端口上行方向仅允许不带 Tag 的报文通过,并为报文添加 VLAN1 的 Tag,下行方向仅允许带 VLAN1 Tag 的报文通过,至于是否去 Tag,则取决于同一 OLT 下与该端口共存的其他 ONU 端口类型:若其他 ONU 端口为 Access 类型则去 Tag;若其他 ONU 端口为 Trunk 类型则保留 Tag。

默认情况下,ONU 端口的链路类型为 Access,所有 ONU 端口均属于且只属于 VLAN1。

**注意**:同一个 OLT 端口下的 ONU 端口配置成 Access 链路类型时,不能加入相同的 VLAN(默认情况 VLAN1 除外)。即当 ONU 端口 ONU3/0/1:1 配置了 **port access vlan** X 时(X 不等于1),同一个 OLT 下的其他 ONU 端口(如 ONU3/0/1:2)则不能配置 **port access vlan** X。

**4. 其他**

在 ONU 端口视图下,可以使用 **upstream-sla** 命令配置 ONU 上行带宽范围和时延参数。默认情况下,ONU 的上行最小带宽为 2048Kbps,最大带宽为 23552Kbps,且采用低延时。配置命令及相关参数说明如下。

```
[H3C-Onu3/0/1:3] upstream-sla { minimum-bandwidth value1 | maximum-bandwidth
value2 | delay { low | high } } *
```

- **minimum-bandwidth** value1:上行的最小带宽,单位为 64Kbps,取值范围为 8～14400,默认情况下为 32。
- **maximum-bandwidth** value2:上行的最大带宽,单位为 64Kbps,取值范围为 8～16000,默认情况下为 368。

在 OLT 设备上,其他常用的配置命令还包括对 ONU 进行远程升级等。升级方式有以下三种。

- 在 FTTH 视图下,对该交换机下挂的指定类型的所有 ONU 进行升级(可以多次配置按类型指定升级文件,实现对不同类型 ONU 同时进行升级)。

```
[H3C-ftth] update onu onu-type onu-type filename file-url
```

- 在 ONU 端口视图下,针对单个 ONU 端口下发 ONU 升级命令。

```
[H3C-Onu3/0/1:3] update onu filename file-url
```

- 在 OLT 端口视图下,针对指定 OLT 端口下所有已经创建的 ONU 端口下发 ONU 升级命令。

```
[H3C-Olt3/0/1] update onu filename file-url
```

为了实现批量升级,节省系统资源,升级命令配置后,OLT 会延迟 15～20s 后再执行升级命令。端口下配置的升级命令优先级高于 FTTH 视图下的升级命令。在 ONU 软件更新过程中,不要对 ONU 断电,以免更新失败。升级文件传送到 ONU 后,ONU 将自动重启完成升级过程。

### 4.4.5　UNI 端口配置

在 UNI 端口上,有一些基本的配置,如 UNI 端口双工状态、UNI 端口流量控制、UNI 端口的 MDI 模式、UNI 端口速率和 UNI 端口自协商功能等,其配置方法同普通的以太网端口配置,这里不再赘述。

UNI 端口上 VLAN 操作模式包括 VLAN 透传模式、VLAN 标记模式和 VLAN Translation 模式。各操作模式的详细介绍如下。

(1) VLAN 透传模式:VLAN 透传模式适用于用户端的家庭网关或者交换机是运营商提供并管理的,家庭网关或交换机产生的 VLAN Tag 是可以信赖的。在这种模式下,ONU 对接收到上行的以太网帧的处理方式是对以太网帧不作任何处理(无论以太网帧是否带 VLAN Tag)透明的向 OLT 转发;对于下行的以太网帧也是透明转发的方式。配置命令如下。

[**H3C-Onu3/0/1:3**] **uni** *uni-number* **vlan-mode transparent**

(2) VLAN 标记模式:VLAN 标记模式适用于用户端的家庭网关或者交换机打的 VLAN Tag 是不被信任的。为了实现运营商对进入网络中的业务的 VLAN 进行统一的管理和控制,需要为其加上一个网络层 VLAN Tag。配置命令如下。

[**H3C-Onu3/0/1:3**] **uni** *uni-number* **vlan-mode tag** *vlanid* [ **priority** *priority-value* ]

(3) VLAN Translation 模式:在 VLAN Translation 模式下,ONU 将用户自行打上的 VLAN Tag(其 VID 可能不是其独用的,可能在同一个 EPON 系统内有其他用户使用相同的 VID)转换为唯一的网络侧 VLAN Tag。配置命令如下。

[**H3C-Onu3/0/1:3**] **uni** *uni-number* **vlan-mode translation pvid** *pvid* [ **priority** *priority* ] { *oldvid* **to** *newvid*} **&<1-15>**

以上配置命令中的相关参数说明如下。

- *uni-number*:UNI 端口号,取值范围为 1 到当前 ONU 的 UNI 端口数,且支持最大的 UNI 端口数为 80。
- *priority-value*:报文的 802.1p 优先级,取值范围为 0~7。
- *pvid*:默认 VLAN ID,取值范围为 1~4094。
- *oldvid*:原 VLAN ID,取值范围为 1~4094。
- *newvid*:新 VLAN ID,取值范围为 1~4094。
- **& <1-15 >**:表示前面的参数最多可以重复输 15 次。

### 4.4.6　EPON 典型配置

以图 4-15 中的组网为例,一个由 H3C 以太网交换机组成的 EPON 系统典型配置如下。

(1) OLT 端口基本配置:OLT 端口需要配置加入某些 VLAN,以允许这些 VLAN 内的报文通过 OLT 端口转发。默认情况下 OLT 端口只允许 VLAN1 通过,因此需要根据实际组网

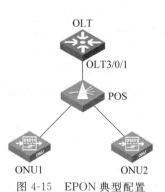

图 4-15　EPON 典型配置

规划将 OLT 端口加入其他管理或业务 VLAN。

```
[OLT]interface olt 3/0/1
[OLT-Olt3/0/1] port link-type hybrid
[OLT-Olt3/0/1] port hybrid vlan 10 20 tagged
```

（2）创建并绑定 ONU 端口：将 ONU1（MAC 地址为 000f-e200-0031）和 ONU2（MAC 地址为 000f-e200-3749）分别与 ONU3/0/1：1 端口和 ONU3/0/1：2 端口进行绑定。下面以 ONU1 为例进行介绍。

```
[OLT-Olt3/0/1] using onu 1 to 2
[OLT] interface onu 3/0/1:1
[OLT-Onu3/0/1:1] bind onuid 000f-e200-0031
```

在绑定 ONU 端口之前，有两种方法可以获得 ONU 的 MAC 地址信息，一是将 ONU 设备通过光纤连接至 OLT 后，OLT 会上报告警信息如下。

```
#Apr 13 21:57:04:867 2009 S7502E EPON/1/EPON_TRAP_ONUSILENCE:
   Trap 1.3.6.1.4.1.2011.10.2.42.1.8.0.31<h3cEponOnuSilenceTrap>: An ONU silence
trap has been detected,
      interface index is 29556736,
      interface description is Olt3/0/1,
      MAC is 000f-e200-0031
```

二是可以通过命令 display onuinfo 查看。

```
[S7502E]display onuinfo slot 3
------------------------------Olt3/0/1 ----------------------------
ONU Mac Address  LLID  Dist(M)  Port         Board/Ver  Sft/Epm  State    Aging
000f-e200-0031   0     N/A      Onu3/0/1:1N/A  N/A      N/A      Offline  N/A
000f-e200-3749   0     N/A      Onu3/0/1:2N/A  N/A      N/A      Offline  N/A
```

（3）配置两台 ONU 的扩展 OAM 版本号均为 2：

```
[OLT] ftth
[OLT-ftth] epon-parameter ouilist oui 000fe2 oam-version 2 slot 3
```

（4）ONU 的基本配置：在实际应用中，常把 ONU 端口理解为透明传输的通道，VLAN Tag 分别在 OLT 和 ONU 的 UNI 端口处理。因此建议将 ONU 端口的 VLAN 模式配置为 Trunk，即允许所有 vlan 通过，上行不带 tag 标签的报文将加上 ONU 端口 pvid tag。

```
[OLT-Onu3/0/1:1]port link-type trunk
[OLT-Onu3/0/1:1]port trunk pvid vlan 10
[OLT-Onu3/0/1:1]management-vlan 10
[OLT-Onu3/0/1:1]undo shutdown management-vlan-interface
[OLT-Onu3/0/1:1]ip address 192.168.10.10 255.255.255.0 gateway 192.168.10.254
```

设置最大带宽值：建议只设置最大带宽值，因为要保证有足够的带宽使 ONU 的控制帧可以发送。

```
[OLT-Onu3/0/1:1]upstream-sla maximum-bandwidth 1600
Info: The maximum-bandwidth of upstream is 102400 Kbps
[OLT-Onu3/0/1:1]upstream-sla delay high
Info: The delay of upstream is high
```

设置下行 UNI 端口为 VLAN 标记模式。

[OLT-Onu3/0/1:3]uni 1 vlan-mode tag pvid 10

## 4.5 本章总结

(1) PON 技术简介。

(2) EPON 的关键技术原理和实现。

(3) H3C 设备上的 EPON 基本配置方法。

## 4.6 习题和答案

### 4.6.1 习题

(1) 在 PON 的典型组网中,属于用户侧设备的是(    )。

    A. OLT          B. ONU          C. POS          D. 家庭网关

(2) 在以下的 PON 技术中,传输速率最高的是(    )。

    A. APON          B. BPON          C. GPON          D. EPON

(3) 相对于 IEEE 802.3z,IEEE 802.3ah 在物理层增加了_____子层。

(4) 多点 MAC 控制协议,MPCP(Multi-point MAC Control Protocol)定义了_____种控制消息,_____种处理过程。

(5) 在 ONU 注册的过程中,通过 OLT 和 ONU 之间发现 GATE 消息和 REGISTER_REQ 消息的交互,OLT 可以计算出该 ONU 的 RTT 值,这就是所谓的测距过程。RTT 实际代表了(    )。

    A. OLT 与 ONU 之间的距离        B. 上行传输时延

    C. 下行传输时延              D. 上行传输时延＋下行传输时延

### 4.6.2 习题答案

(1) B、D    (2) C    (3) 前向纠错    (4) 5,3    (5) A、D

# 第5章

# EPCN 技 术

经过多年的建设和发展,我国有线电视网络作为国家重要的信息化基础设施,已成为世界上用户规模最大的有线电视网络。截至 2017 年年底,全国有线广播电视覆盖用户数达 3.36 亿户。随着 Internet 的飞速发展,绝大多数的有线广播电视用户同时也有访问 Internet 的需求,如何利用现有的有线电视网络资源,实现双向的数据传输和宽带接入,是目前广播电视运营者需要优先考虑的问题。

本章将简单介绍有线电视(Cable Television,CATV)基本概念,对比常见的有线电视网络双向传输技术和方案,最后介绍 H3C 公司基于 EoC(Ethernet over Coax)技术的 EPCN (Ethernet Passive Coax Network)解决方案。

## 5.1 本章目标

学习完本章,应该能够达到以下目标。

(1) 理解 CATV 和 HFC 的基本概念。

(2) 了解 Cable Modem 的技术特点和基本原理。

(3) 了解常用的 EOC 技术及其技术特点。

(4) 理解 H3C EPCN 技术的系统组成、基本原理和技术优势。

## 5.2 有线电视网络概述

### 5.2.1 什么是 CATV

最早的电视广播都是无线传送的,在卫星出现之前,无线传送的广播受地形的影响很大,比如在某些山区,无线传输的广播电视就不能覆盖。同时在无线传输方式下,每个电视台的每套节目都被调制在不同的频段进行发射,以避免干扰;随着电视台的增加和节目数量的增多,频带拥挤的矛盾越来越突出。这些问题导致了 CATV 的出现。

CATV 这个概念最初是指共用天线电视(Community Antenna Television)。1948 年在美国宾夕法尼亚州曼哈诺依建立了世界上第一个共用天线电视接收系统,该系统采用一副主天线接收无线电视信号,并用同轴电缆将信号分送到用户家中,以解决城郊山区电视信号阴影区的居民收看电视的问题。现在 CATV 主要是指有线电视(Cable Television),即利用高频电缆、光缆、微波等传输技术,并在一定的用户中进行分配与交换声音、图像、数据信号的电视系统。

有线电视网的优势在于可以同时传送更多频道,而且各个电视频道间互不干扰,节目质量也更好。有线电视信号的传输也是通过把不同频道的节目调制在不同的频段,再经过有线电视网络送到用户,使用 75Ω 的同轴电缆进行有线传输隔绝了与周围电磁信号的辐射干扰,而且可以保证在较大频带范围内衰减较少。

有线电视网是一种树形结构网络,从有线电视台出来后不断分级展开,最后到达用户,其结构示意图如图 5-1 所示。

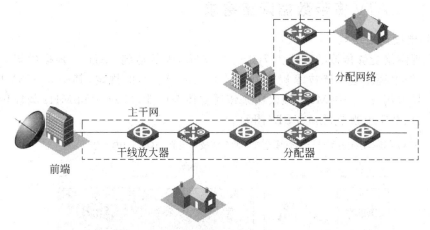

图 5-1 CATV 结构示意图

在有线电视网络中,前端(Headend)负责收集来自卫星传送、无线广播或微波传送的电视信号,然后调制并传送出电视节目,同时具有控制功能。

主干网利用干线放大器的接力放大,可以将信号传输较远的距离到居民较集中的地区,使用分配器从主干网分出信号进入分配网络。

分配网络再将信号用延长放大器(Line Extender)放大,最后从分支器送到用户。

在实际应用中,这种树形网络还会随居民分布情况的不同,分出更多的层次。

## 5.2.2 什么是 HFC

HFC(Hybrid Fiber-Coaxial)是光纤和同轴电缆相结合的混合网络。HFC 通常由光纤干线、同轴电缆支线和用户配线网络三部分组成,从有线电视台出来的节目信号先变成光信号在干线光纤上传输;到用户区域后把光信号转换成电信号,经分配器分配后通过同轴电缆送到用户。

HFC 的主要特点包括以下几个方面。

(1) 传输容量大,易实现双向传输。一对光纤可同时传送 150 万路电话或 2000 套电视节目。

(2) 频率特性好,在有线电视传输带宽内无须均衡;传输损耗小,25km 内无须中继放大。

(3) 光纤间不会有串音现象,不怕电磁干扰,能确保信号的传输质量。

同传统的 CATV 网络相比,HFC 的网络拓扑结构也有以下不同之处。

(1) 光纤干线采用星形或环状结构。

(2) 支线和配线网络的同轴电缆部分采用树状或总线式结构。

(3) 整个网络按照光节点划分成一个服务区,满足为用户提供多种业务服务的要求。

随着数字通信技术的发展,特别是高速宽带通信时代的到来,HFC 已成为现在和未来一段时期内宽带接入的最佳选择,因而 HFC 又被赋予新的含义,特指利用混合光纤同轴来进行双向宽带通信的 CATV 网络。

## 5.3　有线电视网络的双向传输改造

### 5.3.1　CATV 宽带数据网络需求

**1. 有线电视网络现状**

有线电视网络能够传输的频段为 750～860MHz,少数达到 1GHz。根据中华人民共和国行业标准《有线电视广播系统技术规范》(GY/T 106—1999)的规定,其中 5～65MHz 频段为上行数据信号占用,87～108MHz 频段用来传输立体声广播,110～1000MHz 频段传送传统的模拟电视节目、数字电视节目和 VOD(图 5-2)。

CATV频率分配方案——《有线电视广播系统技术规范》(GY/T 106—1999)

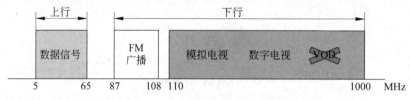

图 5-2　CATV 宽带数据网络需求

国内大部分有线电视网络是单向广播式网络,为了实现访问 Internet,VOD 视频点播,利用有线电视网络资源进行宽带接入等需求,需要对现有的单向广播式网络进行双向数据传输的改造。

**2. 双向改造逻辑结构**

图 5-3 为单向 HFC 网络和有线电视网络双向的逻辑结构示意图,有线电视网络双向化改造以后,单向广播电视业务继续保持原有的 HFC 逻辑链路,双向业务路由和逻辑分层与采用的网络双向化改造技术相关。

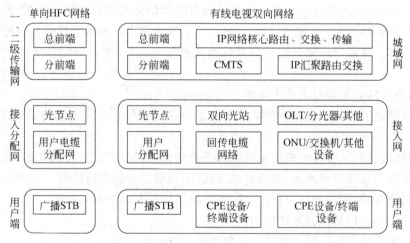

图 5-3　单向 HFC 网络和有线电视网络双向逻辑结构图

(1) 城域网:有线电视双向网的城域网由两部分构成,第一部分为由总前端和分前端构成的广播网络,第二部分为由 IP 网络核心路由、交换和传输以及汇聚交换构成的高速数据主干网络。广播网络一般采用星形(或环形)架构,能够提供数字和模拟电视广播的功能;数据主干网络一般网状联结,具有提供大容量高速数据路由、交换、转发以及汇聚的功能。

（2）接入网：有线电视双向网的接入网有两种基本结构，一种是基于光纤和同轴电缆的双向数据传输网络，另一种是基于光纤和五类线的双向数据传输网络。

（3）用户端：有线电视双向网的用户端接入线路有两种类型，一类采用同轴电缆入户的接入类型，另一类是采用五类线入户的接入类型。

**3. 双向改造技术**

有线电视网络双向化改造技术主要包括接入网光传输改造技术和用户接入改造技术两部分。

（1）接入网光传输改造技术：光网传输技术，通常分为有源光网络（AON）和无源光网络（PON）两大类。有源光网络具备传输距离长、需供电、需维护等特点，有源光网络一般是基于点到点的网络拓扑结构，如 HFC 光网、LAN 光网等部分，有源光网络主要应用于干线传输网络和城域网。

无源光网络一般是基于点对多点的传输方式，多采用树形或星形（多级星形）的拓扑结构，是多用户共享系统。无源光网络具备拓扑结构简单、设备成本低、消除了局端与用户端之间的有源设备等特点。由于 PON 技术的网络拓扑与有线电视网络的拓扑结构相类似，无源光网络技术成为一种在广电网上应用的新技术。

（2）用户接入改造技术：有线电视网络双向化改造的用户接入技术种类较多，基本上可分为 HFC 网络用户接入技术、基于以太网协议的用户接入技术、其他用户接入技术等几类。本章主要讨论 HFC 网络用户接入技术和基于以太网协议的用户接入技术。

基于 HFC 网络的射频调制类用户接入技术，系统一般通过数字调制技术实现双向数据信号和有线电视广播信号的混合共缆传输，在用户端信号由相应的终端设备提取，从而提供基于有线电视同轴电缆的数据接入技术。大多数系统采用上、下行非对称信道的传输方式，采用 QPSK 或者 QAM 等数字调制技术。目前，该类技术主要包括 Cable Modem 等接入技术。

基于以太网协议的用户接入技术是以以太网系列技术为基础的数据接入技术。该类技术的物理传输介质可以是普通的五类线，也可以是同轴电缆；数据传输可以使用基带传输技术也可以使用调制传输技术。

从技术发展趋势来看，以上提到的技术都属于向 FTTH 发展的过渡技术。FTTH 在实现上将光网络单元（ONU）安装在用户处，其显著技术特点是提供更大的带宽且增强了网络对数据格式、速率、波长和协议的透明性。

## 5.3.2  基于 HFC 网络的 Cable Modem 方案

基于 HFC 网络的 Cable Modem 技术是宽带接入技术中最先成熟和进入市场的。

有线电视网络核心的资源之一是同轴电缆入户，在 860MHz 的 HFC 网络中，其接入下行带宽在采用 64QAM 调制方式时为 3.5Gbps，采用 256QAM 调制方式时为 5Gbps，1024QAM 时为 6.25Gbps。对于一个光节点覆盖 500 户的 HFC 网络，在上述三种调制方式下的网络带宽全部用于点对点的业务户均带宽分别为 7Mbps、10Mbps 和 12.5Mbps。在光纤入户尚未实现前，利用同轴电缆入户的接入方式几乎是有线电视运营商对用户提供宽带接入服务的不二选择。

为规范 Cable Modem 的宽带接入，美国有线电视网络运营商、主流有线电视设备供应商、电视工业研究机构等在 1998 年成立非营利组织 Cable Labs，其主要职能是研究新的广播电视技术，发布规范，认证产品。Cable Labs 先后发布了 DOCSIS 1.0/1.1/2.0/ 3.0 等基于 HFC 的宽带接入规范。DOCSIS 协议同时也被国际电信联盟 ITU-T 所采用，其编号为 ITU-T

J.112。

DOCSIS 1.0 定义了有线电视网络宽带接入的系统框架、射频接口、系统网络侧接口、系统用户侧接口、数据安全接口、网络管理接口等规范,实现了系统前端、终端、服务管理系统的设备兼容,极大地促进了有线电视宽带接入的发展。

DOCSIS 1.1 在此基础上,增加了 DOCSIS 协议链路层的带宽保障机制等功能,使有线电视宽带接入在共享带宽机制下,具备提供高速数据、电话等多业务服务能力。

DOCSIS 2.0 引入了先进的物理层调制和多址访问技术,使有线电视网络宽带接入的带宽、特别是回传带宽大为增加,提供电话等对称性业务能力大大加强。

DOCSIS 3.0 则增加了信道捆绑技术、IPv6 支持,强化了安全和运营支撑,使有线电视网络数字媒体业务、数据业务、语音业务在信道、媒体流格式上统一起来,提高了宽带接入带宽,达到千兆级水平。同时,促进了数字媒体设备与宽带接入设备的融合,降低了网络带宽成本。

Cable Modem 接入方式的物理基础是双向 HFC 网络,可在单向 HFC 基础上进行改造,配加回传通道形成。基于 Cable Modem 技术的宽带网络接入系统如图 5-4 所示。其中 CMTS(Cable Modem Termination System)主要部署在有线宽带网络的前端,而 Cable Modem 则部署在用户端,通过 CMTS 与 Internet 实现连接。

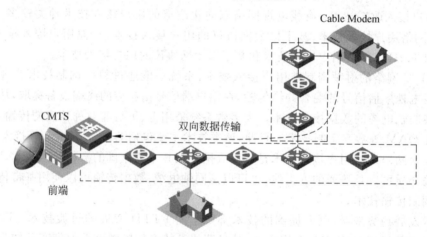

图 5-4　基于 Cable Modem 技术的宽带接入系统

Cable Modem 接入系统采用上、下行非对称信道的传输方式,在 HFC 网络下行带宽 A 波段《有线电视广播系统规划》(GY/T 106—1999)的电视频道中划分出一条到多条 8MHz 带宽信道(中心频率小于 858MHz),用于下行数据的广播发送。当信号采用 256QAM(正交调幅)调制方式时,每个 8MHz 带宽信道最高速率可达 51Mbps(REED-SOLOMON 编码后),上行数据通过 5~65MHz 进行回传。CMTS 作为系统的核心,它提供对 Cable Modem 的 SNMP 接口,对节点内所有 Cable Modem 进行注册登录、管理和控制。

Cable Modem 接入技术比较成熟,在全球范围内得到广泛应用,系统前端、终端和管理系统之间的兼容性好,具备可运营、可管理特性。在 Cable Modem 接入系统中,最终用户能够享受到的上下行带宽取决于采用的调制方式和 HFC 骨干线路上光节点覆盖的用户范围(一般为 500~2000 户)。也就是说,用户共享带宽,用户数越多,运营商给每个用户分配的带宽越少。在用户比较密集的情况下,Cable Modem 接入的带宽相对其他的宽带技术来说比较有限。另外在原有的铜轴线路上部署 Cable Modem 系统时,需要对原有的铜轴线路进行双向改造,有时还牵涉更换电缆,成本较高。由于低频信号容易受干扰,往往造成数据传输质量不高,容易中断并且定位起来十分困难,因此对网络质量和技术维护要求较高。

### 5.3.3　基于以太网的 EoC 技术

以太网技术具有成本低、技术简单、使用管理方便等特点,因此是一种比较理想的宽带接入技术。在基于以太网的有线电视宽带网络接入方式中,其中一种采用五类铜质双绞线进行入户改造,完成双向数据业务的接入功能,而有线电视网络仍然采用 HFC 网络实现。这种接入方式具有接入带宽高,可扩充,可以承载多业务运营的优点,但也存在需重新入户施工,施工量和施工难度较大的缺点,因此主要适用于新建住宅预埋线路或办公楼等网络用户密集的地区。

出于成本上的考虑,有线电视宽带网络的运营商更加倾向于能够更好地利用现有的同轴 CATV 线缆的接入技术。其中比较有代表性的一种被称为 EOC(Ethernet Over Cable)的技术。

EOC 是基于有线电视同轴电缆网使用以太网协议的接入技术。EOC 采用特定的介质转换技术(主要包括阻抗变换、平衡/不平衡变换等),将符合 IEEE 802.3 系列标准的数据信号通过同轴电缆传输,接入用户家中,实现数据的双向传输。

EOC 技术在传输 CATV 信号的频率范围之外,划分低频段上的频率范围来传输上、下行数据信号。我们已经知道,有线电视信号在 111～860MHz 频率传输,而常见 EOC 技术使用的基带数据信号可以在 0～30MHz 频率传输,如图 5-5 所示。EOC 传输技术可以使两者在一根同轴电缆中传输而互不影响。把电视信号与数据信号通过合路器,利用有线电视网络送至用户。在用户端,通过分离器将电视信号与数据信号分离开,接入相应的终端设备。

图 5-5　基于以太网的 EoC 技术

根据以太网信号是否经过调制解调处理后再通过同轴电缆传输,EOC 技术一般又分为无源 EOC 和有源 EOC 两种。

无源 EOC 技术的优点如下。

(1)即插即用,无须在客户端进行复杂的调试。

(2)利用现有网络的同轴电缆资源,用户端设备为无源设备,节省建网成本。

(3)运营维护简单,费用低。

(4)可以为每个用户提供 10Mbps 全双工带宽。

在无源 EOC 技术中,由于用户终端为无源设备,系统传输损耗容限约为 12dB,故楼栋内的入户分配网需采用星形集中分配方式,而且从楼栋以太同轴网桥到用户终端之间不能有任何分支器和损耗较大的分配器。这些条件限制了无源 EOC 的应用范围,对于广播电视网络中常见的树形网络适用性不高。

有源 EOC 技术大多是基于调制技术。其基本原理是将数据信号调制到能在 CATV 同轴线缆传输的某一频段上,然后将 CATV 信号和调制后的数据信号混合传输,下行方向传输 CATV 和数据调制信号,上行方向传输数据调制信号,为双向数据传输提供回传通道。EPCN (Ethernet Passive Coax Network)就是一种比较成熟的有源 EOC 技术。

## 5.4　EPCN 技术介绍

### 5.4.1　EPCN 系统组成

H3C 公司的 EPCN 技术属于有源 EOC 技术范畴。

EPCN 在物理层采用同轴线缆,链路层采用以太网技术,引入点到多点通信控制技术,使以太网在点到多点的同轴分配网中进行承载。EPCN 作为一种有源的 EOC 技术,没有无源 EOC 技术在组网上的局限性,同轴分配网可以是星形、树形等任意拓扑结构。

EPCN 系统由 CLT(Cable Line Terminal)、CNU(Cable Network Unit)和分支分配器组成,如图 5-6 所示。CLT 放在小区机房、小区光节点或者楼道内,CNU 放在用户家里机顶盒上。两者之间由分支分配器组成的树形或者星形 CATV 网络相连。

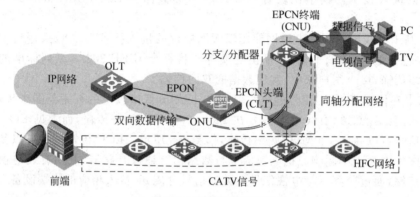

图 5-6　EPCN 系统组成

所有 CNU 的上行数据都传递给 CLT,CNU 之间不能互相通信。也就是说各个用户之间是隔离的,可以有效避免相互之间的影响。

EPCN 系统主要部署在有线电视网络的同轴分配网络部分,CLT 往上则以光纤为介质通过 EPON 技术连接到 Internet。

### 5.4.2　EPCN 传输原理

EPCN 技术使用 OFDM(Orthogonal Frequency Division Multiplexing,正交频分多路复用)调制方式,其基本原理是将高速的数据流分配到多个相互正交的子载波上同时传输。OFDM 将以太网信号调制到 7.5～30MHz 的频率范围内,每一个 24.414kHz 为一个子载波,共划分 917 个子载波。

EPCN 系统的上下行数据采用了不同的传输方式。

每当 CNU 上电后,CNU 会搜索 CLT,并在 CLT 上注册自己的 MAC 地址,同时,CLT 给每一个 CNU 分配一个唯一的终端设备标识(TEI)。

下行方向,数据从 CLT 到多个 CNU 以时分复用技术(TDM)广播到各个 CNU。当数据信号到达 CNU 时,CNU 根据 TEI,在物理层上做判断,接收给它自己的数据帧,摒弃那些给其他 CNU 的数据帧。例如图 5-7 中,CNU1 收到包 1、2、3,但是它仅仅发送包 1 给终端用户 1,摒弃包 2 和包 3。

上行方向,可采用时分多址接入技术(TDMA)和载波检测多路复用(CSMA)传输上行流量。其中 CSMA 可以提供四级优先级,在传输安全性上基于 128 位 AES 严格加密。TDMA 则采用面向连接的设计,可以提供较好 QoS 保障,同时其采用 DBA(动态带宽分配)技术大大

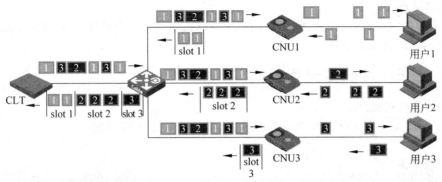

正交频分多路复用(Orthogonal Frequency Division Multiplexing, OFDM)
输入数据：100101001010010101101000101010101001100…
子载波1：110001100101…
子载波2：000110001000…
子载波3：011001110110…
将高速的数据流分配到多个相互正交的子载波上同时传输

图 5-7 EPCN 传输原理

提供带宽传输效率。

### 5.4.3 EPCN 的技术优势分析

EPCN 具有的技术优势包括以下几个方面。

**1. 带宽高**

EPCN 系统物理层带宽最大可达 200Mbps,考虑 FEC 纠错,OFDM 同步开销,MAC 层带宽 100Mbps。理论上 EPCN 的可以频率带宽可扩展到 60MHz,并支持更高的调制,物理层带宽可达 400Mbps。

**2. 抗扰性强**

首先 EPCN 使用的最高频率为 30MHz,比传统 CATV 电视信号的最低频率(1 频道, 49.75MHz)还低,从设计上保证了两者之间不会相互干扰。

EPCN 采用的 OFDM 调制方法也用于基于电力线通信 HomePlug AV,针对电力线干扰严重,OFDM 调制和纠错方式做了相应调整,具有很强的抗干扰能力。

在双向 HFC 系统中,还普遍存在噪声干扰问题。由于 HFC 网络中电缆传输部分一般是树枝状的拓扑结构,在树形网络结构中,用户至光节点信号回传共同使用上行带宽,从用户和网络内部产生的噪声和入侵干扰在电缆网络的前端,即网络的树根处汇聚在一起,对于上行通道,各放大器产生的噪声成分全部汇聚在系统的前端,这种噪声成分正比于系统的规模,即正比于同一树形网络中上行放大器的数量。不仅如此,各个用户终端产生和拾取的各种噪声成分也要经过上行通道汇聚到系统的前端,这部分噪声成分正比于接入同一树形网络的用户数。因此由用户终端和电缆设备引入的噪声在上行系统中产生严重的汇聚,造成所谓的"噪声漏斗效应",从而严重影响上行信道的性能。

在产品设计上,H3C EPCN 头端在光节点终结 Cable 网络信号,头端覆盖的用户数大大减小,且 EPCN 仅使用低频段,采用放大器、桥接器和信号耦合器无源器件把光接收机、放大器等的噪声隔离开,可以避免 CATV 网络上行漏斗噪声。

在终端用户设备上同样也内置高低通滤波器,把电视、机顶盒的噪声衰减和隔离,因此避免 CMTS 类似的汇集漏斗噪声问题。

### 3. 实施简单

由于采用低频技术,线路衰减较小,EPCN 可以实现从光节点到用户家的覆盖而无需任何有源中继设备,改造十分简单。

## 5.4.4　EPCN 典型应用模型

### 1. 组网及应用模型

图 5-8 所示是一个 EPCN 的典型应用模型,以一个住宅小区为例。

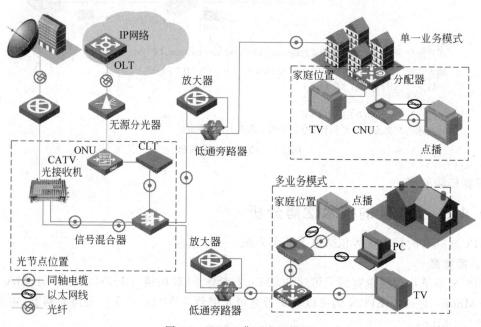

图 5-8　EPCN 典型应用模型

运营商的数据网络采用 EPON 方案光纤接入小区,有线电视网络通过光纤延展到小区的 CATV 的光接收机上,然后通过同轴线缆连接到信号混合器,与来自 CLT 设备的数据信号混合之后通过同轴线缆连接到各个家庭用户。

其中 CLT 设备的具体连接方式如图 5-9 所示。

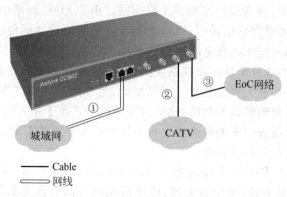

图 5-9　CLT 连接方式

在有城域以太网直接接入的情况,可以使用设备自带的以太网接口进行接入。

在用户家庭一侧,家庭网关/Cable 网桥的接入方式如图 5-10 所示。

**2. 业务模式**

在 EPCN 应用中,根据承载的业务不同,分为单一业务模式和多业务模式。

单一业务模式的应用中对现有 HFC 网络进行改造,使其承载宽带上网、数字电视或 VoIP 语音电话中的某一种业务。

多业务模式则承载宽带上网、数字电视或 VoIP 语音电话中的多种业务。多业务模式的应用中需要通过 IEEE 802.1Q VLAN 来区分用户的每种业务。

在 EPCN 网络中,VLAN 的规划十分重要。在 VLAN 的规划上,主要出于以下两方面的考虑。

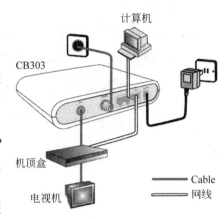

图 5-10 家庭网关/Cable 网桥的连接方式

(1) 业务安全性的需要。好的 VLAN 规划可以实现业务的精细化管理,特别是针对互联网业务,可以有效地隔离用户,防止用户间相互影响。同时实现精细化管理后可以对上网用户实现可溯源,这样既能防止账号盗用和共用,防止资费流失,也便于对用户进行行为的审计。

(2) 业务质量保证的需要。通过 VLAN 规划将不同业务分在不同 VLAN 内,可以便于网络设备进行 QoS 标记,从而在网络传输中保证高优先级业务(如 IP 语音、STB 业务)的质量,提高用户体验,增加运营商对用户的黏性。

EPCN 网络中的 VLAN 规划主要有三种模式:PUPV(Per User Per VLAN)模式、PSPV(Per Service Per VLAN)模式和 PUPSPV(Per User Per Service Per VLAN)模式。

其中 PUPV 是指"一用户一 VLAN"模式,这种模式下,同一用户的所有业务采用同一 VLAN 来进行标记,不同用户的 VLAN 不同。在 EPCN 组网中由 EPCN 终端设备即 CLT 标记 VLAN,通过 VLAN ID 即可唯一确定园区内的具体用户。

PUPV 模式由于过于粗放,不便实施业务质量保证,因此应用较少。

下面主要介绍 PSPV 和 PUPSPV 模式。

(1) PSPV 模式。PSPV 模式是指"一业务一 VLAN"模式。这种模式下,不同用户的相同业务采用相同的 VLAN 进行标记。VLAN 标记通常由 EPCN 终端设备来完成。通过 VLAN ID 即可确定园区内的具体业务。

以图 5-11 中的应用为例,从用户到业务控制点之间采用单层 VLAN 的规划方法,OLT 只要透传 VLAN 信息即可。PSPV 的规划方式实际上也属于比较粗略划分方法,在小区内所有用户都共享同一个业务 VLAN ID。这时在业务控制点处 VLAN 的含义可以定义为:业务类型＋小区方位。

(2) PUPSPV 模式。PUPSPV 模式是指"每用户每业务每 VLAN"模式。这种模式实际上是 PUPV 模式配合 QinQ 技术,通过两层 VLAN 标签来进行标记。其中内层 VLAN 标记园区内用户,外层 VLAN 标记业务和园区位置。内层 VLAN 标记由 EPCN 终端进行标记,外层标签由 OLT 设备进行标记。在 PUPSPV 模式下,通过两层标签可以唯一确定用户物理位置和业务。

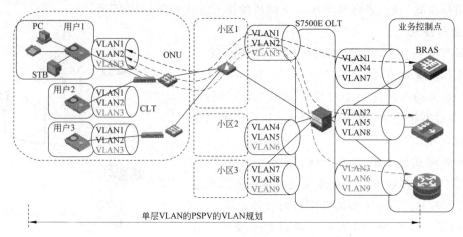

图 5-11　PSPV VLAN

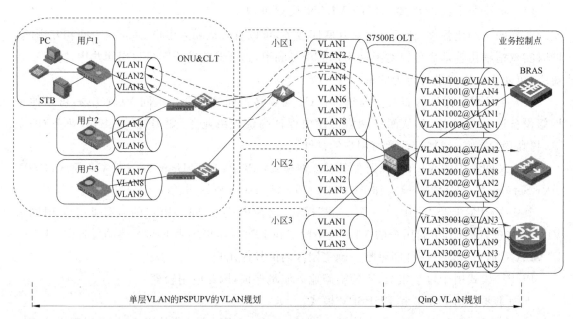

图 5-12　PSPUPV VLAN

　　以图 5-12 中的应用为例,从用户到 OLT 采用单层 VLAN 中 PSPUPV 的 VLAN 规划,OLT 再到业务控制点使用灵活 QinQ 实现 VLAN 规划。这样可以精确标识用户与业务,每个用户的每种业务都有相应的 VLAN ID 标识。

　　在业务控制点处 VLAN 的含义可以定义为内层 Tag 标识用户在小区中的精确方位及业务类型,外层 Tag 标识用户所在的小区。

# 5.5　本章总结

　　(1) 有线电视网络 CATV 和 HFC 相关基本概念的介绍。

　　(2) 有线电视网络的双向传输改造的两种技术方案对比:Cable Modem 和 EoC。

　　(3) 一种典型的有源 H3C EPCN 技术介绍。

## 5.6　习题和答案

### 5.6.1　习题

(1) 在有线电视网络中,前端的功能包括(　　)。

A. 收集来自卫星传送的电视信号、无线广播的电视信号及经微波传送的电视信号

B. 调制电视信号

C. 控制有线电视网络中电视信号的传送

D. 控制主干网分出信号进入分配网络

(2) 对于一个光节点覆盖 1000 户的 HFC 网络,采用 256QAM 调制方式时,网络带宽全部用于点对点的业务户均带宽为(　　)。

A. 7Mbps　　　　　B. 10Mbps　　　　　C. 5Mbps　　　　　D. 12.5Mbps

(3) 一般来说,利用 EoC 技术在 HFC 网络中传输的数据信号范围是_____。

(4) 采用 EPCN 技术时,HFC 的同轴分配网络的拓扑结构只能是星形或者树形的是(　　)。

A. True　　　　　　B. False

(5) 在 EPCN 系统中,数据从 CLT 到 CNU 传输时采用的是(　　)方式。

A. 广播　　　　　　B. 组播　　　　　　C. 单播　　　　　　D. 任播

### 5.6.2　习题答案

(1) A、B、C　　　(2) C　　　(3) 0~20MHz　　　(4) B　　　5. A

# 第6章

# ADSL 技 术

随着互联网的快速发展普及,网上语音通信、音频视频广播和宽带交互式新媒体的出现和发展对接入网带宽的要求将越来越高,由此带来了宽带接入技术的蓬勃发展。所谓的宽带接入网络是局端设备(Central Office Equipment,COE)与用户端设备(Customer Premises Equipment,CPE)之间的信息传输网的总称,用于提供"最后一公里接入"的连接。

在现有的宽带接入技术中,DSL 技术应用非常广泛。

本章将介绍关于 DSL 的一些基本概念以及技术分类情况,以及目前应用最广的主流 DSL 技术——ADSL。

## 6.1 本章目标

学习完本章,应该能够达到以下目标。

(1) 了解 DSL 技术的基本原理、分类方法和几种有代表性的 DSL 协议。

(2) 理解 ADSL 的基本原理、协议标准和编码方式。

(3) 理解 ADSL 的四种上层应用。

(4) 掌握 ADSL 的基本配置方法。

## 6.2 DSL 技术概述

### 6.2.1 DSL 技术的起源

DSL(Digital Subscriber Line,数字用户线路)是以铜质电话线为传输介质的传输技术形成的组合,可以在同一双绞线上传送数据和语音信号。如图 6-1 所示,相对于其他的传统接入技术如 E1/T1、ISDN 和 PSTN 等,DSL 在带宽上的优势比较明显。

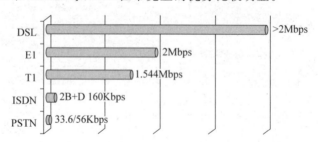

图 6-1　DSL 和其他接入技术的带宽对比

DSL 的历史可以追溯到 1989 年,当时美国贝尔实验室为视频点播(VOD)业务开发了一种利用普通的铜质双绞线传输高速数据的技术,并命名为 DSL。DSL 技术的主要特点让数字信号加载到电话线路未使用频段,这就实现了不影响话音服务的前提下在普通电话线上提供数据通信。

由于 VOD 业务的受挫,DSL 技术在早期并没有得到广泛的应用。到了 20 世纪 90 年代晚期,随着 Internet 的迅速发展,用户对固定连接的高速用户线需求日益高涨,贝尔公司才搬出他们已经讨论了 10 年的 DSL 技术来争夺宽带市场份额。

由于当时电话用户环路已经被大量铺设,如何充分利用现有的铜缆资源,通过铜质双绞线实现高速接入就成为业界的研究重点,因此 DSL 技术很快就得到重视,并在一些国家和地区得到大量应用。

## 6.2.2　DSL 的基本原理

### 1. DSL 的频率范围

传统的 PSTN 电话系统在设计之初主要是用来传输模拟语音信号,当时出于经济上的考虑,电话系统设计传送频率范围在 300Hz～3.4kHz 的信号(人的话音最高可以超过 15kHz,而人的耳朵可以听到的声音频率在 20Hz～20kHz,300Hz～3.4kHz 是一个比较容易辨识的声音频率范围)。

在这个频率范围内,程控电话交换机将模拟语音信号转成 64Kbps(零次群)的数字信号,通过多路复用技术,将多路语音信号合并为 T1/F1 或更高,通过光纤或铜缆传输到其他交换机。因此,由于 PSTN 电话系统的限制,利用电话线路(铜质双绞线)和 Modem 进行数字传输的速率不是很高(33.6/56Kbps)。

在 PSTN 系统中用于连接电话终端的铜质双绞线实际上可以提供更高的带宽,从最低频率到 200Hz～2MHz 不等,这取决于电路质量和设备的复杂度(一般认为到最终用户分线器之间接头越少越有利于提高带宽;线路传输路过的环境,电子干扰小越有益于提高线路带宽)。

DSL 技术是利用在电话系统中没有被利用的高频信号传输数据,比如常用的 ADSL 技术就使用 26kHz～1.1MHz 的高频段传数据。在 DSL 系统中,其语音和数据的分流在到达局端的程控交换机之前就已经实现(图 6-2)。

图 6-2　DSL 的频段

DSL 技术的这一特点使其能够充分利用现有的铜质双绞线资源,以较低的成本提供高速的宽带接入。

### 2. DSL 的调制技术

相对于传统的窄带接入技术,DSL 利用了更加先进的调制技术。

(1) 2B1Q(Two Binary One Quaternary),由 AMI(Alternate Mark Inversion,信号交替反转)技术发展出来的基带调制技术,能够利用 AMI 的一半频带达到 AMI 一样的传输速率,由于降低了频带要求,提高了传输距离,主要应用于 H/SDSL 技术中。

(2) QAM(Quadrature Amplitude Modulation,正交幅度调制)是传统的拨号 Modem 所用的技术,MVL 将其扩展到高频段,并综合了复用技术,以支持多 Modem 共享同一线路。与其他调制技术相比,QAM 编码具有能充分利用带宽、抗噪声能力强等优点。

(3) CAP(Carrierless Amplitude & Phase Modulation,无载波调幅/调相)的载波频率可变。在一个频率周期或波特内传输 2～9 位二进制数据,因此在相同的传输速率下,占用更少的带宽,传输距离更远,主要应用于 H/SDSL、ADSL 中。

(4) DMT(Discrete Multi-Tone,离散多音频),将高频段划分为多个频率窗口,每个频率窗口分别调制一路信道,由于频段间的干扰,传输距离相对短,应用于 ADSL 中。

**3. 影响 DSL 传输的因素**

DSL 作为一种基于普通电话双绞线的传输技术,对物理传输线路有很大的依赖性。环路的特征将服务的质量和性能级别产生决定性的影响。影响 DSL 传输的因素主要包括线路长度、桥接抽头、加感线圈和噪声等,如图 6-3 所示。

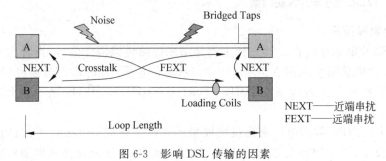

图 6-3  影响 DSL 传输的因素

(1) 线路长度(Loop Length)。DSL 技术利用铜线的高频特性进行数据传输,铜线越长,高频部分的衰减越大。以 ADSL 为例,能应用 ADSL 传输的线路最长的典型值为 4～6km,准确传输的最大长度根据铜线规格、线路状况而定。随着传输距离的增大,将不可避免地带来DSL 传输速率的下降。

(2) 加感线圈(Loading Coils)。在铜线只用于普通电话业务时,如果线路过长,为了保证在 3kHz 频段内线路频谱的平坦度,往往接上一个或多个加感线圈。而加感线圈的低通滤波作用对高频信号有很大的衰减,因此在开通 DSL 业务时应去除加感线圈。

(3) 桥接抽头(Bridged Taps)。桥接抽头是跨接在铜线上的未用的支路线路。靠近ADSL Modem 附件的桥接抽头上的反射信号具有一定的功率,可能会抵消从远端传来的有用的信号脉冲。以 ADSL 为例,一般要求线路上桥接抽头的总长度小于 800m,单个桥接抽头小于 650m。靠近两端的桥接抽头对传输的影响最为明显。

(4) 串扰和背景噪声(Crosstalk and Noise)。来自在同一线束内其他传输数字信号线对的串扰,特别是近端串扰,可能由于铜线屏蔽不好,信号功率过强或线路不平衡会影响线路上的信噪比,此外,对于 50Hz 的电力线或无线电的感应电压也会影响线路的信噪比,从而影响ADSL 数据的传输速率。

## 6.2.3  DSL 技术分类

DSL 技术主要分为对称和非对称两大类。

**1. 对称 DSL 技术**

对称传输模式更适用于企业"点对点"连接应用,如大量数据传输、视频会议等。对称DSL 技术具有对线路质量要求低、安装调试简单等特点,主要用于替代传统的 T1/E1 接入技术。对称 DSL 技术主要有以下几种。

(1) HDSL(High-bit-rate DSL,高比特率 DSL):HDSL 是 DSL 技术中比较成熟的一种。HDSL 可以通过现有的铜质双绞线(两对)以全双工 T1 或 E1 方式传输,其支持 $N×64$Kbps各种速率,最高可达 2Mbps。HDSL 在应用中被当作 T1/E1 的一种替代技术,与 T1/E1 技术相比,它具有价格便宜、容易安装的优点。T1/E1 要求每隔 0.9～1.8km 就安装一个放大器,而 HDSL 可在 3.6km 的距离上传输而不用放大器。

（2）SDSL（Single-line DSL，单线路 DSL）：SDSL 是 HDSL 的单线版本，在单对铜质双绞线上可以提供双向高速可变比特率连接，速率范围从 160Kbps 到 2Mbps，其最大传输距离为 3km 以上。

（3）MVL（Multiple Virtual Line，多虚拟数字用户线）：MVL 是 Paradyne 公司开发的低成本 DSL 传输技术。MVL 利用一对双绞线，上/下行共享速率可达 768Kbps，其传输距离可达7km。MVL 支持语音传输，在用户端无须语音分离器。同时由于 MVL 利用与 ISDN 技术相同的频率段，对同一电缆中的其他信号干扰非常小。MVL 安装简便，价格低廉，功耗低，可以进行高密度安装。

（4）G.SHDSL（Single-Pair High-Speed DSL，单对高速 DSL）：SHDSL 即单线对高比特率数据用户线。SHDSL 是从 HDSL、SDSL 和 ISDN 上发展而来的新的对称数字用户线。当采用单对双绞线时可以实现 192Kbps～2.3Mbps 的自适应可变速率传输，同时能以 4 线传输模式提供最高达 4.6Mbps 的带宽。传输速率可以根据线路长度以及线路条件自动匹配。由于其对应的国际标准为 ITU-T G.991.2，因此又被称为 G.SHDSL。

**2. 非对称 DSL 技术**

非对称传输模式由于可以根据双绞铜线质量的优劣和传输距离的远近动态调整用户访问速度，这就使它们成为网上高速冲浪、视频点播、远程局域网络（LAN）理想的接入技术。在上述应用中，下载数据的需要量要远远高于上传数据需求量。

非对称 DSL 技术主要有以下几种。

（1）ADSL（Asymmetric DSL，非对称 DSL）：ADSL 能够向用户提供从 32Kbps 到 8Mbps 的下行速率和从 32Kbps 到 1Mbps 的上行速率。ADSL 的有效传输距离一般在 3～5km。ADSL 支持同时传输数据和语音。ADSL 是目前应用最为广泛的 DSL 技术，其下一代技术 ADSL2＋已经出现。

（2）VDSL（Very High Bit Rate DSL，甚高速数字用户线）：VDSL 是目前传输速率最高的 DSL 技术，其最高下行速率可达 55Mbps。VDSL 相对于其他的 DSL 技术其传输距离较短，适用于用户相对较为集中的园区网络高速接入。最新的 VDSL2 标准其最高速率可达 100Mbps。

随着技术的发展，部分 DSL 技术已经逐步从市场上消亡或正在消亡中。目前主流的 DSL 主要包括 ADSL、SHDSL 和 VDSL 以及它们的下一代版本。表 6-1 列出了目前主流的 DSL 技术标准和主要特性参数。

表 6-1 主流 DSL 技术对比

| DSL 技术 | ITU 标准 | 制定时间 | 最大速率 |
| --- | --- | --- | --- |
| ADSL | G.992.1（G.dmt） | 1999 | 7Mbps DOWN，800Kbps UP |
| ADSL2 | G.992.3（G.dmt.bis） | 2002 | 8Mbps DOWN，1Mbps UP |
| ADSL2＋ | G.992.5（ADSL2＋） | 2003 | 24Mbps DOWN，1Mbps UP |
| ADSL2-RE | G.992.3（Reach Extended） | 2003 | 8Mbps DOWN，1Mbps UP |
| SHDSL | G.991.2（G.SHDSL） | 2001 | 4.6Mbps UP/DOWN |
| VDSL | G.993.1 | 2004 | 55Mbps DOWN，15Mbps UP |
| VDSL2 | G.993.2 | 2005 | 100Mbps UP/DOWN |

# 6.3　ADSL 技术原理和应用

## 6.3.1　ADSL 技术的基本原理

**1. ADSL 系统组成**

ADSL 系统主要由局端设备 COE 和用户端设备 CPE 组成,其组成结构如图 6-4 所示。

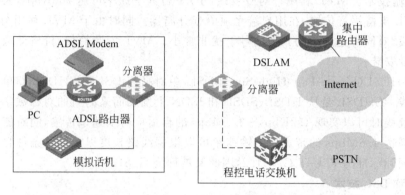

图 6-4　ADSL 系统组成

COE 一般位于电信运营商的交换机房中,由 DSLAM(Digital Subscriber Line Access Multiplexer)接入平台、ADSL 局端卡、语音分离器、IPC(数据汇聚设备)等组成。

(1) 语音分离器将线路上的音频信号和高频数字调制信号分离,并将音频信号送入程控电话交换机,高频数字调制信号送入 DSLAM 接入平台。一些设备制造商经常把分离器集成在 DSLAM 机框中。

(2) DSLAM 接入平台可以同时插入不同的 ADSL 局端卡和网管卡等。

(3) ADSL 局端卡将线路上的信号调制为数字信号,并提供数据传输接口。

(4) IPC 为 ADSL 接入系统提供不同的广域网接口,如 ATM、帧中继、T1/E1 等。IPC 为可选的设备,这里为了方便理解,可以把 IPC 设备看作一台起数据集中转发功能的路由器,后简称集中路由器。

CPE 由 ADSL Modem(或 ADSL 路由器)和语音分离器组成,ADSL Modem(ADSL 路由器)对用户的数据包进行调制和解调,并提供数据传输接口。

**2. ADSL 的协议标准和编码调制方式**

目前常见的 ADSL 底层技术标准主要由 ANSI 和 ITU(International Telecommunication Union,国际电信联盟)所制定,主要可以分为 ADSL Full Rate 和 ADSL G. lite 两类。

ADSL Full Rate 被称为全速率的 ADSL 标准,其最高下行速率可达 8192Kbps,最高上行速率为 1024Kbps。ADSL Full Rate 标准为了在实现高速率的同时减少干扰,要求用户端必须安装 POTS 语音分离器,以将通过电话线的语音和数据分离并分别传送至电话交接机与数据网络。ADSL Full Rate 具体的标准包括 ANSI T1. 413 issue 2(主要应用于欧洲和美洲市场)和 ITU 992.1(G. dmt)。ITU 992.1 主要包括 Annex A、B 和 C,下面分别进行介绍。

(1) Annex A 主要定义了 ADSL 和传统 POTS 业务共存。

(2) Annex B 定义了 ADSL 和 ISDN 业务共存,相当于将最低的模拟调制带宽抬高。ISDN 有两种调制方式,2B1Q 占用 0~80kHz 的带宽,4B3T 占用 0~90kHz 的带宽。所以标准规定 Annex B 的上行带宽占用 138~276kHz,下行带宽占用 138~1104kHz。

（3）Annex C 主要是面对日本市场（TCM-ISDN）的应用。

ADSL G. lite 则被称为是简化后的 ADSL 技术标准，其最高下行速率可达 1.5Mbps，最高上行速率为 512Kbps。ADSL G. lite 无须使用用户电话语音分路器，具有方便安装、低功耗、低成本的特点。ADSL G. lite 的具体的标准为 ITU 992.2(G. lite)。

ADSL 的关键技术主要包括调制技术和复用技术。

一直以来，ADSL 有 CAP 和 DMT 两种主要编码调制方式，如图 6-5 所示，CAP 由 AT&T Paradyne 设计，而 DMT 由 Amati 通信公司发明。

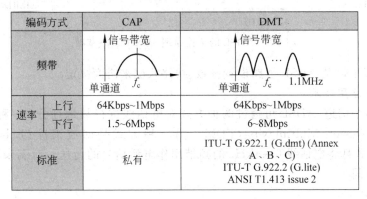

图 6-5　ADSL 的协议标准和编码方式

使用 CAP 调制技术时，数据被调制到单一载体信道，然后沿电话线发送。信号在发送前被压缩，在接收端重组。CAP 调制技术是以 QAM 调制技术为基础发展而来的，可以说它是 QAM 技术的一个变种。

DMT 则将数据分成多个子载体信道，测试每个信道的质量，然后赋予其一定的比特数。DMT 用离散快速傅里叶变换创建这些信道。

在 ADSL 的标准化进程中，DMT 调制方式由于具有带宽利用率更高，可实现动态带宽分配以及抗窄带和脉冲噪声能力强的优点，因此比 CAP 方式获得了更广泛的支持。

**3. ADSL 的 DMT 调制**

ADSL 中常用的 DMT 调制技术的原理是将频带（0～1.104MHz）分割为 256 个由频率指示的正交子信道（每个子信道占用 4.3125kHz 带宽），输入信号经过比特分配和缓存，将输入数据划分为比特块，经编码后再进行离散傅里叶反变换（IDFT）将信号变换到时域，这时比特块将转换成 256 个 QAM 子字符。随后对每个比特块加上循环前缀（用于消除码间干扰），经数模变换（D/A）和发送滤波器将信号送上用户线。在接收端则按相反的次序进行接收解码。

从图 6-6 中可以看出，ADSL 数据的传输速率和三个参数有关：子承载通道的数目（No. of Carriers），子承载通道速率（No. of bit/Carrier）以及调制速率（Modulation Rate）有关。

ADSL 数据的传输速率计算公式为

数据速率＝子承载通道的数目×子承载通道速率×调制速率

Data Rate＝No. of Carriers×No. of bit/Carrier×Modulation Rate

已知 DMT 的调制速率为 4000symbol/s，ADSL 的每个子承载通道速率为 15bit/symbol，ADSL 下行子承载通道最大为 248，而上行子承载通道最大为 24，因此

ADSL 最大下行速率＝248×15×4000Mbps＝14.88Mbps

ADSL 最大上行速率＝24×15×4000Mbps＝1.44Mbps

以上只是根据 ADSL 标准的规定，在理论上的 ADSL 数据传输速率。实际速率由具体设

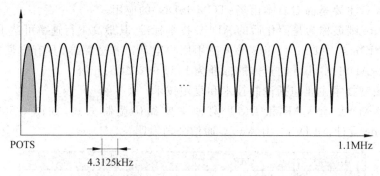

图 6-6    ADSL 的工作原理：DMT 调整基础

备上的 ADSL 板卡以及 ADSL 线路设置参数，线路状况来协商决定。

**4. ADSL 的复用技术**

为了建立多个信道，ADSL 可通过两种方式对电话线进行频带划分：一种方式是频分复用（Frequency Division Multiplexing，FDM），另一种方式是回波消除（Echo Cancellation，EC）。这两种方式都将电话线 0～4kHz 的频带用作电话信号的传送。对剩余频带的处理，两种方法则各有不同。

1）频分复用

频分复用就是将用于传输信道的总带宽划分成若干个子频带（或称子信道），每一个子信道传输 1 路信号。频分复用要求总频率宽度大于各个子信道频率之和，同时为了保证各子信道中所传输的信号互不干扰，应在各子信道之间设立隔离带，这样就保证了各路信号互不干扰（条件之一）。频分复用技术的特点是所有子信道传输的信号以并行的方式工作，每一路信号传输时可不考虑传输时延，因而频分复用技术取得了非常广泛的应用。

在 ADSL 技术中，频分复用方式将电话线剩余频带划分为两个互不相交的区域：一段用于上行信道，另一段则用于下行信道。下行信道由一个或多个高速信道加入一个或多个低速信道以时分多址复用方式组成，上行信道由相应的低速信道以时分方式组成。

图 6-7 显示了频分复用 FDM 方式的波形图。其特点有以下几个方面。

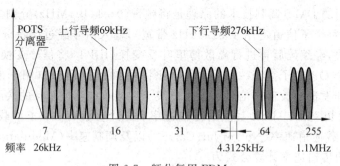

图 6-7    频分复用 FDM

（1）上行导频（Pilot Tone）在 16♯ 子信道（69kHz）。

（2）下行导频在 64♯ 子信道（276kHz）。

（3）上行数据传输频段从 7♯ 子信道到 31♯ 子信道（除去 16♯）。

（4）下行数据传输频段从 32♯ 子信道到 255♯ 子信道（除去 64♯）。

2）回波消除 EC

回波消除 EC 方式将电话线剩余频带划分为两个相互重叠的区域，它们也相应地对应于上行和下行信道。两个信道的组成与 FDM 方式类似,但信号有重叠,而重叠的信号靠本地回波消除器将其分开。

EC 方式由于上、下行信道是重叠的,使下行信道可利用频带增宽,但这也增加了系统的复杂性,一般在使用 DMT 调制技术的系统才运用 EC 方式。

图 6-8 显示了回波消除 EC 的波形图。其特点有以下几个方面。

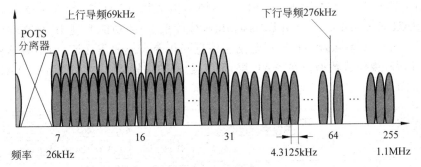

图 6-8 回波消除 EC

(1) 上行导频在 16 ♯ 子信道(69kHz)。
(2) 下行导频在 64 ♯ 子信道(276kHz)。
(3) 上行数据传输频段从 7 ♯ 子信道到 31 ♯ 子信道(除去 16 ♯)。
(4) 下行数据传输频段从 7 ♯ 子信道到 255 ♯ 子信道(除去 64 ♯)。

**5. ADSL 线路激活**

ADSL CPE 设备进行业务传输前必须先进行线路激活,如图 6-9 所示。

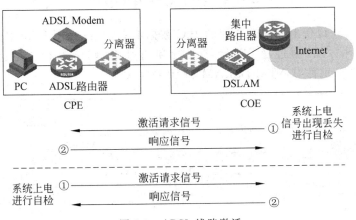

图 6-9 ADSL 线路激活

激活是指 COE 与 CPE 之间进行的一系列的握手训练和交换信息的操作。激活过程将根据线路配置模板中制定的 ADSL 标准、通道方式、上下行线路速率、规定的噪声容限等设定,检测线路距离和线路状况,在局端与远端设备之间进行协商,确认能否在上述条件下正常工作。如果激活成功,则在局端与远端设备建立起了通信连接,此时,就可以传输业务。

线路激活协商连接参数时,局端设备处于主导地位,用户端设备处于从属地位,也就是说,大多数连接参数都是由局端设备提供并拥有最终的决定权。

激活的相反操作是去激活。去激活后,局端与远端设备建立通信的连接不再存在。路由器定时检测线路的性能,如果线路性能恶化,会自动将线路去激活,重新训练,重新激活。

### 6.3.2　ADSL 的上层应用

ADSL 本身只是一个物理层的接入技术,在 ADSL 线路之上则通过一系列的上层应用来对数据进行链路层和网络层的封装以进行数据传输。

以用户端设备为 ADSL 路由器为例,ADSL 路由器上的接口本质上是一种 ATM 接口。从 ADSL 路由器到 DSLAM 设备,ADSL 采用帧结构承载 ATM 信元,在 ADSL 接口上通过 AAL 层的 SAR(Segmentation and Reassembly,分段重组)的功能实现 IP 报文和信元之间的分段重组。如图 6-10 所示,AAL 层适配高层信息到相等大小的信元流,而不管这些信息是什么类型——语音、视频或数据。在 AAL 层,第 2 层的帧被输入了 AAL,而从 AAL 输出的是段的 48 字节净荷。

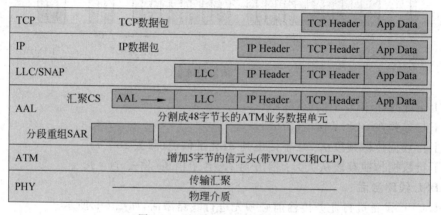

图 6-10　ATM/ADSL 封装过程

数据从 DSLAM 设备上行到运营商的 IPC 数据汇聚设备(在图 6-11 中以集中路由器表示)时主要有两种方法,通过 ATM 网络上行和通过 IP 网络上行。在这两种方法中的 DSLAM 设备一般分别称为 ATM-DSLAM 和 IP-DSLAM。

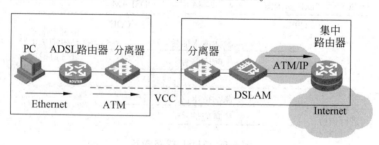

图 6-11　ADSL 的 ATM 和 IP 上行方式

对于 ATM-DSLAM 来说,上行的数据信号在 ADSL CPE 中通过 AAL5 SAR 功能实现数据帧到 ATM 信元之间的转换,经调制后,信号被传输到局端的 DSLAM,局端对 ADSL 信号进行解调,并恢复成 ATM 信元格式。

下行的信号是以 ATM 信元格式传送给 DSLAM,这些接收进来的 ATM 信号,带着相关的一些 ATM 信息,如 ATM 业务类型、PVC 数据以及其他一些参数,通过调制到 ADSL 中发送。

IP-DSLAM 在 ADSL 信号的处理上和 ATM DSLAM 相同,上行的信号经过 DSLAM 解调出来后,转换成 ATM 信元。但在 IP-DSLAM 中这些 ATM 信号并不像在 ATM DSLAM

中那样进行复接和业务类型处理,而是通过 AAL5 SAR 功能转换成相应的 MAC 帧,即 ATM 终结。在 ATM 信号终结的过程中,建立相应的 MAC 地址与 PVC 的对应关系。在 ATM 信号终结之后,一般通过 FE/GE 上行口传输到上层设备,进入 IP 城域网。

下行信号则刚好相反,从上级设备发送到 IP-DSLAM 的 MAC 帧信号完成二层功能的信号处理,最终在 IP-DSLAM 中通过 AAL5 SAR 功能,把 MAC 帧转换为 ATM 信元,并实现从 MAC 地址到 PVC 的转换。IP-DSLAM 中 ATM 信号经过处理,变换成 ADSL 信号格式,并通过调制传输到远端的 ADSL CPE。

建立 ADSL 连接之前,首先需要建立低层链路 VCC(Virtual Circuit Connection),建立 VCC 通常需要协商以下参数。

(1) VCC Interface:在 ATM VC 上运行的低层接口,ADSL 服务使用 AAL5。

(2) VPI/VCI:建立 VC 时,COE 与 CPE 双方需要协定 VPI/VCI 的值。VPI 和 VCI 的取值范围分别是 VPI(0~255)、VCI(32~65535)。ADSL 应用中常见的 VPI/VCI 值有 0/35、0/32 等。

(3) 封装形式(复用方式):LLC-Encapsulation 和 VC Multiplexer 是两种通过 ATM AAL5 传送网络互联信息的封装形式。前者允许在单一的 ATM 虚电路上复用多种协议,而后者是让每一种协议都承载在不同的 ATM 虚电路上。

(4) AAL5 可用的最大协议数:最大协议是指 ADSL 上层协议,即 VCC 上运行的高层接入方式。

建立 VCC 之后,接下来需要建立在 VCC 上运行的高层接入方式。在 ADSL 线路上如何进行上层的数据传输,其关键在于如何在 ADSL 底层上构建和封装 IP 数据包。目前主要的协议和应用有四种:RFC 1483-Bridged(1483B)、IPoA、PPPoEoA 和 PPPoA。

**1. RFC 1483-Bridged 应用**

RFC 1483(Multiprotocol Encapsulation over ATM Adaptation Layer 5)介绍了通过 ATM 适应层 5(AAL5)的多协议封装方法,包括路由和桥接两种封装方法,在这里仅介绍桥接的方法。如图 6-12 所示,使用 RFC 1483 桥时,用户的 ADSL CPE 把来自用户终端设备的以太网帧以桥接的方式通过 DSLAM 设备传送到运营商的 IPC 数据汇聚设备上。

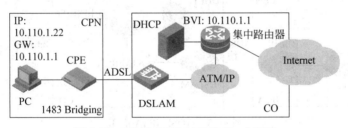

图 6-12 ADSL RFC 1483-Bridged 应用

最初,RFC 1483 标准的制定是为了实现网络层上多种协议的数据包在 ATM 网络上的封装传送。它已广泛适用于 ATM 技术中,现已成为在 ATM 网络上处理上层多种协议数据包的封装标准。ADSL 接入依托于 ATM 骨干网络,在接入侧上继承了许多 ATM 技术的特点和优点,所以 ATM 网络上承载数据包的各种标准就很自然地被 ADSL 接入技术所采用。

在协议模型上,RFC 1483-Bridged 接入在数据链路层对网络层的数据包进行 LLC/SNAP 的封装,以此来指明上层所应用的协议类型,因此可以适用于网络层上的多协议传送。它仿真了以太网的桥接功能,在形式上 RFC 1483-Bridged 的接入方式相当于将用户侧的终端设备直接挂接在网络侧的网桥设备上。在 ADSL Modem 中完成对以太网帧的封装处理后,通过用户侧和网络侧的 PVC 永久虚电路完成数据包的透明传输。

在 RFC 1483-Bridged 应用中,用户的 ADSL CPE 把来自用户终端设备的以太网帧以桥接的方式通过 DSLAM 设备传送到运营商。在集中路由器上,使用 BVI(Bridged-group Virtual Interface)将桥接数据转发到相应的路由接口上。BVI 是路由器上的一个虚拟接口,其代表了桥接组和路由接口之间的对应关系。如果运营商希望通过 DHCP Server 向用户动态分配 IP 地址,其网关地址应为 BVI 的 IP 地址。

处于数据链路层的桥接器在工作原理上仍然采用广播学习的方式,通过收集、记录各用户网卡的 MAC 地址信息进行通信。因此,RFC 1483-Bridged 的接入可以实现远端整个以太网的共同接入,其组网比较经济简便。但其用户侧最大用户接入数的限制取决于 ADSL CPE 内部桥接记录存储器的实际容量(用户实际接入数还要考虑到 IP 子网的划分范围)。同时,类似于实际的局域网,RFC 1483 桥接接入不可避免地会引入大量的广播信息,引起整个网络效率的下降,各用户所获得的实际带宽抖动很大,很难完成对服务质量保证有严格要求的业务。

基于以上的原因,RFC 1483-Bridged 只适用于小型的运营商或者企业自己部署的 ADSL 接入。在 ADSL 发展的初期,很多运营商选择 RFC 1483-Bridged 是因为其简单并易于实现,当时的 ADSL 网络规模也不大。随着 ADSL 网络规模的增大,更多的运营商越来越倾向于更为复杂的 PPPoEoA 和 PPPoA 应用。

**2. IPoA 应用**

IPoA 是 RFC 1557 所定义的经典 IP 接入方式,类似于 RFC 1483 标准,RFC 1577 也是在 ATM 网络上承载 IP 协议的标准规范。在协议中,它明确了该标准仅仅针对网络层的 IP 协议,用 IP 路由转发实现相互之间的通信,因此也被称为 IP over ATM。IP 包在数据链路层的封装处理上,RFC 1577 仍然利用 RFC 1483 LLC/SNAP 的数据封装方式对 IP 包进行封装处理,也被人们称为 RFC 1483-Routed 接入方式。

图 6-13 所示,要实现 RFC 1577 的 ADSL 宽带接入,用户侧需要提供价格比较昂贵的附加支持设备(如 ADSL 路由器),一般的 ADSL Modem 并不能实现 IPoA 应用,这在很大程度上限制了 RFC 1577 在 ADSL 接入方面的推广使用。

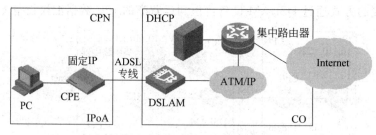

图 6-13    ADSL IPoA 应用

IPoA 用户的上网方式是使用的固定 IP 地址的路由方式(即用户的计算机可从 ISP 处获得一个合法的固定公网地址),因此也被称为 ADSL 专线。IPoA 是利用 ATM 早期标准完成静态 IP 接入的技术,对于一些有固定 IP 需求的专线用户,采用 IPoA 当然能够很好地满足需求。但是对于众多的普通接入用户而言,仍然利用静态 IP 方式实现宽带接入对于宽带接入运营商而言是很难接受的,尤其是在目前公网 IP 地址紧缺的情况下。

实际应用中,人们很自然地想利用窄带拨号进行验证和动态分配 IP 地址的 PPP 接入技术应用到宽带的 ADSL 接入中。下面将会介绍两种基于 PPP 的 ADSL 高层应用:PPPoEoA 和 PPPoA。

**3. PPPoEoA 应用**

根据 ADSL CPE 的不同,PPPoEoA 应用在用户侧有多种组网方式,最常用的两种如下。

(1) 用户终端(PC)+ADSL Modem。

(2) 用户终端(PC)+ADSL 路由器。

当 CPE 为 ADSL Modem 时,用户终端(PC)作为 PPPoE Client,运行 PPPoE 模拟拨号软件先将用户数据封装为 PPP,再将 PPP 封装到以太网帧中,PPP 中相关的验证信息将会送给集中路由器(PPPoE Server)进行 PAP 或 CHAP 验证。通过验证之后,PC 会以 IPCP 协商的形式从集中路由器获得 IP 地址。PPPoE 模拟拨号软件可以使用 Windows XP 系统自带的 PPPoE 拨号软件,也可以使用单独的 PPPoE 软件。

PPPoE 利用以太网络的工作机理,将 ADSL Modem 的 10Base-T 接口与内部以太网络互联,在 ADSL Modem 中采用 RFC 1483 的桥接封装方式对终端发出的 PPP 包进行 LLC/SNAP 封装后,通过连接两端的 PVC 在 ADSL Modem 与网络侧的宽带接入服务器之间建立连接,实现 PPP 的动态接入。在 PPPoE 应用中使用用户终端(PC)+ADSL Modem 方式时,通常只能实现对单台用户终端的接入(图 6-14)。

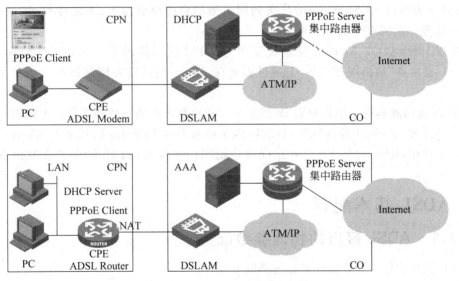

图 6-14 ADSL PPPoEoA 应用

当 CPE 为 ADSL 路由器(或路由器+ADSL Modem)时,可以实现局域网内的多台主机通过路由器以 ADSL 方式接入 Internet。ADSL 路由器为 PPPoE Client,配置 PPPoEoA 进行模拟拨号将验证信息送给集中路由器(PPPoE Server)进行 PAP 或 CHAP 验证,并获取 IP 地址。

从功能上来看,路由器将局域网中主机的数据路由到 ADSL 板卡,ADSL 板卡则以桥接的方式将数据传送到 PPPoE Server。ADSL 路由器上通常需要配置地址转换 NAT,默认路由及 DHCP Server,局域网内的主机则不需运行任何额外软件。

**4. PPPoA 应用**

在前面介绍的 RFC 1483-Bridged 和 PPPoEoA 应用中,ADSL CPE 主要起桥接作用;而在 PPPoA 应用中,CPE 则起纯粹的路由作用。在 PPPoA 中的永久在线模式中,没有所谓 "Client/Server" 的概念,CPE(或者用户终端)直接通过 ATM 网络和集中路由器进行对等的 PPP 协商,进行验证和获取 IP 地址。同时 PPPoA 也支持和 PPPoEoA 类似的按需模拟拨号模式,该模式和 PPPoEoA 一样采用 Client/Server 模式。

　　PPPoA 由 RFC 2364 定义,在"用户终端＋ADSL Modem"的组网方式下,由用户终端直接发起 PPP 呼叫,用户侧在收到上层的 PPP 包后,根据 RFC 2364 封装标准对 PPP 包进行 AAL5 层封装处理形成 ATM 信元流(图 6-15)。

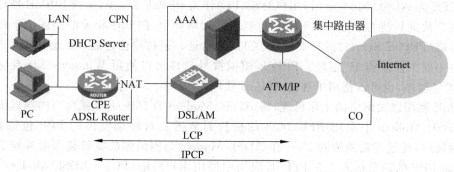

图 6-15　ADSL PPPoA 应用

　　ATM 信元透过 ADSL Modem 传送到网络侧的集中路由器上,完成授权、认证、分配 IP 地址和计费等一系列 PPP 接入过程。

　　从实现上看,ADSL Modem 也是仅仅作为 ATM 信元传送的一个端点。而在"用户终端＋ADSL 路由器"的组网方式下,上述过程则在 ADSL 路由器和网络侧的集中路由器之间完成。

　　PPPoA 成功地解决了诸如动态 IP 地址分配和计费方面的一系列宽带接入问题。

　　在上述几种 ADSL 上层应用中,目前国内应用最多是 PPPoEoA,基于 IPoA 的 ADSL 专线也有一定应用,RFC 1483-Bridged 正在逐步退出历史舞台,而 PPPoA 则在欧洲有较多的应用。

# 6.4　ADSL 基本配置

## 6.4.1　ADSL 接口的物理参数配置

ADSL 接口的物理参数配置主要包括以下几点。

(1) 激活 ADSL 接口。

(2) 配置 ADSL 接口使用的标准。

(3) 配置 ADSL 接口发送功率衰减值。

　　在系统视图下可以使用 **interface atm** 命令进入 ADSL 接口视图,使用 **activate** 命令激活 ADSL 接口。默认情况下,ADSL 接口处于激活状态。相关配置命令如下。

(1) 进入 ADSL(ATM)接口视图。

[H3C] **interface atm** *interface-number*

(2) 激活 ADSL 接口。

[H3C-Atm1/0] **activate**

　　在 ADSL 接口视图下使用 **adsl standard** 命令可以配置 ADSL 接口使用的标准的命令。默认情况下,ADSL 接口使用的标准是自适应方式。相关配置命令如下。

　　配置 ADSL 接口使用的标准如下。

`[H3C-Atm1/0]` **adsl standard** { **auto** | **g9923** | **g9925** | **gdmt** | **glite** | **t1413** }

在 ADSL 接口视图下使用 **adsl tx-attenuation** 命令配置 ADSL 接口发送功率衰减值。默认情况下，ADSL 接口发送功率衰减值为 0。ADSL 的衰减(Attenuation)，一般分为上行通道衰减和下行通道衰减。上行和下行通道衰减分别表示为上行/下行发送信号经线路传输，与到达局端 ADSL 接收端的信号的差值(dB)。相关配置命令如下。

`[H3C-Atm1/0]` **adsl tx-attenuation** *attenuation*

## 6.4.2　ADSL 的 PPPoEoA 配置

**1. PPPoEoA Client 配置**

在 ADSL 的 PPPoEoA 应用中，PPPoEoA Client 一端的主要配置包括以下几方面。

(1) 拨号(dialer)接口相关的配置。

(2) 虚拟以太网(VE)接口和 PPPoE 会话的配置。

(3) ADSL PVC 和 PPPoEoA 映射的相关配置。

拨号(dialer)接口相关的配置和普通 PPPoE Client 的配置完全相同，在第 3 章"以太网接入"中已有详细的介绍，在此不再赘述。

在 PPPoEoA 应用的配置中，需要配置虚拟以太网(VE)接口以替代 PPPoE 应用中的物理以太网口。在虚拟以太网(VE)接口上也需要建立一个 PPPoE 会话，并且指定该会话所对应的 Dialer Bundle，配置命令和普通 PPPoE Client 的配置完全相同。

在进行 ADSL PVC 和 PPPoEoA 映射的相关配置时，首先需要在 ADSL(ATM)接口视图下创建 PVC 并进入 PVC 视图。然后在 PVC 视图下，需要配置 PPPoEoA 映射关系。相关的命令如下。

(1) 在 ADSL(ATM)接口视图下创建 PVC，进入 PVC 视图。

`[H3C-Atm1/0]` **pvc**{ *pvc-name* [ *vpi/vci* ] | *vpi/vci* }

(2) 为 PVC 配置 PPPoEoA 映射。

`[H3C-atm-pvc-Atm1/0-0/32]` **map bridge virtual-ethernet** *interface-number*

PPPoEoA Client 上接口的映射关系为：ADSL 接口上的 PVC 映射到虚拟以太网(VE)接口，虚拟以太网(VE)接口映射到拨号(Dialer)接口(图 6-16)。

图 6-16　ADSL PPPoEoA 接口映射关系

**2. PPPoE Server 配置**

当 DSLAM 设备为 IP 上行时，运营商的集中路由器按照普通的 PPPoE Server 进行配置即可。在第 3 章"以太网接入"中已有详细的介绍，在此不再赘述。

当 DSLAM 设备为 ATM 上行时，在作 PPPoEoA Server 的集中路由器上也需要配置虚拟以太网(VE)接口以替代 PPPoE 应用中的物理以太网口。同时建立一个 PPPoE 会话，并且指定该会话所对应的 Dialer Bundle，配置命令同 PPPoEoA Client。

和PPPoEoA Client一样,在PPPoEoA Server上也需要在ATM接口的PVC上配置到虚拟以太网(VE)接口的映射关系。此时PPPoEoA Server上接口的映射关系为:ATM接口上的PVC映射到虚拟以太网(VE)接口,虚拟以太网(VE)接口映射到虚拟接口模板,如图6-16所示。

### 3. ADSL PPPoEoA 典型配置

1) PPPoEoA Client

如图6-17所示,这是一个典型的ADSL PPPoEoA应用组网,其中在PPPoEoA Client上的需要依序进行如下配置。

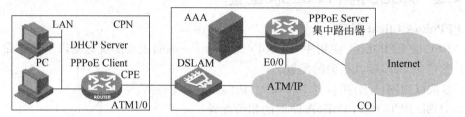

图 6-17 ADSL PPPoEoA 典型配置

（1）拨号接口相关配置。

```
[CPE] dialer-group 1 rule ip permit
[CPE] interface dialer 1
[CPE-Dialer1] dialer bundle enable
[CPE-Dialer1] dialer-group 1
[CPE-Dialer1] ip address ppp-negotiate
[CPE-Dialer1] ppp pap local-user user1 password simple pass1
```

（2）创建VE口。

```
[CPE] interface virtual-ethernet 1
```

（3）ADSL PVC 和 PPPoEoA 映射的相关配置。

```
[CPE] interface atm1/0
[CPE-Atm1/0] pvc 0/32
[CPE-atm-pvc-Atm1/0-0/32] map bridge virtual-ethernet 1
```

（4）配置VE口,建立一个PPPoE会话,并且指定该会话所对应的Dialer Bundle。

```
[CPE] interface virtual-ethernet 1
[CPE-Virtual-Ethernet1] pppoe-client dial-bundle-number 1
```

在以上的组网中,通常CPE会通过以太网口连接一个小型的局域网,局域网中的主机都通过CPE来接入Internet。这样在CPE上还需要进行NAT地址转换和默认路由等配置。

```
[CPE] ip route-static 0.0.0.0 0.0.0.0 Dialer 1
[CPE] acl number 2001
[CPE-acl-basic-2001] rule permit source 10.110.10.0 0.0.0.255
[CPE-acl-basic-2001] rule deny
[CPE-acl-basic-2001] quit
[CPE] interface dialer 1
[CPE-Dialer1] nat outbound 2001
```

2) PPPoE Server

假如图 6-17 中的 DSLAM 通过 IP 上行,DSLAM 和 PPPoE Server 之间通过以太网相连。此时 PPPoE Server 上需要依序进行如下配置。

(1) 增加一个 PPPoE 用户。

```
[IPC] local-user user1 class network
[IPC-luser-user1] password simple pass1
[IPC-luser-user1] service-type ppp
```

(2) 配置域用户使用本地认证方案。

```
[IPC] domain system
[IPC-isp-system] authentication ppp local
```

(3) 增加一个本地 IP 地址池(9 个 IP 地址)。

```
[IPC-isp-system] ip pool 1 1.1.1.2 1.1.1.10
```

(4) 配置虚拟模板参数。

```
[IPC] interface virtual-template 1
[IPC-Virtual-Template1] ppp authentication mode pap domain system
[IPC-Virtual-Template1] remote address pool 1
[IPC-Virtual-Template1] ip address 1.1.1.1 255.0.0.0
```

(5) 配置 PPPoE 参数。

```
[IPC] interface GigabitEthernet0/0
[IPC-Ethernet0/0] pppoe-server bind virtual-template 1
```

假如图 6-17 中的 DSLAM 通过 ATM 上行,即 DSLAM 和 PPPoE Server 之间通过 ATM 网络相连。需要将以上的第(5)步配置[(1)～(4)步不变]替换为如下配置:

(1) 创建 VE 口。

```
[IPC] interface virtual-ethernet 1
```

(2) ADSL PVC 和 PPPoEoA 映射的相关配置。

```
[IPC] interface atm1/0
[IPC-Atm1/0] pvc 0/60
[IPC-atm-pvc-Atm1/0-0/60] map bridge virtual-ethernet 1
```

(3) 配置 VE 口,建立一个 PPPoE 会话,并且指定该会话所对应的 Dialer Bundle。

```
[IPC] interface virtual-ethernet 1
[IPC-Virtual-Ethernet1] pppoe-server bind virtual-template 1
```

# 6.5  ADSL2/2＋技术简介

G.992.1、G.992.2 所定义的 ADSL 被称作第一代 ADSL 技术。2002 年 7 月,ITU 完成了 G.992.3 和 G.992.4 两个新的 ADSL 技术标准,被称为第二代 ADSL 技术——ADSL2。而在 2003 年 1 月,ITU 又在 ADSL2 的基础上正式推出了 ADSL2＋技术标准——G.992.5,而正是在这个月,全球使用 ADSL 一代技术的用户超过了 3000 万。

### 6.5.1　ADSL2

ADSL2（ITU G.992.3 和 G.992.4）主要在 ADSL 的基础上针对性能和互用性（Interoperability）增加了功能和特性，并增加了对一些新应用和服务的支持。下面是 ADSL2 的特点和主要改进。

**1. 传输能力有一定增强**

传输能力主要是指在一定线路和噪声条件下传输距离与速率的关系。第一代 ADSL 技术采用 DMT 调制技术，其技术标准规定的最高下行速率至少应达到 6Mbps，最高上行速率至少应为 640Kbps。而 G.992.3 标准虽然在频带的范围和划分上与 G.992.1 并无二致，但其对 ADSL2 的速率要求更为严格，至少应支持下行 8Mbps、上行 800Kbps 速率。

ADSL2 系统的传输性能，特别是在长距离、有桥接头、受射频干扰（RFI）等情况下的传输性能有了进一步改善。相对于 ADSL，在相同的传输距离下，ADSL2 可以获得 50Kbps 的速率提高；在相同的传输速率下，ADSL2 可以使传输距离延长 183m。

传输性能的改善主要得益于以下核心技术。

（1）采用高效的调制解调技术，保证在较低的信噪比条件下，在较长的传输线路上获得较高的传输速率。

（2）减少帧开销。与 ADSL 技术中每帧采用固定的 32Kbps 的开销相比，ADSL2 采用可编程的帧头，使每帧的帧头可根据需要从 4～32Kbps 灵活调整，从而提高了信息净负荷的传输效率。

（3）在 ADSL 帧 RS 编码结构方面，其灵活性、可编程性也大大提高。

（4）链路建立的初始化机制有所改善，从而保证线路速率的提高与稳定。例如，在线路两端的功率控制可以减少串扰，由接收端根据线路状态发出的初始化信息便于选择合适的信道，以避免有桥接头或语音干扰引起的信道衰落等。

**2. 增加了新的运行模式**

一代 ADSL 有三种运行模式，分别对应于 G.992.1 的三个附件 annex A、B 和 C。而在 ADSL2 中除了三种模式外还增加了以下几种运行模式。

（1）Annex I，ADSL over POTS 的纯数据模式。此时线路上没有 POTS 业务，ADSL2/2+ 上行使用频谱为 3～138kHz，子带数 31 个，相应的上行带宽也有所增加，超过 1Mbps。

（2）Annex J，ADSL over ISDN 的纯数据模式。此时线路上没有 ISDN 业务，这种应用是在有 ADSL over ISDN 共存环境中使用的，此时上行频带扩展为 3～276kHz，最多支持 64 个上行子带，最高上行速率可以达到 3.5Mbps。

（3）传输距离延长的 Annex L（Reach Extended ADSL2，READSL2）。原有的 ADSL 技术，环路的长度限制在 5.5km 以内，因此 ADSL 的应用也受到了限制。READSL2 在技术上做了相应的改进，比原有的 ADSL 技术环路距离可以扩展 600m 左右。

（4）ADSL2 增加了对 Voice over Data（即 VoADSL）的定义，实现上既可采用分组语音方式，也可采用信道化方式（即 TDM 语音通过 ADSL 透明传送）。

除此之外，ADSL2 的传送模式在 ADSL 标准（G.992.1）规定的 ATM（异步传送模式）和 STM（同步传送模式）的基础上，增加了 PTM（分组传送模式），从而更好地适应日益增长的以太网业务（Ethernet over ADSL）的传送需求。

**3. 更低的功耗，增加动态调整的省电模式**

第一代 ADSL 收发器不论是否在数据传送状态，功率始终是相同的，ADSL2 标准中引入了 L2 低功率模式和 L3 低功率模式两种功率管理模式,用于在保持 ADSL Always On-Line 特性的同时适当降低运行功耗。

(1) L2 低功率模式:可以根据 Internet 的流量情况快速地回到或离开 L0 全功率模式,在没有用户数据传送时降低发送功率,只维持传送必要的管理消息以及同步信号所必需的功耗,在有用户数据传输时又能快速恢复,减少了总体的功率损耗。L2 mode 的功耗只有正常运行时的 30%左右。

(2) L3 低功率模式:在一定的时间段内没有流量时,ATU-C 和 ATU-R 可以进入睡眠模式。该模式可大大降低功耗,对于 COE 还可降低散热要求,这对于解决现在广泛采用的包月制所导致的用户长时间在线或一直在线造成 COE 功耗过大有着重要意义。

比如,当用户下载一个大文件时,ADSL2 工作于 L0 全功率模式,以达到最高的下载速率;而当 Internet 流量减少时,如用户在读一个长的文本页面,这时下载速率降低,ADSL2 系统转入 L2 低功率模式。根据流量的变化,处于 L2 的 ADSL2 系统可以快速地回到 L0 模式,或在一定时间内如果没有流量,那么系统将进入 L3 睡眠模式。当用户重新 online 时,系统大约需要 3s 的时间重新初始化,进入稳定的通信状态。

此外,ADSL2 的 CO、CPE 都具备 power cut-back 功能,范围为 0~40dB,可以有效地降低正常运行时的发送功率(ADSL 则只有 CO 才有,而且最大只有 12dB)。

**4. 更强的线路诊断功能**

一个网络在运营过程中,维护工作占据了相当大的人力、物力成本,ADSL2 针对这种情况增加了对线路诊断功能的规范。ADSL2 系统可在初始化过程中及结束后,提供对线路噪声、线路衰减、信噪比等重要参数的测量功能,在业务运行过程中提供对这些重要参数的实时监测能力。值得一提的是,ADSL2 还定义了一种诊断测试模式,可在线路质量很差而无法激活时进行测量。可以说,ADSL2 系统的线路质量评测和故障定位功能比从前有了很大改善,这对提高网络的运行维护水平具有非常重要的意义。服务提供商能利用这些信息来监测 ADSL 连接的质量和给出服务故障率。电信运营公司也能不出维护机房就可根据这些数据确定服务是否正常,若不正常是何原因造成。

为了诊断和确定错误,ADSL2 传送器在线路的两端提供了测量线路噪声、环路衰减和 SNR 的方法。这些测量方法可以在线路质量很差的情况下通过一种特殊的诊断测试模块来完成 ADSL 的连接。并且,ADSL2 包含了实时的性能监测,这提供了线路两端质量和噪声状况的信息。这些信息由软件处理,服务提供商可以利用这些来诊断 ADSL 连接的质量,预防进一步服务的失败,可以用来确定是否可以给一个用户提供更高的速率的服务。

ADSL2 的线路测试流程可以获得线路的如下参数。

(1) 线路传递函数(每个子信道一个值)。

(2) 静态线路背景噪声功率谱密度(每个子信道一个值)。

(3) 信号噪声比 SNR(每个子信道一个值)。

(4) 环路衰减(平均值)。

(5) SNR margin。

(6) 最大可达速率。

**5. 动态速率适配(SRA)**

由于电话线通常是捆在一起的,一根电话线里的电信号可以电磁耦合到邻近的另一根电话线中,这种现象被称作串话,会大大影响 ADSL 的数据率,如图 6-18 所示。串话电平的变化会导致 ADSL 系统的掉线。导致 ADSL 掉线的其他原因还包括 AM 无线电干扰、温度变化、

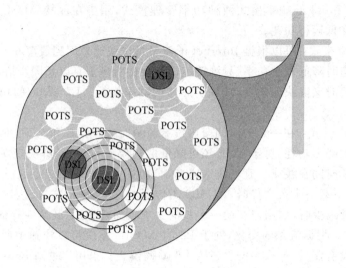

图 6-18　线路串扰问题

潮湿等。

ADSL2/2＋检测到其通道环境改变时,可以通过"无缝速率适配技术(Seamless Rate Adaptive,SRA)"适配其速率应用于新环境,这对用户是透明的。

ADSL2 仅仅检测信道条件的变化,比如一个本地 AM 发射站在晚上关闭它的发射来改变它的数据速率到新的信道条件,这一点对用户是透明的。SRA 是基于对 ADSL2 系统中调制层和成帧层的去耦的。这种去耦使调制层不修改帧中的参数就可以改变传输速率,这一点可以保证 Modem 不失去帧同步,而失步会导致不可更正的比特错误和系统重启。SRA 使用可靠的 ADSL2 系统的在线重新配置程序来无缝地改变连接的速率。

SRA 使用的协议包括如下环节。

(1)接收端监测通道的 SNR,并且决定当通道环境改变时是否需要调整速率。

(2)接收端向发送端发送消息,要求开始调整速率,此消息包含进行速率调整所需所有参数,包括每个子信道调制的比特数、发送功率等。

(3)发送端向接收端发送一个同步标记 Sync Flag,表示确切调整速率的时间和所使用的传输参数。

(4)接收端检测到同步标记 Sync Flag,于是两端同时开始新速率传递。

**6. 灵活的带宽绑定功能**

运营商经常需要为不同的客户提供不同层次的服务,通过绑定多个电话线为一个应用,就可以为家庭用户和商业用户提供更高的速率。为了实现带宽绑定功能,ADSL2 支持 ATM 论坛的 IMA(Inverse Multiplexing for ATM,ATM 反向复用)技术标准,通过 IMA,ADSL2 芯片集可以把两根或更多的电话线绑定到一根 ADSL 链路上,以提供更高的带宽。这种结果使线路的下行数据更具灵活性。

IMA 标准在 ADSL 物理层和 ATM 层之间指定了一个新的子层。在发射端,这个子层称作 IMA 子层,它从 ATM 层中选择单个的 ATM 流并把这个流分配到 ADSL 物理层。在接收端,IMA 子层从复用的 ATM 物理层中取出 ATM 信元并重构原始的 ATM 流。IMA 子层指定了 IMA 的成帧、协议和管理功能。这个管理功能在物理层发生比特错误,失步和不同的延迟时起作用。为了在这些条件下工作,IMA 标准还要求对某些 ADSL 物理层的功能进行修改,比如在接收端对空闲信元和错误信元的丢弃等。ADSL2 包括一个 IMA 工作模式来提供必需的物理层修改和 ADSL 协同工作。

**7. 通道化的基于 DSL 的语音技术(Channelized Voice over DSL)**

ADSL2 增加了对 Voice over Data(即 VoADSL)的定义,因此出现了一种的新的 ADSL 运行模式。ADSL2 能够把带宽分成具有不同连接特性的通道来满足不同的应用。ADSL2 通道化能力可以提供通道化的 Voice over DSL 业务。在保证传统的 POTS 和 Internet 接入情况下,CVoDSL 能够在 DSL 带宽上传递语音业务,其原理如图 6-19 所示。

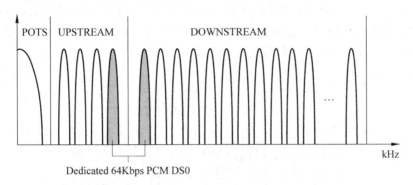

图 6-19　CVoDSL 原理

DSL 的语音技术可以在 DSL 带宽内透明地传输 TDM 原始语音。CVoDSL 为从 DSL 调制解调器传输 PCM DS0 到远端或中心局(就像通常的 POTS)保留了 64Kbps 的信道。这种接入设备通过 PCM 直接把语音 DS0 发送到电路交换。

另外,相对 VoATM 和 VoIP 技术,CVoDSL 由于直接在物理层带宽上划分信道进行语音传输,不需要语音数据进行多层封装组包,因此在效率和语音质量都远远优于前两者。

**8. 更清晰的层次结构和更好的互通能力**

相对于 ADSL 一代技术,ADSL2 具有更清晰的层次结构。如图 6-20 所示,ADSL2 将 ADSL 收发器按照功能分成 TPS-TC(传输协议相关的汇聚子层)、PMS-TC(物理媒质相关的汇聚子层)、PMD(物理媒质相关子层)以及 MPS-TC(管理协议相关的汇聚子层,用于网管接口),将每一个子层封装起来并定义了各子层之间的消息,这样有助于不同厂家的设备之间实现互通。

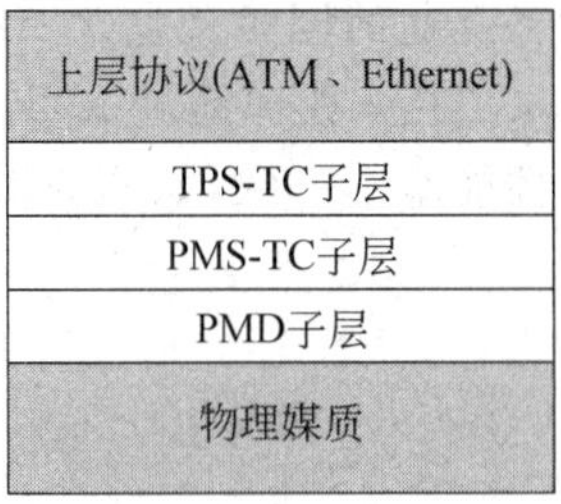

| 上层协议(ATM、Ethernet) |
| :---: |
| TPS-TC子层 |
| PMS-TC子层 |
| PMD子层 |
| 物理媒质 |

图 6-20　ADSL2 层次结构

TPS-TC 子层提供对上层传送协议的适配功能,包括 STM、ATM 和 PTM(分组传送模式)三种模式,主要功能有速率适配、帧定界、错误监视等。该子层只与上层协议相关,而与物理媒质上的信号特性无关。

PMS-TC 子层用于加强 ADSL 数据流在物理媒质上的传送能力,主要包括帧同步、扰码(scamble)、前向纠错(FEC)、交织(interleave)等功能。该子层只与物理媒质相关,而与应用(上层协议)无关。

PMD 子层规定包括发送信号的电气特性、编码、调制、双工方式等。在编码方面,包括载波排序、格形编码(trellis code)、星座映射、增益调整等;在调制方面,包括子载波、离散傅里叶反变换、循环前缀、并/串转换等。对于 PMD 子层,频带划分、功率谱密度(PSD)是非常重要的内容,是决定 ADSL2 传送能力的主要因素。

**9. 无分离器 ADSL2 技术**

无分离器 ADSL2(G.992.4)是对 G.lite(G.992.2)的增强,主要包括两大方面:一是与

G.992.3 相似的改进,如增加了全数字模式,增加了 PTM 模式,可支持 4 种延迟通道、4 个承载信道,以及传输能力、线路诊断、在线重配置、功率控制、频谱控制、减小功耗等;二是与无分离器特性相关的改进,如包含快速重训练的更强大的激活过程、自适应长度快速启动等。

### 6.5.2 ADSL2＋

由于 ADSL2＋(G.992.5)标准是在 ADSL2 的基础上(G.992.3)发展而来的,因此 ADSL2＋基本上继承了上述 ADSL2 的所有新特性和功能。如图 6-21 所示,ADSL2＋相对于 ADSL2 最主要的区别是将频谱范围从 1.1MHz 扩展至 2.2MHz,相应地,最大子载波数目也由 256 增加至 512,这样达到了将传输速率加倍的目的。

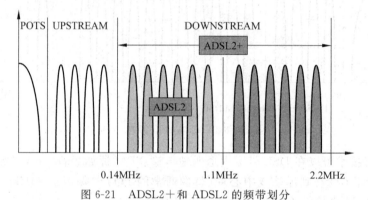

图 6-21　ADSL2＋和 ADSL2 的频带划分

ADSL2＋成倍扩展了下行带宽,相应地,其下行最大速率比 ADSL 提高了一倍。在 1.5km 的电话线上,其下行最大速率可达到 20Mbps。

ADSL2＋支持多种模式,能够与 ADSL、ADSL2 互通。

ADSL2＋使运营商可以更灵活地开展一些新业务。例如,视频业务,它在与传统 ADSL 设备互通的同时又包含 ADSL2 的所有新特性。

当接入距离超过 1.2km 时,ADSL2＋技术是最好的选择,超过 2.7km,ADSL2 与 ADSL2＋的性能基本一致,如图 6-22 所示。

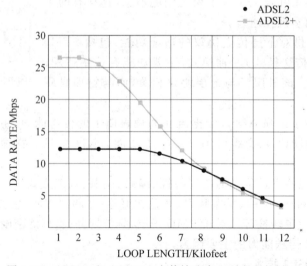

图 6-22　ADSL2 和 ADSL2＋在传输速率和距离上的对比

另外,ADSL2＋在处理语音串扰上也有其独到之处。正是由于 ADSL2＋的频带更宽,所以当 ADSL2＋的铜线和其他使用 ADSL2 或 ADSL 的铜线在同一个线束时,ADSL2＋可以通过掩除 1.1MHz 以下数据传输信道的方法只使用 1.1～2.2MHz 的传输信道,从而避免与其他 1.1MHz 以下的铜线产生串扰(图 6-23)。

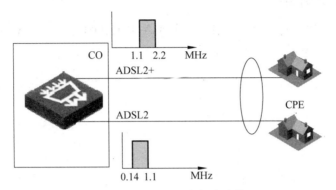

图 6-23　ADSL2＋与语音串扰

综上所述,ADSL2 及 ADSL2＋作为 ADSL 的新一代标准,不但兼容 ADSL,而且在速率上、可靠性方面大大超越 ADSL。

## 6.6　本章总结

(1) DSL 技术的基本原理、分类方法和几种有代表性的 DSL 协议。

(2) ADSL 的基本原理、协议标准和编码方式。

(3) ADSL 的几种上层应用。

(4) ADSL 在 MSR 路由器上的基本配置方法。

(5) ADSL2/2＋技术简介。

## 6.7　习题和答案

### 6.7.1　习题

(1) 下列选项中属于非对称性的 DSL 技术的是(　　　)。

　　A. VDSL　　　　　　B. SDSL　　　　　　C. HDSL　　　　　　D. ADSL2＋

　　E. VDSL2　　　　　　F. SHDSL

(2) ADSL 一代标准中用来传输数据的频带范围为(　　　)。

　　A. 20kHz～1MHz　　　　　　　　　　B. 0～4kHz

　　C. 1.1～2.2MHz　　　　　　　　　　D. 高于 10MHz

(3) 下列 ITU-T 的标准中定义了 ADSL2 标准的是(　　　)。

　　A. ITU G.992.1　　B. ITU G.992.2　　C. ITU G.992.3　　D. ITU G.992.4

　　E. ITU G.993.4

(4) 下列选项中,属于 DSL 技术中采用的编码调制技术的是(　　　)。

　　A. CAP　　　　　　B. DMT　　　　　　C. 2B1Q　　　　　　D. QAM

　　E. IMA　　　　　　F. TC-PAM

（5）影响 DSL 传输的主要因素包括（　　）。

A. 线路长度（Loop Length）　　　　　B. 加感线圈（Loading Coils）

C. 桥接抽头（Bridged Taps）　　　　　D. 串扰和背景噪声（Crosstalk and Noise）

### 6.7.2　习题答案

（1）A、D、E　　（2）A　　（3）C、D　　（4）A、B、C、D、F　　（5）A、B、C、D

# 第3篇

# 传统VPN技术

# 第7章

# VPN 概 述

传统上,企业基于专用的通信线路构建 Intranet,这种方式昂贵而缺乏灵活性,而通过 Internet 直接连接各个分支机构又缺乏安全性和扩展性,因此 VPN(Virtual Private Network, 虚拟专用网)技术应运而生。

## 7.1 本章目标

学习完本章,应该能够达到以下目标。

（1）理解传统企业网发展中遇到的挑战,描述企业网对 VPN 技术的需求。

（2）描述 VPN 关键概念术语。

（3）描述 VPN 的主要分类方法。

（4）列举主要 VPN 技术并描述其功能。

## 7.2 企业网对 VPN 的需求

### 7.2.1 传统企业网面临的问题

现代企业在发展过程中,对网络提出了越来越高的要求,而仅采用传统路由交换和广域网连接技术构建企业网时,网络将面对路由设计、地址规划、安全保护、成本、灵活性等各方面的挑战。

传统企业网要么通过 Internet 或运营商骨干 IP 网络,要么通过专线、电路交换或分组交换的广域网技术连接其各分支机构。

企业通过 Internet 或运营商骨干网络连接分支机构的方式具有以下缺点。

（1）网络层协议必须统一。企业路由器与运营商路由器运行相同的网络层协议,不支持多协议。例如,当跨越 Internet 进行通信时,企业分支间的 IPX 协议通信无法实现。

（2）必须使用统一的路由策略。企业路由器与运营商路由器运行相同的路由协议,互相交换路由信息。一方面,企业网内部路由信息完全泄露,产生安全隐患;另一方面,由于运营商面对大量企业提供服务,将导致路由表规模过大,消耗处理资源。

（3）必须使用同一公网地址空间。当跨越 Internet 进行通信时,运营商路由器和所有企业路由器都必须处于 Internet 地址空间内,企业无法使用私有地址空间,这最终将导致公网地址的匮乏。NAT 技术的复杂性使其无法有效解决这一问题。

企业通过专线、电路交换或分组交换的广域网技术连接其分支机构的方案具有以下缺点。

（1）部署成本高。企业需要向运营商租用昂贵的点对点专线或虚电路建立站点间连接,费用高昂。

（2）变更不灵活。专线或虚电路的建立和变更需要运营商配合,周期长,速度慢。

（3）移动用户远程拨号接入费用高。若采用 PSTN/ISDN 等拨号方式远程接入企业网,不但速度慢,而且必须支付昂贵的长途电话费用。

## 7.2.2 什么是VPN

VPN(Virtual Private Network,虚拟私有网)是近年来随着Internet的发展而迅速发展起来的一种技术。VPN是利用共享的公共网络设施对广域网设施进行仿真而构建的私有专用网络。可用于构建VPN的公共网络并不局限于Internet,也可以是ISP(Internet Service Provider,Internet服务提供商)的IP骨干网络,甚至是企业私有的IP骨干网络等。在公共网络上组建的VPN像企业现有的私有网络一样提供安全性、可靠性和可管理性等。

RFC 2764描述了基于IP的VPN体系结构。利用基于IP的Internet实现VPN的核心是各种隧道(Tunnel)技术。通过隧道,企业私有数据可以跨越公共网络安全地传递。传统的广域网连接是通过专线或者电路交换连接来实现的。而VPN是利用公共网络来建设虚拟的隧道,在远端用户、驻外机构、合作伙伴、供应商与公司总部之间建立广域网连接,既保证连通性,也可以保证安全性,如图7-1所示。

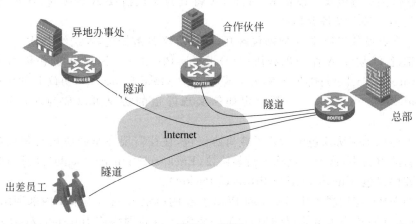

图7-1 VPN

VPN的应用对于实现电子商务或金融网络与通信网络的融合将有特别重要的意义。由于只需要通过软件配置就可以增加、删除VPN用户,而无须改动基础硬件设施,所以VPN的应用具有很大灵活性,可大大提高响应速度,缩短部署周期。VPN可以基于Internet基础设施,使用户可以实现在任何时间、任何地点的接入,这将满足不断增长的移动业务需求。VPN技术允许构建具有安全保证和服务质量保证的VPN,可为VPN用户提供不同等级的安全性和服务质量保证。

利用公共网络进行通信,一方面使企业以明显更低的成本连接远程分支机构、移动人员和业务伙伴;另一方面极大地提高了网络的资源利用率,有助于增加ISP的收益。

# 7.3 VPN 主要概念术语

在图7-2所示网络中,支持协议B的两个网络互相之间没有直接的广域网连接,而是通过一个协议A的网络互联,但它们仍然需要互相通信。

直接在协议A网络上传送协议B的包是不可能的,因为协议A不会识别协议B的数据包。因此需要使用VPN技术。要实现VPN,通常都需要使用某种类型的隧道机制。PCA和PCB的通信需要通过隧道(Tunnel)技术跨越协议A网络进行。

PCA对PCB发送的数据包须经过以下过程才能到达PCB。

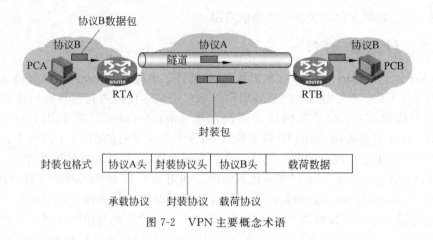

图 7-2    VPN 主要概念术语

（1）首先 PCA 发送协议 B 数据包。

（2）数据包到达隧道端点设备 RTA，RTA 将其封装成协议 A 数据包，通过协议 A 网络发送给隧道的另一端点设备 RTB。

（3）隧道终点设备将协议 A 数据包解开，获得协议 B 数据包，发送给 PCB。

在这种情况下，协议 A 称为承载协议（Delivery Protocol），协议 A 的包称为承载协议包（Delivery Protocol Packet）；协议 B 称为载荷协议（Payload Protocol），协议 B 的包称为载荷协议包（Payload Protocol Packet）。而决定如何实现隧道的协议可以称为隧道协议（Tunnel Protocol）。

为了便于标识承载协议包中封装了载荷协议包，往往需要在承载协议头和载荷协议头之间加入一个新的协议头，这个协议称为封装协议（Encapsulation Protocol），经过封装协议封装的包称为封装协议包（Encapsulation Protocol Packet）。

在典型的 VPN 应用场景中，PCA 和 PCB 所在的协议 B 网络为组织内部网络，称为私网（Private Network）；作为承载协议的协议 A 网络为运营商网络或 Internet，称为公网（Public Network）。

# 7.4    VPN 分类

VPN 这个词汇，本身只是一个泛称，其涉及的技术可谓庞杂，种类可谓繁多。依据不同的划分标准，可以得出不同的 VPN 类型。

（1）按照业务用途划分，可分为 Access VPN、Intranet VPN、Extranet VPN。

（2）按照运营模式划分，可分为 CPE-Based VPN、Network-Based VPN。

（3）按照组网模型划分，可分为 VPDN、VPRN、VLL、VPLS。

（4）按照网络层次划分，可分为 Layer 1 VPN、Layer 2 VPN、Layer 3 VPN、传输层 VPN、应用层 VPN。

## 7.4.1    不同业务用途的 VPN

按照各种 VPN 的不同业务用途，可以把 VPN 分为 Access VPN、Intranet VPN、Extranet VPN 等。

**1. Access VPN**

通过共享的、具有对外接口的设施，组织可以为其远程小型分支站点、远程用户和移动用户提供对其内部网络的访问，这种 VPN 称为 Access VPN。通过使用 Access VPN，分支机构和移动用户可以随时随地使用组织的资源。

使用 Access VPN 时,用户不必通过长途拨号直接连接到组织的路由器,而是使用 PSTN/ISDN 拨号、xDSL、Cable、移动 IP 等方式连接到 ISP(Internet Service Provider,因特网服务提供商)位于本地的 POP(Point Of Presence,存在点),该 POP 提供 Internet 数据通信服务,然后由 ISP 设备通过诸如 PPTP、L2TP 等 VPN 技术跨越 Internet 建立隧道,将用户接入到组织内部网络。

为了安全性,通常会使用 RADIUS 等协议对远程用户进行验证和授权,或使用一定的加密技术,防止数据在公共网络上遭到窃听。

Access VPN 简化了企业网络结构,与传统的拨号服务器方案相比,可以节约拨号服务器的端口模块、拨号线路的租用费用及昂贵的长途拨号费用。Access VPN 还可以方便灵活地扩充支持的客户端数量。

**2. Intranet VPN**

传统上,拥有众多分支机构的组织租用专线或 ATM、Frame Relay 等 WAN 连接建立 Intranet。这种方法需要巨额的线路租金和大量的网络设备端口,费用极其昂贵。

通过使用 Intranet VPN,组织可以跨越公共网络,甚至可以跨越 Internet,实现全球范围的 Intranet,连接其各个分支。与此同时,组织仅需支付较少的费用。

因为 Intranet VPN 主要用于站点间的互联,所以又称为 Site-to-Site VPN(站点到站点 VPN)。

根据站点地位的不同,Intranet VPN 通常可以使用专线接入或价格低廉的公共网络接入方法——如以太网接入,同时也可以使用诸如 IPSec 等的加密协议保证数据的安全性。

Intranet VPN 可以减少组织花费在租用运营商专线或分组中继 WAN 连接上的巨额费用。同时,企业可以自由规划网络的逻辑连接结构,随时可以重新部署新的逻辑拓扑,缩短了新连接的部署周期。通过额外的逻辑和物理连接,Intranet VPN 可以强化 Intranet 的可靠性。

**3. Extranet VPN**

随着企业之间协作关系的加强,企业之间的信息交换日渐频繁,越来越多的企业需要与其他企业连接在一起,直接交换数据信息,共享资源。出于对费用、灵活性、时间性等的考虑,专线连接、拨号连接都是不合适的。

Extranet VPN 通过共享的公共基础设施,将企业与其客户、上游供应商、合作伙伴及相关组织等连接在一起。

Internet 事实上已经连接了全球各地,特别是各个组织,所以 Extranet VPN 以 Internet 为基础设施来执行此类任务是最合适不过的。Extranet VPN 通常可以使用防火墙,在为外部提供访问的同时,保护组织内部的安全性。

Extranet VPN 不但可以提供组织之间的互通,而且随着业务和相关组织的变化,组织可以随时扩充、修改或重新部署 Extranet 网络结构。

## 7.4.2　不同运营模式的 VPN

按照运营模式的不同,可以将 VPN 划分为 CPE-Based VPN、Network-Based VPN 等。

**1. CPE-Based VPN**

大部分的 VPN 实现是基于 CPE(Customer Premise Equipment,用户前端设备)的。CPE 是指放置在用户侧,直接连接到运营商网络的网络设备。

CPE 设备可以是一台路由器、防火墙,或者是专用的 VPN 网关,它必须具有丰富的 VPN

特性。CPE 负责发起 VPN 连接,连接到 VPN 的另外一个终结点——其他的 CPE 设备。

通常用户自行购买这些 CPE 设备,并且自行部署 CPE-Based VPN。但是有时也可以委托运营商或第三方进行部署和管理。

CPE-Based VPN 的好处是,用户可以自由部署、随意扩展 VPN 网络结构。但是用户同时也必须具有相当的专业能力,以部署和维护复杂的 VPN 网络。在没有运营商支持的情况下,CPE-Based VPN 的 QoS 也同样是一个问题。

**2. Network-Based VPN**

在 Network-Based VPN 中,VPN 的发起和终结设备放置在运营商网络侧,由运营商购买此类支持复杂 VPN 特性的设备,部署 VPN,并进行管理,所以又称为 Provider Provide VPN。

用户 CPE 设备不需要感知 VPN,不需要支持复杂的协议,仅执行基本的网络操作即可。用户也不关心 VPN 的具体结构。用户只需要向运营商提出需求,订购服务即可。

Network-Based VPN 不但把用户从繁杂的 VPN 设计、部署和维护中解放出来;而且为运营商增加了新的、低价格高价值的业务产品。由于运营商的服务承诺,QoS 可以得到有效保障。

## 7.4.3　按照组网模型分类

按照不同的 VPN 组网模型,可以把 VPN 划分为以下类别。

(1) VLL(Virtual Leased Lines,虚拟专线)。

(2) VPRN(Virtual Private Routed Networks,虚拟私有路由网络)。

(3) VPDN(Virtual Private Dial Networks,虚拟私有拨号网络)。

(4) VPLS(Virtual Private LAN Segment,虚拟私有 LAN 服务)。

**1. VLL**

在 VLL 中,运营商通过 VPN 技术建立基础网络,为客户提供虚拟专线服务。对于客户来说,CPE 到运营商 PE 的接口是普通的专线接口,链路层协议是普通的 WAN 协议,客户所获得的服务就像是普通专线服务一样。而运营商在 IP 骨干网络两端的边界设备之间建立隧道,封装客户的数据帧并在 IP 骨干网络上发送。

例如,客户向运营商订购 Frame Relay 服务,而运营商不使用真正的 Frame Relay 网络提供服务,而是在其 IP 网络两端的边界设备之间建立 IP 隧道,将 Frame Relay 帧封装在 IP 隧道中传送。

**2. VPRN**

VPRN 根据网络层路由,在网络层转发数据包。由于使用相同的网络层转发表,VPN 之间只能通过不同的路由加以区分。

因为使用网络层转发,所以一个 VPRN 网络不能支持多种网络层协议,而只能为另一种协议配置一个新的 VPRN。而且,通过路由区分 VPN 导致全网使用一致的地址空间,如果用于运营网络,则分离的管理区域与路由配置的复杂性之间存在着天然矛盾,要解决这个问题,就要求 VPRN 中的 ISP 网络设备具备多个独立的路由表。

**3. VPDN**

VPDN 允许远程用户、漫游用户等根据需要访问其他站点。用户可以通过诸如 PSTN 和 ISDN 拨号网络接入,其数据通过隧道穿越公共网络,到达目的站点。

由于涉及未知用户从任意地点的接入,VPDN 必须提供足够的身份验证功能,以确保用户的合法性。

**4. VPLS**

VPLS 可以用 VPN 网络透明传送以太帧,这样各个站点的 LAN 可以直接透明连接起来,就好像其间连接的是以太网一样。所以 VPLS 又称为 TLS(Transparent LAN Service,透明局域网服务)。

由于被传送的是二层的以太帧,所以 CPE 可以是一个简单二层设备,而处于公共网络的运营商设备必须能够采用某种隧道技术对 CPE 发来的二层帧加以封装,并传送到正确的目的。

### 7.4.4　按照 OSI 参考模型的层次分类

按照 OSI 模型层次的不同,可以将 VPN 划分为 Layer 2 VPN、Layer 3 VPN 等。

**1. L2 VPN**

在 L2 VPN(Layer 2 VPN,二层 VPN)中,载荷协议处于 OSI 参考模型的数据链路层,承载协议直接封装载荷协议帧(Frame),比较典型的 L2 VPN 技术是 L2TP(Layer 2 Tunnel Protocol,二层隧道协议)。L2TP、PPTP 和 MPLS L2 VPN 等技术允许在 IP 隧道中传送二层的 PPP 帧或以太帧。通过这些技术,VPN 的用户、VPN 网关站点之间直接通过链路层连接,可以运行各自不同的网络层协议,这些都属于二层 VPN 的实现。

**2. L3 VPN**

在 L3 VPN(Layer 3 VPN,三层 VPN)中,载荷协议处于 OSI 参考模型的网络层,承载协议直接封装载荷协议包(Packet)。比较典型的 L3 VPN 技术是 GRE(Generic Routing Encapsulation,通用路由封装)。GRE 对三层数据包加以封装,可以构建 GRE 隧道,这就是一种网络层隧道。又如 IPSec,通过 AH(Authentication Header,验证头)和 ESP(Encapsulating Security Payload,封装安全载荷)对三层数据包直接进行安全处理。再如,在 BGP/MPLS VPN 中,客户站点之间通过 IP 协议互联,而运营商 MPLS 承载网络通过 MP-BGP 沟通路由可达性信息,通过 MPLS 转发封装后的 IP 数据包,这就是典型的三层 VPN。

## 7.5　主要 VPN 技术

在当前的网络,部分 VPN 技术已普遍应用,具备一定的代表性。

主要的 L2 VPN 技术包括以下几种。

(1) PPTP(Point-to-Point Tunneling Protocol,点到点隧道协议):由微软、朗讯、3COM 等公司支持,在 Windows NT 4.0 以上版本中支持。该协议支持 PPP 在 IP 网络上的隧道封装,PPTP 作为一个呼叫控制和管理协议,使用一种增强的 GRE 技术为传输的 PPP 报文提供流量控制和拥塞控制的封装服务。

(2) L2TP(Layer 2 Tunneling Protocol,二层隧道协议):由 IETF 起草,微软等公司参与,结合了 PPTP 和 L2F 协议的优点,为众多公司所接受,并且已经成为 RFC 标准文档。L2TP 既可用于实现拨号 VPN 业务(VPDN 接入),也可用于实现专线 VPN 业务。

(3) MPLS L2 VPN:在 MPLS(Multi-Protocol Label Switching,多协议标签交换)的基础上发展出多种二层 VPN 技术,如 Martini 和 Kompella,CCC 实现的 VLL 方式的 VPN,以及 VPLS 方式的 VPN。

主要的 L3 VPN 技术包括以下几种。

(1) GRE(Generic Routing Encapsulation,通用路由封装):GRE 是为了在任意一种协议中封装任意一种协议而设计的封装方法。IETF 在 RFC 2784 中规范了 GRE 的标准。GRE

封装并不要求任何一种对应的 VPN 协议或实现。任何的 VPN 体系均可以选择 GRE 或者其他方法用于其 VPN 隧道。

（2）IPSec(IP Security)：IPSec 不是一个单独的协议，它通过一系列协议，给出了 IP 网络上数据安全的整套体系结构。这些协议包括 AH（Authentication Header）、ESP（Encapsulating Security Payload）、IKE(Internet Key Exchange)等。它可以实现为数据传输提供私密性、完整性保护和源验证。

（3）BGP/MPLS VPN：BGP/MPLS VPN 是利用 MPLS 和 MP-BGP（Multi-Protocol BGP，多协议 BGP）技术实现的三层 VPN。它不但实现了网络控制平面与转发平面相分离，核心承载网络路由与客户网络路由相分离，边缘转发策略与核心转发策略相分离，CPE 设备配置与复杂的 VPN 基础设施配置相分离，IP 地址空间隔离等，而且具备了良好的灵活性、可维护性和可扩展性。

另外还有很多其他的 VPN 技术，包括以下几种。

（1）SSL(Secure Sockets Layer)VPN：SSL 是由 Netscape 公司开发的一套 Internet 数据安全协议，它已被广泛地用于 Web 浏览器与服务器之间的身份验证和加密数据传输。SSL 位于 TCP/IP 协议与各种应用层协议之间，为数据通信提供安全支持。SSL VPN 是利用 SSL 协议来实现远程接入的 VPN 技术，具有安全性高、使用方便、成本低等特点。

（2）L2F(Layer 2 Forwarding)协议：二层转发协议，由 Cisco 和北方电信等公司支持。支持对更高级协议链路层的隧道封装，实现了拨号服务器和拨号协议连接在物理位置上的分离。

（3）DVPN(Dynamic Virtual Private Network，动态虚拟私有网络)：通过动态获取对端的信息建立 VPN 连接。DVPN 采用了 Client/Server 架构，动态建立 VPN 隧道，解决了传统静态配置 VPN 隧道的缺陷，增强了大规模部署 VPN 隧道时的易操作性、可维护性、可扩展性。

（4）基于 VLAN 的 VPN：运营商通过在城域网范围部署以太网交换机，可以为不同的组织提供不同的 VLAN 号码，实现组织的独立交换网络。这种技术简单、方便、支持几乎所有的上层协议，但受到有限的 802.1Q VLAN 4K 号码的限制。802.1QinQ 技术则通过额外加入的 802.1Q 封装，在一定程度上突破了上述源于 VLAN 号码的数量限制，从而具备了在城域网规模部署这种二层 VPN 的可能。

（5）XOT(X.25 over TCP Protocol)：是一种利用 TCP 的可靠传输，在 TCP/IP 网上承载 X.25 的协议。

## 7.6　本章总结

（1）通过专用线路或 Internet 互联分支机构都无法满足企业网的需求。

（2）VPN 能综合平衡费用、灵活性、扩展性和安全性等需求。

（3）VPN 通常通过隧道技术实现。

（4）VPN 可以根据多种标准进行分类。

（5）常用的 L2 VPN 技术包括 L2TP、PPTP、MPLS L2 VPN 等，L3 VPN 技术包括 GRE、IPSec、BGP/MPLS VPN 等。

## 7.7　习题和答案

### 7.7.1　习题

（1）下列描述中正确的是（　　）。

A. Access VPN 可以节约昂贵的长途拨号费用,还便于用户方便灵活地通过 Internet 接入

B. CPE-Based VPN 允许用户自由部署 VPN 网络结构

C. 一个 VPRN 网络可以支持多种网络层协议

D. 在 VLL 中,运营商通过 VPN 技术建立基础网络,为客户提供虚拟专线服务

(2) 按照业务用途的不同,可以将 VPN 分为(　　　)。

A. VPRN　　　　　　　　　　　　B. Intranet VPN

C. Extranet VPN　　　　　　　　　D. VPDN

(3) 按照组网模型的不同,可以将 VPN 分为(　　　)。

A. VPRN　　　　　　　　　　　　B. Intranet VPN

C. Extranet VPN　　　　　　　　　D. VPDN

(4) 下列描述正确的是(　　　)。

A. 在 VPN 隧道封装时,承载协议包被封装在载荷协议包中

B. 在 VPN 隧道封装时,载荷协议包被封装在承载协议包中

C. 在 VPN 隧道封装时,封装协议头处于最外层,以便将承载协议封装起来

D. 在 VPN 隧道封装时,封装协议头处于最外层,以便将载荷协议封装起来

(5) 下列 VPN 技术中,属于 L2 VPN 技术的有(　　　)。

A. GRE VPN　　　　　　　　　　B. IPSec VPN

C. BGP/MPLS VPN　　　　　　　D. L2TP VPN

## 7.7.2　习题答案

(1) A、B、D　　(2) B、C　　(3) A、D　　(4) B　　(5) D

# 第8章

# GRE VPN技术

通过 GRE(Generic Routing Encapsulation,通用路由封装)实现的 GRE VPN 是一种典型的 L3 VPN,也是最基本的一种。本章首先讲解 GRE 封装格式,随后将探讨在纯 IPv4 环境下用 GRE 封装 IP 包的方法,以及 GRE 隧道的工作原理和配置等。

## 8.1 本章目标

学习完本章,应该能够达到以下目标。

(1) 描述 GRE 隧道工作原理、GRE VPN 的特点以及部署 GRE VPN 的考虑因素。

(2) 配置 GRE VPN。

(3) 使用 display 命令和 debugging 命令获取 GRE VPN 配置和运行信息,了解 GRE VPN 运行时的重要事件和异常情况。

(4) 理解 GRE VPN 的典型应用。

## 8.2 GRE VPN 概述

实际上,GRE 最初是一种封装方法的名称,而不是特指 VPN。IETF 首先在 RFC 1701 中描述了 GRE,一个在任意一种网络协议上传送任意一种其他网络协议的封装方法;随后,又在 RFC 1702 中描述了如何用 GRE 在 IPv4 网络上传送其他的网络协议。最终,RFC 2784 规范了 GRE 的标准。

GRE 只是一种封装方法。对于隧道和 VPN 操作的处理机制,例如,如何建立隧道,如何维护隧道,如何拆除隧道,如何保证数据的安全性,数据出现错误或意外发生时应当如何处理等,GRE 本身并没有做出任何规范。

GRE 封装并不要求任何一种对应的 VPN 协议或实现。任何的 VPN 体系均可以选择 GRE 或者其他方法用于其 VPN 隧道。通过为不同的协议分配不同的协议号码,GRE 可以应用于绝大多数的隧道封装场合。

本书中所谓的 GRE VPN 实际上是指直接使用 GRE 封装,在一种网络协议上传送其他协议的一种 VPN 实现。在 GRE VPN 中,网络设备根据配置信息,直接利用 GRE 的多层封装构造隧道(Tunnel),从而在一个网络协议上透明传送其他协议分组。这是一种相对简单却非常有效的实现方法。理解 GRE VPN 的工作原理是理解其他 VPN 协议的基础。

由于 IP 网络的普遍应用,主要的 GRE VPN 部署多采用 IP over IP 的模式。企业在分支之间部署 GRE VPN,通过公共 IP 网络传送企业内部网络的数据,从而实现网络层的 Site-to-Stie VPN。并且,随着 IPv6 的发展,GRE VPN 也得到扩展,可以跨越 IPv4 网络连接 IPv6 孤岛,有助于 IPv4 和 IPv6 网络之间的平稳过渡。

# 8.3 GRE 封装格式

## 8.3.1 标准 GRE 封装

GRE 出现之前,很多早期的隧道封装协议已经出现,RFC 已经建议采用几种封装方法,例如,在 IP 上封装 IPX 等。然而,与这些方法相比,GRE 是一种最为通用的方法,也因而成为当前被各厂商普遍采用的方法。

GRE 是一种在任意协议上承载任意一种其他协议的封装协议。顾名思义,GRE 是为了尽可能高的普遍适用性而设计的,它本身并不要求何时、何地、何种协议或实现应当使用 GRE,而只是规定了在一种协议上封装并传送另一种协议的通用方法。通过为不同的协议分配不同的协议号码,GRE 可以应用于绝大多数的隧道封装场合。

考虑一种最常见的情况——一台设备希望跨越一个协议 A 的网络发送 B 协议包到对端。称 A 为"承载协议"(Delivery Protocol),A 的包为"承载协议包"(Delivery Protocol Packet);B 为"载荷协议"(Payload Protocol),B 的包为"载荷协议包"(Payload Protocol Packet)。

直接发送 B 协议包到协议 A 网络上是不可能的,因为 A 不会识别 B 数据。此时,设备须执行以下操作。

(1) 设备需要将载荷包封装在 GRE 包中,也就是添加一个 GRE 头。

(2) 把这个 GRE 包封装在承载协议包中。

(3) 设备便可以将封装后的承载协议包放在承载协议网络上传送。

使用 GRE 的整个承载包协议栈看起来如图 8-1 所示。因为 GRE 头部字段的加入也是一种封装行为,因此可以把 GRE 称为"封装协议",把经过 GRE 封装的包称为"封装协议包"。GRE 不是唯一的封装协议,但或许是最通用的封装协议。

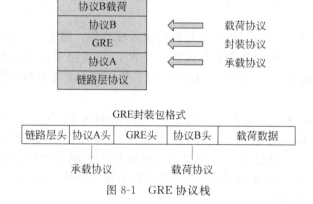

图 8-1 GRE 协议栈

在承载协议头之后加入的 GRE 头可以告诉目标设备"上层有载荷分组",从而使目标设备可以做出不同于 A 协议标准包的处理。当然这还是不够的,GRE 必须表达一些其他的信息,以便设备继续执行正确的处理。例如,GRE 头必须包含上层协议的类型,以便设备在解封装之后,可以把载荷分组递交到正确的协议栈继续处理。

RFC 1701 定义的标准 GRE 头格式如图 8-2 所示。其中主要字段的含义如下。

(1) Flags and version(2 octets):GRE 标志位字段,位于前两个 octet 中,从第 0 位到第 15 位。其中第 5 位到第 12 位保留未使用,第 13 位到第 15 位保留作为 Version field。这里仅介绍已定义的位。

(2) Checksum Present(bit 0):如果设置为 1 说明 GRE 头中存在 Checksum field。如果

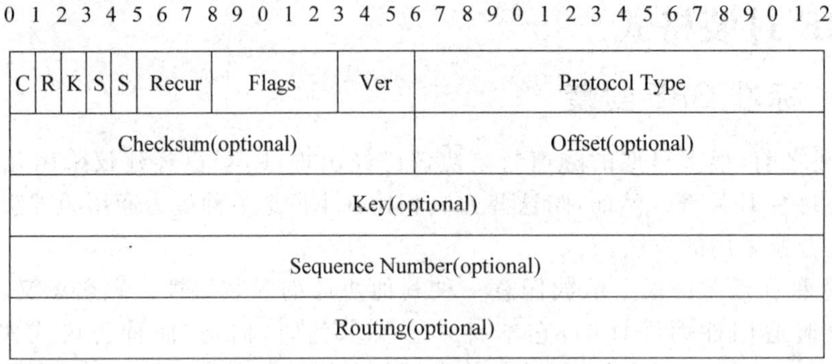

```
0 1 2 3 4 5 6 7 8 9 0 1 2 3 4 5 6 7 8 9 0 1 2 3 4 5 6 7 8 9 0 1 2
```

| C | R | K | S | S | Recur | Flags | Ver | Protocol Type |
|---|---|---|---|---|-------|-------|-----|---------------|

| Checksum(optional) | Offset(optional) |
|--------------------|------------------|

| Key(optional) |
|---------------|

| Sequence Number(optional) |
|---------------------------|

| Routing(optional) |
|-------------------|

图 8-2　RFC 1701 GRE 头格式

Checksum Present bit 与 Routing Present bit 同时为 1,则 GRE 头中同时存在 Checksum field 和 Offset field。

(3) Routing Present(bit 1):如果 Routing Present bit 设置为 1,则说明 GRE 头中包含有 Offset field 和 Routing field,否则不存在。

(4) Key Present(bit 2):如果设置为 1,则 GRE 头中存在 Keyfield,否则不存在。

(5) Sequence Number Present(bit 3):如果设置为 1,则说明 GRE 头中存在 Sequence Number field,否则不存在。

(6) Strict Source Route(bit 4):用于指示严格源路由选项。

(7) Recursion Control(bits 5-7):用于控制额外的封装次数。通常应当设置为 0。

(8) Version Number(bits 13-15):对于标准 GRE 封装来说,必须设置为 0。

(9) Protocol Type(2 octets):用于指示载荷包的协议类型。

(10) Offset(2 octets):用于指示从 Routing field 开始到第一个 active Source Route Entry 的偏移量。

(11) Checksum(2 octets):GRE 头与载荷包的校验和。用于确保数据的正确性。

(12) Key(4 octets):由封装设备加入的一个数字,可以用于鉴别包的源。

(13) Sequence Number(4 octets):由封装设备加入的一个无符号整数。可以被用于明确数据包的次序。

(14) Routing(variable):这是一个选项,仅当 Routing Present bit 设置为 1 时才出现。Routing field 保护一组 Source Route Entries(SREs)。每个 SRE 格式如图 8-3 所示。每个 SRE 均表明了严格源路由路径上的一个节点。可以用于控制分组的实际传送路径。从运算代价、实现复杂度以及安全性角度考虑,该选项实际上很少使用,所以本书不再讨论其中的各字段含义,有兴趣的同学可以自行研究。

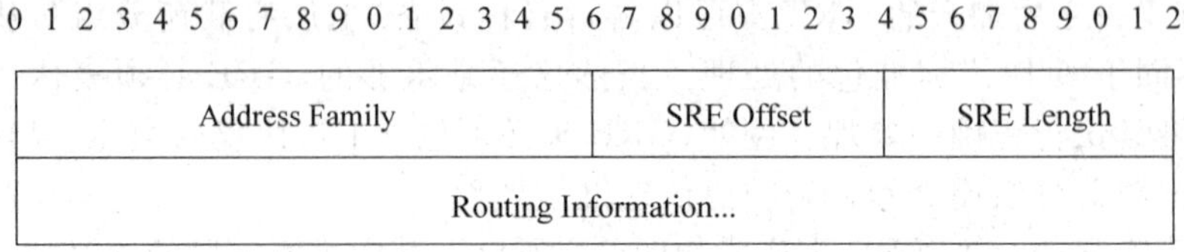

```
0 1 2 3 4 5 6 7 8 9 0 1 2 3 4 5 6 7 8 9 0 1 2 3 4 5 6 7 8 9 0 1 2
```

| Address Family | SRE Offset | SRE Length |
|----------------|------------|------------|

| Routing Information... |
|------------------------|

图 8-3　SRE 格式

GRE 使用 IANA 定义的以太协议类型来标识载荷包的协议。一些常见的 GRE 载荷协议及其协议号如表 8-1 所示。

表 8-1　常见 GRE 载荷协议类型号

| 协 议 名 | 协议类型号（十六进制） |
| --- | --- |
| Reserved | 0000 |
| SNA | 0004 |
| OSI network layer | 00FE |
| XNS | 0600 |
| IP | 0800 |
| RFC 826 ARP | 0806 |
| Frame Relay ARP | 0808 |
| VINES | 0BAD |
| VINES Echo | 0BAE |
| VINES Loopback | 0BAF |
| DECnet(Phase IV) | 6003 |
| Transparent Ethernet Bridging | 6558 |
| Raw Frame Relay | 6559 |
| Ethertalk(Appletalk) | 809B |
| Novell IPX | 8137 |
| RFC 1144 TCP/IP compression | 876B |
| Reserved | FFFF |

经过一段时间的实际部署和应用，GRE 不断成熟和完善。RFC 2784 终于规定了 GRE 的标准头格式。相对于之前而言，这是一个经过极大简化的格式，它只保留了必需的字段。

RFC 2784 规定的 GRE 头格式如图 8-4 所示。其中主要字段的含义如下。

图 8-4　RFC 2784 GRE 标准头格式

（1）Checksum Present(bit 0)：如果 Checksum Present bit 设置为 1，则 GRE 头中存在 Checksum field 和 Reserved1 field。

（2）Reserved0(bits 1-12)：必须设置为 0，并且接收方必须丢弃第 1 位至第 5 位设置为非 0 值的包（除非实现了 RFC 1701）。第 6 位至第 12 位为未来的用途保留，必须为 0。

（3）Version Number(bits 13-15)：版本号必须设置为 0，表示标准 GRE 封装。

（4）Protocol Type(2 octets)：用于指示载荷协议的类型。GRE 使用 RFC 1700 定义的以太协议类型指示上层协议的类型。

（5）Checksum(2 octets)：针对整个 GRE 头和载荷协议包的 16 位校验和。计算时 Checksum field 值设置为全 0。

（6）Reserved1(2 octets)：为未来的用途保留。

### 8.3.2  扩展 GRE 封装

为了适应日益复杂的网络环境和应用的需要，RFC 2890 对 GRE 进行了增强，形成了 GRE 扩展头格式。扩展的 GRE 头在原 GRE 头格式基础上，增加了 2 个可选字段 Key 和 Sequence Number，从而使 GRE 具备了标识数据流和分组次序的能力。

GRE 扩展头格式如图 8-5 所示。其中两个新增的标志位及其对应字段解释如下。

```
0 1 2 3 4 5 6 7 8 9 0 1 2 3 4 5 6 7 8 9 0 1 2 3 4 5 6 7 8 9 0 1 2
```

| C | K | S | Reserved0 | Ver | Protocol Type |
|---|---|---|---|---|---|
| Checksum(optional) | | | | Reserved1(optional) | |
| Key(optional) | | | | | |
| Sequence Number(optional) | | | | | |

图 8-5    GRE 扩展头格式

（1）Key Present（bit 2）：如果设置为 1，则说明 GRE 头中存在 Key field 字段；否则 Key field 不存在。

（2）Sequence Number Present（bit 3）：如果设置为 1，则说明 GRE 头中存在 Sequence Number field 字段；否则 Sequence Number field 不存在。

（3）Key Field（4 octets）：由执行封装的一方写入，用于标识一个数据流。

（4）Sequence Number（4 octets）：由执行封装的一方写入，用于标识一个数据流中各个包的发送次序。数据流中第一个包的序列号值为 0，之后不断递增。接收方可以根据 Sequence Number 了解到每个数据包是否按照正确的次序到达。

### 8.3.3  IP over IP 的 GRE 封装

企业通常在分支之间部署 GRE VPN，通过公共 IP 网络传送内部 IP 网络的数据，从而实现网络层的 Site-to-Site VPN。由于 IP 网络的普遍应用，主要的 GRE VPN 部署多采用以 IP 同时作为载荷和承载协议的 GRE 封装，又称为 IP over IP 的 GRE 封装或 IP over IP 的模式。理解了 GRE 在 IPv4 环境下如何工作，也就可以了解在任意协议环境下 GRE 如何工作。

如图 8-6 所示是以 IP 作为承载协议的 GRE 封装。可见 IPv4 用 IP 协议号 47 标识 GRE 头。当 IP 头中的 Protocol 字段值为 47 时，说明 IP 包头后面紧跟的是 GRE 头。

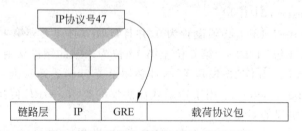

图 8-6    以 IP 作为承载协议的 GRE 封装

如图 8-7 所示是以 IP 作为载荷协议的 GRE 封装。可见 IP 的 GRE Protocol Type 值为 0x0800。

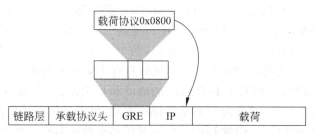

图 8-7 以 IPv4 作为载荷协议的 GRE 封装

如图 8-8 所示是以 IPv4 同时作为载荷和承载协议的 GRE 封装结构。又称为 IP over IP 的 GRE 封装。可见 IPv4 用协议号 47 标识 GRE 头。当 IP 头中的 Protocol 字段值为 47 时，说明 IP 包头后面紧跟的是 GRE 头。GRE 用以太协议类型 0x0800 标识 IPv4，当 GRE 头的 Protocol Type 字段值为 0x0800 时，说明 GRE 头后面紧跟的是 IPv4 头。

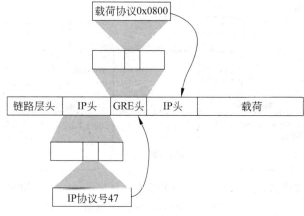

图 8-8 IP over IP 的 GRE 封装

这种封装结构是最为普遍的 GRE VPN 应用，也是本章的讨论重点。在本章后续的讨论中，如无特别说明，所称的 GRE 隧道都是 IP over IP 的 GRE 隧道。

# 8.4 GRE 隧道工作流程

## 8.4.1 GRE 隧道构成

如前所述，GRE 协议是对某网络层协议（如 IP 和 IPX 等）的包进行封装，使这些被封装的包能够在另一个网络层协议（如 IP）中传输。GRE 规范定义的是一种封装方法，它本身并不要求何时、何地、何种协议或实现应使用 GRE，任何的 VPN 体系均可以选择 GRE 或者其他方法用于其 VPN 隧道。GRE 可以用于很多的隧道封装场合。例如，微软公司提出的 PPTP 就使用了 GRE 封装。

GRE 只是一种封装方法。对于隧道和 VPN 操作的处理机制，例如，如何建立隧道，如何维护隧道，如何拆除隧道，如何保证数据的安全性，数据出现错误或意外发生时如何处理等，GRE 本身并没有做出任何规范。

GRE 封装本身已经提供了足以建立 VPN 隧道（Tunnel）的工具。GRE VPN 是基于 GRE 封装，以最简化的手段建立的 VPN。GRE VPN 用 GRE 把一个网络层协议封装在另一个网络层协议里，因此属于 L3 VPN 技术。

　　为了使点对点的 GRE 隧道像普通链路一样工作,路由器引入了一种称为 Tunnel 的逻辑接口。在隧道两端的路由器上各自通过物理接口连接公共网络,并依赖物理接口进行实际的通信。两个路由器上分别建立一个 Tunnel 接口,两个 Tunnel 接口之间建立点对点的虚拟连接,就形成了一条跨越公共网络的隧道。物理接口具有承载协议的地址和相关配置,直接服务于承载协议;而 Tunnel 接口则具有载荷协议的地址和相关配置,负责为载荷协议提供服务。实际的载荷协议包需要经过 GRE 封装和承载协议封装,再通过物理接口传送至公共网络。

　　大部分的组织已经使用 IP 构建 Intranet,并使用私有地址空间。私有 IP 地址在公共网络上是不可路由的。所以 GRE VPN 的主要任务是建立连接组织各个站点的隧道,跨越公共 IP 网络传送内部网络 IP 数据。图 8-9 所示为典型的 IP over IP 的 GRE 隧道的系统架构。站点 A 和站点 B 的路由器 RTA 和 RTB 的 E0/0 和 Tunnel0 接口均具有私网 IP 地址,而 S0/0 接口具有公网 IP 地址。此时,要从站点 A 发送私网 IP 包到站点 B,经过的基本过程如下。

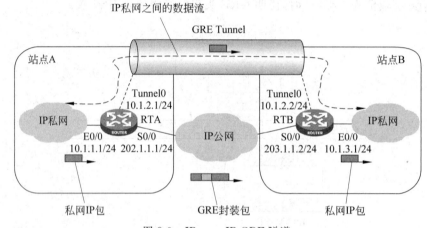

图 8-9　IP over IP GRE 隧道

　　(1) RTA 根据私网 IP 包的目标地址,查找路由表,找到一个出站接口。

　　(2) 如果出站接口是 GRE VPN 的 Tunnel0 接口,则 RTA 将根据配置对私网 IP 包进行 GRE 封装,即加以公网 IP 封装,变成一个公网 IP 包,其目的是 RTB 的公网地址。

　　(3) RTA 经物理接口 S0/0 发出此包。

　　(4) 此数据包穿越 IP 公共网,到达 RTB。

　　(5) RTB 接收到数据包后,经第一次 IP 路由查找,确认为本地接收报文,然后根据 IP 协议号上送本地 GRE 协议栈处理。RTB 解开 GRE 封装后,将得到的私网 IP 包递交给相应 Tunnel 接口 Tunnel0,再进行第二次 IP 路由查找,通过 E0/0 将私网 IP 包发送到站点 B 的私网去。

　　不论何种 GRE 隧道,其工作原理基本相同。下面的小节中将以图 8-9 所示的最常见的 IP over IP GRE VPN 为例,详细讨论各个步骤。这些步骤主要包括。

　　(1) 隧道起点路由查找。

　　(2) 加封装。

　　(3) 承载协议路由转发。

　　(4) 中途转发。

　　(5) 解封装。

　　(6) 隧道终点路由查找。

## 8.4.2　隧道起点路由查找

作为隧道两端的 RTA 和 RTB 必须同时具备连接私网和公网的接口,如图 8-10 所示,本例中分别是 E0/0 和 S0/0;同时也必须各具有一个虚拟的隧道接口,本例中是 Tunnel0。

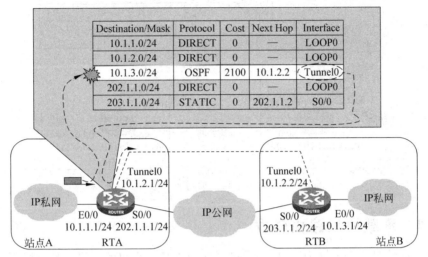

图 8-10　隧道起点路由查找

当一个私网 IP 包到达 RTA 时,如果其目的地址不属于 RTA,则 RTA 需要执行正常的路由查找流程。RTA 查看 IP 路由表,结果有以下可能。

(1) 若寻找不到匹配路由,则丢弃此包。

(2) 若匹配　条出站接口为普通接口的路由,则执行正常转发流程。

(3) 若匹配一条出站接口为 Tunnel0 的路由,则执行 GRE 封装和转发流程。

## 8.4.3　加封装

假设此私网数据包的路由下一跳已经确定,出站接口为 Tunnel0,则此数据包应当由 Tunnel0 接口发出。但 Tunnel0 接口是虚拟接口,并不能直接发送数据包,所有数据包最终必须通过物理接口发送。因此在发送前,必须将此数据包利用 GRE 封装在一个 IP 公网数据包中。

要执行 GRE 封装(图 8-11),RTA 需要从 Tunnel0 接口的配置中获得以下参数。

(1) RTA 首先通过接口配置获知需要使用的 GRE 封装格式,然后在原私网 IP 包头前添加对应格式的 GRE 头,并填充适当的字段。

(2) 同时 RTA 通过接口配置获知一个源 IP 地址和一个目标 IP 地址,作为最后构造的公网 IP 包的源地址和目标地址。这个源地址可以是 RTA 的任何一个公网路由可达 IP 地址,例如其 S0/0 的地址;目标地址是隧道终点 RTB 的任何一个公网路由可达 IP 地址,例如其 S0/0 的地址。当然,这两个地址对于两台路由器而言必须是一一对应的,也就是说在 RTA 和 RTB 上应该有恰恰相反的源目的地址配置。另外,RTA 和 RTB 双方的这一对公网地址必须是互相路由可达的。

随后,RTA 利用这两个地址,为 GRE 封装包添加公网 IP 头,并填充其他适当字段。

这样,一个包裹着 GRE 头和私网 IP 包的公网 IP 包——也就是承载协议包——就形成了。接下来要执行的是将这个包向公网转发。

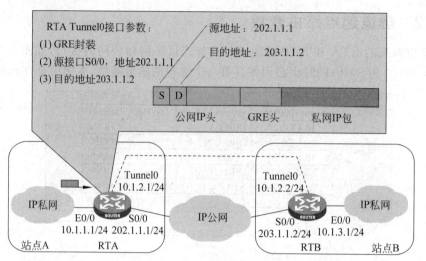

图 8-11　加封装

## 8.4.4　承载协议路由转发

首先 RTA 针对这个公网 IP 包再一次进行路由查找。查找的结果可能有以下两种。

(1) 若找不到匹配路由,则丢弃此包。

(2) 若匹配到一条路由,则执行正常转发流程。

假设 RTA 找到一条匹配的路由,则根据这条路由的下一跳地址转发此包。当然,不能排除仍然存在递归查找路由表项的可能性,但是这些处理过程与普通的 IP 路由查找和转发没有区别,所以不再展开讨论。承载协议路由转发过程如图 8-12 所示。

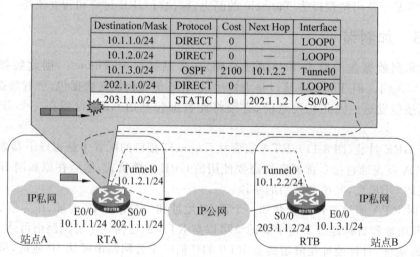

| Destination/Mask | Protocol | Cost | Next Hop | Interface |
|---|---|---|---|---|
| 10.1.1.0/24 | DIRECT | 0 | — | LOOP0 |
| 10.1.2.0/24 | DIRECT | 0 | — | LOOP0 |
| 10.1.3.0/24 | OSPF | 2100 | 10.1.2.2 | Tunnel0 |
| 202.1.1.0/24 | DIRECT | 0 | — | LOOP0 |
| 203.1.1.0/24 | STATIC | 0 | 202.1.1.2 | S0/0 |

图 8-12　承载协议路由转发过程

## 8.4.5　中途转发

这个公网 IP 包现在必须通过公共 IP 网,到达 RTB。如果 RTA 和 RTB 具有公网 IP 路由可达性,这并不是个问题。中途路由器仅仅依据公网 IP 包头的目的地址执行正常的路由转发即可,如图 8-13 所示。

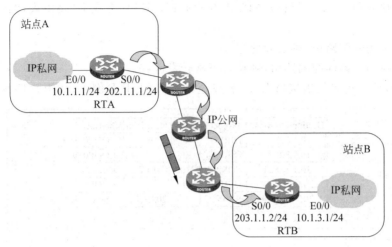

图 8-13　中途转发

## 8.4.6　解封装

这个公网 IP 包到达 RTB 之后可有以下几种情况。

（1）RTB 检查 IP 地址，发现此数据包的目标是自己的接口地址。

（2）RTB 检查 IP 头，发现上层协议号 47，表示此载荷为 GRE 封装。

（3）RTB 解开 IP 头，检查 GRE 头，若无错误发生，则解开 GRE 头。

（4）RTB 根据公网 IP 包的目的地址，将得到的私网 IP 包提交给相应的 Tunnel 接口，就如同这个数据包是由 Tunnel 接口收到的一样。本例中的 Tunnel 接口是 Tunnel0，该过程如图 8-14 所示。

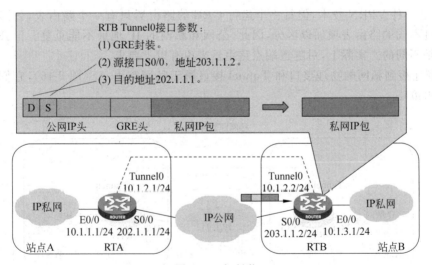

图 8-14　解封装

## 8.4.7　隧道终点路由查找

Tunnel 接口收到私网 IP 包后，处理方法与普通接口收到 IP 包时完全相同。如果这个 IP 包的目的地址属于 RTB，则 RTB 将此包解开转给上层协议处理；如果这个 IP 包的目的地址不属于 RTB,则 RTB 需要执行正常的路由查找流程。RTB 查找 IP 路由表,结果有以下两种可能。

(1) 若找不到匹配路由,则丢弃此包。

(2) 若寻找到一条匹配的路由,则执行正常转发流程。

在本例中,数据包将从出接口 E0/0 转发至站点 B 的 IP 私网中,如图 8-15 所示。

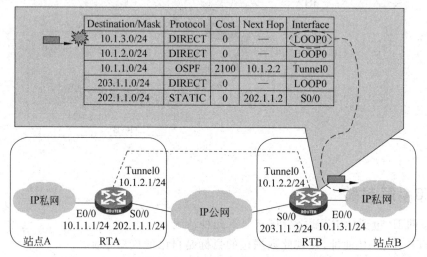

图 8-15　隧道终点路由查找

# 8.5　部署 GRE VPN 的考虑因素

## 8.5.1　地址空间和路由配置

GRE 是一种 VPRN 技术,但每一个运行 GRE 的路由器只有一个路由表,公网与私网之间只能通过不同的路由表项加以区分,因此,公网和私网的 IP 地址不能重复。但公网和私网路由策略是不同的。实际上,对隧道端点路由器来说有以下要求。

(1) 其连接到私网的物理接口和 Tunnel 接口属于私网路由 AS(图 8-16),它们采用一致的私网路由策略。

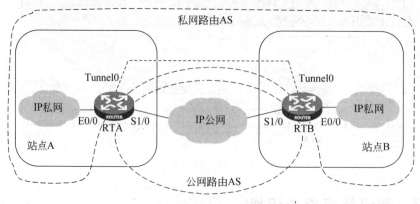

图 8-16　地址空间和路由配置

(2) 其连接到公网的物理接口属于公网路由 AS,它必须与公网使用一致的路由策略。

企业连接到 IP 公网的边缘路由器通常会从 IP 公网获得一个公网路由,以保证隧道两端路由器的物理接口的可达性。而为私网转发数据的 Tunnel 接口则可以使用静态路由或任意路由协议获得对方站点的私网路由信息。

（1）静态路由配置：需手工配置到达目的 IP 私网（不是 Tunnel 的目的地址，而是未进行 GRE 封装的私网报文的目的地址所属网段）的路由条目，下一跳是对端 Tunnel 接口的 IP 地址。在 Tunnel 的两端路由器上都要进行配置。

（2）动态路由配置：需将 Tunnel 和两端私网作为一个自治系统对待，在 IP 私网接口和 Tunnel 接口上启动路由协议。例如，如果图 8-16 所示的 IP 私网要求运行 OSPF，则 RTA 和 RTB 的 Tunnel0 接口也必须运行 OSPF 以保证 RTA 和 RTB 互相学习到对方站点的私网路由。

### 8.5.2 Tunnel 接口 Keepalive

GRE 隧道根据手工配置启动和运行。但是，GRE 本身并不提供对隧道状态的监测维护机制。默认情况下，系统根据隧道源端物理接口状态设置 Tunnel 逻辑接口状态。

如图 8-17 所示，隧道两端的物理接口状态正常，但在隧道经过的物理路径上有一个中间链路发生故障。由于 RTA 的接口 E1/0 状态仍然 UP，Tunnel0 接口的状态也会保持 UP。若使用静态路由，则 RTA 指向 RTB 的私网路由不会发生任何变化。因此，即使存在备用的隧道，隧道封装包仍会向主用隧道发出，随后在途中被丢弃。

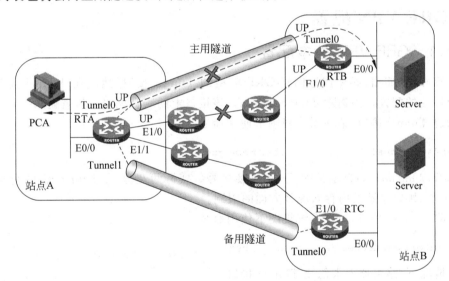

图 8-17　Tunnel 接口虚假状态与静态路由

因此，要为 GRE VPN 配置静态路由，就需要有一种手段维护隧道的状态，达到故障探测和路由备份的目的。

Tunnel 接口 Keepalive 功能允许路由器探测并察觉隧道接口的实际工作情况，并随之修改 Tunnel 接口的状态。启动了 Keepalive 功能后，路由器会从 Tunnel 接口周期性发送 Keepalive 报文。默认情况下，一旦路由器连续 3 次收不到对方发来的 Keepalive 报文，即认为隧道中断，随即将 Tunnel 接口的状态置为 Down，如图 8-18 所示。

这样，以该 Tunnel 为出接口的静态路由就会从路由表中消失，指向备份隧道的路由表项开始生效，VPN 业务恢复正常。

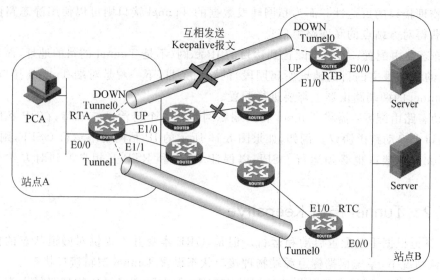

图 8-18　Tunnel 接口 Keepalive

如果使用动态路由协议,由于路由协议自身可以动态发现并适应网络拓扑的变化,因此 Keepalive 功能不再是必需的。

# 8.6　GRE VPN 配置

## 8.6.1　GRE VPN 基本配置

要配置 GRE 隧道,必须首先创建 GRE 类型的 Tunnel 接口,然后在 Tunnel 接口上进行其他功能特性的配置。当删除 Tunnel 接口后,该接口上的所有配置也将被删除。

要创建 Tunnel 接口,请在系统视图下使用命令。

**interface tunnel** *interface-number* **mode gre**

*interface-number* 为自定义的 Tunnel 接口号。实际可创建的 Tunnel 数量受到设备类型、软件版本、接口总数及内存状况等方面的限制。

要删除 Tunnel 接口,请在系统视图下使用命令。

**undo interface tunnel** *interface-number*

默认情况下,路由器上未创建 Tunnel 接口。

在创建 Tunnel 接口后,还要指明 Tunnel 通道的源端地址和目的端地址,即发出和接收 GRE 报文的实际物理接口地址。Tunnel 的源端地址与目的端地址唯一标识了一个隧道。这些配置在 Tunnel 两端路由器上都必须配置。要设置 Tunnel 接口的源端地址,请在 Tunnel 接口视图下使用命令。

**source**{ *ip-address* | *interface-type interface-number* }

如果使用 source 命令指定了一个接口,则系统会以此接口为源端接口,以此接口的地址为源端地址。

要设置 Tunnel 接口的目的端地址,请在 Tunnel 接口视图下使用命令。

**destination** *ip-address*

另外还需要设置 Tunnel 接口的网络层地址。一个隧道两端的 Tunnel 接口网络层地址应该属于同一网段。请在 Tunnel 接口视图下使用命令。

**ip address** *ip-address* { *mask* | *mask-length* }

除此以外,在源端路由器和目的端路由器上都必须配置经过 Tunnel 转发数据包的路由表项,这样私网数据包才能正确地经 GRE 封装后并转发。可以配置静态路由,也可以配置动态路由。

## 8.6.2 GRE VPN 高级配置

若 GRE 头中的 Checksum Present 位置位,则校验和有效。发送方将根据 GRE 头及 Payload 信息计算校验和,并将包含校验和的报文发送给对端。接收方对接收到的报文计算校验和,并与报文中的校验和比较,如果一致则对报文进一步处理,否则丢弃。

隧道两端可以根据实际应用的需要,选择启用校验和或禁止校验和。如果本端配置了校验和而对端没有配置,则本端将不会对接收到的报文进行校验和检查,但对发送的报文计算校验和;相反,如果本端没有配置校验和而对端已配置,则本端将对对端发来的报文进行校验和检查,但对发送的报文不计算校验和。默认情况下,禁止 Tunnel 两端进行端到端校验。要配置校验和,请在 Tunnel 接口视图下使用命令。

**gre checksum**

若 GRE 头中的 Key Present 位置位,则收发双方将使用隧道识别关键字进行验证。只有 Tunnel 两端设置的识别关键字完全一致时才能通过验证,否则将报文丢弃。要设置 GRE 隧道接口的密钥并启动验证,请在 Tunnel 接口视图下使用命令。

**gre key** *key-number*

其中 *key-number* 可取值为 0～4294967295 的整数。默认情况下,Tunnel 不启用验证。

要设置 Tunnel 的 Keepalive 功能,请在 Tunnel 接口视图下使用命令。

**keepalive** *seconds times*

其中 *seconds* 参数指定 Keepalive 报文发送周期,取值范围为 1～32767,默认为 10s。*times* 参数指定判断隧道中断所需的 Keepalive 报文的传送次数,取值范围为 1～255,默认为 3 次。

配置了该命令后,设备会从 Tunnel 接口定期发送 GRE 隧道的 Keepalive 报文。如果在超时时间内没有收到隧道对端转发回来的 Keepalive 报文,则本端继续重新发送 Keepalive 报文。如果超过 *times* 参数规定的尝试次数后仍然没有收到对端转发回来的 Keepalive 报文,则把本端 Tunnel 接口的协议状态置为 Down。如果 Tunnel 口处于 Down 状态时收到了对端的转发回来的 Keepalive 报文,Tunnel 接口的状态将恢复为 Up,否则继续保持 Down 状态。默认情况下不启用 GRE 的 Keepalive 功能。

## 8.6.3 GRE VPN 信息的显示和调试

执行 **display interface tunnel** 命令可以显示配置后 GRE 隧道接口的运行情况,通过查看显示信息验证配置的效果。

**display interface** [**tunnel** [*number*]] [**brief** [**description** | **down**]]

显示 Tunnel 接口的工作状态的输出信息形如：

```
<Router>display interface tunnel 0
Tunnel0
Current state: UP
Line protocol state: UP
Description: Tunnel0 Interface
Bandwidth: 64Kbps
Maximum Transmit Unit: 1476
Internet Address is 10.1.2.1/24 Primary
Tunnel source 192.13.2.1, destination 192.13.2.2
Tunnel keepalive disabled
Tunnel TTL 255
Tunnel protocol/transport GRE/IP
    GRE key disabled
    Checksumming of GRE packets disabled
Output queue -Urgent queuing: Size/Length/Discards 0/100/0
Output queue -Protocol queuing: Size/Length/Discards 0/500/0
Output queue -FIFO queuing: Size/Length/Discards 0/75/0
Last clearing of counters: Never
Last 300 seconds input rate: 0 bytes/sec, 0 bits/sec, 0 packets/sec
Last 300 seconds output rate: 0 bytes/sec, 0 bits/sec, 0 packets/sec
Input: 5 packets, 420 bytes, 0 drops
Output: 8 packets, 672 bytes, 0 drops
```

以上信息表示 Tunnel0 接口处于 UP 状态，MTU 为 1476 字节，Tunnel0 的 IP 地址为 10.1.2.1/24，源端地址为 192.13.2.1，目地端地址为 192.13.2.2，没有启动验证，也没有启动校验。

在用户视图下执行 **debugging** 命令可对 GRE 进行调试。

**debugging gre { all | error | packet }**

要打开 Tunnel 调试，在用户试图下使用命令。

**debugging tunnel { all | error | event | packet }**

### 8.6.4　GRE VPN 配置示例一

如图 8-19 所示，站点 A 和站点 B 运行 IP，并使用私有地址空间 10.0.0.0。两个站点通过在路由器 RTA 和路由器 RTB 之间启用 GRE 隧道，跨越公网实现互联。在本例中，由于使用静态路由，RTA 和 RTB 都启动了 Keepalive 功能，并采用默认参数。

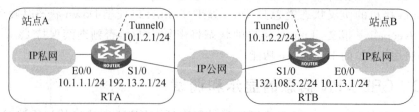

图 8-19　GRE VPN 配置示例一

RTA 上的 VPN 配置如下：

```
〔RTA-Serial1/0〕ip address 192.13.2.1 255.255.255.0
〔RTA-Ethernet0/0〕ip address 10.1.1.1 255.255.255.0
〔RTA〕interface tunnel 0mode gre
〔RTA-Tunnel0〕ip address 10.1.2.1 255.255.255.0
〔RTA-Tunnel0〕source 192.13.2.1
〔RTA-Tunnel0〕destination 132.108.5.2
〔RTA-Tunnel0〕keepalive
〔RTA〕ip route-static 10.1.3.0 255.255.255.0 tunnel0
```

RTB 上的 VPN 配置如下：

```
〔RTB-Serial1/0〕ip address 132.108.5.2 255.255.255.0
〔RTB-Ethernet0/0〕ip address 10.1.3.1 255.255.255.0
〔RTB〕interface tunnel 0 mode gre
〔RTB-Tunnel0〕ip address 10.1.2.2 255.255.255.0
〔RTB-Tunnel0〕source 132.108.5.2
〔RTB-Tunnel0〕destination 192.13.2.1
〔RTB-Tunnel0〕keepalive
〔RTB〕ip route-static 10.1.1.0 255.255.255.0 tunnel0
```

本例并未列出保证 RTA 到 RTB 可达性的相关路由配置。但是这种可达性的要求是隐含的，也是 IP 公网应当且必须保证的。

## 8.6.5　GRE VPN 配置示例二

如图 8-20 所示，本例环境与上例相似，但要求私网使用 OSPF 路由协议，因此要在 RTA 和 RTB 上配置 OSPF 协议，并对 Tunnel0 接口和 E0/0 接口启动 OSPF。

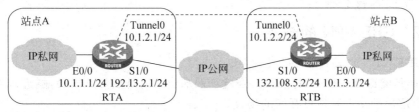

图 8-20　GRE VPN 配置示例二

RTA 上的 VPN 配置如下：

```
〔RTA-Serial1/0〕ip address 192.13.2.1 255.255.255.0
〔RTA-Ethernet0/0〕ip address 10.1.1.1 255.255.255.0
〔RTA〕interface tunnel 0mode gre
〔RTA-Tunnel0〕ip address 10.1.2.1 255.255.255.0
〔RTA-Tunnel0〕source 192.13.2.1
〔RTA-Tunnel0〕destination 132.108.5.2
〔RTA〕ospf
〔RTA-ospf-1〕area 0
〔RTA-ospf-1-area-0.0.0.0〕network 10.0.0.0 0.255.255.255
```

RTB 上的 VPN 配置如下：

```
〔RTB-Serial1/0〕ip address 132.108.5.2 255.255.255.0
〔RTB-Ethernet0/0〕ip address 10.1.3.1 255.255.255.0
〔RTB〕interface tunnel 0 mode gre
```

```
[RTB-Tunnel0] ip address 10.1.2.2 255.255.255.0
[RTB-Tunnel0] source 132.108.5.2
[RTB-Tunnel0] destination 192.13.2.1
[RTB] ospf
[RTB-ospf-1] area 0
[RTB-ospf-1-area-0.0.0.0] network 10.0.0.0 0.255.255.255
```

本例并未列出保证 RTA 到 RTB 可达性的相关路由配置。但是这种可达性的要求是隐含的,也是 IP 公网应当且必须保证的。

## 8.7　GRE VPN 的特点

### 8.7.1　GRE VPN 的优点

从这一章的讨论中可以看到,使用 GRE 隧道的 VPN 实现具有不少优点。

GRE VPN 可以用当前最为普遍的 IP 网络(包括 Internet)作为承载网络,因而可以最大限度地扩展 VPN 的范围。

Internet 是一个纯粹的 IP 网络,任何非 IP 网络层协议都不会被 Internet 路由器承认,也不能得到路由。然而,很多情况下,企业仍然会使用一些历史遗留或特殊的其他网络层协议,例如 IPX 等。GRE 封装可以支持多种协议。GRE VPN 可以承载多种上层协议载荷,从而可以跨越公共网使用一些传统或特殊的协议。

GRE VPN 并不局限于单播数据的传送。事实上,任何需要从 Tunnel 接口发出的数据均可以获得 GRE 封装并穿越隧道。这使 GRE VPN 能轻松支持 IP 组播路由。

另外不难发现,GRE VPN 没有复杂的隧道建立和维护机制,因此可以说是最简单明了、最容易部署的 VPN 技术之一。

### 8.7.2　GRE VPN 的缺点

但是,GRE VPN 也具有一些不足之处。

首先,GRE 隧道是一种点对点隧道,在隧道两端建立的是点对点连接,隧道双方地位是平等的,因而只适用于站点对站点互联的场合。

同时,GRE VPN 要求在隧道的两个端点上静态配置隧道接口,并指定本端和对端地址。如需修改隧道配置,必须同时手工修改两端的隧道接口参数。

当需要在所有站点间建立 Full-mesh 全连接时,必须在每一个站点上指定所有其他隧道端点的参数。当站点数量较多时,部署和修改 GRE VPN 的运维代价是呈平方数量级增加的。

GRE 只提供有限的差错校验、序列号校验等机制,并不提供数据加密、身份验证等高级安全特性。必须配合其他技术,例如 IPSec,才能获得足够的安全性。

从收到数据包开始,到数据包转发结束,GRE 隧道端点路由器必须执行两次路由表查找操作。但有的同学可能已经注意到,实际上与路由器设备上只有一个路由表。也就是说,当使用 IP over IP 方式时,公网和私网接口实际上不能具有重叠的地址。虽然在真正的商用网络规划部署中,不会出现地址重叠问题,但我们不得不承认,GRE VPN 并不能真正分割公网和私网,不能实现互相独立的地址空间。

另外在缺少 Keepalive 机制的前提下,Tunnel 接口将永远处于 Up 状态,从而难以使用静态路由或接口备份方式提供多隧道接口路由备份。

## 8.8 本章总结

(1) GRE VPN 是由 GRE 隧道构成的 Site-to-Site VPN。

(2) GRE 隧道通过 GRE 封装实现。

(3) GRE VPN 简单而容易部署,支持多种协议,但其不能分隔地址空间,且安全性较差。

## 8.9 习题和答案

### 8.9.1 习题

(1) 下列关于 GRE 的说法正确的是( )。

    A. GRE 封装只能用于 GRE VPN     B. GRE 封装并非只能用于 GRE VPN

    C. GRE VPN 不能分隔地址空间     D. GRE VPN 可以分隔地址空间

(2) 承载网 IP 头以( )标识 GRE 头。

    A. IP 协议号 47     B. 以太协议号 0x0800

    C. UDP 端口号 47     D. TCP 端口号 47

(3) 关于 GRE 隧道 Tunnel 接口的配置,以下说法正确的是( )。

    A. Tunnel 接口是一种逻辑接口,需要手工创建

    B. 在隧道两个端点路由器上为 Tunnel 接口指定的源地址必须相同

    C. 在隧道两个端点路由器上为 Tunnel 接口指定的目的地址必须相同

    D. 在隧道两个端点路由器上为 Tunnel 接口指定的 IP 地址必须相同

(4) 要配置 GRE 隧道 Tunnel 接口的 Keepalive 时间为 45s,应使用命令( )。

    A. tunnel keepalive 45     B. keepalive 45

    C. grekeepalive 45     D. gretunnel keepalive 45

(5) 指定 Tunnel 的源端为 1.1.1.2,应在 Tunnel 接口视图下使用命令( )。

    A. source address 1.1.1.2     B. destination address 1.1.1.2

    C. source 1.1.1.2     D. destination 1.1.1.2

### 8.9.2 习题答案

(1) B、C     (2) A     (3) A     (4) B     (5) C

# 第9章

# L2TP VPN技术

移动用户和临时办公场所通常不具备永久性的连接,因此常使用 PSTN/ISDN 等拨号技术接入企业内部网络。但这种方式可能需要支付高昂的长途拨号费用。而作为 Access VPN 的 L2TP(Layer 2 Tunneling Protocol,二层隧道协议)正好可以在降低费用的同时满足远程用户接入企业内部网络的需要。L2TP 支持"独立 LAC"和"客户 LAC"两种模式,使其既可用于实现 VPDN,也可用于实现站点到站点(Site-to-Site)VPN 业务。

## 9.1  本章目标

学习完本章,应该能够达到以下目标。

(1)理解企业网远程用户接入的需求,描述 L2TP 的特点、适用场合及工作原理。

(2)配置独立 LAC 模式和客户 LAC 模式 L2TP。

(3)用 display 命令获取 L2TP 配置和运行信息。

(4)用 debugging 命令了解 L2TP 运行时的重要事件和异常情况。

## 9.2  L2TP VPN 概述

PPP(Point to Point Protocol,点到点协议)定义了一种封装技术(RFC 1661),可以在二层的点到点链路上传输多种协议数据包,用户采用诸如 PSTN、ISDN、xDSL 之类的二层链路连接到 NAS(Network Access Server),并且与 NAS 之间运行 PPP 协议,二层链路的端点与 PPP 会话点驻留在相同硬件设备上(用户计算机和 NAS)。

在传统的拨号接入方式中,小型办公室或移动办公用户通过 PSTN/ISDN 之类的技术,直接对 NAS(Network Access Server,网络访问服务器)发起远程呼叫,建立二层的点到点链路,如图 9-1 所示。用户端设备与 NAS 之间通常使用 PPP 协议,以实现身份验证并支持多种网络层协议。

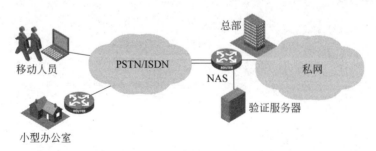

图 9-1  传统拨号接入模式

这样的接入方式需要消耗大量的长途呼叫费用,同时企业还必须为 NAS 设备配备大量的拨号接入端口以满足远端用户同时并行接入的需求。

IETF 在 RFC 2661 中定义了 L2TP 协议。L2TP 提供了对 PPP 链路层数据包的隧道传输支持。它允许二层链路端点和 PPP 会话点驻留在不同设备上,并且采用分组交换网络技术进行信息交互,从而扩展了 PPP 模型。L2TP 协议结合了 L2F 协议和 PPTP 协议的各自优点,成为 IETF 有关二层隧道协议的工业标准。

L2TP 是一种典型的 Access VPN 技术。使用 L2TP 时,用户不必通过长途拨号连接到企业总部的出口路由器,而是使用 PSTN/ISDN 拨号、xDSL 等方式直接连接到 ISP(Internet Service Provider,因特网服务提供商)位于本地的 POP(Point Of Presence,存在点),或直接连接到 Internet 接入路由器获得 IP 通信服务。然后由 ISP POP 设备或接入路由器跨越 Internet 建立 L2TP 隧道,将用户接入到企业内部网络。而具备 Internet 连接的移动办公用户也可以在没有 ISP 独立 LAC 的情况下,以客户 LAC 的方式访问企业内网资源。这样,用户可以节约大量的长途拨号费用,并可以方便地接入企业内部网络。

L2TP 支持对用户和隧道的双重验证,也支持对客户端的动态 IP 地址分配。使用 L2TP,企业不仅可以通过 PPP 连接自行验证远端用户身份信息并分配 IP 地址,还可以借助 ISP 的独立 LAC 执行额外的 AAA 验证。企业还可以在防火墙和内部服务器上实施访问控制策略,从而确保安全性。

L2TP 具备点到网络的特性,特别适合单个或少量用户接入企业总部网络的情形。组织的小型远程办公室和出差人员可以花费较少的本地接入费用远程接入其组织中心。

L2TP 隧道由 PPP 触发,承载 PPP 帧,适应性强,可以支持任意的网络层协议。

L2TP 不提供任何加密能力,跨越公共网络的数据传输可能遭到窃听或篡改。因此在保密性要求比较高的情况下,需要结合其他加密手段——例如 IPSec——保证数据安全性。

在 L2TP 协议体系中,用户通过二层链路连接到一个访问集中器(Access Concentrator),然后访问集中器将 PPP 数据帧通过隧道传送到 NAS,这个隧道可以基于一个共享网络,甚至是 Internet。这样,二层链路终止在集中器上,而 PPP 链路却可以延伸到遥远的目标站点。

与 PPP 模块配合,L2TP 支持本地和远端的认证、授权和计费(Authorization, Authentication and Accounting,AAA)功能,也可根据需要采用全用户名、用户域名等方式来识别是否为 VPN 用户。同时,L2TP 也支持对接入用户 IP 地址的动态分配。

主要的 L2TP 组件(图 9-2)包括以下几类。

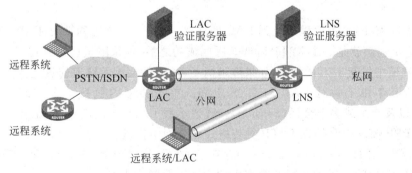

图 9-2　L2TP 基本组件

(1) 远程系统(Remote System):远程系统是一台终端计算机,或者是一台远程分支路由器。远程系统连接到诸如 PSTN/ISDN 的远程接入网络上。它又称为拨号客户(Dial-up Client)或者虚拟拨号客户(Virtual Dial-up Client)。

(2) LAC(L2TP Access Concentrator,L2TP 访问集中器):LAC 是 L2TP 的隧道端点之

一。LAC与LNS互为L2TP隧道的对等节点,L2TP隧道在LAC和LNS之间建立,由LAC和LNS共同维护。LAC把从远程系统接收的PPP帧封装后发给LNS,把LNS发回的报文解封装后发给远程系统。此处的封装使用L2TP封装方法。LAC的位置处于远程系统与LNS之间,或者就存在于远程系统上。

(3) LNS(L2TP Network Server,L2TP 网络服务器):LNS是L2TP的隧道端点之一。LAC与LNS互为L2TP隧道的对等节点,L2TP隧道在LAC和LNS之间建立,由LAC和LNS共同维护。同时,LAC和LNS也是会话(Session)的终结点。

(4) NAS(Network Access Server,网络访问服务器):NAS是一个常规的抽象概念。NAS是远程访问网络的接入点,为远程客户提供接入服务。它既可以指LAC,也可以指LNS。

L2TP具备点到网络的特性,特别适合单个或少数用户接入企业总部网络的情形。企业的小型远程办公室和出差人员可以花费较少的本地接入费用接入其组织中心。

# 9.3　L2TP 工作原理

## 9.3.1　L2TP 概念术语

在L2TP的协议体系中,存在很多概念和术语(图 9-3),这些概念互相交织在一起。掌握这些,对于理解L2TP工作原理是必需的。

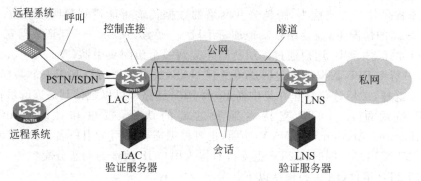

图 9-3　L2TP 名词术语

L2TP呼叫(Call)是指远程系统到LAC的连接。例如,一个远程系统用PSTN拨号连接到LAC,则这个连接就是一个L2TP呼叫。呼叫成功之后,如果隧道已经存在,LAC就会直接在已建立的隧道中发起L2TP会话;如果隧道尚不存在,就会触发隧道的建立。

L2TP隧道存在于一对LAC与LNS之间。单条隧道内包括1个控制连接(Control Connection)以及0个或多个会话(Session)。隧道承载L2TP控制消息(Control Messages)以及封装后的PPP帧。PPP帧以L2TP封装格式在公网中传送。

L2TP控制连接(Control Connection)存在于L2TP隧道内部,在LAC和LNS之间建立。控制连接的作用是建立、维护和释放隧道中的会话以及隧道本身。

L2TP控制消息(Control Messages)是在LAC和LNS之间交换的。可以看作L2TP隧道的带内消息。控制消息被用于LAC和LNS的协商,以便建立、维护和释放隧道中的会话以及隧道本身。L2TP的控制消息中包含AVP(Attribute Value Pair,属性值对)。AVP是一系列属性及其具体值,控制消息通过其携带的AVP使隧道两端设备能交互信息,管理会话和隧道。

L2TP是面向连接的,可以为其传送的信息提供一定的可靠性。LAC和LNS维护远程系统与LAC的每一个呼叫的状态和信息。

当一个远程系统建立了到达LNS的PPP连接时,一个L2TP会话(Session)就会相应地存在于LAC和LNS之间。来自这个呼叫的PPP帧在相应的会话中被封装,并传送给LNS。因此,L2TP会话与L2TP呼叫是一一对应的。一对LAC和LNS也同时维护在两者之间的会话信息和状态。

## 9.3.2 L2TP拓扑结构

根据不同的应用需求,L2TP可使用两种不同的拓扑结构——独立LAC模式和客户LAC模式。

在独立LAC模式中,远程系统通过一个远程接入方式接入到LAC中,由LAC对LNS发起隧道并建立会话,如图9-4所示。

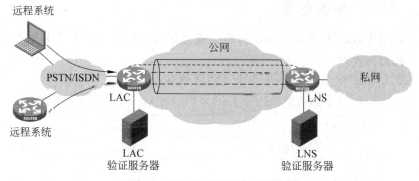

图9-4 独立LAC模式的拓扑结构

例如,一个企业的员工通过PSTN/ISDN接入位于ISP的LAC设备。该LAC提供用户接入的AAA服务,并跨越Internet向位于企业总部的LNS发起请求,以建立隧道和会话连接。而企业总部的LNS作为L2TP企业侧的VPN服务器,接收来自LAC的隧道和会话请求,完成对用户的最终验证和授权,并建立连接LNS与远程系统的PPP通道。

这种模式的好处在于,所有VPN操作对终端用户而言是透明的。终端用户不需要配置VPN拨号软件,只需要执行普通拨号操作,一次登录就可以接入企业内部网络。并且,员工即使不能访问Internet,只要能够拨号连接到ISP的LAC,就可以访问企业内部网络资源。用户验证和内部地址分配由私网进行,使用私有地址空间,不占用公共地址。对拨号用户的计费可由LNS或LAC侧的AAA服务器完成。

但这种模式需要ISP支持L2TP协议,同时需要验证系统支持VPDN属性。

在客户LAC模式中,LAC设备存在于远程系统计算机上。远程系统本身具有Internet连接,采用一个内部机制——例如VPDN客户端软件——跨越Internet对LNS发起呼叫,并建立隧道和会话,如图9-5所示。

例如,假设企业员工可以直接连接到Internet获得数据通信服务,那么在员工的计算机上配置VPN拨号软件,就可以与总部直接建立VPN连接。客户端计算机自行执行远程系统和LAC的功能,直接与位于企业总部的LNS建立隧道和会话。此时,对用户的验证只能由LNS侧执行。

这种模式的好处在于,用户上网的方式和地点没有限制,也不需依赖ISP的介入,只要远程用户具有Internet接入能力,就可以实现VPDN。但换言之,由于远程用户需要具备

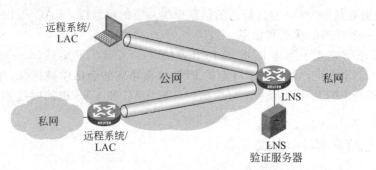

图 9-5　客户 LAC 模式的拓扑结构

Internet 接入条件,并且需要安装 VPDN 客户端软件,与独立 LAC 模式相比意味着更复杂的终端设置。

### 9.3.3　L2TP 协议封装

在 L2TP 隧道中,L2TP 的控制通道和数据通道采用相同的 L2TP 头格式(图 9-6),只是其中的具体字段有所不同。

L2TP 头格式如图 9-6 所示。其中主要字段解释如下。

```
0 1 2 3 4 5 6 7 8 9 0 1 2 3 4 5 6 7 8 9 0 1 2 3 4 5 6 7 8 9 0 1
```

| T | L |  | S |  | O | P |  |  |  | Ver | Length(opt) |
|---|---|---|---|---|---|---|---|---|---|---|---|
| Tunnel ID | | | | | | | | | | | Session ID |
| Ns(opt) | | | | | | | | | | | Nr(opt) |
| Offset Size(opt) | | | | | | | | | | | Offset pad...(opt) |

图 9-6　L2TP 头格式

(1) Type(T) bit:表明消息的类型。"1"表示此消息是控制消息,"0"表示此消息是数据消息。

(2) Ver:必须设置为 2。

(3) Tunnel ID:是 L2TP 隧道的标识符,也是 L2TP 控制连接的标识符。Tunnel ID 是在隧道建立时通过 Assigned Tunnel ID AVP 交换的。

(4) Session ID:用来标识一个隧道中的各个会话。Session ID 是在隧道建立时通过 Assigned Session ID AVP 交换的。

(5) Ns:这是一个数据消息或者控制消息序列号。由 0 开始,递增到 216。可以用于确保消息的可靠传送。

(6) Nr:这是对下一个收到的控制消息序列号的预期。

在 IP 网络中,L2TP 以 UDP/IP 作为承载协议,使用 IANA 注册的 UDP 端口 1701。整个的 L2TP 报文,包括 L2TP 头及其载荷,都封装在 UDP 数据报中发送。

L2TP 采用 UDP 端口 1701 作为服务端口。发起隧道呼叫时,使用任意 UDP 源端口向目的端口 1701 发起呼叫。

图 9-7 说明了数据包在传输过程中所经过的协议栈结构和封装过程。

下面以一个用户侧的 IP 报文的传递过程来描述 L2TP 的封装。

(1) 从远程系统向服务器方向发送的原始用户 IP 报文先经过 PPP 封装,发送到 LAC。

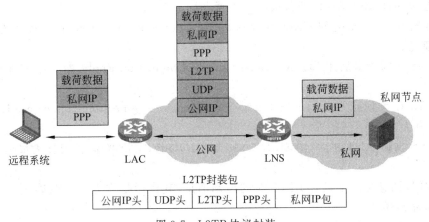

图 9-7　L2TP 协议封装

（2）LAC 的链路层将 PPP 帧传递给 L2TP 协议，L2TP 对其添加 L2TP 头，再将其封装 UDP 头，并继续封装成可以在 Internet 上传输的公网 IP 包。L2TP 头中标识了用户数据包对应隧道 ID 和会话 ID 等参数。此时数据包的封装结果就是 IP 包中有 PPP 帧，PPP 帧中还有 IP 包。但这两个 IP 包的源目的地址各不相同，用户数据包的 IP 地址是私网地址，而 LAC 封装后生成的公网 IP 包的地址为公网地址。

（3）LAC 完成 VPN 的私有数据封装，将此报文通过公网发送到 LNS。

（4）LNS 收到 VPN 封装的 IP 报文后，依次将 IP、UDP、L2TP 头解封装，就获得了用户 PPP 帧，并递交给 PPP 协议继续处理。

（5）LNS 将 PPP 帧头解封装后，就得到原始私网 IP 报文，然后 LNS 可根据 IP 头做进一步处理，例如提交上层协议处理或转发全内网。

从服务器向远程系统方向发送报文的操作与以上描述恰恰相反，这里不再赘述。

综上，依赖公网 IP 包的 L2TP 隧道封装存在于 LAC 与 LNS 之间，而 PPP 封装却存在于远程系统与 LNS 之间，这就相当于在远程系统与 LNS 之间直接建立了一条 PPP 链路。

## 9.3.4　L2TP 协议操作

L2TP 协议的主要操作包括以下几种。

（1）建立控制连接。

（2）建立会话。

（3）转发 PPP 帧。

（4）Keepalive。

（5）关闭会话。

（6）关闭控制连接。

**1. 建立控制连接**

为了在 VPN 用户和服务器之间传递数据报文，必须首先在 LAC 和 LNS 之间建立传递数据报文的隧道。所以，建立一个控制连接是一切会话的基础。在隧道建立过程中，双方需要互相检查对方的身份，并协商一些参数。

远程系统通过 PPP 链路呼叫 LAC 成功后，随即由 PPP 触发 LAC 发起控制连接的建立。LNS 在 UDP 端口 1701 侦听 L2TP 控制连接建立请求。LAC 使用任意 UDP 源端口向 LNS 的 UDP 目的端口 1701 发起控制连接建立请求。

建立控制连接(图 9-8)时,通常按以下步骤进行。

(1) 首先由 LAC 发送 SCCRQ(Start-Control-Connection-Request,打开控制连接请求),发起隧道建立。

(2) LNS 收到请求后用 SCCRP(Start-Control-Connection-Reply,打开控制连接应答)进行应答。

(3) LAC 在收到应答后返回 SCCCN(Start-Control-Connection-Connected,打开控制连接已连接)确认。

(4) LNS 收到 SCCCN 后,用 ZLB(Zero-Length Body,零长度体)消息作为最后应答,隧道建立。

其中 ZLB 消息是一个只有 L2TP 头的控制消息,其作用是作为一个明确应答,以确保控制消息的可靠传递。

在控制连接建立的过程中,L2TP 可以执行一个隧道验证过程。LAC 或 LNS 均可用此方法验证对方的身份。这个验证过程与 CHAP 非常类似,LAC 和 LNS 可以在 SCCRQ 或 SCCRP 消息中添加 Challenge AVP(挑战 AVP),发起验证;接收方必须在 SCCRP 或 SCCCN 消息中以 Challenge Response AVP(挑战响应 AVP)响应验证过程。如果验证不通过,隧道就无法建立。

**2. 建立会话**

为了传送用户数据,在建立了控制连接后,需要为用户建立会话。多个会话复用在一个隧道连接上。

会话的建立由 PPP 模块触发,如果该会话在建立时没有可用的隧道,那么必须先建立隧道连接。会话建立完毕后,才开始进行用户数据传输。

会话的建立(图 9-9)过程与控制连接的建立过程类似,通常 LAC 首先接收到一个入站呼叫(incoming call),随即触发会话的建立过程如下。

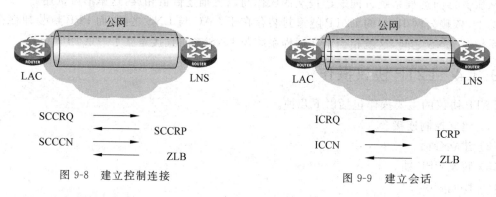

图 9-8　建立控制连接　　　　　图 9-9　建立会话

(1) LAC 对 LNS 发送 ICRQ(Incoming-Call-Request,入呼叫请求)发起会话的建立。

(2) LNS 收到请求后返回 ICRP(Incoming-Call-Reply,入呼叫应答)。

(3) LAC 收到应答后返回 ICCN(Incoming-Call-Connected,入呼叫已连接)确认。

(4) LNS 收到 ICCN 后,用 ZLB 消息作为最后应答,会话建立。

LNS 也可以发起会话的建立过程如下。

(1) LNS 发送 OCRQ(Outgoing-Call-Request,出呼叫请求)要求建立会话。

(2) LAC 返回 OCRP(Outgoing-Call-Reply,出呼叫应答)。

(3) LAC 执行呼叫。

(4) 呼叫成功后,LAC 返回 OCCN(Outgoing-Call-Connected,出呼叫已连接)进行确认。

（5）LNS 收到 OCCN 后，用 ZLB 消息作为最后应答，会话建立。

### 3. 转发 PPP 帧

一旦会话建立，就可以为用户转发数据。

用户 IP 包被封装在 PPP 帧中，这些 PPP 帧从远程系统到达 LAC 后，被传递给 L2TP 协议，L2TP 对其添加 L2TP 头，并以正确的 Tunnel ID 和 Session ID 对其隧道和会话属性进行标识，然后再将其封装成 UDP 包，并继续封装成可以在 Internet 上传输的公网 IP 报文。LAC 将此报文通过公网发送给 LNS。

LNS 在收到这些 IP 报文后，依次将 IP、UDP、L2TP 头解封装，恢复原始的用户 PPP 帧。LNS 根据 Tunnel ID 和 Session ID 将其递交给正确的业务处理点（例如一个 virtual-template 接口）的 PPP 协议栈进行处理。该处理点将 PPP 帧头解封装后即得到原始私网 IP 报文，然后可以根据 IP 头做进一步操作，例如本地处理或继续转发。

相反的方向上执行的操作原理相同。

### 4. Keepalive

为实时了解隧道的运行情况，检测 LAC 与 LNS 之间的连接故障区，L2TP 的 LAC 和 LNS 使用 Hello 控制消息维持彼此的状态。

LAC 和 LNS 会定期向对端发送 Hello 报文，接收方接收到 Hello 报文后会进行响应。当 LAC 或 LNS 在指定时间间隔内未收到对端的 Hello 响应报文时，重复发送，如果重复发送一定次数后仍没有收到对端的响应信息则认为 L2TP 隧道已经断开，隧道会被关闭（图 9-10）。

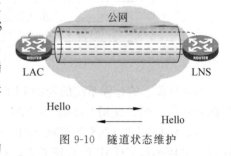

图 9-10　隧道状态维护

### 5. 关闭会话

隧道端点双方均可以主动关闭一个会话。会话的关闭并不影响隧道的继续运行。

如图 9-11 所示，若 LAC 试图关闭一个会话，则需执行以下操作。

（1）LAC 首先发送一个 CDN（Call-Disconnect-Notify，呼叫断开通知）消息，通告对方关闭会话。

（2）LNS 收到 CDN 后，以 ZLB 消息作为明确应答，会话关闭。

### 6. 关闭控制连接

隧道端点双方均可以主动关闭一个隧道。关闭隧道的同时，该隧道内所有会话也会关闭。

图 9-12 所示，若 LAC 试图关闭一个隧道，则需执行以下操作。

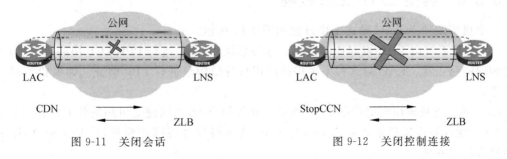

图 9-11　关闭会话　　　　　　　　图 9-12　关闭控制连接

（1）LAC 首先发送一个 StopCCN（Stop-Control-Connection-Notification，停止控制连接通知）消息，通告对方关闭隧道。

（2）LNS 收到 StopCCN 后，以 ZLB 消息作为明确应答，隧道关闭。

### 9.3.5　L2TP 验证

L2TP 的验证可以包括以下三步，如图 9-13 所示。

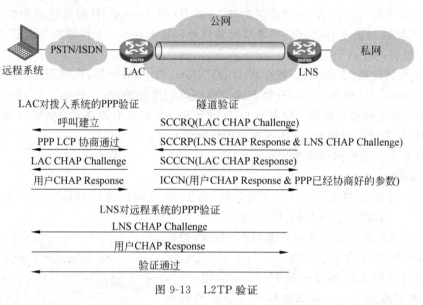

图 9-13　L2TP 验证

（1）对拨入的远程系统的初始 PPP 验证：在 LAC 与远程系统之间进行，用于验证拨入用户的合法性。可以使用 CHAP 或 PAP 验证。

（2）对 LAC 和 LNS 之间隧道的验证：在 LAC 与 LNS 之间进行，用于验证隧道端点的合法性。采用类似 CHAP 的验证方式。这一验证是可选的。

（3）LNS 对远程系统的再次 PPP 验证：在 LNS 与远程系统之间进行，用于验证远程系统的身份，以便决定其是否能够访问私网资源。这一步验证又可分为下列三种。

① 代理验证：LAC 将其从远程系统得到的所有验证信息及 LAC 端本身配置的验证方式发送给 LNS。

② 强制 CHAP 验证：LNS 直接对远程系统进行 CHAP 验证。

③ LCP 重协商：LNS 与远程系统重新进行 PPP LCP 协商，并采用相应的虚拟模板接口上配置的验证方式进行验证。

### 9.3.6　典型 L2TP 工作过程

一个典型的独立 LAC 模式工作过程如图 9-14 所示。

（1）远程系统向 LAC 发起连接请求。远程系统和 LAC 进行 PPP LCP 协商，确保两者之间的物理链路正常。LAC 对远程系统提供的用户身份信息进行 PPP 验证。如果验证通过则连接建立。

（2）LAC 查找该用户对应的 LNS 地址等相关信息，若尚未建立可用的控制连接，则 LAC 向 LNS 发起控制连接建立请求。LNS 与 LAC 之间可以进行隧道验证，待验证通过，控制连接和隧道建立成功。

（3）LAC 要求建立一个会话，以便为接入的远程系统传输数据。如果使用代理验证，则 LAC 将其从远程系统得到的所有验证信息及 LAC 端本身配置的验证方式发送给 LNS；如果

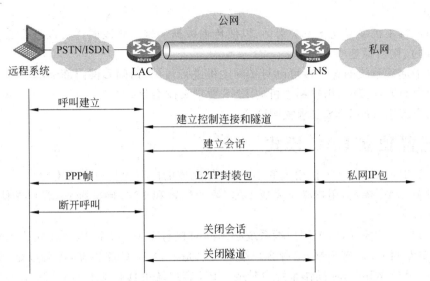

图 9-14 典型的独立 L2TP 模式工作过程

使用强制 CHAP 验证或强制 LCP 重协商,则由 LNS 负责对远程系统再次进行验证。如果验证通过,则会话建立。

（4）位于远程系统的客户端可以与私网主机进行通信,访问私网内部资源。

（5）用户结束资源访问,断开连接。

（6）LAC 向 LNS 要求关闭相应会话。

（7）如果隧道中的所有会话都已关闭,隧道无必要继续存在,则 LAC 向 LNS 要求关闭隧道。

一个典型的客户 LAC 模式工作过程如图 9-15 所示。

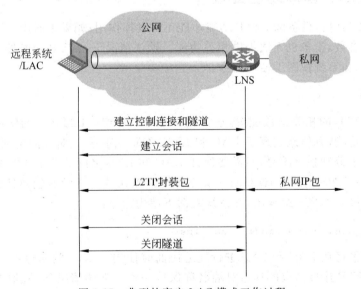

图 9-15 典型的客户 LAC 模式工作过程

（1）同时作为远程系统和 LAC 的用户端主机需要访问私网资源,在其内部触发对 LNS 发起建立控制连接的请求。其与 LNS 之间可以进行隧道验证,如果验证通过,控制连接和隧道建立成功。

（2）用户端主机要求建立一个会话，以便传输数据。这一阶段同样可以进行必要的验证，如果验证通过，则会话建立。

（3）位于远程系统的客户端可以与私网主机进行通信，访问私网内部资源。

（4）用户断开连接时，用户端主机向 LNS 要求关闭会话。

（5）用户端主机向 LNS 要求关闭隧道。

# 9.4　配置独立 LAC 模式

配置 L2TP 时，根据其工作模式的不同，必须完成的配置项目也有所不同。

对于独立 LAC 模式，用户必须完成 LAC 侧的配置和 LNS 侧的配置，客户端使用普通的拨号客户端即可。

对于客户 LAC 模式，由于用户端系统必须同时执行 LAC 功能，因而在完成 LNS 侧配置之外，还需要专用 VPN 客户端，这种客户端既可以是一台 H3C 路由器，也可以是 H3C iNode 客户端软件，另外 Windows 操作系统自带的 VPN 客户端也具有基本的 L2TP 客户端功能。

## 9.4.1　独立 LAC 模式配置任务

对于独立 LAC 模式，L2TP 的配置分为远程系统、LAC、LNS 三部分。如果配置了远程验证方式，则还需配置验证服务器。远程系统仅使用普通的拨号客户端即可。远程系统和验证服务器的配置此处不再赘述，除此外用户还必须完成 LAC 侧和 LNS 侧的配置。

在将设备配置为 LAC 或 LNS 之前，必须首先使能 L2TP 功能、创建 L2TP 组，使设备具有基本的 L2TP 处理能力；然后根据不同的使用场景，分别进行 LAC 和 LNS 的特性配置，使设备具有相应的 L2TP 隧道端点功能。

## 9.4.2　L2TP 基本功能配置

只有启用 L2TP 后，设备的 L2TP 功能才能正常发挥作用；如果未启用 L2TP，则即使配置了 L2TP 的其他参数，设备也无法提供相关功能。默认情况下，L2TP 功能处于关闭状态。要启用 L2TP 功能，在系统视图下使用命令：

**l2tp enable**

为了进行 L2TP 的相关参数配置，还需要添加 L2TP 组。L2TP 组的使用允许在设备上灵活配置 L2TP 功能，方便地实现了 LAC 和 LNS 之间一对一、一对多的组网应用。L2TP 组在 LAC 和 LNS 上分别独立编号，只需要保证 LAC 和 LNS 之间关联的 L2TP 组的相关配置（如隧道对端名称、LNS 地址等）保持对应关系即可。默认情况下没有创建任何 L2TP 组。要创建 L2TP 组并进入 L2TP 组视图，在系统视图下使用命令：

**l2tp-group** *group-number* **mode** { **lac** | **lns** }

隧道本端名称将在 LAC 和 LNS 进行隧道协商时使用。LAC 侧隧道本端名称要与 LNS 侧配置的接收 L2TP 连接请求的隧道对端名称保持一致。默认情况下，隧道本端名称为设备的名称。要配置隧道本端名称，在 L2TP 组视图下使用命令：

**tunnel name** *name*

### 9.4.3　LAC 基本配置命令

LAC 侧只有 PPP 用户的信息与指定的触发条件匹配时，LAC 才认为该 PPP 用户为 L2TP 用户，向 LNS 发起 L2TP 隧道建立请求。触发条件有两种：完整的用户名（fullusername）和带特定域名的用户名（domain）。前者为只有 PPP 用户的用户名与配置的完整用户名匹配时，LAC 才会向 LNS 发起 L2TP 隧道建立请求；后者为 PPP 用户的 ISP 域名与配置的域名匹配时，LAC 即向 LNS 发起 L2TP 隧道建立请求。

要配置 LAC 向 LNS 发起隧道建立请求的触发条件，在 L2TP 组视图下使用命令：

**user** { **domain** *domain-name* | **fullusername** *user-name* }

每个 L2TP 组最多可以设置五个 LNS，即允许存在备用 LNS。正常运行时，LAC 按照 LNS 配置的先后顺序依次向每个 LNS 发送建立 L2TP 隧道的请求。LAC 接收到某个 LNS 的接受应答后，该 LNS 就作为隧道的对端；否则，LAC 向下一个 LNS 发起隧道建立请求。

要配置 LNS 的 IP 地址，在 L2TP 组视图下使用命令：

**lns-ip**{ *ip-address* } &<1-5>

通过在 LAC 侧配置对远程拨入用户的 AAA 验证，可以对远程拨入用户的身份信息（用户名、密码）进行检验和确认。验证通过后 LAC 才能发起建立隧道连接的请求，否则不会为用户建立隧道。设备支持的 AAA 验证包括以下两种。

（1）本地验证：需要在 LAC 侧配置本地用户名、密码和服务类型等信息。LAC 通过检查用户名与密码是否与本地配置的用户名/密码相符合来进行用户身份验证。

（2）远程验证：需要与 RADIUS/TACACS 服务器协同进行验证，用户名、密码等信息需配置在 RADIUS/TACACS 服务器上。LAC 将用户名和密码发往验证服务器，由服务器负责对用户进行身份验证。

### 9.4.4　LNS 基本配置命令

虚拟模板接口 VT（Virtual-Template）是一种虚拟的逻辑接口。L2TP 会话连接建立之后，LNS 需要创建一个 VA（Virtual Access）虚拟访问接口用于和 LAC 交换数据。VA 接口基于 VT 接口上配置的参数动态创建。默认情况下系统没有创建虚拟模板接口，因此在配置 LNS 时需要首先创建 VT 接口，并配置该接口的参数。要配置虚拟模板接口并进入其接口视图，在系统视图下使用命令：

**interface virtual-template** *virtual-template-number*

虚拟模板接口自身需要一个 IP 地址。要配置本端 IP 地址，在虚模板接口视图下使用命令：

**ip address** *ip-address* { *mask* | *mask-length* } [ **sub** ]

当 LAC 与 LNS 之间的 L2TP 隧道连接建立之后，LNS 需要为 VPN 用户分配 IP 地址。地址分配主要包括两种方式：从接口下指定的地址池中分配地址或从 ISP 域下关联的地址池中分配地址。在指定地址池之前，需要先在系统视图下用 **ip pool** 命令定义地址池。可以直接在 VT 接口视图下指定地址池，也可以在 ISP 域视图下指定地址池。要创建地址池，在系统视图下使用命令：

**ip pool** *pool-namestart-ip-address* [ *end-ip-address* ] [ **group** *group-name* ]

要指定给对端分配地址所用的地址池或直接给对端分配 IP 地址,可以在虚拟模板接口视图下使用命令:

**remote address** { **pool** [ *pool-number* ] | *ip-address* }

当 LNS 对远程系统进行验证时,需要使用一些验证信息,这些参数的配置也在虚拟模板接口下配置。要配置本端对远程系统进行的 PPP 验证,在虚拟模板接口视图下使用命令:

**ppp authentication-mode** { **chap** | **ms-chap** | **ms-chap-v2** | **pap** } * [ [ **call-in** ] **domain** *isp-name* ]

默认情况下不进行验证。

LNS 可以使用不同的虚拟模板接口接收来自不同 LAC 的隧道建立请求。接收到 LAC 发来的隧道建立请求后,LNS 需要检查 LAC 的隧道本端名称是否与本地配置的隧道对端名称相符合,从而决定是否与对端建立隧道,并确定创建 VA 接口时使用的 VT 接口。要指定 LNS 接受隧道建立请求的虚拟模板接口、隧道对端名称,在 L2TP 组视图下使用 **allow l2tp** 命令。

当 L2TP 组号为 1(默认的 L2TP 组号)时,使用命令:

**allow l2tp virtual-template** *virtual-template-number* [ **remote** *remote-name* ]

当 L2TP 组号不为 1 时,使用命令:

**allow l2tp virtual-template** *virtual-template-number* **remote** *remote-name*

## 9.4.5 高级配置命令

管理员可根据实际需求,决定是否在创建隧道连接之前进行隧道验证。隧道验证请求可由 LAC 或 LNS 任何一侧发起。只要本端启用了隧道验证,则只有在对端也启用了隧道验证,两端密钥不为空并且完全一致的情况下,隧道才能建立;否则本端将自动断开隧道。若隧道两端都配置了禁止隧道验证,隧道验证的密钥一致与否将不影响隧道建立。为了保证隧道安全,建议用户最好不要禁用隧道验证的功能。如果用户需要修改隧道验证的密钥,请在隧道开始协商前进行,否则修改的密钥不生效。

在 L2TP 组视图下使用 **tunnel authentication** 命令启用 L2TP 的隧道验证功能。默认情况下,L2TP 隧道进行验证功能处于开启状态。

要配置隧道验证密码,在 L2TP 组视图下使用命令:

**tunnel password** { **simple** | **cipher** } *password*

默认情况下,系统的隧道验证密码为空。

为了检测 LAC 和 LNS 之间隧道的连通性,LAC 和 LNS 会定期向对端发送 Hello 报文,接收方接收到 Hello 报文后会进行响应。当 LAC 或 LNS 在指定时间间隔内未收到对端的 Hello 响应报文时,重复发送,如果重复发送 5 次仍没有收到对端的响应信息则认为 L2TP 隧道已经断开。

要配置隧道中 Hello 消息的发送时间间隔,在 L2TP 组视图下使用命令:

**tunnel timer hello** *hello-interval*

要强制断开指定的隧道连接,在用户视图下执行命令:

**reset l2tp tunnel** { **id** *tunnel-id* | **name** *remote-name* }

要强制 LNS 与客户端之间重新进行 CHAP 验证,在 L2TP 组视图下使用 **mandatory-chap** 命令,同时需要在 LNS 的 VT 接口下配置 PPP 用户的验证方式为 CHAP 认证。强制 CHAP 验证仅对独立 LAC 模式有效。配置强制 CHAP 验证后,对于用户来说,会经过两次验证:一次是在 LAC 端的验证,另一次是在 LNS 端的验证。部分用户可能不支持进行第二次验证,此时,LNS 端的 CHAP 重新验证会失败。默认情况下,系统不启用 LNS 的强制 CHAP 验证功能。

要强制 LNS 与客户端之间重新进行 LCP 协商,在 L2TP 组视图下使用 **mandatory-lcp** 命令。对于独立 LAC 模式的 L2TP 用户,在 PPP 会话开始时,先和 LAC 进行 PPP 协商。若协商通过,则由 LAC 触发建立 L2TP 隧道,并将用户信息传递给 LNS,由 LNS 根据收到的代理验证信息,判断用户是否合法。但在某些特定的情况下(如 LNS 不接受 LAC 的 LCP 协商参数,希望和用户重新进行参数协商),需要强制 LNS 与用户重新进行 LCP 协商,并采用相应的虚拟模板接口上配置的验证方式对用户进行验证。启用 LCP 重协商后,如果相应的虚拟模板接口上没有配置验证,则 LNS 将不对用户进行二次验证(这时用户只在 LAC 侧接受一次验证)。默认情况下,系统不启用 LNS 的强制 LCP 重新协商功能。

## 9.4.6  配置示例

这是一个典型的独立 LAC 模式 L2TP 配置示例。如图 9-16 所示,在本例中,某企业以 MSR 路由器作为 LAC 和 LNS,远程用户使用 Windows 系统,通过 PSTN 拨号到 LAC 的串口 S1/0 接入,与企业总部互联。

图 9-16  独立 LAC 模式 L2TP 配置示例

该公司内部网络采用私网地址。通过建立 L2TP VPN,用户就可以通过普通电话线路访问公司内部网络的数据。

LAC 侧的主要配置如下。

```
[LAC] local-user vpdnuserclass network
[LAC-luser-vpdnuser] password simple Hello
[LAC-luser-vpdnuser] service-type ppp
[LAC] interface serial 1/0
[LAC-Serial1/0] ppp authentication-mode chap
[LAC] l2tp enable
[LAC] l2tp-group 1 mode lac
[LAC-l2tp1] tunnel name LAC
[LAC-l2tp1] user fullusername vpdnuser
[LAC-l2tp1] tunnel authentication
[LAC-l2tp1] tunnel password simple aabbcc
```

为简化起见,LAC 采用了本地验证方式,并配置了拨号用户的用户名 vpdnuser 和密码 Hello。当然,在 LAC 上还需要为公网接口配置公网地址 1.1.2.1。在串口 S1/0 上还需完成接受拨号的相关配置。S1/0 并不需要配置 IP 地址,这是因为客户端的地址将由 LNS 分配。

另外,在用户侧 PC 上需配置拨号客户端,使用用户名 vpdnuser 和密码 Hello 进行拨号。LNS 侧的主要配置如下。

```
[LNS] local-user vpdnuser class network
[LNS-luser-vpdnuser] password simple Hello
[LNS-luser-vpdnuser] service-type ppp
[LNS] domain system
[LNS-isp-system] authentication ppp local
[LNS] ip pool pool_a 192.168.0.2 192.168.0.100
[LNS] l2tp enable
[LNS] interface virtual-template 1
[LNS-virtual-template1] ip address 192.168.0.1 255.255.255.0
[LNS-virtual-template1] ppp authentication-mode chap domain system
[LNS-virtual-template1] remote address pool pool_a
[LNS] l2tp-group 1 mode lns
[LNS-l2tp1] tunnel name LNS
[LNS-l2tp1] allow l2tp virtual-template 1 remote LAC
[LNS-l2tp1] tunnel authentication
[LNS-l2tp1] tunnel password simple aabbcc
```

为简化起见,LNS 同样采用了本地验证方式,并配置了拨号用户的用户名 vpdnuser 和密码 Hello。在 LNS 配置了虚模板接口 virtual-template1,以便对客户端 PC 机进行验证、分配 IP 地址并进行实质性的 IP 转发。

当然,在 LNS 上还需要为公网接口配置公网地址 2.1.2.2。

## 9.5　用 iNode 客户端实现客户 LAC 模式

### 9.5.1　iNode 客户端介绍

iNode VPN 客户端软件是 H3C 开发的成熟而专业化的安全客户端软件。通过安装 iNode 客户端,PC 可以通过多种方式与安全网关、VPN 网关等网络设备建立 VPN 隧道,也可以通过 802.1X、Portal 等方式接受接入身份验证并获取网络资源。

iNode 提供了 L2TP 客户端功能,只要远端用户能够通过诸如拨号、ADSL 和小区宽带等方式接入 Internet,就可以和总部的 VPN 网关之间建立 L2TP 隧道,这允许移动用户安全、快捷地通过 Internet 访问其组织私网内的资源。

iNode VPN 客户端软件提供了强大的安全策略,包括 IPSec、IKE 和 NAT 穿越等,大大强化了 VPN 系统的安全性。IPSec 使特定的通信方之间在 IP 层通过加密与数据源验证等方式,保证数据报在网络上传输时的私有性、完整性、真实性,并可以在一定程度上防重播攻击。

iNode VPN 客户端软件支持与 H3C SecKey 验证方式结合,通过 USB Key 的方式存储用户的密钥或数字证书、iNode VPN 客户端配置信息等,加强身份验证的安全强度,减少 iNode 用户身份信息被盗用的风险,同时减少 iNode 的配置管理工作,最终可以帮助企业实现优化大规模移动 VPN 用户接入的部署工作。

**注意**:iNode 客户端的功能依据其版本有所不同。如需使用 L2TP 客户端,请使用支持 L2TP VPN 的 iNode 客户端版本。

## 9.5.2 客户 LAC 模式配置任务

在客户 LAC 模式中,LNS 的配置命令与独立 LAC 模式是相同的,但远程系统的配置有所不同。远程系统必须执行 LAC 功能,因此要求远程系统必须首先具备可用的公网连接,具备与 LNS 的 IP 可达性。另外在远程系统上还需安装配置 iNode VPN 客户端。

在 Windows 系统中安装 iNode 客户端非常简便,根据图形化安装向导的指示完成即可。

配置 iNode 客户端实现 L2TP 的基本配置任务包括以下几方面。

(1) 创建 L2TP VPN 连接。

(2) 配置登录用户名和密码。

(3) VPN 连接基本设置。

(4) VPN 连接高级属性。

此外还可以配置 RSA 验证、智能卡、IPSec 等参数。

## 9.5.3 客户 LAC 模式配置示例

如图 9-17 所示,在本例中,出差用户希望通过 Internet 用自己的便携计算机以 L2TP 连接到公司的私网,访问私网资源。

图 9-17 客户 LAC 模式配置示例

首先在公司一侧配置 LNS,允许用户通过 L2TP 接入。LNS 的主要配置如下。

```
[LNS] local-user vpdnuser class network
[LNS-luser-vpdnuser] password simple Hello
[LNS-luser-vpdnuser] service-type ppp
[LNS] domain system
[LNS-isp-system] authentication ppp local
[LNS] ip pool pool_a192.168.0.2 192.168.0.100
[LNS] l2tp enable
[LNS] interface virtual-template 1
[LNS-virtual-template1] ip address 192.168.0.1 255.255.255.0
[LN3-virtual-template1] ppp authentication-mode chap domain system
[LNS-virtual-template1] remote address pool pool_a
[LNS] l2tp-group 1
[LNS-l2tp1] tunnel name LNS
[LNS-l2tp1] allow l2tp virtual-template 1 remote LAC
[LNS-l2tp1] tunnel authentication
[LNS-l2tp1] tunnel password simple aabbcc
```

可见其与独立 LAC 模式没有明显区别。

当然,在 LNS 上还需要为公网接口配置公网地址 2.1.2.2。

接下来,在用户的计算机上配置 Internet 连接。要求能正确地接入 Internet,获得公网地址,并与 LNS 通过 Internet 路由可达即可。

随后,在用户的计算机上安装 iNode 客户端。跟随安装向导的指示,使用默认参数安装即可。安装完成后即可开始配置 iNode 客户端。

在 iNode 客户端主界面菜单中选择"文件"|"新建连接"进入"新建连接向导",单击"下一步"按钮,进入"选择认证协议"窗口。单击选中"L2TP IPSec VPN 协议",单击"下一步"按钮,进入"选择连接类型"窗口,如图 9-18 所示。

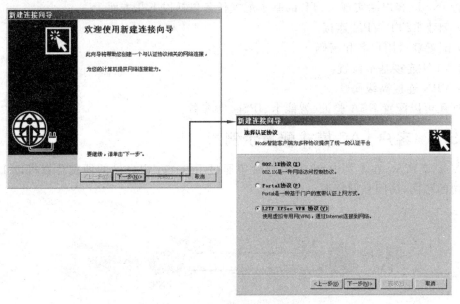

图 9-18　在 iNode 客户端中创建 VPN 连接

注意:不同版本的 iNode 客户端功能和界面可能有所差别,具体情况请参考相应的用户手册。

在"选择连接类型"窗口中单击选中"普通连接",单击"下一步"按钮,进入图 9-19 所示窗口。输入一个连接名"我的 VPN 连接",并设置用户名 vpdnuser 和密码 Hello。

图 9-19　配置 VPN 连接的用户名和登录密码

如需避免每次登录时输入用户名和密码,单击选中"保存用户密码"复选框。

单击"下一步"按钮,进入图 9-20 所示的"VPN 连接基本设置"窗口。

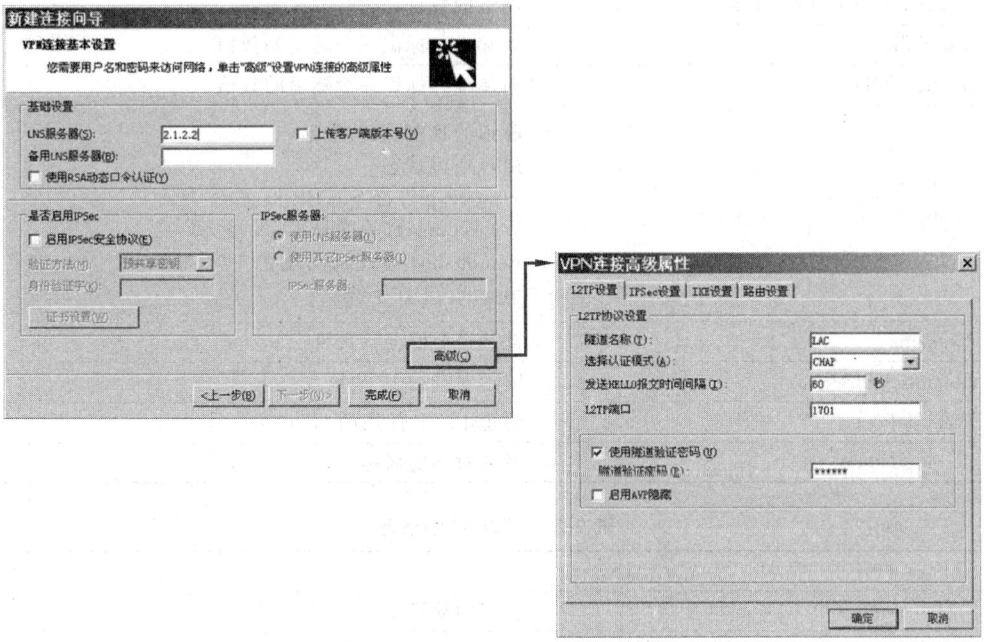

图 9-20　VPN 连接基本设置

在"VPN 连接基本设置"窗口的"LNS 服务器"处输入 LNS 地址 2.1.2.2。不要选中"启用 IPSec 安全协议"。

选择"高级"进入"VPN 连接高级属性"窗口。选择"L2TP 设置"选项卡,输入隧道名称 LAC,在"选择认证模式"处选择 CHAP,选中"使用隧道验证密码"并将"隧道验证密码"设置为 aabbcc。单击"确定"按钮,确认设置。

在"VPN 连接基本设置"窗口中单击"完成"按钮,即可完成 L2TP 客户端配置。

使用 L2TP VPN 时首先启动 iNode 客户端,双击"我的 VPN 连接"即可启动连接。

# 9.6　L2TP 信息显示和调试

在任意视图下执行 display l2tp 命令可以显示配置后 L2TP 的运行情况,通过查看显示信息验证配置的效果。

使用命令 display l2tp tunnel 可显示当前的 L2TP 隧道信息。显示信息中各字段的含义如表 9-1 所示。

使用命令 display l2tp session 可显示当前的 L2TP 会话的信息。显示信息中各字段的含义如表 9-2 所示。

在用户视图下执行 debugging l2tp 命令可对 L2TP 进行调试。该命令的主要关键字描述如下。

(1) all:表示打开所有 L2TP 调试信息开关。

(2) avp-hidden:表示打开 AVP 隐藏调试信息开关。

(3) control-packet:表示打开控制报文调试信息开关。

(4) data-packet:表示打开数据报文调试信息开关。

**表 9-1　L2TP 隧道信息**

| 字　　段 | 描　　述 |
|---|---|
| Total number of tunnels | 隧道的数目 |
| LocalTID | 本端唯一标识一个隧道的数值 |
| RemoteTID | 对端唯一标识一个隧道的数值 |
| State | 隧道的状态,取值包括:<br>Idle(空闲状态)<br>Wait-repl(等待 SCCRP 报文)<br>Wait-connect(等待 SCCCN 报文)<br>Established(隧道成功建立 S)<br>topping(正在下线) |
| Sessions | 此隧道上的会话数目 |
| RemoteAddress | 隧道对端的 IP 地址 |
| RemotePort | 隧道 L2TP 使用的 UDP 端口号 |
| RemoteName | 隧道对端的名称 |

**表 9-2　L2TP 会话信息**

| 字　　段 | 描　　述 |
|---|---|
| Total number of sessions | 会话的数目 |
| LocalSID | 本端唯一标识一个会话的数值 |
| RemoteSID | 对端唯一标识一个会话的数值 |
| LocalTID | 本端隧道标识号 |
| State | 会话的状态,取值包括:<br>Idle(空闲状态)<br>Wait-tunnel(等待建立隧道)<br>Wait-reply(等待 ICRP 报文)<br>Wait-connect(等待 ICCN 报文)<br>Established(会话成功建立) |

（5）dump：表示打开 PPP 报文调试信息开关。

（6）error：表示打开差错信息的调试信息开关。

（7）event：表示打开事件调试信息开关。

## 9.7　L2TP 的特点

L2TP 允许远程漫游用户或远程办公分支通过本地拨号连接到位于远端的企业组织中心,节约大量长途拨号费用。而具备 Internet 连接的远程漫游用户也可以在没有 ISP 的 LAC 支持的情况下,以客户 LAC 的方式访问企业组织中心资源。

使用 L2TP,企业组织不仅可以通过 PPP 连接自行验证用户身份并分配 IP 地址,还可以通过 ISP 的 LAC 执行额外的 AAA 验证。企业组织还可以在防火墙和内部服务器上实施访问控制,从而确保安全性。

但是 L2TP 不提供任何加密能力,跨越公共网络的数据很容易遭到窃听或篡改。因此在保密性要求比较高的情况下,需要结合其他加密手段,如 IPSec,保证数据安全性。

## 9.8 本章总结

（1）L2TP 是适用于远程分支和移动用户接入的 Access VPN 技术。

（2）L2TP 拓扑结构分为独立 LAC 模式和客户 LAC 模式。

（3）iNode 客户端支持包括 L2TP 在内的多种接入技术。

（4）L2TP 可以以低成本实现多协议远程接入，但不能提供足够的安全保护。

## 9.9 习题和答案

### 9.9.1 习题

（1）下列描述中正确的是（　　）。

    A. L2TP 是一种 Access VPN

    B. L2TP 支持多种网络层协议

    C. L2TP 隧道只能由客户端主机发起建立

    D. 彻底无安全性保证

（2）L2TP 拓扑类型包括（　　）。

    A. 客户 LAC 模式　　　　　　　　B. 独立 LAC 模式

    C. 客户端发起模式　　　　　　　　D. LAC 发起模式

（3）下列关于隧道、会话和呼叫的描述正确的是（　　）。

    A. 每个呼叫触发建立一个隧道　　　B. 一个隧道对应一个会话

    C. 一个呼叫对应一个会话　　　　　D. 以上都不对

（4）L2TP 的验证包括（　　）。

    A. LAC 对远程系统的初始 PPP 验证

    B. LAC 与 LNS 之间的隧道验证

    C. LNS 对远程系统的再次 PPP 验证

    D. 内网验证服务器对远程系统的 PPP 验证

（5）在 LAC 发起隧道建立请求时，要使 LNS 对此连接进行验证，应使用命令（　　）。

    A. ppp authentication chap

    B. ppp authentication-mode chap domain system

    C. mandatory-chap

    D. tunnel authentication

### 9.9.2 习题答案

（1）A、B　　（2）A、B　　（3）C　　（4）A、B、C　　（5）D

# 第4篇

## 安全VPN技术

# 第10章

# 数据安全技术基础

随着互联网用户的持续增长,基于互联网的应用逐步在电子商务、电子政务以及各个领域成熟,新的业务模式层出不穷。

由于互联网的开放型,随之而来的安全问题越来越紧迫地摆在我们的面前:用户账号/密码被恶意窃取;私有或机密资料被泄露或被篡改;个人身份被假冒而造成损害;钓鱼网站层出不穷,用户安全无法得到保证;同时由于证据有限而增加纠纷及解决成本,进而由于感受到网络安全方面的弱点,造成用户裹足不前,影响网上应用的进一步发展。

## 10.1 本章目标

学习完本章,应该能够达到以下目标。
(1) 描述数据传输面临的主要安全威胁。
(2) 理解加密技术和密钥的概念。
(3) 描述数字签名相关技术原理。
(4) 掌握数字证书的概念及数字证书包含的主要内容。
(5) 理解 PKI 体系,描述证书的发放、维护、回收的过程。
(6) 独立进行 PKI 基本配置。

## 10.2 概念和术语

随着全球互联网用户的快速增长,电子商务面临着巨大的市场与无限的商业机遇,蕴含着现实的和潜在的丰厚商业利润。但与此同时,网络安全性问题也越来越严峻。互联网现状如图 10-1 所示。

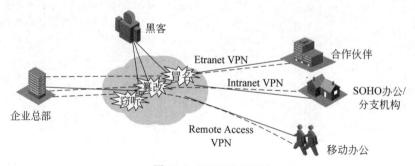

图 10-1 互联网现状

那么什么样的数据传输是安全的呢? 其四个安全要素如图 10-2 所示。

首先我们必须确保数据的机密性。所谓保证数据的机密性,是指防止数据被未获得授权的查看者理解,从而在存储和传输的过程中,防止有意或无意信息内容泄露,保证信息安全性。

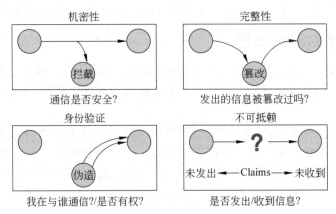

图 10-2 四个安全要素

完整性是另外一个基本的保密需求。所谓保证数据完整性,是指防止数据在存储和传输的过程中受到非法的篡改。这种篡改既包括无授权者的篡改,也包括具备有限授权者的越权篡改。一些意外的错误也可能导致信息错误,完整性检查应该能发现这样的错误。

鉴别与授权必不可少。接收者如何保证对方就是正确的发送者呢?或者说,这份数据是否可能是他人伪造的呢?身份验证(Authentication)就是要解决这样的问题。身份验证通过检查用户的某种印鉴或标识,判断一份数据是否源于正确的创建者。

同时,在电子商务越来越红火的今天,必须有一个安全手段能保证交易或者其他操作不被否认,对相关操作留有证据,概括来说,就是不可抗抵赖性。

# 10.3 数据加解密

## 10.3.1 加解密简介

数据加密的基本过程就是对原来为明文的文件或数据按某种算法进行处理,使其成为不可读的一段代码,如图 10-3 所示。

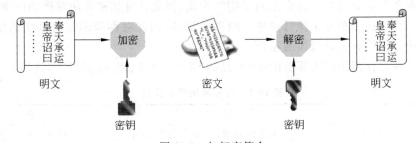

图 10-3 加解密简介

未加密的数据通常称为“明文”,加密后的数据通常称为“密文”。将数据从明文转换为密文的过程,称为“加密”,而将数据从密文转换为明文的过程称为“解密”。

数据机密性通常是由加密算法提供的。加密时,算法以明文为输入,将明文转换为密文,从而使无授权者不能理解真实的数据内容。解密时,算法以密文为输入,将密文转换为明文,从而使有授权者能理解数据内容。

在将明文加密为密文和将密文解密为明文的过程中,除了加解密的数据外,加密算法还需要一个加解密的参数,称为密钥。

加密算法根据其工作方式的不同,可以分为对称加密算法和非对称加密算法两种。

## 10.3.2　对称密钥加密

在对称加密算法中,通信双方共享一个秘密的参数,作为加密/解密的密钥。这个密钥既可以是直接获得的,也可以是通过某种共享的方法推算出来的。所以,对称加密算法也称为单密钥算法。

在对称加密算法中,发送方(加密的一方)将明文和密钥作为加密算法的输入参数计算得出密文,并将该密文发送给接收方。接收方(解密的一方)接收到该密文后,将该密文和密钥作为解密算法的输入参数即可计算得出原始的明文。整个过程如图 10-4 所示。

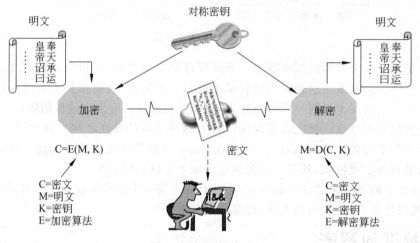

图 10-4　对称密钥加密

由于任何具有这个共享密钥的人都可以对密文进行解密,所以,对称加密算法的安全性很大程度上依赖于密钥本身的安全性。由于这种加密方法加解密使用同一个密钥,所以发送方和接收方在开始传输数据之前必须先交换密钥。数据传输和接收通常在很多方之间进行的,每一对发送方和接收方都要有他们之间专用的密钥,因此这种加密算法对密钥的需求量较大。

再加以对称密钥加密方法执行效率一般都比较高,因此对称密钥加密算法适用于能够安全地交换密钥且传输数据量较大的场合。

目前有不少对称密钥加密算法的标准,包括 DES、3DES、RC4、AES 等,详见表 10-1。

表 10-1　对称密钥典型算法

| 算　法 | 密　钥 | 开　发　者 | 备　注 |
|---|---|---|---|
| DES | 56 位 | IBM 为美国政府(NBS/NIST)开发 | 很多政府强制性使用 |
| 3DES | 3×56 位 | IBM 为美国政府(NBS/NIST)开发 | 应用 3 次 DES |
| RC4 | | Ron Rivest(RSA 数据安全) | |
| AES | | Joan Daemen/Vincent Rijmen | |

数字加密标准(DES)应用范围很广。它是由 IBM 公司在 20 世纪 70 年代开发出来的,随后被美国政府采纳为美国国家标准。但这个算法有一个很致命的问题,就是算法没有公开,只有美国国家安全局知道具体的算法,并且在批准这一算法用于公共用途时美国国家安全局把DES 的密钥长度由原来的 64 位缩短为 56 位,这更加重了人们的担心。

3DES 又称为“三重数字加密算法”,是 DES 算法的加强算法。密钥长度达到了 168 位,与

56 位的 DES 算法相比，安全性要高出不少。

RC4 是一种对称算法，是 Ron Rivest 在 1987 年设计的，用变长密钥对大量数据进行加密，比 DES 快。

AES 又称 Rijndael 加密法，是美国联邦政府采用的一种区块加密标准。这个标准用来替代原先的 DES，已经被多方分析且广为全世界所使用。目前已然成为对称密钥加密中最流行的算法之一。该算法为比利时密码学家 Joan Daemen 和 Vincent Rijmen 所设计。

### 10.3.3　非对称密钥加密

非对称加密算法也称为公开密钥算法。此类算法为每个用户分配一对密钥：一个私有密钥和一个公开密钥。

私有密钥是保密的，由用户自己保管。公开密钥是公之于众的，其本身不构成严格的秘密。这两个密钥的产生没有相互关系，也就是说不能利用公开密钥推断出私有密钥。

用两个密钥之一加密的数据，只有用另外一个密钥才能解密。发送方发送数据时，可以将准备发送给接收方的数据用接收方公开密钥进行加密，接收方接收到加密数据后用其私有密钥进行解密，如图 10-5 所示。

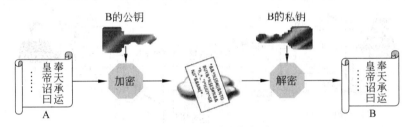

图 10-5　非对称密钥加密

使用非对称加密算法时，用户不必记忆大量的共享密钥，只需要知道自己的密钥和对方的公开密钥即可。虽然出于安全目的，仍然需要一定的公开密钥管理机制，但是在降低密钥管理复杂性方面，非对称算法具有相当的优势。

不过，非对称加密算法的弱点在于其速度非常慢，吞吐量低，因此不适宜于对大量数据的加密。

非对称密钥的算法有多个，其中最著名和最流行的是 RSA 和 DH，如表 10-2 所示。

表 10-2　常见非对称算法

| 算　法 | 设　计　者 | 用　　途 | 安　全　性 |
| --- | --- | --- | --- |
| RSA | RSA 数据安全 | 加密数字签名密钥交换 | 大数分解 |
| DSA | NSA | 数字签名 | 离散对数 |
| DH | Diffie&Hellman | 密钥交换 | 完全向前保密 |

RSA 是 1977 年由罗纳德·李维斯特（Ron Rivest）、阿迪·萨莫尔（Adi Shamir）和伦纳德·阿德曼（Leonard Adleman）一起提出的。RSA 算法是第一个能同时用于加密和数字签名的算法，也易于理解和操作。RSA 是被研究得最广泛的公钥算法，经历了各种攻击的考验，普遍认为是目前最优秀的公钥方案之一。RSA 的安全性依赖于大数的因子分解。

DH 算法一般用于使用不对称加密算法传送对称密钥，其过程一般如下。

（1）相互产生密钥对。

（2）交换公钥。

（3）用对方的公钥和自己的私钥运行 DH 算法得到另外一个密钥 X（这里的奇妙之处是这个值两端都是一样的）。

（4）A 产生对称加密密钥，用密钥 X 加密这个对称的加密密钥并发送到 B。

（5）B 用密钥 X 解密，得到对称的加密密钥。

（6）B 用这个对称的加密密钥来解密 A 的数据。

### 10.3.4　组合加解密技术

组合加解密技术把对称密钥算法的数据处理速度和不对称密钥算法对密钥的保密功能两方面的优势结合在一起。

比如 A 和 B 需要交换大量数据，并且这些数据必须严格保密。如果采用不对称加密算法，则需要花费的时间较长；而交换对称加密算法的密钥的安全问题又让人不放心。

组合加密技术很好地解决了这个问题。首先，发送方选择一个对称密钥用于对需要传输的大量数据进行加密，同时通过不对称加密方法用接收方的公钥将该用于传输大量数据的对称密钥加密，和加密好的数据一起传送给接收方。这样一来，接收方就能够接收到通过非对称加密方法加密的对称密钥并用此对称密钥来解密接收到的数据，如图 10-6 所示。

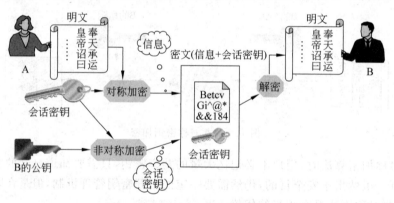

图 10-6　组合加解密技术加密过程

接收方收到数据后首先用自己的私钥解密得到对称加密密钥，然后用该对称加密密钥来解密发送方的加密数据，如图 10-7 所示。

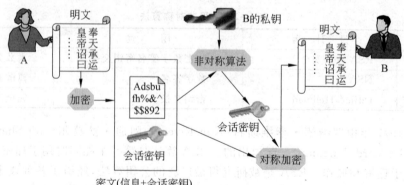

图 10-7　组合加解密技术解密过程

这就使既能够安全地交换对称密钥，又能够加快加密工作的处理效率。

## 10.4  数据完整性

为了保证数据的完整性,通常使用摘要算法(HASH),如图 10-8 所示。采用 HASH 函数对不同长度的数据进行 HASH 计算,会得到一段固定长度的结果,该结果称为原数据的摘要,也称为消息验证码(Message Authentication Code,MAC)。摘要中包含原始数据的特征,如果该数据稍有变化,都会导致最后计算的摘要不同。另外 HASH 函数具有单向性,也就是说无法根据结果导出原始输入,因而无法构造一个与原报文有相同摘要的报文。

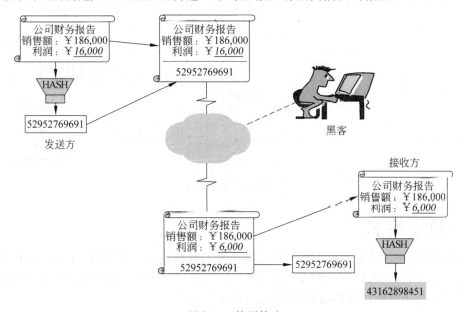

图 10-8  摘要算法

总体而言,HASH 算法具有如下三个特征。

(1) 无法根据结果推出输入的消息。

(2) 无法人为控制某个原始数据的 HASH 值等于某个特定值。

(3) 无法找到具有相同摘要的两个不同输入。

如果想保证一条消息在传输过程中不被篡改,可以在将它发给接收者之前先计算出该消息的摘要,然后将这个摘要随消息一起发送给接收者。接收者收到消息后,先计算出该消息的摘要,然后将计算出的摘要值和接收到的摘要值进行比较,如果两个值相等就说明该消息在传输过程中没有被篡改。图 10-9 显示了接收方通过计算所接收到数据的 HASH 值发现数据在传输过程中被篡改的过程。

图 10-9 中,如果黑客在篡改了原始数据的同时也将截获的数据包中的摘要信息修改为篡改后的数据的摘要值,这样接收方就不会发现数据在传输过程中被篡改。为了进一步提高数据传输的安全性,一种对原来单输入的 HASH 算法的改进的 HMAC 算法应运而生。

该算法需要收发双方共享一个 MAC 密钥,计算摘要时,除了数据报文外,还需要提供MAC 密钥。这样计算出来的 MAC 值不但取决于输入的数据报文,还取决于 MAC 密钥参数。

如果黑客截获了报文,修改了报文内容,伪造了摘要,由于不知道 MAC 密钥,黑客无法构造出正确的摘要。接收方重新计算报文摘要时,一定可以发现报文的 MAC 值与携带的 MAC值是不一致的。

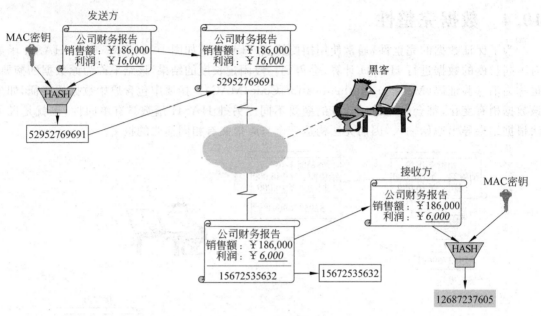

图 10-9　HMAC 算法

## 10.5　数字签名

简单地说,数字签名是指使用密码算法对待发的数据进行加密处理,生成一段信息,附着在原文上一起发送,这段信息类似现实中的签名或印章,接收方对其进行验证,判断原文真伪。数字签名技术是不对称加密算法的典型应用(图 10-10)。

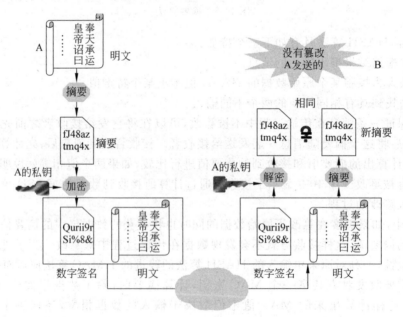

图 10-10　数字签名原理

因为直接对原始数据进行加密处理效率较低,一般而言,数字签名的过程是数据发送方首先对数据进行 HASH 运算,然后使用自己的私钥对 HASH 值进行加密处理,然后将该加密后的 HASH 值和原始数据一起发送给接收方,完成对数据的合法"签名"。数据接收方则利用对方的公钥来解读收到的"数字签名",并将解读结果用于对数据完整性的检验,以确认签名的合法性。

数字签名技术是在网络虚拟环境中确认身份的重要技术,完全可以代替现实过程中的"亲笔签字",在技术和法律上有保证。

数字签名可以保证信息传输的完整性,确认发送者的真实身份并防止交易中的抵赖发生。

在数字签名过程中,发送方首先将待发送的原始数据进行 HASH 运算,得到该原始数据的 MAC 值,然后用自己的私钥对该 MAC 值进行加密,得到一个密文串。将该密文串附在原始报文后面一起发送给接收方。

接收方接收到该内容后,也对原始报文内容进行 HASH 运算,得到一个 MAC 值,然后用发送方的公钥对接收报文中的密文串进行解密,比较解密后的值和运算得到的 MAC 值是否相等,如果相等说明报文确实是合法的发送方的,且报文在传送过程中没有被修改。

# 10.6　数字证书

我们知道,公钥技术有很多优势,可以运用到加解密中,也可以运用到身份验证中。但如果规模性地运用到实际生产生活中,必定要解决好公钥的传播问题。

比如运用在数据加密过程中,发送方会利用接收方的公钥进行加密,那么接收方是如何将自身的公钥发送给数据发送方的呢?特别是大规模应用中更是一个难题。再比如在身份验证服务中,一般发送方会用自身的私钥对数据进行加密,接收方用发送方的公钥解密,那么接收方如何确认接收的发送方的公钥不是伪造的呢?

现实生活给了我们很好的启示。我们如何证明自身的身份的呢?户籍管理制度给我们很好的回答。公安局给每个公民发放一个身份证用以证明该公民的身份,为了保证该身份证的真实性,公安局会在身份证上盖上发放单位的公章。如果需要,相关人员也可以到公安局查询相应人员的身份情况。

同样,可以建立一个体系,由权威机构给相应各方签署证件(包含其公钥)用以标识身份,需要用到公钥的各方可以到一个权威机构去查询相应公钥。

数字证书相当于电子化的身份证明,它就和身份证差不多。证书里面是一些帮助确定身份的信息资料。从技术上讲,数字证书就是把公钥和身份绑定在一起,由一个可信的第三方对绑定后的数据进行签名,以证明数据的可靠性。

数字证书主要包含下列内容:发信人的公钥、发信人的姓名、证书颁发者的名称、证书的序列号、证书颁发者的数字签名、证书的有效期限等(图 10-11)。

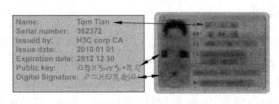

图 10-11　数字证书

数字证书可以用来验证某个用户或某个系统的身份,也可以用来加密通信的内容。

要想获得一份数字证书,必须要向某个颁证机构申请。如果申请成功,颁证机构将用其私钥给申请者签发一份证书。申请过程将生成两个密钥,一个是申请者的公钥,一个是申请者的私钥。公钥将被写进申请者的数字证书中,而私钥需要申请者自己收好防止盗用。

国际标准化组织 ITU 的 X.509 标准制定了标准证书格式,如图 10-12 所示。该标准格式经过了改进和发展,先后出现过 V1.0、V2.0、V3.0 三个版本。目前最常用的是 V3.0 版本,此版本的证书被称为 X.509v3 证书。该格式主要包含如下内容。

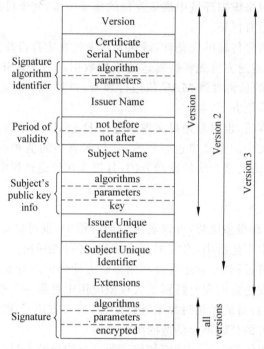

图 10-12　X.509 证书的格式

(1) Subject Name:个体的名字。

(2) Subject's public key info:公钥信息,包括算法、密钥参数(密钥长度)、公钥。

(3) Signature:由认证机构提供的对证书的数字签名,使用认证机构提供的公钥证书可以验证数字签名的正确性,从而确保了证书的完整性和权威性。

(4) Version:版本,包括 V1.0、V2.0、V3.0。

(5) Certificate Serial Number:证书序列号,在同一个认证机构签发的证书中唯一。

(6) Period of validity:有效期,包括开始时间和结束时间。

# 10.7　公钥基础设施 PKI

## 10.7.1　PKI 概述

有一套专门的体系 PKI 来保证公钥的可获得性、真实性、完整性。PKI(Public Key Infrastructure)即"公开密钥体系",它不是一个单一的产品,也不是一个单一的协议、技术,它是一个签发证书、传播证书、管理证书、使用证书的环境,如图 10-13 所示。PKI 采用了多种技术,由多个实体协同运作的一种环境,包含软件、硬件、人、企业、多种的服务、多种应用。

完整的 PKI 系统必须具有权威认证机构(CA)、数字证书库、密钥备份及恢复系统、证书作废系统、应用接口(API)等基本构成部分,构建 PKI 也将围绕着这五大系统来着手构建。

PKI 技术是信息安全技术的核心,也是电子商务的关键和基础技术。

一个 PKI 体系由终端实体、证书机构、注册机构和 PKI 存储库四类实体共同组成,如图 10-14 所示。

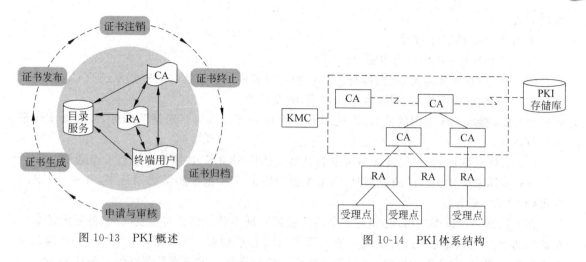

图 10-13 PKI 概述

图 10-14 PKI 体系结构

终端实体是 PKI 产品或服务的最终使用者,可以是个人、组织、设备(如路由器、交换机)或计算机中运行的进程。

证书机构 CA 是 PKI 的信任基础,是一个用于签发并管理数字证书的可信实体。其作用包括发放证书、规定证书的有效期等。

注册机构 RA 是 CA 的延伸,可作为 CA 的一部分,也可以独立。RA 功能包括个人身份审核、CRL 管理、密钥对产生和密钥对备份等。PKI 国际标准推荐由一个独立的 RA 来完成注册管理的任务,这样可以增强应用系统的安全性。

PKI 存储库包括 LDAP(Lightweight Directory Access Protocol,轻量级目录访问协议)服务器和普通数据库,用于对用户申请、证书、密钥、CRL 和日志等信息进行存储和管理,并提供一定的查询功能。

## 10.7.2 PKI 工作过程

证书的发放和维护过程如图 10-15 所示。

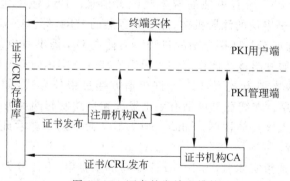

图 10-15 证书的发放和维护

针对一个使用 PKI 的网络,配置 PKI 的目的就是指定的实体向 CA 申请一个本地证书,并由设备对证书的有效性进行验证。当由于用户姓名的改变、私钥泄露或业务中止等原因,需要存在一种方法将现行的证书撤销,即撤销公开密钥及相关的用户身份信息的绑定关系。在 PKI 中,所使用的这种方法为证书废除列表。任何一个证书被废除以后,CA 就要发布 CRL 来声明该证书是无效的,并列出所有被废除的证书的序列号。CRL 提供了一种检验证书有效性的方式。

下面是 PKI 的工作过程。

(1) 实体向 RA 提出证书申请。

(2) RA 审核实体身份,将实体身份信息和公开密钥以数字签名的方式发送给 CA。

(3) CA 验证数字签名,同意实体的申请,颁发证书。

(4) RA 接收 CA 返回的证书,发送到 LDAP 服务器以提供目录浏览服务,并通知实体证书发行成功。

(5) 实体获取证书,利用该证书可以与其他实体使用加密、数字签名进行安全通信。

(6) 实体希望撤销自己的证书时,向 CA 提交申请,CA 批准实体撤销证书,并更新 CRL,发布到 LDAP 服务器。

在使用每一个证书之前,必须对证书进行验证。证书验证包括对签发时间、签发者信息以及证书的有效性等几方面进行验证。证书验证的核心是检查 CA 在证书上的签名,并确定证书仍在有效期内,而且未被废除,因此在进行证书验证操作之前必须首先获取 CA 证书。

配置证书验证时可以设置是否必须进行 CRL 检查,如果配置为使能 CRL 检查,则检验证书的有效性,必须通过 CRL 判断。

## 10.7.3 配置 PKI

一份证书是一个公开密钥与一个身份的绑定,而身份必须与一个特定的 PKI 实体相关联。实体 DN(Distinguished Name,可识别名称)的参数是实体的身份信息,CA 根据实体提供的身份信息来唯一标识证书申请者。实体 DN 的参数包括实体通用名、实体所属国家代码、实体 FQDN(Fully Qualified Domain Name,合格域名)、实体 IP 地址、实体所在地理区域名称、实体所属组织名称等。

实体在进行 PKI 证书申请操作之前需要配置一些注册信息来配合完成申请的过程。这些信息的集合就是一个实体的 PKI 域。PKI 域是一个本地概念,因此创建 PKI 域的目的是便于其他应用引用 PKI 的配置,比如 IKE、SSL 等。一个设备上配置的 PKI 域对 CA 和其他设备是不可见的,每一个 PKI 域有单独的域参数配置信息。PKI 域中包括以下参数: 信任的 CA 名称、实体名称、证书申请的注册机构、注册服务器的 URL 等。

证书申请就是实体向 CA 自我介绍的过程。实体向 CA 提供身份信息,以及相应的公开密钥,这些信息将成为颁发给该实体证书的主要组成部分。实体向 CA 提出证书申请,有离线和在线两种方式。离线申请方式下,CA 允许申请方通过带外方式(如电话、磁盘、电子邮件等)向 CA 提供申请信息。在线证书申请有手工发起和自动发起两种方式。pki entity 命令用来配置实体名称,并进入该实体视图。undo pki entity 命令用来删除此实体的名称及其实体命名空间下的所有配置。

参数 *entity-name* 是指实体名,为 1~31 个字符的字符串,不区分大小写。

在 PKI 实体视图下可配置实体的各种属性值。*entity-name* 只是用来方便被其他命令引用,不用于证书的相关字段。

common-name 命令用来配置实体的通用名,比如用户名称。undo common-name 命令用来删除实体的通用名。

*name*:实体的通用名称,为 1~63 个字符的字符串,不区分大小写,不能包含逗号。

配置 PKI 域一般需要配置以下几个参数。

(1) 信任的 CA 名称: 在申请证书时,是通过一个可信实体认证机构,完成实体证书的注册颁发,因此必须指定一个信任的 CA 名称。

（2）实体名称：向 CA 发送证书申请请求时,必须指定所使用的实体名,以向 CA 表明自己的身份。

（3）证书申请的注册机构：证书申请的受理一般由一个独立的注册机构（即 RA）来承担,它接收用户的注册申请,审查用户的申请资格,并决定是否同意 CA 给其签发数字证书。注册机构并不给用户签发证书,而只是对用户进行资格审查。有时 PKI 把注册管理的职能交给 CA 来完成,而不设立独立运行的 RA。PKI 推荐独立使用 RA 作为注册审理机构。

（4）注册服务器的 URL：证书申请之前必须指定注册服务器的 URL,然后实体可通过简单证书注册协议（Simple Certification Enrollment Protocol,SCEP）向该服务器提出证书申请,SCEP 是专门用于与认证机构进行通信的协议。

具体配置步骤如下。

第 1 步：创建一个 PKI 域,并进入 PKI 域视图。

`[H3C] pki domain domain-name`

第 2 步：配置信任的 CA 名称。

`[H3C-pki-domain-domain1] ca identifier name`

第 3 步：指定实体名称。

`[H3C-pki-domain-domain1] certificate request entity entity-name`

第 4 步：配置证书申请的注册受理机构。

`[H3C-pki-domain-domain1] certificate request from { ca | ra }`

第 5 步：配置注册服务器 URL。

`[H3C-pki-domain-domain1] certificate request url url-string`

在线证书申请有手工发起和自动发起两种方式。

配置自动申请证书方式后,当有应用与 PKI 联动时,如果没有本地证书（比如 IKE 使用 PKI 证书方式认证时,IKE 协商时发现没有本地证书）,则自动向 CA 服务器发起申请,获取证书。

配置证书申请方式为手工方式后,需要手工完成获取 CA 证书、生成密钥对、申请本地证书的工作。获取 CA 证书的目的是用来验证本地证书的真实性和合法性。密钥对的产生是证书申请过程中重要的一步。申请过程使用了一对主机密钥：私钥和公钥。私钥由用户保留,公钥和其他信息则交由 CA 中心进行签名,从而产生证书。

具体配置步骤如下。

第 1 步：生成本地 RSA、DSA 或 ECDSA 密钥对。

`[H3C] public-key local create { dsa | ecdsa | rsa }`

第 2 步：获取证书。

`[H3C] pki retrieval-certificatedomain domain-name { ca | local | peer entity-name }`
`[H3C] pki import domain domain-name { der { ca | local | peer } filename filename | p12 local filename filename | pem { ca | local | peer } [ filename filename ] }`

第 3 步：申请本地证书。

```
[H3C] pki request-certificate domain domain-name [ password password ] [ pkcs10
[ filename filename ]
```

获取证书后,在任意视图下执行 display 命令可以显示配置后 PKI 的运行情况,通过查看显示信息验证配置的效果。使用如下命令显示证书内容或证书申请状态。

```
[H3C] display pki certificate domain domain-name { ca | local | peer [ serial serial-
num ] }
```

## 10.8　本章总结

(1) 介绍了数据传输存在的安全隐患,并讲解了私密性、完整性、身份验证等基本概念。
(2) 详细描述了对称、非对称等各种加密方法。
(3) 介绍了数字签名的基本概念和实现。
(4) 介绍数字证书概念作用。
(5) 讲解了 PKI 体系结构及其配置。

## 10.9　习题和答案

### 10.9.1　习题

(1) 接收方进行了(　　)检查就可以判断收到一份数据是否被中间人篡改。
　　A. 完整性　　　　　B. 机密性　　　　　C. 身份验证　　　　D. 不可抵赖
(2) 下列算法属于对称加密算法的是(　　)。
　　A. DES　　　　　　B. AES　　　　　　C. RSA　　　　　　D. DH
(3) 下列关于组合加密方法的描述正确的是(　　)。
　　A. 发送方使用接收方的公钥加密需要发送的数据,用接收方的私钥加密共享密钥
　　B. 发送方使用接收方的私钥加密需要发送的数据,用接收方的公钥加密共享密钥
　　C. 发送方使用接收方的公钥加密共享密钥,用共享密钥加密需要发送的数据
　　D. 发送方使用共享密钥加密接收方的私钥,用接收方的私钥加密需要发送的数据
(4) 发送方将待发送的数据 A 运行 HASH 算法后得到结果 B,再将 B 运行加密算法得到结果 C,将结果 A 和 C 一起发送给接收方,接收方接收到后将 C 解密后得到结果 D,如果 D 等于 B,则说明(　　)。
　　A. 数据没有被中间人篡改
　　B. 数据已经被中间人篡改
　　C. 无法判断数据是否被中间人篡改
　　D. 如果 D 等于 A 则可以判断数据没有被中间人篡改
(5) 简单描述一个实体数字证书申请发放到作废的过程。

### 10.9.2　习题答案

(1) A　　　(2) A、B　　　(3) C　　　(4) C
(5) 答:
① 实体向 RA 提出证书申请;
② RA 审核实体身份,将实体身份信息和公开密钥以数字签名的方式发送给 CA;
③ CA 验证数字签名,同意实体的申请,颁发证书;

④ RA 接收 CA 返回的证书,发送到 LDAP 服务器以提供目录浏览服务,并通知实体证书发行成功;

⑤ 实体获取证书,利用该证书可以与其他实体使用加密、数字签名进行安全通信;

⑥ 实体希望撤销自己的证书时,向 CA 提交申请。CA 批准实体撤销证书,并更新 CRL,发布到 LDAP 服务器。

# 第11章

# IPSec基本原理

数据在公网上传输时,很容易遭到篡改和窃听。普通的 VPN 技术虽然将数据封装在 VPN 承载协议内部,但其本质上并不能防止篡改和窃听。IPSec 通过验证算法和加密算法防止数据遭受篡改和窃听等安全威胁,大大提高了安全性。

## 11.1　本章目标

学习完本章,应该能够达到以下目标。

(1) 描述 IPSec VPN 的功能和特点。

(2) 描述 IPSec VPN 的体系结构。

(3) 描述 AH 和 ESP 两种安全协议的特点和工作机制。

(4) 描述 IKE 的功能、特点和工作机制。

## 11.2　IPSec VPN 概述

最初的 IP 协议被设计为在可信任的网络上提供通信服务。IP 本身只提供通信服务,不提供安全性。所以当网络不断扩展,越来越不可信任时,发生窃听、篡改、伪装等问题的概率就会大大增加。

IETF 在 RFC 2401(已被 RFC 4301 取代)中描述了 IP 的安全体系结构——IPSec(IP Security),以便保证在 IP 网络上传送数据的安全性。IPSec 在 IP 层对 IP 报文提供安全服务。IPSec 协议本身定义了如何在 IP 数据包中增加字段来保证 IP 包的完整性、私有性和真实性,以及如何加密数据包。IPSec 并非单一的协议,而是由一系列的安全开放标准构成。

IPSec 是一种网络层安全保障机制,可以在一对通信节点之间提供一个或多个安全的通信路径。它使一个系统能选择其所需要的安全协议,确定安全服务所使用的算法,并为相应安全服务配置所需的密钥。

IPSec 可以实现访问控制、机密性、完整性校验、数据源验证、拒绝重播(replay)报文等安全功能。IPSec 实现于 OSI 参考模型的网络层,因此,上层的 TCP、UDP 以及依赖这些协议的应用协议均可以受到 IPSec 隧道的保护。

IPSec 是一个可扩展的体系,它并不受限于任何一种特定算法。IPSec 中可以引入多种开放的验证算法、加密算法和密钥管理机制。

IPSec 可以在主机、路由器或者防火墙上实现。这些实现了 IPSec 的中间设备称为"安全网关"。

IPSec VPN 是利用 IPSec 隧道实现的 L3 VPN。IPSec 对 IP 包的验证、加密和封装能力使其可以被用来创建安全的 IPSec 隧道,传送 IP 包。利用这一隧道功能实现的 VPN 称为 IPSec VPN。

IPSec 具有一些缺点,例如其协议体系复杂而难以部署;高强度的运算消耗大量资源;增加了数据传输的延迟,不利于语音视频等实时性要求强的应用;仅能对点对点的数据进行保护,不支持组播等。

# 11.3 IPSec 体系结构

## 11.3.1 IPSec 体系概述

IPSec 使用两种安全协议(Security Protocol)来提供通信安全服务。

(1) AH(Authentication Header,验证头):AH 提供完整性保护和数据源验证以及可选的抗重播服务,但是不能提供机密性保护。

(2) ESP(Encapsulating Security Payload,封装安全载荷):ESP 不但提供了 AH 的所有功能,而且可以提供加密功能。

AH 和 ESP 不但可以单独使用,还可以同时使用,从而提供额外的安全性。

AH 和 ESP 两种协议并没有定义具体的加密和验证算法,相反,实际上大部分对称算法可以为 AH 和 ESP 采用。这些算法分别在其他的标准文档中定义。为了确保 IPSec 实现的互通性,IPSec 规定了一些必须实现的算法,如加密算法 DES-CBC。

不论是 AH 还是 ESP,都具有两种工作模式。

(1) 传输模式(Transport Mode):用于保护端到端(End-to-End)安全性。

(2) 隧道模式(Tunnel Mode):用于保护站点到站点(Site-to-Site)安全性。

IPSec 的安全保护依赖于相应的安全算法。验证算法和对称加密算法通常需要通信双方拥有相同的密钥。IPSec 通过两种途径获得密钥。

(1) 手工配置:管理员为通信双方预先配置静态密钥,这种密钥不便于随时修改,安全性较低,不易维护。

(2) 通过 IKE 协商:IPSec 通信双方可以通过 IKE 动态生成并交换密钥,获得更高的安全性。

## 11.3.2 隧道模式和传输模式

在传输模式中,两个需要通信的终端计算机在彼此之间直接运行 IPSec 协议。AH 和 ESP 直接用于保护上层协议,也就是传输层协议,如图 11-1 所示。

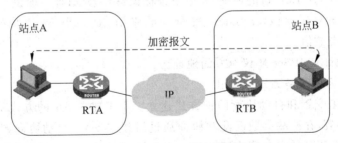

图 11-1 IPSec 传输模式

在使用传输模式时,所有加密、解密和协商操作均由端系统自行完成,网络设备仅执行正常的路由转发,并不关心此类过程或协议,也不加入任何 IPSec 过程。

传输模式的目的是直接保护端到端通信。只有在需要端到端安全性时,才推荐使用此种模式。

在隧道模式中,两个安全网关在彼此之间运行 IPSec 协议,对彼此之间需要加密的数据达成一致,并运用 AH 或 ESP 对这些数据进行保护,如图 11-2 所示。

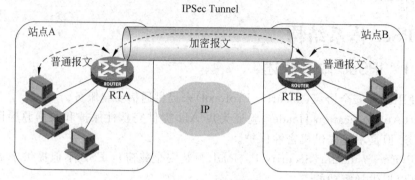

图 11-2  IPSec 隧道模式

用户的整个 IP 数据包被用来计算 AH 或 ESP 头,且被加密。AH 或 ESP 头和加密用户数据被封装在一个新的 IP 数据包中。

隧道模式对端系统的 IPSec 能力没有任何要求。来自端系统的数据流经过安全网关时,由安全网关对其进行保护。所有加密、解密和协商操作均由安全网关完成,这些操作对于端系统来说是完全透明的。

隧道模式的目的是建立站点到站点(Site-to-Site)的安全隧道,保护站点之间的特定或全部数据。

### 11.3.3  IPSec SA

SA(Security Association,安全联盟)是 IPSec 中的一个基础概念。IPSec 对数据流提供的安全服务通过 SA 来实现。

SA 是通信双方就如何保证通信安全达成的一个协定,它包括协议、算法、密钥等内容,具体确定了如何对 IP 报文进行处理。

SA 是单向的。一个 SA 就是两个 IPSec 系统之间的一个单向逻辑连接,入站数据流和出站数据流由入站 SA 与出站 SA 分别处理。

一个 SA 由一个(SPI,IP 目的地址,安全协议标识符)三元组唯一标识。

(1)SPI(Security Parameter Index,安全参数索引)是一个 32 比特的数值,在每一个 IPSec 报文中都携带该值。

(2)IP 目的地址是 IPSec 协议对方的地址。

(3)安全协议标识符是 AH 或 ESP。

SA 可通过手工配置和自动协商两种方式建立。手工建立 SA 的方式是指用户通过在两端手工设置一些参数,在两端参数匹配和协商通过后建立 SA。自动协商方式由 IKE 生成和维护,通信双方基于各自的安全策略库经过匹配和协商,最终建立 SA 而不需要用户的干预。在手工配置 SA 时,需要手工指定 SPI 的取值。为保证 SA 的唯一性,必须使用不同的 SPI 来配置 SA;使用 IKE 协商产生 SA 时,SPI 将随机生成。

SA 的生存时间(Life Time)有"以时间进行限制"和"以流量进行限制"两种方式。前者要求每隔定长的时间就对 SA 进行更新,后者要求每传输一定字节数量的信息就对 SA 进行更新。一旦生存时间期满,SA 就会被删除。

IPSec 设备把类似"对哪些数据提供哪些服务"这样的信息存储在 SPD(Security Policy

Database,安全策略数据库)中。而 SPD 中的项指向 SAD(Security Association Database,安全联盟数据库)中的相应项。一台设备上的每一个 IPSec SA 都在 SAD 有对应项。该项定义了与该 SA 相关的所有参数。

例如,对一个需要加密的出站数据包来说,系统会将它与 SPD 中的策略相比较。若匹配其中一项,系统会使用该项对应的 SA 及算法对此数据包进行加密。如果此时不存在一个相应的 SA,系统就需要建立一个 SA。

### 11.3.4 IPSec 包处理流程

如图 11-3 所示,在出站数据包被路由器从某个配置了 IPSec 的接口转发出去之前,需要经以下处理步骤。

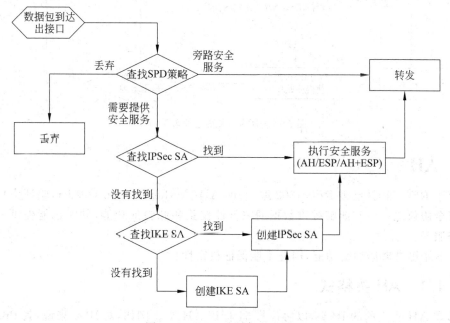

图 11-3 IPSec 出站包处理流程

(1)首先查找 SPD。得到的结果可能有丢弃、旁路安全服务、提供安全服务三种。如果是第一种,直接丢弃此包;如果是第二种,则直接转发此包;如果是第三种,则系统会转下一步——查找 IPSec SA。

(2)系统从 SAD 中查找 IPSec SA。如果找到,则利用此 IPSec SA 的参数对此数据包提供安全服务,并进行转发;如果找不到相应的 SA,则系统就需要为其创建一个 IPSec SA。

(3)系统转向 IKE 协议数据库,试图寻找一个合适的 IKE SA,以便为 IPSec 协商 SA。如果找到,则利用此 IKE SA 协商 IPSec SA;否则,系统需要启动 IKE 协商进程,创建一个 IKE SA。

如图 11-4 所示,对一个入站并且目的地址为本地的 IPSec 数据包来说,系统会提取其SPI、IP 地址和协议类型等信息,查找相应的 IPSec SA,然后根据 SA 的协议标识符,选择合适的协议(AH 或 ESP)解封装,获得原始 IP 包,再进一步根据原始 IP 包的信息进行处理。

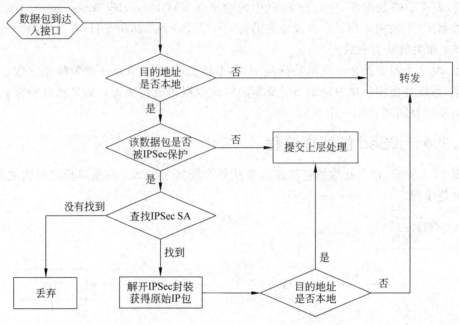

图 11-4    IPSec 入站包处理流程

## 11.4    AH

规范于 RFC 2402（已被 RFC 4302 取代）的 AH（Authentication Header，验证头）是 IPSec 的两种安全协议之一。它能够提供数据的完整性校验和源验证功能，同时也能提供一些有限的抗重播服务。

AH 不能提供数据加密功能，因此不能保证机密性。

### 11.4.1    AH 头格式

紧贴在 AH 头之前的 IP 头，以协议号 51 标识 AH 头。例如，对 IPv4 来说，其 Protocol 字段值将为 51；而对 IPv6 来说，其 Next Header 字段值将为 51。

如图 11-5 所示为 AH 头格式。其中各个字段含义如下。

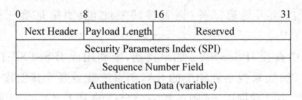

图 11-5    AH 头格式

（1）Next Header：长度为 8 位，用于指示 AH 头后面的载荷协议头类型，该字段值属于 IANA 定义的 IP 协议号集合。

（2）Payload Length：长度为 8 位，用于指示 AH 的长度减 2，单位是"32 位"。这是因为 AH 也是一个 IPv6 扩展头，而根据 RFC 2460 规定，所有 IPv6 扩展头必须把负载长度值减去一个"64 位"。

（3）Reserved：长度 16 位，为将来的应用保留，目前必须设置为 0。

（4）Security Parameters Index(SPI)：SPI 是一个长度 32 位的任意数值。SPI 与目的 IP 地址和安全协议标识（AH/ESP）结合，可以唯一地标识一个 SA。

（5）Sequence Number Field：一个 32 位无符号整型数值。在一个 SA 刚刚建立时，此数值被初始化为 0，并且随着数据包的发送而递增。即使在不执行抗重播服务的情况下，发送方仍然发送序列号。接收方可以利用此数值确认一系列数据包的正确序列。

（6）Authentication Data：包含这个数据包的完整性校验值（Integrity Check Value, ICV）。这个字段是变长的，但是必须为 32 位的整数倍。为了兼容性考虑，AH 强制实现 HMAC-MD5-96 和 HMAC-SHA-1-96 两种验证算法。

AH 使用 HMAC 算法计算 Authentication Data 数值。为了确保包括 IP 头、AH 头和载荷在内的整个包的完整性和正确来源，AH 的 HMAC 以 IP 头、AH 头、载荷以及共享密钥作为算法的输入，并将其 ICV 填入 Authentication Data 字段。

由于在转发过程中，IP 头的一些部分是变化的（如 ToS、Flags、Fragment Offset、TTL、Header Checksum 等），因此在计算 ICV 之前，必须把这些字段设置成 0。Authentication Data 字段本身也加入了 ICV 计算，所以在计算时，这个字段的值设置为 0。

## 11.4.2　AH 封装

在传输模式中，AH 保护的是 IP 包的上层协议，如 TCP 和 UDP。两个需要通信的终端计算机在彼此之间直接运行 IPSec 协议，通信连接的端点就是 IPSec 协议的端点。中间设备不做任何 IPSec 处理，如图 11-6 所示。

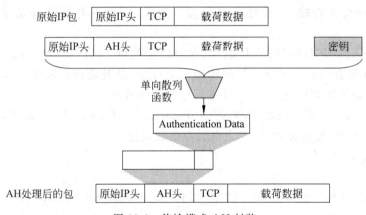

图 11-6　传输模式 AH 封装

在建立好 AH 头并填充了各个字段之后，AH 头被插入原始 IP 头和原始载荷之间。

在隧道模式中，AH 保护的是整个 IP 包。整个原始 IP 包将会以 AH 载荷的方式加入新建的隧道数据包。同时，系统根据隧道起点和终点等参数，建立一个隧道 IP 头，作为隧道数据包的 IP 头。AH 头夹在隧道 IP 头和原始 IP 包之间，如图 11-7 所示。

## 11.4.3　AH 处理机制

### 1. 出站包处理

当系统通过 SPD 了解到一个出站 IP 包需要获得 AH 服务时，就开始寻找一个相应的 SA。如果这个 SA 不存在，就呼叫 IKE 去建立一个 SA；如果这个 SA 存在，就利用这个 SA 提供 AH 安全服务。

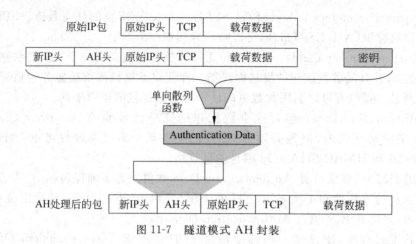

图 11-7　隧道模式 AH 封装

当一个 SA 刚刚建立时,序列号被初始化为 0,之后随着数据包的数量不断递增。在计算 ICV 之前,要先完成序列号的递增。

系统首先把 IP 包头中的可变字段修改为 0,并把 AH 头的 Authentication Data 字段置 0,然后把 IP 包头、载荷、AH 头以及密钥输入 HMAC 单向散列算法,得到 ICV 数值。如果这个数值不符合 32 位的整数倍,还要进行填充,并且填充值也必须加入 ICV 的计算。

计算完成后,根据相应的工作模式,封装好数据包,就可以发送出去了。

**2. 入站包处理**

IPSec 包在网络上传输时,可能遭到分段。因此,接收方有必要首先重组被分段的数据包。

接收方根据入站 IP 包的目的 IP 地址、安全协议类型(AH)和 SPI 查找 SA。如果没有 SA,就丢弃之;如果有 SA,就可以了解到所使用的算法,以及是否验证序列号,并根据这些信息做相应处理。如果需要验证序列号,就进行序列号的核查。

接收方把 IP 头的可变字段清零,并把 Authentication Data 清零,重新计算 ICV。如果结果与收到的 ICV 相等,则验证通过;反之则丢弃该数据包。

## 11.5　ESP

RFC 2406 为 IPSec 定义了安全协议 ESP(Encapsulating Security Payload,封装安全载荷)。

ESP 协议将用户数据进行加密后封装到 IP 包中,以保证数据的机密性。同时作为可选项,用户可以选择使用带密钥的哈希算法保证报文的完整性和真实性。ESP 的隧道模式提供了对于报文路径信息的隐藏。ESP 可以提供一定的抗重播服务。

### 11.5.1　ESP 头和尾格式

ESP 与 AH 封装格式有所区别。它不但具有一个 ESP 头,而且有一个包含有用信息的 ESP 尾。如图 11-8 所示为 ESP 头和 ESP 尾格式。

紧贴在 ESP 头之前的 IP 头,以协议号 50 标识 ESP 头。例如,对 IPv4 来说,其 Protocol 字段值将为 50。而对 IPv6 来说,其 Next Header 字段值将为 50。

其中各个字段含义如下。

(1) Security Parameters Index(SPI):SPI 是一个任意的 32 位值,它与目的 IP 地址和安

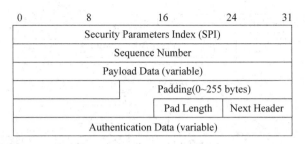

图 11-8　ESP 头和 ESP 尾格式

全协议(ESP)结合,唯一标识了这个数据包的 SA。

(2) Sequence Number:一个 32 位无符号整型数值。在一个 SA 刚刚建立时,此数值被初始化为 0,并且随着数据包的发送而递增。即使在不执行抗重播服务的情况下,发送方仍然发送序列号。接收方可以利用此数值确认一系列数据包的正确序列。

(3) Payload Data:是一个变长的字段,它包含 Next Header 字段所描述的数据。Payload Data 字段是强制性的,它的长度是字节的整数倍。如果用于加密载荷的算法需要密码同步数据,例如初始向量(IV),那么这个数据可以显式地装载在载荷字段中。ESP 强制实现的基本加密算法是 DES-CBC。

(4) Padding:根据特定的加密算法要求,可能会增加填充位。这种情况可能是因为加密算法要求明文是某个数量的整数倍;可能是因为加密算法的输出不是 4 字节的整数倍;也可能是因为出于安全的考虑,故意对明文进行填充修改。

(5) Pad Length:填充长度字段指出了其前面紧靠着的填充字节的个数。有效值范围是 0 至 255,其中 0 表明没有填充字节。填充长度字段是强制性的。

(6) Next Header:是一个 8 比特的字段,它标识载荷字段中包含的数据类型。该字段值属于 IANA"Assigned Numbers"中定义的 IP 协议号集合。字段是强制性的。

(7) Authentication Data:这是一个变长的字段,它包含一个完整性校验值(ICV),该校验值是对 ESP 报文除去验证数据外的计算。该字段的长度由选择的验证算法决定。对于 ESP 来说,该字段是可选的,选择了验证服务时才包含该字段。为了兼容性考虑,ESP 强制实现 HMAC-MD5-96 和 HMAC-SHA-1-96 两种验证算法。

**注意**:ESP 尾(ESP trailer)是指 Padding、Pad Length 和 Next Header 字段。

## 11.5.2　ESP 封装

在传输模式中,ESP 加密的是 IP 包的上层协议,如 TCP 和 UDP。两个需要通信的终端计算机在彼此之间直接运行 IPSec 协议,通信连接的端点就是 IPSec 协议的端点。中间设备不做出任何 IPSec 处理,如图 11-9 所示。

在建立好 ESP 头和尾,并填充了各个字段之后,ESP 头被插在原始 IP 头和原始载荷之间,后缀 ESP 尾,最后将 ICV 写入 ESP 尾之后的 Authentication Data 字段,建立完整的 ESP 封装数据包,并发送之。如果 ESP 提供加密服务,则原始载荷和 ESP 尾将以密文的形式出现。

在隧道模式中,ESP 保护的是整个 IP 包。整个原始 IP 包将会以 ESP 载荷的方式加入新建的隧道数据包。同时,系统根据隧道起点和终点等参数,建立一个隧道 IP 头,作为隧道数据包的 IP 头。ESP 头夹在隧道 IP 头和原始 IP 包之间,并后缀 ESP 尾。如果 ESP 提供加密服务,则原始 IP 包和 ESP 尾将以密文的形式出现,如图 11-10 所示。

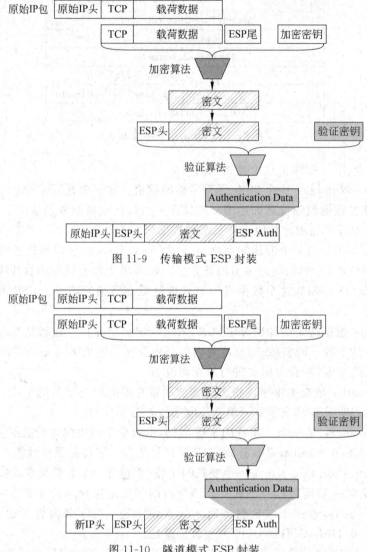

图 11-9　传输模式 ESP 封装

图 11-10　隧道模式 ESP 封装

## 11.5.3　ESP 处理机制

ESP 的处理流程与 AH 非常相似,如下所述。

**1. 出站包处理**

当系统通过 SPD 了解到一个出站 IP 包需要获得 ESP 服务时,就开始寻找一个相应的
SA。如果这个 SA 不存在,就呼叫 IKE 去建立一个 SA;如果这个 SA 存在,就利用这个 SA 提
供 ESP 安全服务。

在 ESP 中,如果同时使用加密和验证,则验证在加密之后进行。因此,系统首先选择正确
的加密算法,对报文进行加密。除了需要加密的载荷之外,加密的内容还包括 Padding、Pad
Length 和 Next Header 字段。

然后,如同 AH 中一样,建立序列号并写入 ESP 头,并计算 ICV。请注意,与 AH 不同的
是,ESP 校验的内容只包括从 ESP 头到 ESP 尾的部分,而不包括 IP 地址。最后将 ICV 写入
ESP 尾之后的 Authentication Data 字段,建立完整的 ESP 封装数据包,并发送之。

**2. 入站包处理**

ESP 在处理入站包时,首先重组被分段的数据包,然后利用三元组信息查找 SA。如果 SA 的抗重播服务被启动,则检查序列号的合法性。

通过序列号核查之后,首先进行的是完整性和来源验证。不通过此项验证的数据包将被丢弃。通过完整性检查的包将交付给加密算法进行解密。并用最终结果还原出原本的上层协议报文或 IP 报文。

# 11.6 IKE

不论是 AH 还是 ESP,其对一个 IP 包执行操作之前,首先必须建立一个 IPSec SA。IPSec SA 既可以手工建立,也可以动态协商建立。RFC 2409 描述的 IKE(Internet Key Exchange,因特网密钥交换)就是用于这种动态协商的协议。

IKE 为 IPSec 提供了自动协商交换密钥、建立 SA 的服务,能够简化 IPSec 的使用和管理,大大简化 IPSec 的配置和维护工作。

IKE 具有一套自保护机制,可以在不安全的网络上安全地分发密钥,验证身份,建立 IPSec SA。IKE 并不在网络上直接传送密钥,而是采用 DH(Diffie-Hellman)交换,最终计算出双方共享的密钥,即使第三者截获了双方用于计算密钥的所有交换数据,也不足以计算出真正的密钥。IKE 可以定时更新 SA,定时更新密钥,而且各 SA 所使用的密钥互不相关,这提供了完善的前向安全性(Perfect Forward Security,PFS)。IKE 可以为 IPSec 自动重新建立 SA,从而允许 IPSec 提供抗重播服务。这一切都避免了频繁地执行烦琐的 IPSec SA 手工配置,在保证安全性的基础上降低了手工部署 IPSec 的复杂度。

IKE 采用了 ISAKMP(Internet Security Association and Key Management Protocol,RFC 2408)所定义的密钥交换框架体系,并结合两个早期协议而成的,其中 个是 Oakley,另 个是 SKEME。Oakley 是一个自由的协议,它定义了密钥交换的顺序,提供了多种密钥交换模式。SKEME 则定义了密钥交换的方法。IKE 使用 Diffie-Hellman 算法进行密钥交换,工作于 IANA 为 ISAKMP 指定的 UDP 端口 500 上。

## 11.6.1 IKE 与 IPSec 的关系

IPSec 利用 SPD 判断一个数据包是否需要安全服务。当其需要安全服务时,就会去 SAD 查找相应的 IPSec SA。IPSec SA 有两种来源,一种是管理员手工配置的;另一种就是通过 IKE(Internet Key Exchange,因特网密钥交换)自动协商生成的。

通过 IKE 交换,IPSec 通信双方可以协商并获得一致的安全参数,建立共享的密钥,建立 IPSec SA。IPSec 安全网关根据 SA,选择适当的安全协议,对数据包提供相应的安全服务,如图 11-11 所示。

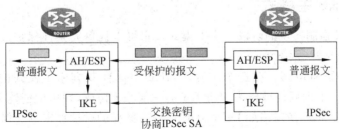

图 11-11 IKE 与 IPSec 的关系

IKE 可以为 IPSec 提供 PFS 特性。

IKE 不仅用于 IPSec。实际上它是一个通用的交换协议,可以用于交换任何的共享秘密。例如,它可以用于为 RIP、OSPF 这样的协议提供安全协商服务。

## 11.6.2　IKE 协商的两个阶段

IKE 也使用 SA——IKE SA。与 IPSec SA 不同,IKE SA 是用于保护一对协商节点之间通信的密钥和策略的一个集合。它描述了一对进行 IKE 协商的节点如何进行通信,负责为双方进一步的 IKE 通信提供机密性、消息完整性以及消息源验证服务。IKE SA 本身也经过验证。IKE 协商的对方也就是 IPSec 的对方节点。

IKE 协商分为两个阶段。

(1) 阶段 1:IKE 使用 Diffie-Hellman 交换建立共享密钥,在网络上建立一个 IKE SA,为阶段 2 协商提供保护。

(2) 阶段 2:在阶段 1 建立的 IKE SA 的保护下完成 IPSec SA 的协商。

IKE 定义了两个阶段 1 的交换模式——主模式(Main Mode)和野蛮模式(Aggressive Mode);还定义了一个阶段 2 的交换模式——快速模式(Quick Mode);另外还定义了两个其他交换,用于 SA 的维护——新组模式(New Group Mode)和信息交换(Informational Exchanges),前者用于协商新的 DH 交换组,后者用于通告 SA 状态和消息。

## 11.6.3　Cookie

在 IKE 交换开始时,双方的初始消息都会包含一个 Cookie。

Cookie 是通过散列算法计算出的一个结果。为了避免伪造,散列算法以一个本地秘密、对方标识以及当前时间作为输入。通常对方标识就是对方的 IP 地址和端口号。

使用 Cookie 的目的是保护处理资源受到 DoS 攻击,但又不消耗过多的 CPU 资源去判断其真实性。因此在高强度运算的交换操作之前,需要有一个预先的交换,以便能够阻止一些拒绝服务攻击企图。

在主模式中,响应方为对方生成一个 Cookie,只有在收到包含这个 Cookie 的下一条消息时,才开始真正的 DH 交换过程。

在野蛮模式中,通信双方在三条消息交换中完成协商,没有机会在 DH 交换之前检查 Cookie,因此也就无法防止 DoS 攻击。

绝对保护系统不受 DoS 攻击是不可能的,但 Cookie 的使用提供了一种容易操作的有限的保护。

发起者的 Cookie 和响应者的 Cookie 可以用来标识一个 IKE SA。

## 11.6.4　IKE 主模式

主模式是 IKE 强制实现的阶段 1 交换模式。它可以提供完整性保护。如图 11-12 所示,主模式总共有三个步骤、六条消息。

第一个步骤是策略协商。在这个步骤里,IKE 对等体双方用主模式的前两条消息协商 SA 所使用的策略。下列属性被作为 IKE SA 的一部分来协商,并用于创建 IKE SA。

(1) 加密算法:IKE 使用诸如 DES、3DES、AES 这样的对称加密算法保证机密性。

(2) 散列算法:IKE 使用 MD5、SHA 等散列算法。

(3) 验证方法:IKE 允许多种不同的验证方法,包括预共享密钥(Pre-shared Key)、数字

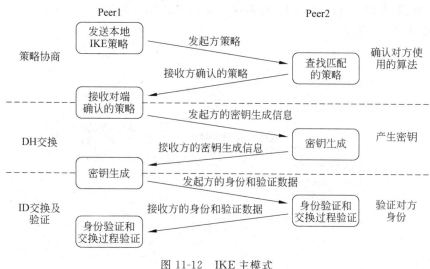

图 11-12　IKE 主模式

签名标准(Digital Signature Standard,DSS)以及从 RSA 公共密钥加密得到签名和验证的方法。

(4) 进行 Diffie-Hellman 操作的组(group)信息。

IKE 使用的 Diffie-Hellman 交换组包括以下内容。

(1) MODP 768 位。

(2) MODP 1024 位。

(3) EC2N 155 字节。

(4) EC2N 185 字节。

(5) MODP 1536 位。

其中必须实现的是第(1)种。

另外,IKE 生存时间(IKE Lifetime)也会被加入协商消息,以便明确 IKE SA 的存活时间。这个时间值可以以秒或者数据量计算。如果这个时间超时了,就需要重新进行阶段 1 交换。生存时间越长,秘密被破解的可能性就越大。

第二个步骤是 Diffie-Hellman 交换。在这个步骤里,IKE 对等体双方用主模式的第三条和第四条消息交换 Diffie-Hellman 公共值及一些辅助数据(Nonce)。

在第三个步骤里,IKE 对等体双方用主模式的最后两条消息交换 ID 信息和验证数据,对 Diffie-Hellman 交换进行验证。

通过这六条消息的交换,IKE 对等体双方建立起一个 IKE SA。

## 11.6.5　IKE 野蛮模式

在使用预共享密钥的主模式 IKE 交换时,通信双方必须首先确定对方的 IP 地址。对于拥有固定地址的站点到站点的应用,这不是个大问题。但是在远程拨号访问时,由于拨号用户的 IP 地址无法预先确定,就不能使用这种方法。为了解决这个问题,需要使用 IKE 的野蛮模式交换。

IKE 野蛮模式的目的与主模式相同——建立一个 IKE SA,以便为后续协商服务。但 IKE 野蛮模式交换只使用了三条消息。前两条消息负责协商策略、交换 Diffie-Hellman 公共值以及辅助数值(Nonce)和身份信息；同时第二条信息还用于验证响应者；第三条信息用于验证发起者,如图 11-13 所示。

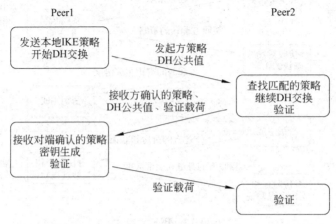

图 11-13　IKE 野蛮模式

首先,IKE 协商发起者发送一个消息,其中包括以下内容。

(1) 加密算法。

(2) 散列算法。

(3) 验证方法。

(4) 进行 Diffie-Hellman 操作的组信息。

(5) Diffie-Hellman 公共值。

(6) Nonce 和身份信息。

其次,响应者回应一条消息,不但须包含上述协商内容,还需要包含一个验证载荷。

最后,发起者回应一个验证载荷。

IKE 野蛮模式的功能比较有限,安全性差于主模式。但是在不能预先得知发起者的 IP 地址,并且需要使用预共享密钥的情况下,就必须使用野蛮模式。另外,野蛮模式的过程比较简单快捷,在充分了解对方安全策略的情况下,也可以使用野蛮模式。

### 11.6.6　IKE 的优点

总体而言,IKE 具有以下优点。

(1) 允许端到端动态验证。

(2) 降低手工部署的复杂度。

(3) 定时更新 SA。

(4) 定时更新密钥。

(5) 允许 IPSec 提供抗重播服务。

## 11.7　本章总结

(1) IPSec 可提供 IP 通信的机密性、完整性和数据源验证服务。

(2) AH 可提供数据源验证和完整性保证,ESP 还可提供机密性保证。

(3) IPSec 通过 SA 为数据提供安全服务。

(4) IKE 为 IPSec 提供了安全的密钥交换手段。

# 11.8　习题和答案

## 11.8.1　习题

（1）IPSec SA 可以通过（　　）协商建立。

A. AH　　　　　　　B. ESP　　　　　　　C. SPI　　　　　　　D. IKE

（2）同时提供完整性、机密性和数据源验证的是（　　）。

A. AH　　　　　　　B. ESP　　　　　　　C. MD5　　　　　　　D. DES

（3）在两个站点之间建立 IPSec 隧道，应使用（　　）。

A. 隧道模式　　　　B. 传输模式　　　　C. 主模式　　　　　　D. 野蛮模式

（4）下列关于 IPSec SA 的说法，正确的是（　　）。

A. IPSec SA 是双向的　　　　　　　　B. IPSec SA 是单向的

C. IPSec SA 必须由 IKE 协商建立　　　D. IPSec SA 必须由手工建立

（5）下列关于 IKE 野蛮模式的说法正确的是（　　）。

A. 野蛮模式的安全性强于主模式

B. 野蛮模式的安全性弱于主模式

C. 野蛮模式的安全性等于主模式

D. 野蛮模式可以与主模式同时使用

## 11.8.2　习题答案

（1）D　　（2）B　　（3）A　　（4）B　　（5）B

# 第12章

# 配 置 IPSec

本章讲解在路由器上配置 IPSec VPN 的方法及信息显示和调试命令，并给出了相关的配置示例。

GRE 和 L2TP 不能提供足够的安全性，因此在需要提供完整性和机密性保证时，可以与 IPSec 结合使用。本章将讲解用 IPSec 保护 GRE 和 L2TP 的方法。

## 12.1　本章目标

学习完本章，应该能够达到以下目标。

(1) 描述 IPSec 和 IKE 的配置要点和任务。

(2) 配置 IPSec 和 IKE。

(3) 使用 display 命令获取 IPSec 和 IKE 配置与运行信息。

(4) 使用 debugging 命令了解 IPSec 和 IKE 运行时的重要事件和异常情况。

## 12.2　配置前准备

在配置 IPSec 前需要做好如下的准备。

(1) 确定需要保护的数据：由于运行 IPSec 将会占用很多系统资源，并不是所有经过安全网关转发的数据都要进行验证和加密，只需对需要保护的数据进行验证和加密。可以通过定义高级 ACL 来匹配需要验证和加密的数据。

(2) 确定使用安全保护的路径：只有当数据在不安全的路径上进行传输时才需要进行安全保护。例如，如果认为企业网络内部是安全的，而数据在 Internet 上传输则是不安全的，那么只需要对跨越 Internet 传送数据的路径进行保护，通常也就是从一个安全网关到另一个安全网关之间对数据进行加密。

(3) 确定对数据流采用哪种方式的安全保护：根据不同的需求，可以对数据只验证而不加密；也可对数据既验证又加密。只加密而不验证的方式是不推荐使用的，因为在对于数据的来源都不清楚的情况下对数据进行加密和解密是没有意义的。对数据只验证而不加密通常使用 AH 协议。对数据既进行验证又进行加密通常使用 ESP 协议。虽然也可以同时使用 AH 和 ESP 协议进行验证和加密，但这样会消耗较多的系统资源。

(4) 确定安全保护的强度：不同的算法的强度不同。强度越高的算法，受保护的数据越难被破解，但消耗的计算资源越多。一般来说，密钥越长的算法强度越高，如 128 位密钥的算法强度高于 96 位的算法。但不同算法的强度不易比较，例如通常认为 AES 优于 DES，但不能认为 MD5 优于 SHA。

# 12.3 配置 IPSec VPN

## 12.3.1 IPSec VPN 配置任务

IPSec VPN 的基本配置任务包括以下几个方面。

（1）配置安全 ACL。

（2）配置安全提议：

① 创建安全提议；

② 选择安全协议；

③ 选择安全算法；

④ 选择工作模式。

（3）配置安全策略：

① 手工配置参数的安全策略；

② 通过 IKE 协商参数的安全策略。

（4）在接口上应用安全策略组。

## 12.3.2 配置安全 ACL

IPSec 使用 ACL 的条件定义并匹配需获得安全服务的数据包，这种 ACL 也称为安全 ACL。对于发送方来说，安全 ACL 许可（permit）的包将被保护，安全 ACL 拒绝（deny）的包将不被保护。

在建立 IPSec 隧道的两个安全网关上定义的 ACL 必须是互为镜像的。即一端的安全 ACL 定义的源 IP 地址要与另一端安全 ACL 的目的 IP 地址一致。

本端安全 ACL 配置为

```
acl number 3101
rule 1 permit ip source 173.1.1.1 0.0.0.0 destination 173.2.2.2 0.0.0.0
```

对端安全 ACL 配置为

```
acl number 3101
rule 1 permit ip source 173.2.2.2 0.0.0.0 destination 173.1.1.1 0.0.0.0
```

IPSec 对安全 ACL 匹配的数据流进行保护，因此应精确地配置 ACL，只对确实需要 IPSec 保护的数据流配置 permit，避免盲目地使用关键字 any。

## 12.3.3 配置安全提议

安全提议保存 IPSec 提供安全服务时准备使用的一组特定参数，包括安全协议、加密/验证算法、工作模式等，以便 IPSec 通信双方协商各种安全参数。IPSec 安全网关必须具有相同的安全提议才可以就安全参数达成一致。

一个安全策略通过引用一个或多个安全提议来确定采用的安全协议、算法和报文封装形式。在安全策略引用一个安全提议之前，这个安全提议必须已经建立。安全提议的配置内容如下所述。

（1）创建安全提议，并进入安全提议视图。

```
[Router] ipsec transform-set transform-set-name
```

默认情况下没有任何安全提议存在。

（2）选择安全协议。

[Router-ipsec-transform-set-tran1] **protocol**{ **ah** | **ah-esp** | **esp** }

在安全提议中需要选择所采用的安全协议。可选的安全协议有 AH 和 ESP，也可指定同时使用 AH 与 ESP。安全隧道两端所选择的安全协议必须一致。默认情况下采用 ESP 协议。

（3）选择工作模式。

在安全提议中需要指定安全协议的工作模式，安全隧道的两端所选择的模式必须一致。默认情况下采用隧道模式。

[Router-ipsec-transform-set-tran1] **encapsulation-mode** { **transport** | **tunnel** }

（4）选择安全算法。

不同的安全协议可以采用不同的验证算法和加密算法。目前，AH 支持 MD5 和 SHA-1 验证算法；ESP 协议支持 MD5、SHA-1 验证算法以及 DES、3DES、AES 加密算法。

设置 ESP 协议采用的加密算法：

[Router-ipsec-transform-set-tran1]**esp encryption-algorithm** {**3des-cbc** | **aes-cbc-128** | **aes-cbc-192** | **aes-cbc-256** | **des-cbc** | **null** }

设置 ESP 协议采用的验证算法：

[Router-ipsec-transform-set-tran1] **esp authentication-algorithm** { **md5** | **sha1** }

设置 AH 协议采用的验证算法：

[Router-ipsec-transform-set-tran1] **ah authentication-algorithm** { **md5** | **sha1** }

ESP 协议允许对报文同时进行加密和验证，或只加密，或只验证。AH 协议没有加密的功能，只对报文进行验证。在安全隧道的两端设置的安全策略所引用的安全提议必须设置成采用同样的验证算法或加密算法。

默认情况下，ESP 协议没有采用任何加密和验证算法；AH 协议没有采用任何认证算法。

**注意**：可以对安全提议进行修改。但若一个 SA 已协商成功，则新修改的安全提议并不立即生效，即 SA 仍然使用原来的安全提议，除非使用 reset ipsec sa 命令重置 SA；而新协商的 SA 将使用新的安全提议。

## 12.3.4　理解安全策略

安全策略规定了对什么样的数据流采用什么样的安全提议。一条安全策略由"名字"和"顺序号"共同唯一标识。若干名字相同的安全策略构成一个安全策略组。

安全策略包括以下两类。

（1）静态：手工配置参数的安全策略。需要用户手工配置密钥、SPI、安全协议和算法等参数，在隧道模式下还需要手工配置安全隧道两个端点的 IP 地址。

（2）动态：通过 IKE 协商参数的安全策略。由 IKE 自动协商生成密钥、SPI、安全协议和算法等参数。

如果通过手工方式创建一条安全策略，则不能再修改它为 IKE 协商创建，而必须先删除该安全策略然后再创建；反之亦然。

如果在一个接口上应用了一个安全策略组，则当从此接口发送数据包时，将按照顺序号从小到大的顺序尝试匹配安全策略组中每一条安全策略。

如果数据包匹配了一条手工配置参数的安全策略所引用的ACL,则使用这条安全策略定义的参数对数据包提供安全服务;如果数据包没有匹配一条安全策略引用的ACL,则继续尝试匹配下一条安全策略;如果数据包与所有安全策略引用的ACL都不匹配,则不对数据包提供任何安全服务而直接发送之。其流程如图12-1所示。

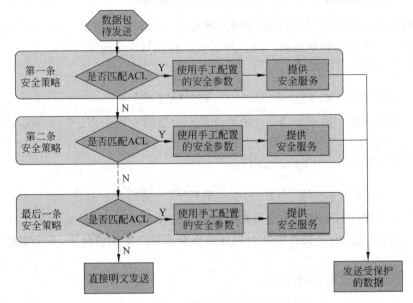

图12-1　手工配置参数的安全策略流程

如果数据包匹配了一个通过IKE协商参数的安全策略所引用的ACL,则使用这条安全策略定义的参数通过IKE协商安全参数,建立SA,并据此对数据包提供安全服务。如果IKE协商失败,则丢弃此数据包。其流程如图12-2所示。

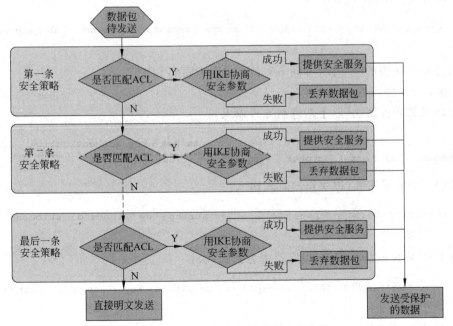

图12-2　IKE协商参数的安全策略流程

### 12.3.5　配置手工配置参数的安全策略

手工配置参数的安全策略主要配置内容如下所述。

（1）创建一条安全策略，并进入安全策略视图。

`[Router] ipsec policy` *policy-name seq number* `manual`

具有相同名字、不同顺序号的安全策略共同构成一个安全策略组。在一个安全策略组中，顺序号越小的安全策略优先级越高。默认情况下没有任何安全策略存在。

（2）配置安全策略引用的 ACL。

`[Router-ipsec-policy-manual-map1-10] security acl` *acl-number*

一条安全策略只能引用一个 ACL，如果设置安全策略引用了多于一个 ACL，最后引用的 ACL 生效。默认情况下，安全策略没有引用 ACL。

（3）配置安全策略所引用的安全提议。

`[Router-ipsec-policy-manual-map1-10]transform-set` *transform-set-name*

通过手工方式建立 SA，一条安全策略只能引用一个安全提议，并且如果已经引用了安全提议，必须先取消原先的安全提议才能引用新的安全提议。默认情况下，安全策略没有引用任何安全提议。

（4）配置 IPSec 隧道的对端地址。

`[Router-ipsec-policy-manual-map1-10] remote-address` { *ipv4-address* | `ipv6` *ipv6-address* }

默认情况下，没有配置安全隧道的对端地址。安全隧道建立在本端和对端之间，在安全隧道的两端，当前端点的对端地址需要与对端的本端地址保持一致。

（5）配置安全联盟的 SPI。

`[Router-ipsec-policy-manual-map1-10] sa spi` { `inbound` | `outbound` } { `ah` | `esp` } *spi-number*

为保证安全联盟的唯一性，不同 SA 必须对应不同的 SPI。

（6）配置 SA 使用的密钥。

配置协议的验证密钥（以十六进制方式输入）：

`[Router-ipsec-policy-manual-map1-10] sa hex-key authentication` { `inbound` | `outbound` } { `ah` | `esp` } { `cipher` | `simple` } *key-value*

配置协议的验证密钥（以字符串方式输入）：

`[Router-ipsec-policy-manual-map1-10]sa string-key` { `inbound` | `outbound` } { `ah` | `esp` } *key-value*

配置 ESP 协议的加密密钥（以字符串方式输入）：

`[Router-ipsec-policy-manual-map1-10] sa string-key` { `inbound` | `outbound` } `esp` *string-key*

配置 ESP 协议的加密密钥（以十六进制方式输入）：

`[Router-ipsec-policy-manual-map1-10]` **sa hex-key encryption** { **inbound** | **outbound** } **esp** { **cipher** | **simple** } *key-value*

在安全隧道的两端设置的 SA 参数必须是完全匹配的。本端的入方向 SA 的 SPI 及密钥必须与对端的出方向 SA 的 SPI 及密钥一样；本端的出方向 SA 的 SPI 及密钥必须与对端的入方向 SA 的 SPI 及密钥一样。

如果分别以两种方式输入了密钥，则最后设定的密钥有效。

在为系统配置 SA 时，必须分别设置 inbound 和 outbound 两个方向 SA 的参数。

## 12.3.6 配置 IKE 协商参数的安全策略

通过 IKE 协商建立 SA 时，一条安全策略最多可以引用 6 个安全提议。IKE 对等体之间将交换这些安全提议，并搜索能够完全匹配的安全提议。如果找到互相匹配的安全提议，即使用其参数建立 SA。如果 IKE 在两端找不到完全匹配的安全提议，则 SA 不能建立，需要被保护的报文将被丢弃，如图 12-3 所示。

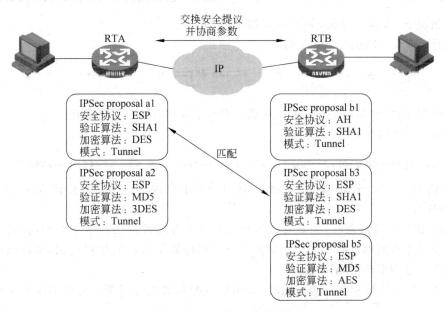

图 12-3 IKE 协商安全提议

通过 IKE 协商参数的安全策略主要配置内容如下所述。

(1) 创建一条安全策略，并进入安全策略视图。

`[Router]` **ipsec policy** *policy-name seq-number* **isakmp**

(2) 配置安全策略引用的 ACL。

`[Router-ipsec-policy-isakmp-map1-10]` **security acl** *acl-number*

(3) 配置安全策略所引用的安全提议。

`[Router-ipsec-policy-isakmp-map1-10]` **transform-set** *transform-set-name* &<1-6>

通过 IKE 协商建立 SA 时，一条安全策略最多可以引用 6 个安全提议。

(4) 配置安全策略引用的 IKE 协议框架。

[Router-ipsec-policy-isakmp-map1-10] **ike-profile** *profile-name*

默认情况下,IPSec 安全策略没有引用任何 IKE profile。若系统视图下配置了 IKE profile,则使用系统视图下配置的 IKE profile 进行性协商,否则使用全局的 IKE 参数进行协商。

**注意**:此处仅介绍了 IPSec 对 IKE profile 的引用命令。实际上还需要对 IKE profile 进行一些相关参数的设置,包括 IKE 的协商模式、IKE 提议、DPD、keychain、本端身份信息等。有关 IKE profile 的配置,请参考配置 IKE 的相关内容。

(5) 配置 IPSec 隧道的本端 IP 地址。

[Router-ipsec-policy-isakmp-map1-10] **local-address** *ip-address*

默认情况下,IPSec 隧道的本端 IPv4 地址为应用 IPSec 安全策略的接口的主 IPv4 地址。

(6) 配置 IPSec 隧道的对端 IP 地址。

[Router-ipsec-policy-isakmp-map1-10] **remote-address** *ip-address*

默认情况下,未指定 IPSec 隧道的对端 IP 地址。

(7) 配置安全策略的 SA 生存周期。

[Router-ipsec-policy-isakmp-map1-10] **sa duration** { **time-based** *seconds* | **traffic-based** *kilobytes* }

默认情况下,安全策略的 SA 生存周期为当前全局的 SA 生存周期值。

(8) 配置全局的 SA 生存周期。

[Router] **ipsec sa global-duration** { **time-based** *seconds* | **traffic-based** *kilobytes* }

默认情况下,安全联盟基于时间的生存周期为 3600s,基于流量的生存周期为 1843200KB。

当 IKE 协商安全联盟时,如果采用的安全策略没有配置自己的生存周期,将采用此命令所定义的全局生存周期与对端协商。如果安全策略配置了自己的生存周期,则系统使用安全策略自己的生存周期与对端协商。

IKE 为 IPSec 协商建立安全联盟时,采用本地配置的生存周期和对端提议的生存周期中较小的一个。

### 12.3.7　在接口上应用安全策略

为使定义的 SA 生效,应在每个要加密的数据流和要解密的数据流所在的接口上应用一个安全策略组,以对数据进行保护。当取消安全策略组在接口上的应用后,此接口便不再具有 IPSec 的安全保护功能。

IPSec 安全策略除了可以应用到串口、以太网口等实际物理接口上之外,还能够应用到 Tunnel、Virtual Template 等虚接口上。可以根据实际组网要求,在如 GRE、L2TP 等隧道上应用安全策略。

要在接口上应用安全策略组,使用命令:

[Router-Serial1/0] **ipsec apply policy** *policy-name*

**注意**:一个接口只能应用一个安全策略组。通过 IKE 方式创建的安全策略可以应用到多个接口上,通过手工创建的安全策略只能应用到一个接口上。

## 12.3.8 IPSec 的信息显示与调试维护

要显示所配置的安全策略的信息,使用命令:

[Router]**display ipsec policy** [ *policy-name* [ *seq-number* ] ]

使用 policy name 关键字显示指定安全策略的详细信息。

要显示所配置的安全提议的信息,使用命令:

[Router] **display ipsec transform-set** [ *transform-set-name* ]

要显示安全联盟的相关信息,使用命令:

[Router]**display ipsec sa** [ **brief** | **count** | **policy** *policy-name* [ *seq-number* ] | **interface** *interface-type interface-number* | **remote** *ip-address* ]

其中,使用 brief 关键字显示所有的安全联盟的简要信息;使用 count 关键字显示安全联盟的个数;使用 policy 关键字显示由指定安全策略创建的安全联盟的详细信息;使用 interface 关键字显示指定接口下的安全联盟的详细信息;使用 remot 关键字显示指定对端 IP 地址的安全联盟的详细信息。

要显示 IPSec 处理报文的统计信息,使用命令:

[Router] **display ipsec statistics** [ **tunnel-id** *tunnel-id* ]

display ipsec sa 命令的典型显示信息如下。

```
<RTA>display ipsec sa
-------------------------------
Interface: GigabitEthernet0/1
-------------------------------

  -------------------------------
  IPsec policy: policy1
  Sequence number: 1
  Mode: ISAKMP
  -------------------------------
    Tunnel id: 0
    Encapsulation mode: tunnel
    Perfect forward secrecy:
    Path MTU: 1427
    Tunnel:
        local  address: 1.1.1.1
        remote address: 2.2.2.1
    Flow:
        sour addr: 192.168.1.0/255.255.255.0  port: 0  protocol: ip
        dest addr: 192.168.2.0/255.255.255.0  port: 0  protocol: ip

  [Inbound ESP SAs]
    SPI: 2126888239 (0x7ec5bd2f)
    Connection ID: 4294967296
    Transform set:  ESP-ENCRYPT-AES-CBC-128 ESP-AUTH-SHA1
    SA duration (kilobytes/sec): 1843200/3600
    SA remaining duration (kilobytes/sec): 1843199/2826
```

```
    Max received sequence-number: 4
    Anti-replay check enable: Y
    Anti-replay window size: 64
    UDP encapsulation used for NAT traversal: N
    Status: Active

  [Outbound ESP SAs]
    SPI: 3349617173 (0xc7a71a15)
    Connection ID: 4294967297
    Transform set:  ESP-ENCRYPT-AES-CBC-128 ESP-AUTH-SHA1
    SA duration (kilobytes/sec): 1843200/3600
    SA remaining duration (kilobytes/sec): 1843199/2826
    Max sent sequence-number: 4
    UDP encapsulation used for NAT traversal: N
    Status: Active
```

可见接口 GE0/0 上应用了安全策略 policy1,此安全策略要求工作于隧道模式,隧道本端地址为 1.1.1.1,对端地址为 2.2.2.2。此安全策略通过 IKE 协商生成了一个 inbound 方向的 ESP SA 和一个 outbound 方向的 ESP SA。SPI、生存时间等参数均有显示。

要打开 IPSec 调试功能,使用命令:

<Router>**debugging ipsec** {**all** |**error**|**packet** [ **policy** *policy-name* [ *seq-number* ] | **parameters** *ip-address protocol spi-number* ]| **sa** }

要清除已经建立的安全联盟,使用命令:

<Router>**reset ipsec sa** [ **parameters** *dest-address protocol spi* | **policy** *policy-name* [ *seq-number* ] | **remote** *ip-address* ]

要清除 IPSec 的报文统计信息,使用命令:

<Router>**reset ipsec statistics**

# 12.4　IKE 的配置

配置 IKE 之前需提前确定以下信息。

(1) 确定 IKE 交换过程中安全保护的强度。包括身份验证方法、加密算法、验证算法、DH 组等。

(2) 确定所选验证方法的相应参数。如果使用预共享密钥(pre-shared key)方法,需预先约定共享密钥;如果使用 RSA 签名(RSA signature)方法需预先约定所属的 PKI 域。

## 12.4.1　IKE 配置任务

IKE 的主要配置任务包括以下几个方面。

(1) 配置 IKE 提议。

① 创建 IKE 提议。

② 选择 IKE 提议的加密算法。

③ 选择 IKE 提议的验证方法。

④ 选择 IKE 提议的验证算法。

⑤ 选择 IKE 阶段一密钥协商所使用的 DH 组。

⑥ 配置 IKE 提议的 ISAKMP SA 生存周期。

（2）配置 IKE keychain。

① 创建 IKE keychain。

② 配置预共享密钥。

③ 配置 IKE keychain 的使用范围。

（3）配置本端身份信息。

（4）配置 IKE profile。

① 创建 IKE profile。

② 配置 IKE 第一阶段的协商模式。

③ 配置采用预共享密钥认证时使用的 keychain。

④ 配置采用数字签名认证时，证书所属的 PKI 域。

⑤ 配置本端身份信息。

⑥ 配置 IKE profile 引用的 IKE 提议。

⑦ 配置匹配对端身份的规则。

⑧ 配置 IKE profile 的使用范围。

## 12.4.2  理解 IKE 提议

在安全网关之间执行 IKE 协商之初，双方首先协商保护 IKE 协商本身的安全参数，这一协商通过交换 IKE 提议实现。IKE 提议描述了期望在 IKE 协商过程中使用的安全参数，包括验证方法、验证算法、加密算法、DH 组以及用于 IKE 协商的 ISAKMP SA 生存时间等。双方查找出互相匹配的 IKE 提议，用其参数建立 ISAKMP SA 并保护 IKE 交换时的通信。其过程如图 12-4 所示。

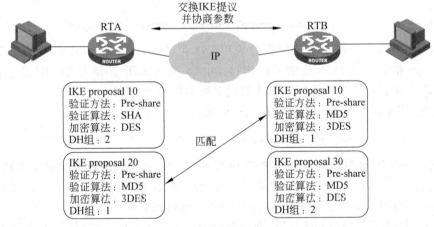

图 12-4  理解 IKE 提议

## 12.4.3  配置 IKE 提议

IKE 提议配置命令如下所述。

（1）创建 IKE 提议，并进入 IKE 提议视图。

[Router] **ike proposal** *proposal-number*

*proposal-number* 参数指定 IKE 提议序号，取值范围为 1～100。该序号同时表示一条提

议的优先级,数值越小,优先级越高。在进行 IKE 协商时,会从序号最小的 IKE 提议进行匹配,如果匹配则直接使用,否则继续查找。

系统提供一条默认 IKE 提议,此默认 IKE 提议具有最低的优先级。默认 IKE 提议具有默认的参数,包括以下几种。

① 加密算法:DES-CBC。

② 验证算法:SHA-1。

③ 验证方法:预共享密钥。

④ DH 组标识:GROUP 1。

⑤ ISAKMP SA 的存活时间:86400s。

(2) 选择 IKE 提议所使用的加密算法。

`[Router-ike-proposal-10]` **encryption-algorithm** { **3des-cbc** | **aes-cbc-128** | **aes-cbc-192** | **aes-cbc-256** | **des-cbc** }

默认情况下,IKE 提议使用 CBC 模式的 56 位 DES 加密算法。

(3) 选择 IKE 提议所使用的验证方法。

`[Router-ike-proposal-10]` **authentication-method** { **dsa-signature** | **pre-share** | **rsa-signature** }

默认情况下,IKE 提议使用预共享密钥的验证方法。

(4) 选择 IKE 提议所使用的验证算法。

`[Router-ike-proposal-10]` **authentication-algorithm** { **md5** | **sha** }

默认情况下,IKE 提议使用 SHA-1 验证算法。

(5) 选择 IKE 阶段一密钥协商时所使用的 DH 交换组。

`[Router-ike-proposal-10]` **dh** { **group1** | **group2** | **group5** | **group14** }

其中 group1 指定阶段 1 密钥协商时采用 768 位的 DH 组;group2 指定采用 1024 位的 DH 组;group5 指定采用 1536 位的 DH 组;group14 指定采用 2048 位的 DH 组。默认情况下,IKE 阶段 1 密钥协商时所使用的 DH 密钥交换参数为 group1。

(6) 配置 IKE 提议的 ISAKMP SA 生存周期。

`[Router-ike-proposal-10]` **sa duration** *seconds*

在设定的存活时间超时前,双方会提前协商另一个安全联盟来替换旧的安全联盟。在新的安全联盟还没有协商完之前,依然使用旧的安全联盟;在新的安全联盟建立后,将立即使用新的安全联盟,而旧的安全联盟在存活时间超时后,被自动清除。

因为 IKE 协商需要进行 DH 计算,在低端设备上需要经过较长的时间,为使 ISAKMP SA 的更新不影响安全通信,建议设置存活时间大于 10min。默认情况下,IKE 提议的 ISAKMP SA 存活时间为 86400s。

## 12.4.4　配置 IKE keychain

IKE keychain 的配置命令如下所述。

(1) 创建一个 IKE keychain,并进入 IKE keychain 视图。

`[Router]` **ike keychain** *keychain-name*

（2）配置预共享密钥。

`[Router-ike-keychain-keychain1]`**`pre-shared-key`** `{` **`address`** *address* `[` *mask* `|` *mask-length* `]` `|` **`hostname`** *host-name* `}` **`key`** `{` **`cipher`** *cipher-key* `|` **`simple`** *simple-key* `}`

IKE 协商双方配置的预共享密钥必须相同，否则身份认证会失败。以明文或密文方式设置的预共享密钥，均以密文的方式保存在配置文件中。

（3）配置 IKE keychain 的使用范围。

`[Router-ike-keychain-keychain1]`**`match local address`** `{` *interface-type interface-number* `|` *address* `[` **`vpn-instance`** *vpn-name* `]` `}`

限制 keychain 的使用范围，即 IKE keychain 只能在指定的地址或指定接口对应的地址下使用，这里的地址指的是 IPSec 安全策略/IPSec 安全策略模板下配置的本端地址，若本端地址没有配置，则为引用 IPSec 安全策略的接口的 IP 地址。

## 12.4.5 配置本端身份信息

IKE 端身份信息的配置命令如下所述。

（1）配置本端身份信息。

`[Router]` **`ike identity`** `{` **`address`** *address* `|` **`dn`** `|` **`fqdn`** `[` *fqdn-name* `]` `|` **`user-fqdn`** `[` *user-fqdn-name* `]` `}`

默认情况下，使用 IP 地址标识本端的身份，该 IP 地址为 IPSec 安全策略或 IPSec 安全策略模板应用的接口地址。

（2）配置本端的身份信息从证书的主题字段中获取。

`[Router]`**`ike signature-identity from-certificate`**

默认情况下，本端身份信息由 local-identity 或 ike identity 命令指定，在采用 IPSec 野蛮协商模式且使用数字签名认证方式的情况下，与仅支持使用 DN 类型的身份进行数字签名认证的 ComwareV5 设备互通时需要配置本命令。

## 12.4.6 配置 IKE profile

IKE profile 的配置命令如下所述。

（1）创建一个 IKE profile，并进入 IKE profile 视图。

`[Router]` **`ike profile`** *profile-name*

（2）配置 IKE 第一阶段的协商模式。

`[Router-ike-profile-profile1]`**`exchange-mode`** `{` **`aggressive`** `|` **`main`** `}`

其中 main 指定使用主模式，aggressive 指定使用野蛮模式。默认情况下，IKE 阶段的协商模式使用主模式。

（3）配置采用预共享密钥验证时所使用的 keychain。

`[Router-ike-profile-profile1]` **`keychain`** *keychain-name*

（4）配置采用数字签名验证时，证书所属的 PKI 域。

`[Router-ike-profile-profile1]` **`certificate domain`** *domain-name*

（5）配置本端身份信息。

[Router-ike-profile-profile1]**local-identity** { **address** *address* | **dn** | **fqdn** [ *fqdn-name* ] | **user-fqdn** [ *user-fqdn-name* ] }

默认情况下，IKE profile 视图下未配置本端身份信息；如果 IKE profile 视图下配置了本端身份信息，则使用 IKE profile 视图下的信息作为本端身份信息发起认证。如果 IKE profile 视图下未配置本端身份信息，则使用系统视图下通过 IKE identity 命令配置的身份信息作为本端身份信息。若两者都没有配置，则使用 IP 地址标识本端的身份，该 IP 地址为 IPSec 安全策略或 IPSec 安全策略模板应用的接口的 IP 地址。

（6）配置 IKE profile 引用的 IKE 提议。

[Router-ike-profile-profile1] **proposal** *proposal-number*

默认情况下，IKE profile 未引用任何 IKE 提议，使用系统视图下已配置的 IKE 提议进行 IKE 协商。

（7）配置匹配对端身份的规则。

响应方首先需要根据发起方的身份信息查找一个本端的 IKE profile，然后使用此 IKE profile 中的信息验证对端身份，发起方同样需要根据响应方的身份信息查找到一个 IKE profile 用于验证对端身份。对端身份信息若能满足本地某个 IKE profile 中指定的匹配规则，则该 IKE profile 为查找的结果。

[Router-ike-profile-profile1] **match remote** { **certificate** *policy-name* | **identity** { **address** *address* [ *mask* | *mask-length* ] | **rang**e *low-address high-address* [ **vpn-instance** *vpn-name* ] | **fqdn** *fqdn-name* | **user-fqdn** *user-fqdn-name* } }

协商双方都必须配置至少一个 match remote 规则，当对端的身份与 IKE profile 中配置的 match remote 规则匹配时，则使用此 IKE profile 中的信息与对端完成认证。

（8）配置 IKE profile 的使用范围。

可以通过命令限定 IKE profile 的使用范围，限制 IKE profile 只能在指定的地址或指定接口的地址下使用，这里的地址指的是 IPSec 策略下配置的本端地址，若本端地址没有配置，则为引用 IPSec 策略的接口 IP 地址。配置了 match local address 的 IKE profile 的优先级高于所有未配置 match local address 的 IKE profile。默认情况下，未限制 IKE profile 的使用范围。

[Router-ike-profile-profile1]**match local address** { *interface-type interface-number* | *address* [ **vpn-instance** *vpn-name* ] }

（9）配置 IKE profile 的优先级。

IKE profile 的匹配优先级首先取决于其中是否配置了 match local address，其次取决于配置的优先级值，最后取决于配置 IKE profile 的先后顺序。

[Router-ike-profile-profile1]**priority** *number*

默认情况下，IKE profile 的优先级为 100。

## 12.4.7　IKE 的显示信息与调试维护命令

要显示每个 IKE 提议配置的参数，使用命令：

［Router］**display ike proposal**

要显示当前 ISAKMP SA 的信息，使用命令：

［Router］**display ike sa** ［ **verbose** ［ **connection-id** *connection-id* | **remote-address** *remote-address* ［ **vpn-instance** *vpn-name* ］］］

要打开 IKE 协议调试功能，使用命令：

<Router>**debugging ike** { **all** | **error** | **packet** | **event** }

要清除 IKE 建立的安全隧道，使用命令：

<Router>**reset ike sa** ［ *connection-id* ］

**display ike sa** 命令的两个典型例子显示信息如下。

```
<H3C>dis ike sa
   Connection-ID    Remote              Flag        DOI
----------------------------------------------------------------
    1               2.2.2.1             RD          IPsec
Flags:
RD--READY RL--REPLACED FD-FADING

<H3C>dis ike sa verbose
-------------------------------------------------
  Connection ID: 1
  Outside VPN:
  Inside VPN:
  Profile: profile1
  Transmitting entity: Initiator
-------------------------------------------------
  Local IP: 1.1.1.1
  Local ID type: IPV4_ADDR
  Local ID: 1.1.1.1
  Remote IP: 2.2.2.1
  Remote ID type: IPV4_ADDR
  Remote ID: 2.2.2.1
  Authentication-method: PRE-SHARED-KEY
  Authentication-algorithm: MD5
  Encryption-algorithm: 3DES-CBC
  Life duration(sec): 86400
  Remaining key duration(sec): 86385
  Exchange-mode: Aggressive
  Diffie-Hellman group: Group 1
  NAT traversal: Not detected
```

由第一个例子可见，远端地址为 202.38.0.2 的设备 ISAKMP SA 状态为 RD(READY)，表示已经建立成功。

第二个例子显示了一个 ISAKMP SA 的详细安全参数。

# 12.5　IPSec 隧道配置示例

## 12.5.1　IPSec＋IKE 预共享密钥方法配置示例

如图 12-5 所示，RTA 和 RTB 之间建立 IPSec 隧道，为站点 A 局域网 10.1.1.0/24 和站

点 B 局域网 10.1.2.0/24 之间的通信提供安全服务。本例采用预共享密钥方式,通过 IKE 协商建立 IPSec SA。

图 12-5 IPSec＋IKE 预共享密钥配置示例

RTA 的配置如下。

```
[RTA]interface GigabitEthernet 0/0
[RTA-GigabitEthernet0/0]ip address 10.1.1.1 255.255.255.0
[RTA-GigabitEthernet0/0]quit
[RTA]interface Serial 1/0
[RTA-Serial1/0]ip address 202.38.160.1 255.255.255.0
[RTA-Serial1/0]quit
[RTA] ip route-static 10.1.2.0 255.255.255.0 202.38.160.2
[RTA]ike keychain keychain1
[RTA-ike-keychain-keychain1]pre-shared-key address 202.38.160.2 key simple h3c
[RTA-ike-keychain-keychain1]quit
[RTA]ike proposal 1
[RTA-ike-proposal-1]quit
[RTA]ike profile profile1
[RTA-ike-profile-profile1]local-identity address 202.38.160.1
[RTA-ike-profile-profile1]proposal 1
[RTA-ike-profile-profile1]keychain keychain1
[RTA-ike-profile-profile1]match remote identity address 202.160.38.2
[RTA] acl number 3001
[RTA-acl-adv-3001]rule permit ip source 10.1.1.0 0.0.0.255 destination 10.1.2.0 0.
0.0.255
[RTA-acl-adv-3001]quit
[RTA]ipsec transform-set tran1
[RTA-ipsec-transform-set-tran1]encapsulation-mode tunnel
[RTA-ipsec-transform-set-tran1]protocol esp
[RTA-ipsec-transform-set-tran1]esp encryption-algorithm des-cbc
[RTA-ipsec-transform-set-tran1]esp authentication-algorithm sha1
[RTA-ipsec-transform-set-tran1]quit
[RTA]ipsec policy policy1 1 isakmp
[RTA-ipsec-policy-isakmp-policy1-1]security acl 3001
[RTA-ipsec-policy-isakmp-policy1-1]transform-set tran1
[RTA-ipsec-policy-isakmp-policy1-1]ike-profile profile1
[RTA-ipsec-policy-isakmp-policy1-1]remote-address 202.38.160.2
[RTA-ipsec-policy-isakmp-policy1-1]quit
[RTA]interface Serial 1/0
[RTA-Serial1/0]ipsec apply policy policy1
[RTA-Serial1/0]quit
```

RTB 的配置如下。

```
[RTB]interface GigabitEthernet 0/0
[RTB-GigabitEthernet0/0]ip address 10.1.2.1 255.255.255.0
```

```
[RTB-GigabitEthernet0/0]quit
[RTB]interface Serial 1/0
[RTB-Serial1/0]ip address 202.38.160.2 255.255.255.0
[RTB-Serial1/0]quit
[RTB] ip route-static 10.1.1.0 255.255.255.0 202.38.160.1
[RTB]ike keychain keychain1
[RTB-ike-keychain-keychain1]pre-shared-key address 202.38.160.1 key simple h3c
[RTB-ike-keychain-keychain1]quit
[RTB]ike proposal 1
[RTB-ike-proposal-1]quit
[RTB]ike profile profile1
[RTB-ike-profile-profile1]local-identity address 202.38.160.2
[RTB-ike-profile-profile1]proposal 1
[RTB-ike-profile-profile1]keychain keychain1
[RTB-ike-profile-profile1]match remote identity address 202.160.38.1
[RTB-ike-profile-profile1]quit
[RTB] acl number 3001
[RTB-acl-adv-3001]rule permit ip source 10.1.2.0 0.0.0.255 destination 10.1.1.0 0.
0.0.255
[RTB-acl-adv-3001]quit
[RTB]ipsec transform-set tran1
[RTB-ipsec-transform-set-tran1]encapsulation-mode tunnel
[RTB-ipsec-transform-set-tran1]protocol esp
[RTB-ipsec-transform-set-tran1]esp encryption-algorithm des-cbc
[RTB-ipsec-transform-set-tran1]esp authentication-algorithm sha1
[RTB-ipsec-transform-set-tran1]quit
[RTB]ipsec policy policy1 1 isakmp
[RTB-ipsec-policy-isakmp-policy1-1]security acl 3001
[RTB-ipsec-policy-isakmp-policy1-1]transform-set tran1
[RTB-ipsec-policy-isakmp-policy1-1]ike-profile profile1
[RTB-ipsec-policy-isakmp-policy1-1]remote-address 202.38.160.1
[RTB-ipsec-policy-isakmp-policy1-1]quit
[RTB]interface Serial 1/0
[RTB-Serial1/0]ipsec apply policy policy1
[RTB-Serial1/0]quit
```

以上配置完成后,RTA 和 RTB 之间如果有子网 10.1.1.0/24 与子网 10.1.2.0/24 之间的报文通过,将触发 IKE 协商,建立 IPSec SA。IKE 协商成功并创建了 SA 后,两子网之间的数据流将被加密传输。

## 12.5.2　IPSec＋IKE RSA 签名方法配置示例

IPSec＋IKE RSA 签名配置示例如图 12-6 所示。

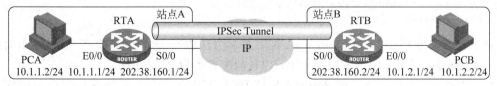

图 12-6　IPSec＋IKE RSA 签名配置示例

RTA 的配置如下。

```
[RTA] pki entity ipsecvpn
[RTA-pki-entity-ipsecvpn] common-name rta
[RTA-pki-entity-ipsecvpn] quit
[RTA] pki domain domain1
[RTA-pki-domain-domain1] ca identifier CA
[RTA-pki-domain-domain1] certificate request url http://...
[RTA-pki-domain-domain1] certificate request from ra
[RTA-pki-domain-domain1] certificate request entity ipsecvpn
[RTA-pki-domain-domain1] undo crl check enable
[RTA-pki-domain-domain1] public-key rsa general name abc length 1024
[RTA-pki-domain-domain1] quit
[RTA] public-key local create rsa name abc
[RTA] pki retrieve-certificate domain domain1 ca
[RTA] pki request-certificate domain domain1
[RTA] ike proposal 1
[RTA-ike-proposal-1] authentication-method rsa-signature
[RTA-ike-proposal-1] encryption-algorithm 3des-cbc
[RTA-ike-proposal-1] dh group2
[RTA-ike-proposal-1] quit
[RTA] ike profile profile1
[RTA-ike-profile-profile1] local-identity dn
[RTA-ike-profile-profile1] certificate domain domain1
[RTA-ike-profile-profile1] proposal 1
[RTA-ike-profile-profile1] match remote certificate rta
[RTA-ike-profile-profile1] quit
[RTA]ike signature-identity from-certificate
[RTA] acl number 3001
[RTA-acl-adv-3001]rule permit ip source 10.1.1.0 0.0.0.255 destination 10.1.2.0 0.
0.0.255
[RTA-acl-adv-3001]quit
[RTA] ip route-static 10.1.2.0 255.255.255.0 202.38.160.2
[RTA] ipsec transform-set tran1
[RTA-ipsec-transform-set-tran1] esp authentication-algorithm sha1
[RTA-ipsec-transform-set-tran1] esp encryption-algorithm 3des
[RTA-ipsec-transform-set-tran1] quit
[RTA]ipsec policy policy1 1 isakmp
[RTA-ipsec-policy-isakmp-policy1-1]security acl 3001
[RTA-ipsec-policy-isakmp-policy1-1]transform-set tran1
[RTA-ipsec-policy-isakmp-policy1-1]ike-profile profile1
[RTA-ipsec-policy-isakmp-policy1-1]remote-address 202.38.160.2
[RTA-ipsec-policy-isakmp-policy1-1]quit
[RTA]interface Serial 1/0
[RTA-Serial1/0]ipsec apply policy policy1
[RTA-Serial1/0]quit
```

　　除了要求采用 PKI 证书体系的 RSA 证书签名方法进行 IKE 协商验证之外,本例的配置需求与上例相同。RTA 的关键配置如上;RTB 的配置类似,此处略去。

　　与上例相比,除了在 IKE 提议中要求使用 RSA 签名方法以及在 IKE profile 中关联了认证域之外,IPSec 的配置并没有改变。当然配置 IPSec 之前还需要完成 PKI 相关配置,如配置

PKI 域、配置通过 RA 注册申请证书、配置 CRL 发布点位置、用 RSA 算法生成本地的密钥对、申请证书等。关于 PKI 的配置并非本章内容,读者可参考相关章节或手册。

### 12.5.3 IPSec＋IKE 野蛮模式配置示例

如图 12-7 所示,RTB 需要与 RTA 建立 IPSec 隧道,要求用 IKE 协商安全参数。但 RTB 的接口 S1/0 无固定 IP 地址,因此不能使用预共享密钥方式,故而采用野蛮模式。

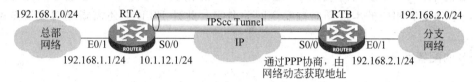

图 12-7　IKE 野蛮模式配置示例

总部路由器的 RTA 具有固定的对外网络连接,相应的接口 S0/0 也具有固定的 IP 地址。为了使用野蛮模式,RTA 的相应 IKE profile 必须配置命令 exchange-mode aggressive 以启动野蛮模式。同时必须配置相应的本端和对端安全网关名字。

RTA 的配置如下。

```
[RTA]interface GigabitEthernet 0/0
[RTA-GigabitEthernet0/0]ip address 10.1.1.1 255.255.255.0
[RTA-GigabitEthernet0/0]quit
[RTA]interface Serial 1/0
[RTA-Serial1/0]ip address 202.38.160.1 255.255.255.0
[RTA-Serial1/0]quit
[RTA]ip route-static 0.0.0.0 0.0.0.0 Serial 1/0
[RTA]ike identity fqdn rta
[RTA]ike keychain keychain1
[RTA-ike-keychain-keychain1]pre-shared-key hostname rtb key simple h3c
[RTA-ike-keychain-keychain1]quit
[RTA]ike proposal 1
[RTA-ike-proposal-1]quit
[RTA]ike profile profile1
[RTA-ike-profile-profile1]exchange-mode aggressive
[RTA-ike-profile-profile1]proposal 1
[RTA-ike-profile-profile1]keychain keychain1
[RTA-ike-profile-profile1]match remote identity fqdn rtb
[RTA-ike-profile-profile1]quit
[RTA] acl number 3001
[RTA-acl-adv-3001]rule permit ip source 10.1.1.0 0.0.0.255 destination 10.1.2.0 0.
0.0.255
[RTA-acl-adv-3001]quit
[RTA]ipsec transform-set tran1
[RTA-ipsec-transform-set-tran1]encapsulation-mode tunnel
[RTA-ipsec-transform-set-tran1]protocol esp
[RTA-ipsec-transform-set-tran1]esp encryption-algorithm des-cbc
[RTA-ipsec-transform-set-tran1]esp authentication-algorithm sha1
[RTA-ipsec-transform-set-tran1]quit
[RTA]ipsec policy-template templete1 1
[RTA-ipsec-policy-template-templete1-1]transform-set tran1
[RTA-ipsec-policy-template-templete1-1]ike-profile profile1
```

```
[RTA-ipsec-policy-template-templete1-1]security acl 3001
[RTA-ipsec-policy-template-templete1-1]quit
[RTA]ipsec policy policy1 1 isakmp template templete1
[RTA]interface Serial 1/0
[RTA-Serial1/0]ipsec apply policy policy1
[RTA-Serial1/0]quit
```

RTB 的串口 S1/0 从网络获取 IP 地址。RTB 的相应 IKE profile 中也必须配置野蛮模式。同时必须配置相应的本端和对端安全网关名字。此外 RTB 上还需指定对端安全网关的 IP 地址。

RTB 的配置如下。

```
[RTB]interface GigabitEthernet 0/0
[RTB-GigabitEthernet0/0]ip address 10.1.2.1 255.255.255.0
[RTB-GigabitEthernet0/0]quit
[RTB]interface Serial 1/0
[RTB-Serial1/0]link-protocol ppp
[RTB-Serial1/0]ip address ppp-negotiate
[RTB-Serial1/0]quit
[RTB] ip route-static 0.0.0.0 0.0.0.0 Serial 1/0
[RTB]ike identity fqdn rtb
[RTB]ike keychain keychain1
[RTB-ike-keychain-keychain1]pre-shared-key address 202.38.160.1 key simple h3c
[RTB-ike-keychain-keychain1]quit
[RTB]ike proposal 1
[RTB-ike-proposal-1]quit
[RTB]ike profile profile1
[RTB-ike-profile-profile1]exchange-mode aggressive
[RTB-ike-profile-profile1]proposal 1
[RTB-ike-profile-profile1]keychain keychain1
[RTB-ike-profile-profile1]match remote identity fqdn rta
[RTB-ike-profile-profile1]quit
[RTB] acl number 3001
[RTB-acl-adv-3001]rule permit ip source 10.1.2.0 0.0.0.255 destination 10.1.1.0 0.0.0.255
[RTB-acl-adv-3001]quit
[RTB]ipsec transform-set tran1
[RTB-ipsec-transform-set-tran1]encapsulation-mode tunnel
[RTB-ipsec-transform-set-tran1]protocol esp
[RTB-ipsec-transform-set-tran1]esp encryption-algorithm des-cbc
[RTB-ipsec-transform-set-tran1]esp authentication-algorithm sha1
[RTB-ipsec-transform-set-tran1]quit
[RTB]ipsec policy policy1 1 isakmp
[RTB-ipsec-policy-isakmp-policy1-1]security acl 3001
[RTB-ipsec-policy-isakmp-policy1-1]transform-set tran1
[RTB-ipsec-policy-isakmp-policy1-1]ike-profile profile1
[RTB-ipsec-policy-isakmp-policy1-1]remote-address 202.38.160.1
[RTB-ipsec-policy-isakmp-policy1-1]quit
[RTB]interface Serial 1/0
[RTB-Serial1/0]ipsec apply policy policy1
[RTB-Serial1/0]quit
```

## 12.6 本章总结

(1) IPSec 配置任务包括配置安全 ACL、配置安全提议、配置安全策略、在接口上应用安全策略组等。

(2) 手工配置参数的安全策略和通过 IKE 协商参数的安全策略。

(3) IKE 配置任务包括配置 IKE 提议、配置 IKE profile 等。

(4) 熟练掌握 IPSec/IKE 相关的命令及典型配置。

## 12.7 习题和答案

### 12.7.1 习题

(1) 对于发送方来说(    )。

    A. 安全 ACL 许可(permit)的包将被保护

    B. 安全 ACL 拒绝(deny)的包将不被保护

    C. 安全 ACL 许可(permit)的包将不被保护

    D. 安全 ACL 拒绝(deny)的包将被保护

(2) 指定某安全策略所引用的安全提议,使用命令(    )。

    A. **ipsec transform-set** *transform-set-name*

    B. **transform-set** *transform-set-name*

    C. **ikeproposal** *proposal-name*

    D. **ipsec policy** *policy-name* **transform-set** *transform-set-name*

(3) 要在 MSR 上配置一个 IPSec 隧道,必须配置的有(    )。

    A. IPSec 策略    B. IKE 提议    C. IKE profile    D. SA 使用的密钥

(4) 要显示 IPSec 策略的信息,应使用命令(    )。

    A. display ipsec policy        B. display ipsec proposal

    C. display ike policy         D. display ike proposal

(5) 要查看 IPSec SA 信息,应使用命令(    )。

    A. display ipsec sa         B. display ike sa

    C. display ipsec           D. display ike

### 12.7.2 习题答案

(1) A、B    (2) B    (3) A    (4) A    (5) A

# 第13章

# IPSec高级应用

GRE 和 L2TP 不能提供足够的安全性,因此在需要提供完整性和机密性保证时,可以与 IPSec 结合使用。本章将讲解用 IPSec 保护 GRE 和 L2TP 的方法。

IPSec 的复杂性也带来了一些相关的问题。本章将讲解 IPSec 隧道嵌套、IPSec 穿越 NAT 的知识,以及提高 IPSec 可靠性的技术。

## 13.1 本章目标

学习完本章,应该能够达到以下目标。

(1) 理解 IPSec 隧道嵌套原理。

(2) 理解用 IPSec 保护组播的方法。

(3) 理解 IPSec 穿越 NAT 的困难及其解决方法。

(4) 配置 IPSec 以保护传统 VPN 数据安全性。

(5) 描述 IKE Keepalive 机制和 IPSec DPD 技术原理及其应用。

## 13.2 IPSec 隧道嵌套

即使在同一个组织内部,也同样存在不同保密程度的数据。况且,某个部门、某些成员之内的通信可能也必须对其他部门和成员保密。在此种情况下,不但要在公共网上使用 IPSec,也要在组织内部同时使用 IPSec。这时就需要 IPSec 隧道嵌套。

通过隧道嵌套的方式,数据可以获得多重的安全保护,提供更多的安全等级。嵌套的内部安全隧道构成了对内部网络的安全隔离。

如图 13-1 所示,某公司的北京总部和杭州基地之间配置了 IPSec 隧道保护其通信。该公司部门 A 各有一部分员工位于公司北京总部和杭州基地。部门 A 的数据保密级别高,严格禁止其他部门获得,因此两地的部门 A 路由器之间也建立了 IPSec 隧道。这样就形成了 IPSec 隧道嵌套。

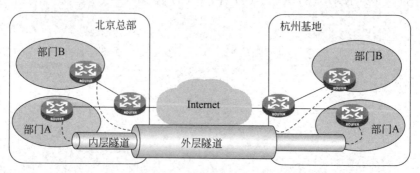

图 13-1　IPSec 隧道嵌套

在配置时,只需在外层 IPSec 隧道的安全网关上配置安全 ACL,匹配内层隧道封装包的地址,以将其作为接收安全服务的数据流即可。

# 13.3 IPSec 与传统 VPN 技术结合

## 13.3.1 GRE over IPSec

GRE 是一种通用封装协议,因此其可以支持多种网络层协议。GRE 隧道的实现采用了虚拟的 Tunnel 接口,因而其可以支持组播和广播,并可以支持丰富的 IP 协议簇以及路由协议。但是 GRE VPN 不能确保数据的机密性、完整性,也不能验证数据的来源。

而 IPSec 是针对 IP 数据流而设计的,其协议机制决定了其难以支持组播,因而也不便于支持路由协议,并且对 IP 协议簇中纷繁的各种协议支持得不好。

然而,GRE 隧道中传送的一切包终究被封装为公网数据包,在两个隧道端点设备之间点到点地传送。如果用 IPSec 对这个点到点的数据流进行保护,就可以同时具有 GRE VPN 和 IPSec VPN 的优良特性,支持丰富的应用场合。GRE over IPSec 的优势如表 13-1 所示。

表 13-1  GRE over IPSec 的优势

| 特 性 | GRE 是否支持 | IPSec 是否支持 | GRE over IPSec 是否支持 |
|---|---|---|---|
| 支持多协议 | Y | N | Y |
| 虚拟接口 | Y | N | Y |
| 支持组播 | Y | N | Y |
| 对路由协议的支持 | Y | N | Y |
| 对丰富的 IP 协议簇的支持 | Y | 支持得不好 | Y |
| 机密性 | N | Y | Y |
| 完整性 | N | Y | Y |
| 数据源验证 | N | Y | Y |

使用 GRE over IPSec 时,GRE 隧道封装与 IPSec 隧道封装同时独立工作。原始 IP 包被封装在 GRE 隧道封装包中,GRE 隧道封装包被封装在 IPSec 隧道封装包中,随后在公网上传送,如图 13-2 所示。

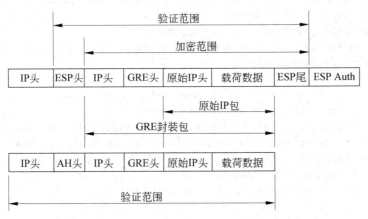

图 13-2  GRE over IPSec 封装

在图 13-3 所示的网络中,RTA 和 RTB 同时作为 GRE 隧道的端点和 IPSec 隧道的端点,并要求实现 GRE over IPSec。

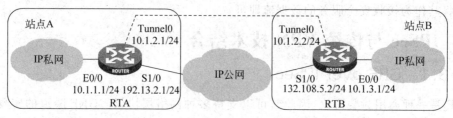

图 13-3　GRE over IPSec 配置示例

RTA 的主要配置如下。

```
[RTA]interface Serial 1/0
[RTA-Serial1/0]ip address 192.13.2.1 255.255.255.0
[RTA-Serial1/0]quit
[RTA]interface GigabitEthernet 0/0
[RTA-GigabitEthernet0/0]ip address 10.1.1.1 255.255.255.0
[RTA-GigabitEthernet0/0]quit
[RTA] interface tunnel 0 mode gre
[RTA-Tunnel0]ip address 10.1.2.1 255.255.255.0
[RTA-Tunnel0]source 192.13.2.1
[RTA-Tunnel0]destination 132.108.5.2
[RTA-Tunnel0]keepalive
[RTA-Tunnel0]quit
[RTA] acl number 3001
[RTA-acl-adv-3001]rule permit ip source 192.13.2.1 0.0.0.0 destination 132.108.5.2
0.0.0.0
[RTA-acl-adv-3001]quit
[RTA]ike keychain keychain1
[RTA-ike-keychain-keychain1]pre-shared-key address 132.108.5.2 key simple h3c
[RTA-ike-keychain-keychain1]quit
[RTA]ike proposal 1
[RTA-ike-proposal-1]quit
[RTA]ike profile profile1
[RTA-ike-profile-profile1]local-identity address 192.13.2.1
[RTA-ike-profile-profile1]proposal 1
[RTA-ike-profile-profile1]keychain keychain1
[RTA-ike-profile-profile1]match remote identity address 132.108.5.2
[RTA-ike-profile-profile1]quit
[RTA]ipsec transform-set tran1
[RTA-ipsec-transform-set-tran1]encapsulation-mode tunnel
[RTA-ipsec-transform-set-tran1]protocol esp
[RTA-ipsec-transform-set-tran1]esp encryption-algorithm des-cbc
[RTA-ipsec-transform-set-tran1]esp authentication-algorithm sha1
[RTA-ipsec-transform-set-tran1]quit
[RTA]ipsec policy policy1 1 isakmp
[RTA-ipsec-policy-isakmp-policy1-1]security acl 3001
[RTA-ipsec-policy-isakmp-policy1-1]transform-set tran1
[RTA-ipsec-policy-isakmp-policy1-1]ike-profile profile1
[RTA-ipsec-policy-isakmp-policy1-1]remote-address 132.108.5.2
[RTA-ipsec-policy-isakmp-policy1-1]quit
[RTA]interface Serial 1/0
```

```
[RTA-Serial1/0]ipsec apply policy policy1
[RTA-Serial1/0]quit
[RTA]ip route-static 10.1.3.0 255.255.255.0 Tunnel 0
[RTA]ip route-static 0.0.0.0 0.0.0.0 Serial 1/0
```

RTB 的主要配置如下。

```
[RTB]interface Serial 1/0
[RTB-Serial1/0]ip address 132.108.5.2 255.255.255.0
[RTB-Serial1/0]quit
[RTB]interface GigabitEthernet 0/0
[RTB-GigabitEthernet0/0]ip address 10.1.3.1 255.255.255.0
[RTB-GigabitEthernet0/0]quit
[RTB] interface tunnel 0 mode gre
[RTB-Tunnel0]ip address 10.1.2.2 255.255.255.0
[RTB-Tunnel0]source 132.108.5.2
[RTB-Tunnel0]destination 192.13.2.1
[RTB-Tunnel0]keepalive
[RTB-Tunnel0]quit
[RTB] acl number 3001
[RTB-acl-adv-3001] rule permit ip source 132.108.5.2 0.0.0.0 destination 192.13.2.1
0.0.0.0
[RTB-acl-adv-3001]quit
[RTB]ike keychain keychain1
[RTB-ike-keychain-keychain1]pre-shared-key address 192.13.2.1 key simple h3c
[RTB-ike-keychain-keychain1]quit
[RTB]ike proposal 1
[RTB-ike-proposal-1]quit
[RTB]ike profile profile1
[RTB-ike-profile-profile1]local-identity address 132.108.5.2
[RTB-ike-profile-profile1]proposal 1
[RTB-ike-profile-profile1]keychain keychain1
[RTB-ike-profile-profile1]match remote identity address 192.13.2.1
[RTB-ike-profile-profile1]quit
[RTB]ipsec transform-set tran1
[RTB-ipsec-transform-set-tran1]encapsulation-mode tunnel
[RTB-ipsec-transform-set-tran1]protocol esp
[RTB-ipsec-transform-set-tran1]esp encryption-algorithm des-cbc
[RTB-ipsec-transform-set-tran1]esp authentication-algorithm sha1
[RTB-ipsec-transform-set-tran1]quit
[RTB]ipsec policy policy1 1 isakmp
[RTB-ipsec-policy-isakmp-policy1-1]security acl 3001
[RTB-ipsec-policy-isakmp-policy1-1]transform-set tran1
[RTB-ipsec-policy-isakmp-policy1-1]ike-profile profile1
[RTB-ipsec-policy-isakmp-policy1-1]remote-address 192.13.2.1
[RTB-ipsec-policy-isakmp-policy1-1]quit
[RTB]interface Serial 1/0
[RTB-Serial1/0]ipsec apply policy policy1
[RTB-Serial1/0]quit
[RTB]ip route-static 10.1.1.0 255.255.255.0 Tunnel 0
[RTB]ip route-static 0.0.0.0 0.0.0.0 Serial 1/0
```

可见其配置与单独的 GRE 隧道或单独的 IPSec 隧道相比并无特殊之处,只要在配置安全

ACL 时匹配隧道所使用的物理接口的公网地址 192.13.2.1 与 132.108.5.2 之间的数据流,将其纳入 IPSec 保护即可。

### 13.3.2  L2TP over IPSec

L2TP VPN 经常应用于移动用户通过 Internet 连接企业私网的情况。在 Internet 中数据受到的安全威胁较高,但 L2TP 不能确保数据的机密性和完整性,不能适应日益提高的安全性需求。

然而,L2TP 隧道是在 LAC 和 LNS 之间建立的。如果用 IPSec 对这个点到点的数据流进行保护,就可以同时具有 L2TP VPN 和 IPSec VPN 的特性,提供安全的 Access VPN。

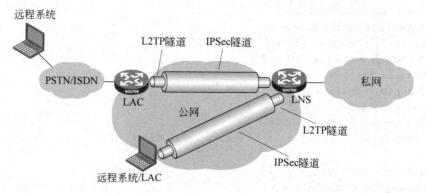

图 13-4  L2TP over IPSec

在使用 L2TP over IPSec 时,IPSec 隧道在 LAC 与 LNS 之间建立,保护 L2TP 隧道数据流,L2TP 隧道封装包被封装在 IPSec 隧道封装包中。

对于独立 LAC 模式而言,虽然远程系统到 LAC 的数据传输没有受到 IPSec 保护,但这一段通常为基于电路交换的连接,其安全性仍然是较高的。

对于客户 LAC 模式而言,IPSec 隧道需要直接在客户端主机与 LNS 之间建立。由于客户端主机通常从 Internet 获取动态 IP 地址,因而应使用 IKE 野蛮模式与 LNS 进行 IKE 协商。

图 13-5 是一个典型的独立 LAC 模式 L2TP over IPSec 配置示例。在本例中,某企业以 MSR 路由器作为 LAC 和 LNS,远程用户使用 Windows 系统,通过 PSTN 拨号到 LAC 的串口 S1/0 接入,与企业总部互联。为确保 L2TP 的安全性,该公司要求在 LAC 与 LNS 之间配置 IPSec 保护 L2TP 隧道。

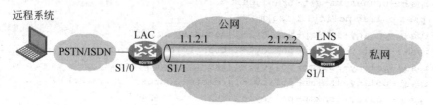

图 13-5  独立 LAC 模式 L2TP over IPSec 配置示例

由于采用了固定公网 IP 地址,LAC 与 LNS 之间仍然使用预共享密钥方式的 IKE。当然 LAC 和 LNS 还需要相应的路由配置。

LAC 侧的主要配置如下。

```
[LAC]local-user vpdnuser class network
[LAC-luser-network-vpdnuser]password simple Hello
[LAC-luser-network-vpdnuser]service-type ppp
[LAC-luser-network-vpdnuser]quit
[LAC] interface serial 1/0
[LAC-Serial1/0]ppp authentication-mode chap
[LAC-Serial1/0]quit
[LAC] l2tp enable
[LAC]l2tp-group 1 mode lac
[LAC-l2tp1] tunnel name LAC
[LAC-l2tp1]user fullusername vpdnuser
[LAC-l2tp1]lns-ip 1.1.1.2
[LAC-l2tp1] tunnel authentication
[LAC-l2tp1] tunnel password simple aabbcc
[LAC-l2tp1]quit
[LAC] acl number 3001
[LAC-acl-adv-3001]rule permit ip source 1.1.2.1 0.0.0.0 destination 2.1.2.2 0.0.0.0
[LAC-acl-adv-3001]quit
[LAC]ipsec transform-set tran1
[LAC-ipsec-transform-set-tran1]encapsulation-mode tunnel
[LAC-ipsec-transform-set-tran1]protocol esp
[LAC-ipsec-transform-set-tran1]esp encryption-algorithm des-cbc
[LAC-ipsec-transform-set-tran1]esp authentication-algorithm sha1
[LAC-ipsec-transform-set-tran1]quit
[LAC]ike proposal 1
[LAC-ike-proposal-1]quit
[LAC]ike keychain keychain1
[LAC-ike-keychain-keychain1]pre-shared-key address 2.1.2.2 255.255.255.0 key sim
ple h3c
[LAC-ike-keychain-keychain1]quit
[LAC]ike profile profile1
[LAC-ike-profile-profile1]local-identity address 1.1.2.1
[LAC-ike-profile-profile1]match remote identity address 2.1.2.2 255.255.255.0
[LAC-ike-profile-profile1]keychain keychain1
[LAC-ike-profile-profile1]proposal 1
[LAC-ike-profile-profile1]quit
[LAC]ipsec policy policy1 1 isakmp
[LAC-ipsec-policy-isakmp-policy1-1]remote-address 2.1.2.2
[LAC-ipsec-policy-isakmp-policy1-1]security acl 3001
[LAC-ipsec-policy-isakmp-policy1-1]transform-set tran1
[LAC-ipsec-policy-isakmp-policy1-1]ike-profile profile1
[LAC-ipsec-policy-isakmp-policy1-1]quit
[LAC]interface Serial 2/0
[LAC-Serial2/0]ipsec apply policy policy1
[LAC-Serial2/0]quit
```

LNS 侧的主要配置如下。

```
[LAC]local-user vpdnuser class network
[LAC-luser-network-vpdnuser]password simple Hello
[LAC-luser-network-vpdnuser]service-type ppp
[LAC-luser-network-vpdnuser]quit
```

```
[LNS]domain system
[LNS-isp-system]authentication ppp local
[LNS-isp-system]quit
[LNS]ip pool 1 192.168.0.2 192.168.0.100
[LNS]interface Virtual-Template 1
[LNS-Virtual-Template1]ip address 192.168.0.1 255.255.255.0
[LNS-Virtual-Template1]ppp authentication-mode chap domain system
[LNS-Virtual-Template1]remote address pool 1
[LNS-Virtual-Template1]quit
[LNS]l2tp enable
[LNS]l2tp-group 1 mode lns
[LNS-l2tp1]tunnel name LNS
[LNS-l2tp1]tunnel authentication
[LNS-l2tp1]tunnel password simple aabbcc
[LNS-l2tp1]allow l2tp virtual-template 1 remote LAC
[LNS-l2tp1]quit
[LNS] acl number 3001
[LNS-acl-adv-3001]rule permit ip source 2.1.2.2 0.0.0.0 destination 1.1.2.1 0.0.0.0
[LNS-acl-adv-3001]quit
[LNS]ipsec transform-set tran1
[LNS-ipsec-transform-set-tran1]encapsulation-mode tunnel
[LNS-ipsec-transform-set-tran1]protocol esp
[LNS-ipsec-transform-set-tran1]esp encryption-algorithm des-cbc
[LNS-ipsec-transform-set-tran1]esp authentication-algorithm sha1
[LNS-ipsec-transform-set-tran1]quit
[LNS]ike proposal 1
[LNS-ike-proposal-1]quit
[LNS]ike keychain keychain1
[LNS-ike-keychain-keychain1]pre-shared-key address 1.1.2.1 255.255.255.0 key sim
ple h3c
[LNS-ike-keychain-keychain1]quit
[LNS]ike profile profile1
[LNS-ike-profile-profile1]local-identity address 2.1.2.2
[LNS-ike-profile-profile1]match remote identity address 1.1.2.1 255.255.255.0
[LNS-ike-profile-profile1]keychain keychain1
[LNS-ike-profile-profile1]proposal 1
[LNS-ike-profile-profile1]quit
[LNS]ipsec policy policy1 1 isakmp
[LNS-ipsec-policy-isakmp-policy1-1]remote-address 1.1.2.1
[LNS-ipsec-policy-isakmp-policy1-1]security acl 3001
[LNS-ipsec-policy-isakmp-policy1-1]transform-set tran1
[LNS-ipsec-policy-isakmp-policy1-1]ike-profile profile1
[LNS-ipsec-policy-isakmp-policy1-1]quit
[LNS]interface Serial 2/0
[LNS-Serial2/0]ipsec apply policy policy1
[LNS-Serial2/0]quit
```

# 13.4　用 IPSec 保护组播

　　由于实现机制的问题,IPSec 只能对单播数据流进行保护,不能支持对组播的保护。
但是,在很多场合下,组播数据也必须得到加密和验证。在这类情况下,可以用 IPSec 结合其他 VPN 技术支持组播。

例如,在站点对站点的情形下,无法直接把站点之间的组播纳入 IPSec 隧道保护,但是如果结合 GRE over IPSec 隧道技术,就可以解决这个问题。

GRE 使用虚拟的 Tunnel 接口在站点之间互相通信,而 Tunnel 接口是支持组播的。可以在 Tunnel 接口上启动组播路由,这样组播数据就会沿着隧道传送到其他站点。而这些隧道数据包都经过 GRE 封装,所以是以单播形式发送的。可以在发送之前,对之执行 IPSec 保护操作,实际上也就保护了内含的组播数据。

# 13.5 NAT 穿越

IPSec VPN 经常需要部署在 Internet 上。用户都需要通过运营商接入 Internet,而运营商出于节约公网 IP 地址资源的考虑,很有可能会给最终用户分配私网 IP 地址,利用 NAT (Network Address Translation,网络地址转换)技术节省公网地址,同时提供 Internet 接入。当然这些 IP 地址有可能看起来就是公网 IP 地址,最终用户将很难区分。这会给 IPSec 使用者带来意想不到的麻烦。

由于 NAT 自身的原理和实现同传统的 IPSec 有着不可调和的矛盾,因此传统的 IPSec 与 NAT 存在着固有的不兼容性。主要的不兼容性包括以下几个方面。

(1) AH 与 NAT 的不兼容性。AH 头把 IP 源和目的地址纳入完整性检查中,NAT 设备对地址字段所做的修改会使消息完整性检查失败。

(2) 校验和(checksum)与 NAT 的不兼容性。TCP/UDP 校验和的计算依赖于 IP 源/目的地址。NAT 设备可以修改 IP 地址,但无法修改被 ESP 加密的 TCP/UDP 校验和。结果会导致接收方对校验和的检查失败。

(3) IKE 标识符与 NAT 的不兼容性。其中 IP 地址在 IKE 第一阶段或第二阶段中被用作标识符,NAT 设备对 IP 源/目的地址的修改将导致标识符和 IP 地址的不匹配。RFC 2409 要求 IKE 实现丢弃这种包。为了避免使用 IP 地址作为 IKE 第一和第二阶段的标识符,可以改用 userID 和 FQDN(Fully Qualified Domain Name,全称域名)作为标识。

(4) IKE 固定源端口与 NAPT 的不兼容性。位于 NAPT 设备后面的多个主机可能对同一个安全网关发起 IKE SA,因此 NAT 设备需要一种识别多个 IKE 协商会话的机制。一个典型的方法是通过转换来自发起者的包的 UDP 源端口来识别 IKE 会话。因此响应者必须能够从 UPD 500 以外的其他源端口接收 IKE 通信,并且必须用该端口进行应答。

(5) IPSec SPI 与 NAT 之间的不兼容性。对于加密的 IPSec ESP 数据包来说,其内部的地址和端口是不透明的,因此 NAT 设备必须使用 IP 头和 IPSec 头中的信息来识别不同的 IPSec 数据流。可以用于识别的信息有目的 IP 地址、安全协议(AH/ESP)和 IPSec SPI。但 SPI 是双向独立选择的,从 NAT 外出的流的 SPI 与进入的流的 SPI 并不相同,因此如果私网中有两台主机同时创建到相同目的的 IPSec SA 时,NAT 设备可能会错误地转发数据包。

(6) 载荷中嵌入的 IP 地址与 NAT 的不兼容性。诸如 FTP、SNMP、LDAP、H.323、SIP、SCTP 等很多协议在载荷数据中嵌入 IP 地址,NAT 设备中通常使用 ALG(Application Layer Gateway,应用层网关)技术,通过自动修改这些 IP 地址支持这些协议。而一旦载荷受到完整性保护,其中的 IP 地址将无法被修改,这会导致 ALG 的失效。要解决这个问题,必须在主机或安全网关上安装 ALG,以便在 IPSec 封装之前和解封装之后对应用的数据流进行操作。

(7) NAT 的隐式定向性。为了在 NAT 映射表中创建一个映射表项,NAT 通常需要一个由内网发起的初始包。外网发起的初始包通常会被 NAT 设备丢弃。这种定向性导致无法穿越 NAT 双向自由建立 IPSec 隧道。

　　经过改进的 IPSec NAT 穿越技术可以较好地解决 IPSec/IKE 的 NAT 穿越问题。如图 13-6 所示,NAT 穿越技术使用 UDP 封装 IPSec 数据包,利用 UDP 穿越 NAT 的天然特性解决 IPSec 数据包的穿越问题。NAT 穿越技术使用专用的 NAT 探测载荷探测网络路径上是否存在 NAT,并使用改进的 IKE 协商方式,使其协商的过程、参数和 SA 可以适应 NAT 引起的地址和端口变化。

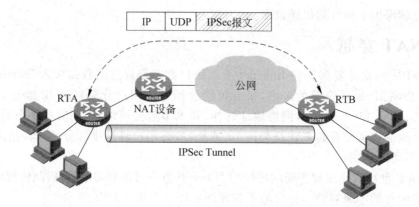

图 13-6　IPSec 穿越 NAT 的原理

　　IPSec 的 NAT 穿越技术仍然存在一些限制,包括以下两个方面。

　　(1) 要求必须使用 ESP 封装方式。

　　(2) 要求位于 NAT 私网的设备首先发起 IKE 协商。

　　Comware V5 设备要启动 IPSec/IKE 的 NAT 穿越功能,需要在 IKE 对等体视图下使用 nat traversal 命令。可以用可以用 undo nat traversal 命令用来取消 IPSec/IKE 的 NAT 穿越功能。默认情况下没有配置 NAT 穿越功能。Comware V7 设备无须单独配置 NAT 穿越,设备在协商阶段会自动检测隧道两端设备中间是否存在 NAT 设备,如果有则开启 NAT 穿越功能,采用 UDP 报文进行封装。

　　一个典型的 IPSec/IKE 的 NAT 穿越配置例子如图 13-7 所示。在本例中,办事处 LAN 网段地址为 192.168.2.0/24,办事处路由器 RTB 接口 Serial2/0 通过运营商网络接入 Internet,并通过 PPP 从运营商网络获得动态分配的 IP 地址。运营商在其接入网络与 Internet 之间配置了一台 NAT 设备,使用 NAPT 以节约公网地址。公司总部局域网段为 192.168.1.0/24,总部路由器 RTA 接口 Serial2/0 通过专线直接接入 Internet,并配置固定的 Internet 地址 100.0.0.1/24。

图 13-7　IPSec/IKE NAT 穿越配置示例

　　为了保证信息安全,在该办事处与总部之间需采用 IPSec/IKE 创建安全隧道。故需要配置 NAT 穿越功能。

　　RTA 相关配置如下。

```
[RTA]interface GigabitEthernet 0/0
[RTA-GigabitEthernet0/0]ip address 192.168.1.1 24
[RTA-GigabitEthernet0/0]quit
[RTA]interface Serial 2/0
[RTA-Serial2/0]ip address 100.0.0.1 24
[RTA-Serial2/0]quit
[RTA]ike identity fqdn rta
[RTA]ike keychain keychain1
[RTA-ike-keychain-keychain1]pre-shared-key hostname rtb key simple h3c
[RTA-ike-keychain-keychain1]quit
[RTA]ike proposal 1
[RTA-ike-proposal-1]quit
[RTA]ike profile profile1
[RTA-ike-profile-profile1]exchange-mode aggressive
[RTA-ike-profile-profile1]proposal 1
[RTA-ike-profile-profile1]keychain keychain1
[RTA-ike-profile-profile1]match remote identity fqdn rtb
[RTA-ike-profile-profile1]quit
[RTA] acl number 3001
[RTA-acl-adv-3001]rule permit ip source 192.168.1.0 0.0.0.255 destination 192.168.
2.0 0.0.0.255
[RTA-acl-adv-3001]quit
[RTA]ipsec transform-set tran1
[RTA-ipsec-transform-set-tran1]encapsulation-mode tunnel
[RTA-ipsec-transform-set-tran1]protocol esp
[RTA-ipsec-transform-set-tran1]esp encryption-algorithm des-cbc
[RTA-ipsec-transform-set-tran1]esp authentication-algorithm sha1
[RTA-ipsec-transform-set-tran1]quit
[RTA]ipsec policy-template templete1 1
[RTA-ipsec-policy-template-templete1-1]transform-set tran1
[RTA-ipsec-policy-template-templete1-1]ike-profile profile1
[RTA-ipsec-policy-template-templete1-1]security acl 3001
[RTA-ipsec-policy-template-templete1-1]quit
[RTA]ipsec policy policy1 1 isakmp template templete1
[RTA]interface Serial 2/0
[RTA-Serial2/0]ipsec apply policy policy1
[RTA-Serial2/0]quit
[RTA]ip route-static 192.168.2.0 255.255.255.0 Serial 2/0
```

RTB 相关配置如下。

```
[RTB-Serial2/0]link-protocol ppp
[RTB-Serial2/0]ip address ppp-negotiate
[RTB-Serial2/0]quit
[RTB] ip route-static 0.0.0.0 0.0.0.0 Serial 2/0
[RTB]ike identity fqdn rtb
[RTB]ike keychain keychain1
[RTB-ike-keychain-keychain1]pre-shared-key address 100.0.0.1 255.255.255.255 key
simple h3c
[RTB-ike-keychain-keychain1]quit
```

```
[RTB]ike proposal 1
[RTB-ike-proposal-1]quit
[RTB]ike profile profile1
[RTB-ike-profile-profile1]exchange-mode aggressive
[RTB-ike-profile-profile1]proposal 1
[RTB-ike-profile-profile1]keychain keychain1
[RTB-ike-profile-profile1]match remote identity fqdn rta
[RTB-ike-profile-profile1]quit
[RTB] acl number 3001
[RTB-acl-adv-3001]rule permit ip source 192.168.2.0 0.0.0.255 destination 192.168.
1.0 0.0.0.255
[RTB-acl-adv-3001]quit
[RTB]ipsec transform-set tran1
[RTB-ipsec-transform-set-tran1]encapsulation-mode tunnel
[RTB-ipsec-transform-set-tran1]protocol esp
[RTB-ipsec-transform-set-tran1]esp encryption-algorithm des-cbc
[RTB-ipsec-transform-set-tran1]esp authentication-algorithm sha1
[RTB-ipsec-transform-set-tran1]quit
[RTB]ipsec policy policy1 1 isakmp
[RTB-ipsec-policy-isakmp-policy1-1]security acl 3001
[RTB-ipsec-policy-isakmp-policy1-1]transform-set tran1
[RTB-ipsec-policy-isakmp-policy1-1]ike-profile profile1
[RTB-ipsec-policy-isakmp-policy1-1]remote-address 100.0.0.1
[RTB-ipsec-policy-isakmp-policy1-1]quit
[RTB]interface Serial 2/0
[RTB-Serial2/0]ipsec apply policy policy1
[RTB-Serial2/0]quit
```

其中的关键配置点包括以下四点。

(1) 在 RTA 和 RTB 上配置本端安全网关设备的名字。

(2) 使用 IKE 野蛮模式。

(3) 在处于 NAT 私网一侧的路由器 RTB 上还需要指定 remote-address。

(4) RTA 和 RTB 上 NAT 穿越功能会自动开启,无须手工配置。

# 13.6   IPSec 高可靠性

## 13.6.1   IPSec 的黑洞问题

如图 13-8 所示,两个对等实体进行 IKE 和 IPSec 通信时,可能由于路由问题、一个主机重新启动等问题造成双方突然失去连通性。IKE 和 IPSec 通常无法了解是否失去了与对等实体

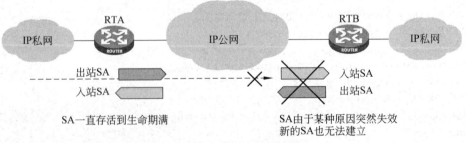

图 13-8   IPSec 的黑洞问题

的连通性,因此 SA 会一直存活,直到它们的生命期(Life time)自然终止。其结果是产生了"黑洞",即数据包被进行了隧道封装并发送出去,却被中途设备或对等体丢弃。

尽可能快地发现这种黑洞有助于释放资源,重新协商建立隧道,或利用备份的隧道进行通信。因此非常需要一种检测连通性的机制。

## 13.6.2　IKE Keepalive 机制

IKE Keepalive(保持活跃)机制提供了一种解决方案。这种机制用一种特殊的 Keepalive 消息维护安全联盟的状态。一对对等体中的一端可以定期发送 Keepalive 消息给另一端,接收到该消息的一端即可确认发送端仍然处于活跃状态,目前的安全联盟仍旧可以使用。如果在设定的超时时间内没有收到对端的 Keepalive 消息,那么该安全联盟将会标记为超时(timeout)状态,如果在下一个超时时间内仍旧没有收到对端发出的 Keepalive 消息,那么该安全联盟将失效并被删除。此后如果有数据流触发时将会重新协商安全联盟。其过程如图 13-9 所示。

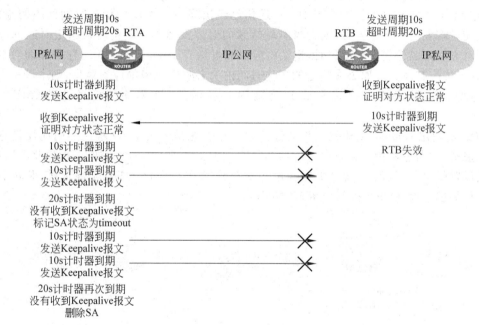

图 13-9　IKE Keepalive 机制

Keepalive 方法的问题是必须周期性发送消息。这意味着对等体需要一些资源来计时。为了快速检测对等实体的状态,必须频繁发送 Keepalive 消息,这将带来较大的处理消息的开销。如果需要同时管理大量的 IKE 会话,则这种方法是不适当的。

## 13.6.3　配置 IKE Keepalive

配置 ISAKMP SA 向对端发送 Keepalive 消息的时间间隔,在系统视图下使用命令:

**ike keepalive interval seconds**

默认情况下,ISAKMP SA 不向对端发送 Keepalive 消息。

配置 ISAKMP SA 等待对端发送 Keepalive 消息的超时时间,在系统视图下使用命令:

**ike keepalive timeout seconds**

默认情况下,ISAKMP SA 不向对端发送 Keepalive 消息。

在一端配置了等待 Keepalive 消息的超时时间后,必须在另一端配置此 Keepalive 消息发送时间间隔。当一端在配置的超时时间内未收到 Keepalive 消息时,如果该 ISAKMP SA 带有 TIMEOUT 标记,则删除该 ISAKMP SA 以及由其协商的 IPSec SA;否则,将其标记为 TIMEOUT。

本端配置的 Keepalive 消息的超时时间(timeout)应大于对端发送 Keepalive 消息的时间间隔(interval)。由于 Keepalive 消息可能在传递过程中意外丢失,因此通常本端的超时时间可以配置为对端发送时间间隔的 1.5～3 倍。

### 13.6.4　DPD 机制

DPD(Dead Peer Detection,失效对等体探测)是一种按需型 IPSec/IKE 安全隧道对端状态探测机制。DPD 采用了按需发送探测消息的机制,大大降低对网络产生的压力。同时联盟状态的维护可以由需要了解状态的一端主动发起,运行效率更高。

启动了 DPD 功能以后,如果当 IPSec 通信已经出现一个长度为指定时间间隔的空闲,且本端欲向对端发送 IPSec 包时,或者当本端持续向对方发送 IPSec 包而在指定时间间隔内没有收到对方发来的任何 IPSec 包时,本端将向对端发送一个 DPD Hello 消息去查询对端的有效性,并等待应答消息。如果在规定的重传时间内没有收到正确的应答消息,则本端重新发送 Hello 消息。如果连续 3 次没有收到正确的应答消息,则删除相应的 ISAKMP SA 和 IPSec SA。

DPD 机制比 Keepalive 机制的扩展性更强。这首先是因为 DPD 避免了周期性消息造成的资源浪费,因而也避免了无谓的定时器和状态维护。此外,也正因为如此,可以将 DPD 的超时时间设置得更小,从而可以更快地探测到对等体的状态变化,加速自动恢复,提高 IPSec/IKE 协议的健壮性。DPD 机制如图 13-10 所示。

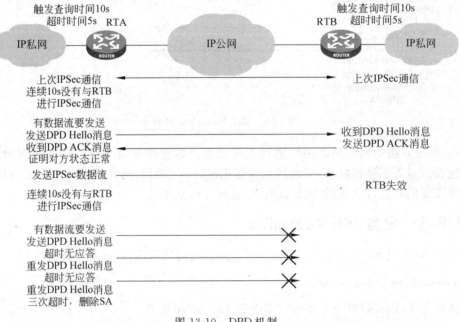

图 13-10　DPD 机制

### 13.6.5　配置 DPD

配置 IKE DPD 命令如下,可以在全局或者 IKE profile 视图下配置。

**ike dpd interval** *interval-seconds* [ **retry** *seconds* ] { **on-demand** | **periodic** }

IKE DPD 有两种模式:按需探测模式(on-demand)和定时探测模式(periodic)。一般若无特别要求,建议使用按需探测模式,在此模式下,仅在本端需要发送报文时,才会触发探测;如果需要尽快地检测出对端的状态,则可以使用定时探测模式。在定时探测模式下工作,会消耗更多的带宽和计算资源,因此当设备与大量的 IKE 对端通信时,应优先考虑使用按需探测模式。

如果 IKE profile 视图下和系统视图下都配置了 DPD 探测功能,则 IKE profile 视图下的 DPD 配置生效,如果 IKE profile 视图下没有配置 DPD 探测功能,则采用系统视图下的 DPD 配置。

建议配置的触发 IKE DPD 探测的时间间隔大于 DPD 报文的重传时间间隔,使直到当前 DPD 探测结束才可以触发下一次 DPD 探测,DPD 在重传过程中不触发新的 DPD 探测。

以定时探测模式为例,若本端的 IKE DPD 配置如下。

**ike dpd interval 10retry 6 periodic**

则具体的探测过程为:IKE SA 协商成功之后 10s,本端会发送 DPD 探测报文,并等待接收 DPD 回应报文。若本端在 6s 内没有收到 DPD 回应报文,则会第二次发送 DPD 探测报文。在此过程中总共会发送三次 DPD 探测报文,若第三次 DPD 探测报文发出后 6s 仍没收到 DPD 回应报文,则会删除发送 DPD 探测报文的 IKE SA 及其对应的所有 IPsec SA。若在此过程中收到了 DPD 回应报文,则会等待 10s 再次发送 DPD 探测报文。

## 13.7　本章总结

(1) IPSec 隧道嵌套可以提供更多的安全等级和更好的安全保护。

(2) IPSec 可用于保护 GRE、L2TP 等传统 VPN 隧道的安全性。

(3) 可以使用 GRE over IPSec 保护组播。

(4) IPSec 和 IKE 的 NAT 穿越。

(5) IKE Keepalive 机制和 DPD 机制可以有效提高 IPSec VPN 的可靠性。

## 13.8　习题和答案

### 13.8.1　习题

(1) 配置 L2TP over IPSec 隧道时(　　　)。

    A. 如果使用独立 LAC 模式,应在远程系统与 LAC 之间配置 IPSec 隧道

    B. 如果使用独立 LAC 模式,应在远程系统与 LNS 之间配置 IPSec 隧道

    C. 如果使用独立 LAC 模式,应在 LNS 与 LAC 之间配置 IPSec 隧道

    D. 如果使用客户 LAC 模式,应在远程系统与 LNS 之间配置 IPSec 隧道

(2) 配置 GRE over IPSec 隧道时,应该(　　　)。

    A. 用 IPSec 保护两端设备 Tunnel 接口之间的数据流

    B. 用 IPSec 保护两端设备物理接口之间的数据流

C. 用 GRE 封装两端设备之间的 IPSec 数据流

D. 用 GRE 封装两端设备之间的 IKE 数据包

（3）要配置 IPSec 穿越 NAT，使用命令（　　）。

A. nat traversal
B. ike nat traversal

C. ipsec nat traversal
D. 以上都不是

（4）要配置 IKE Keepalive 消息的发送时间间隔为 15s，应使用命令（　　）。

A. ike keep alive interval 15
B. ike keepalive timeout 15

C. ike sa keepalive interval 15
D. ike sa keepalive timeout 15

（5）要配置触发 DPD 查询的时间间隔为 15s，应使用命令（　　）。

A. dpd interval 15 on-demand
B. dpd time-out 15

C. ike dpd interval 15 on-demand
D. time-out 15

## 13.8.2　习题答案

（1）C、D　　（2）B　　（3）A　　（4）A　　（5）C

# 第14章

# SSL VPN技术

随着信息技术在企业中的应用不断深化,企业信息系统对 VPN 网络也提出了越来越高的要求。最初的 VPN 仅实现简单的网络互联功能,采用了 L2TP、GRE 等隧道技术。为了保证数据的私密性和完整性,而产生了 IPSec VPN 技术。

随着接入技术和移动技术的发展,如今的人们可以随时随地以多种方式接入 Internet。企业的员工要求随时可以在家中、网吧、旅馆,使用自己的、别人的、公用的计算机访问公司的信息系统。这些多种多样的远程接入都是动态建立的,远程主机的安全性得不到保证,并且远程终端的多样性也要求 VPN 的客户端具有跨平台、易于升级和维护等特点。另外,随着企业经营模式的改变,企业需要建立 Extranet 与合作伙伴共享某些信息资源,以便提高企业的运作效率。在这种 Extranet 中,为了保证企业信息系统的安全,对合作伙伴的访问必须进行严格有效的控制。

面对这些新的挑战,SSL VPN 便应运而生了。SSL VPN 以其简单易用的安全接入方式、丰富有效的权限管理,跨平台、免安装、免维护的客户端而成为远程接入市场上的新贵。

## 14.1 本章目标

学习完本章,应该能够达到以下目标。

(1) 了解 SSL 协议基本原理。

(2) 叙述 SSL VPN 架构组成及主要特点。

(3) 掌握 SSL VPN 的主要功能及实现方式。

(4) 掌握 SSL VPN 主要部署模式。

## 14.2 SSL 协议简介

### 14.2.1 协议概述

SSL(Secure Sockets Layer,安全套接层)是一个安全协议,为基于 TCP 的应用层协议提供安全连接,如 SSL 可以为 HTTP 协议提供安全连接。SSL 协议广泛应用于电子商务、网上银行等领域,为网络上数据的传输提供安全性保证。其工作模型如图 14-1 所示。

SSL 提供的安全连接可以实现以下要求。

(1) 连接的私密性:在 SSL 握手阶段生成密钥后,用对称加密算法对传输数据进行加密。

(2) 身份认证:对服务器和客户端进行基于证书的身份认证(其中客户端认证是可选的)。

(3) 连接的可靠性:消息传输过程中使用基于密钥的 MAC(Message Authentication Code,消息验证码)来检验消息的完整性。

SSL 协议采用 C/S 结构的通信模式,SSL 服务器服务端口为 TCP 的 443 号端口。

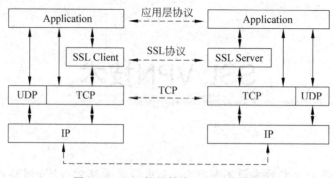

图 14-1  SSL 协议简介——工作模型

SSL 协议的通信实体一般分为两层：握手层和记录层。握手层用于协商会话参数，建立
SSL 连接；记录层用于加密传输数据，封装传输报文，如图 14-2 所示。

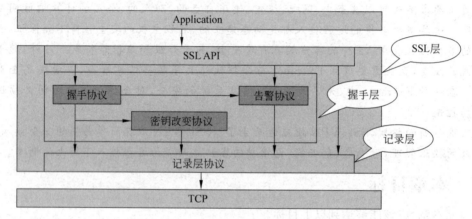

图 14-2  SSL 协议简介——协议架构

握手层包括握手协议、告警协议、密钥改变协议三个协议模块。

握手协议模块负责建立 SSL 连接，维护 SSL 会话。在建立 SSL 连接的过程中，通信双方
可以协商出一致认可的最高级别的加密处理能力，以及加密所需的各种密钥参数。

在协商出密钥后，握手协议模块通过"密钥改变协议"模块向对方发送一个"密钥改变"报
文，通知对方的记录层：本方后续发送的报文将要启用刚才协商好的密钥参数。接收方收到
"密钥改变"报文后，将在记录层设置好解密参数，对后续接收到的报文进行解密处理。

在 SSL 通信期间，如果握手协议模块或者上层应用程序发现了某种异常，可以通过"告警
协议"模块发送"告警消息"给另一方。告警消息有多种，如报文校验出错、解密失败、记录报文
过长等，其中有一条消息是"关闭通知"消息，用于通知对方本端将关闭 SSL 连接。

除了上述协议功能模块外，为了便于应用程序对 SSL 协议功能的调用，SSL 模块还对外
提供了一组 API 接口，使应用程序可以简单透明地使用 SSL 协议的加密传输功能。

## 14.2.2  记录层

SSL 协议的记录层（图 14-3）用于封装传输报文，加密传输数据，为上层通信提供了以下
的服务。

（1）保护传输数据的私密性，对数据进行加密和解密。

（2）验证传输数据的完整性，计算报文的摘要。

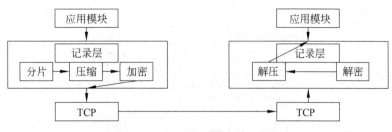

图 14-3　SSL 协议简介——记录层

（3）提高数据的传输效率，对数据进行压缩。

（4）保证数据传输的有序性和可靠性。

具体操作流程如下。

在发送方首先将报文进行分片。SSL 记录层一次最大传输的数据长度为 16KB，当上层一次传输数据超过 16KB 时，SSL 记录层将会对数据进行分片；为了提高数据传输效率，SSL 可以对数据进行压缩；最后发送方对经过压缩的报文进行加密，然后通过 TCP 连接将报文发送出去。

在接收方，记录层首先对接收到的报文进行解密，然后对解密完的数据进行解压缩，最后将得到的结果传输给上层应用。

记录层报文有固定的格式，包括报文类型、版本、长度、加密数据及 MAC 等内容，如图 14-4 所示。

图 14-4　记录层报文格式

版本可以取的值有 3.1（TLS1.0）、3.0（SSL3.0）、2.0（SSL2.0）。

报文类型主要包括以下几种类型。

（1）20：表明封装的是密钥改变协议报文。该报文用于在握手过程结束时，通知对方本端加密参数已改变。

（2）21：表明封装的是告警报文。任何时候，都可以使用该报文通知对方告警信息。告警信息分警告和致命两个级别。对致命的告警，一般都需要关闭 SSL 连接。对警告级别的信息，有实现方决定如何处理。

（3）22：表明封装的是握手报文。握手报文用于建立 SSL 连接。

（4）23：表明封装的是应用层报文，说明正在传输上层应用数据。

长度字段说明了本条记录报文加密数据段的字节数。MAC 字段整个记录报文的消息验证码，包括从报文类型开始的所有字段。

### 14.2.3　握手层

SSL 握手层是用来建立 SSL 连接。发起 SSL 连接请求的一方称为 SSL 客户段，响应 SSL 连接请求的一方称为 SSL 服务器端（图 14-5）。该协议具有下列功能。

（1）协商通信所使用的 SSL 协议版本。目前在应用中可能遇到的 SSL 版本有：SSL2.0、SSL3.0、SSL3.1（TLS1.0）。SSL 的客户端与服务器端在正式传输数据前，可以协商出双方都支持的最高协议版本。

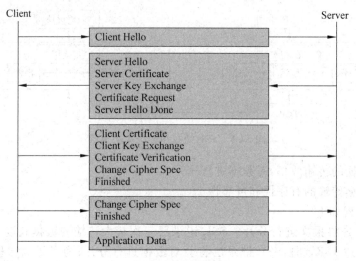

图 14-5　握手层

（2）协商通信所使用的加密套件。加密套件是 SSL 通信过程中所用到的各种加密算法的一种组合，SSL 协议的加密套件包括密钥交换算法、加密算法、HMAC 算法等。

（3）协商加密所使用的密钥参数。SSL 连接是双向的，每个传输方向上都有一套加密密钥。

（4）通信双方彼此验证对方的身份。SSL 协议通过数字证书来验证双方的真实身份。服务器端必须传送自己的证书给客户端，当服务器端需要验证客户端的真实身份时，可以通过 CertificateRequest 消息向客户端索要证书（客户端验证是可选的）。

（5）建立 SSL 连接和维护 SSL 会话。在完成了上述协商任务，验证了对方的合法身份后，通信双方就建立起了 SSL 连接。协商出来的参数，如协议版本、加密套件和密钥参数等，都保存到会话（session）中。当 SSL 连接断开后，SSL 会话并不会立即被清除，还会在 SSL 服务器端和客户端保留一段时间。如果客户端后续还要与相同的服务器端进行 SSL 通信，则可以通过恢复 SSL 会话快速建立起 SSL 连接。

### 14.2.4　握手过程

SSL 握手协议规定了三种握手过程。

（1）无客户端认证的全握手过程：所谓全握手过程，是指一个完整的 SSL 连接建立过程，在其中需要建立新的 SSL 会话，协商出新的会话参数。"无客户端认证"是指在该过程中服务器端并不验证客户端的身份。但是，服务器端需要传递证书给客户端，客户端是否对服务器的证书进行验证由客户端的具体实现来决定。

（2）有客户端身份认证的全握手过程：如果服务器端想验证客户端的真实身份，在原来无客户端身份认证过程的基础上，增加了索取客户端证书以及验证客户端身份的消息。这样在握手过程结束时，双方不但协商出了加密参数，还使服务器端验证了用户的真实身份。

（3）会话恢复过程：一般情况下，一次页面请求结束后，SSL 连接就会被关闭。为了提高 SSL 通信的效率，避免重复的 SSL 连接建立过程，SSL 提供了会话恢复机制，后续的对同一服务器的 SSL 通信可以使用上一次保存在缓存中的 SSL 会话参数。

图 14-6 显示了无客户端认证的全握手过程。该过程以及其使用的报文如下。

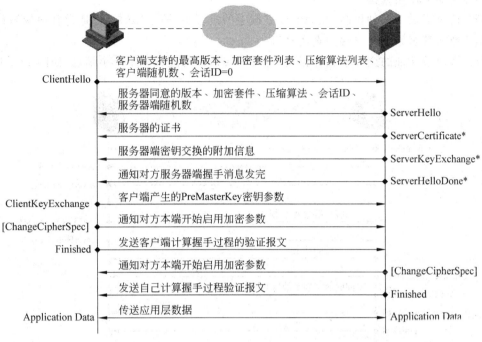

图 14-6 SSL 协议简介——无客户端认证的全握手过程

（1）ClientHello：客户端首先发出 ClientHello 报文，向服务器端请求建立 SSL 连接。报文携带了客户端最高支持的 SSL 协议版本、可以支持的加密套件列表、用于生成密钥的客户端随机数等信息。如果是新建立的 SSL 连接，报文中的会话 ID 字段就为 0。

（2）ServerHello：服务端通过此报文向客户端表明自己可以接收的协议版本、加密套件、用于生成密钥的服务器端随机数。服务器端为本次 SSL 通信会话分配了一个会话 ID，通过此报文返回给客户端。

（3）ServerCertificate：传送服务器端的证书给客户端，客户端可以对此证书进行验证。

（4）ServerKeyExchange：当采用 DH 密钥交换算法时，ServerCertificate 消息不足以携带足够多的信息用于密钥交换，便采用 ServerKeyExchange 消息携带附加的信息。该消息是可选的。

（5）ClientKeyExchange：用于传送密钥交换报文。客户端用随机函数生成一个密钥参数 PreMasterKey，然后用服务器端证书中的公钥对密钥参数进行加密，通过 ClientKeyExchange 消息将加了密的密钥参数传给对方。Server 端收到该消息后，用自己的私钥对报文进行解密，得到 PreMasterKey。然后由 PreMasterKey 派生出记录层加密所需要的多个加密参数。客户端直接使用 PreMasterKey 计算记录层的密钥参数。计算完加密参数后，向对方发送 ChangeCipherSpec 消息。

（6）ChangeCipherSpec：通知对方本端开始启用加密参数，后续发送的数据将是密文。

（7）Finished：对前面所有的握手消息计算摘要。收发双方都计算 Finished 报文，然后比较对方计算的 Finished 报文，如果一致，说明握手过程没有被破坏。Finished 报文是双方发送的第一个加密报文。

Finished 报文验证完后，通信双方就建立起了一条 SSL 连接。其后双方就可以通过该

SSL 连接传输应用层数据。

　　SSL 协议提供了一种机制,在通信双方握手的过程中,服务器端可以通过客户端的数字证书和私钥数字签名验证客户端的真实身份。

　　与无客户端认证的全握手过程相比,有客户端认证的过程多了 3 个消息,如图 14-7 所示。

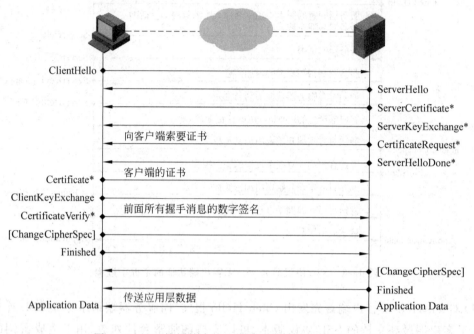

图 14-7　SSL 协议简介——由客户端认证的全握手过程

　　(1) CertificateRequest:服务器端向客户端要证书。

　　(2) Certicate:客户端将包含自己公钥的证书传送给了服务器端。

　　(3) CertificateVerify:客户端对在此之前发送和接收的所有握手报文计算摘要,并用自己的私钥进行加密。这样就获得了对前面所有握手消息的数字签名。服务器端收到该消息后,用客户端证书中的公钥对数字签名进行解密,并比较该摘要与自己一方计算的摘要是否一致。如果一致就说明摘要正确,且客户端拥有与客户端证书中公钥相匹配的私钥,因而证明客户端的身份就是其证书中所声明的。

　　一般情况下,一次页面请求结束后,SSL 连接就会被关闭。为了提高 SSL 通信的效率,避免重复的 SSL 连接建立过程,SSL 提供了会话恢复机制,如图 14-8 所示。

　　会话恢复机制避免了重复的 SSL 连接建立过程,使后续的对同一服务器的 SSL 通信可以使用上一次保存在缓存中的 SSL 会话参数。

　　在会话恢复过程中,ClientHello 报文中携带了上次会话的 ID,服务器端可以根据此 ID 查找到服务器端缓存中保存的会话参数。

　　如果服务器端没有找到保存的会话,就在回应的 ServerHello 报文中携带一个不同的会话 ID;客户端如果发现服务器端返回的会话 ID 与自己提供的不一致,就知道要开始一个全握手过程了,需要重新协商加密参数。

　　如果服务器端找到了保存的会话,就根据此会话中的参数回应一个 ServerHello 报文。接下来,通信双方跳过密钥参数协商过程,直接发送 ChangeCipherSpec 启用原来会话中的加

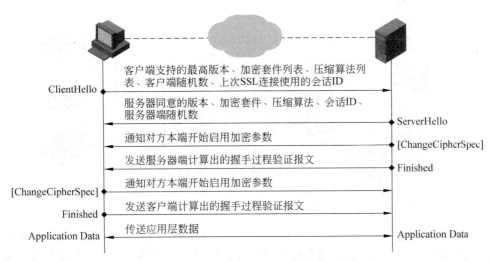

图 14-8 SSL 协议简介——会话恢复过程

密参数,开始加密通信。

# 14.3 SSL VPN 概述

## 14.3.1 SSL 与 SSL VPN

SSL VPN 其实就是采用 SSL 加密协议建立远程隧道连接的一种 VPN。客户端和 SSL VPN 网关之间的数据是通过 SSL 协议进行加密的,而 SSL VPN 网关和内网各服务器之间则是明文传送的,如图 14-9 所示。

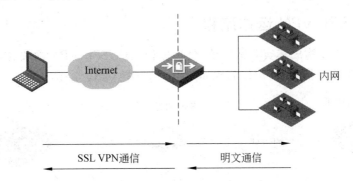

图 14-9 SSL 与 SSL VPN

SSL 本身一些特性使 SSL VPN 具有一些独特的优势。

首先,SSL 协议是一种加密协议,可以很好地保证数据传输的私密性和完整性。

其次,SSL 协议还是一种工作在 TCP 协议层之上的协议。使用 SSL 进行通信,不改变 IP 报文头和 TCP 报文头,因而 SSL 报文对 NAT 和防火墙来说都是透明的,SSL VPN 的部署不会影响现有的网络。这样用户从任何地方上网,只要能接入 Internet,就能使用 SSL VPN。

另外,SSL 加密协议受到了目前绝大多数软件平台的支持。常用的操作系统 Windows、Linux,浏览器 IE、Firefox 等都支持 SSL,如图 14-10 所示。

除了 SSL 特点使 SSL VPN 有较为灵活的网络互联性外,SSL VPN 还提供了丰富的接入手段,包括 Web 接入、TCP 接入和 IP 接入,且客户端维护简单。使用 Web 接入方式时,用户

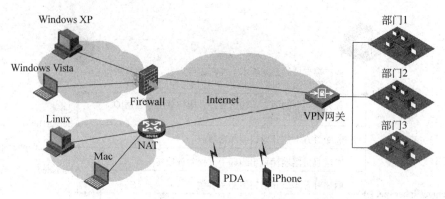

图 14-10 SSL VPN

只需要使用 Web 浏览器就可以从 Internet 上访问私网中的网络资源,SSL VPN 系统本身并不需要提供额外的 VPN 客户端,而是借用 Web 浏览器作为 VPN 客户端,因而在这种情况下 SSL VPN 可以实现"免客户端"特性。对于一些非 Web 应用,SSL VPN 还提供了 TCP、IP 接入方式,在这些方式中,SSL VPN 借助 Web 的控件技术,实现 VPN 客户端的自动下载、自动安装、自动运行和自动清除等功能,从而减少了 VPN 客户端的维护工作,方便了用户的使用。

可以对用户的访问权限进行较细致的管理是 SSL VPN 的另一个非常重要的特点。SSL VPN 网关可以解析一定深度的应用层报文。对 HTTP,网关可以控制对 URL 的访问;对 TCP 应用,不但可以控制对 IP 地址和端口号的访问,还可以进一步解析应用层协议,从而控制具体的访问内容。此外,SSL VPN 可以实现基于用户角色的权限管理,从而使权限管理可以精确到基于用户身份的访问控制,除此之外 SSL VPN 还提供了动态授权机制,根据用户的自身权限结合客户端主机安全情况决定授予登录用户的权限级别。

## 14.3.2 SSL VPN 运作流程

典型的 SSL VPN 构成其实非常简单,包括远程主机、SSL VPN 网关、内网资源服务器及相关认证及 CA 类服务器等,其运作流程如图 14-11～图 14-13 所示。

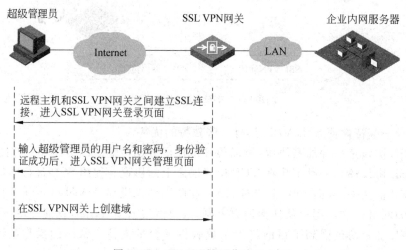

图 14-11 SSL VPN 运作流程(一)

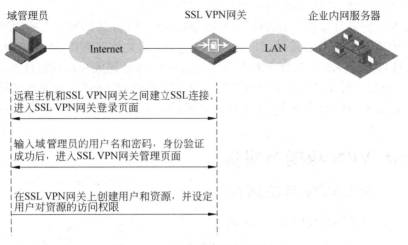

图 14-12　SSL VPN 运作流程(二)

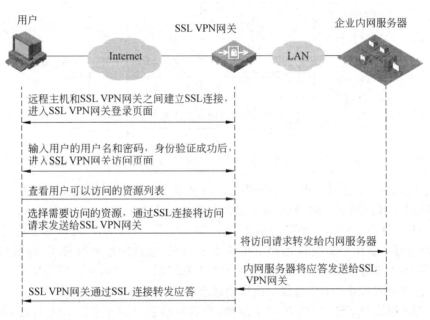

图 14-13　SSL VPN 运作流程(三)

远程主机是用户远程接入的终端设备,一般就是一台普通 PC。

SSL VPN 网关是 SSL VPN 的核心,负责终结客户端发来的 SSL 连接;检查用户的访问权限;代理远程主机向资源服务器发出访问请求;对服务器返回的应答进行转化,并形成适当的应答转发给远程客户端主机。

SSL VPN 网关上配置了三种类型的账号:超级管理员、域管理员和普通用户。超级管理员为系统域的管理员,可以创建若干个域,并指定每个域的域管理员,并初始化域的管理员密码,给域授予资源组,并授权域是否能够创建新的资源。

域管理员是一个 SSL VPN 域的管理人员,主要是对一个域的所有用户进行访问权限的限制。域管理员可以创建域的本地用户、用户组、资源和资源组等。

以域管理员账号登录到 SSL VPN 网关后,可以配置本域的资源和用户,将资源加入资源组,将用户加入用户组,然后为每个用户组指定可以访问的资源组。

SSL VPN 用户账号是真正的最终用户,是使用 SSL VPN 访问网络资源的用户。

以 SSL VPN 用户账号登录后可以访问 SSL VPN 网关访问页面,选择需要访问的资源,通过 SSL 连接将访问请求发送给 SSL VPN 网关;SSL VPN 网关根据域管理员配置的用户权限及该用户使用的主机安全情况决定该用户可以访问的资源,将访问请求转发给内网资源服务器;内网资源服务器将应答 SSL VPN 网关,SSL VPN 网关将该应答通过 SSL 连接转发给远程客户端。

# 14.4 SSL VPN 功能与实现

## 14.4.1 SSL VPN 系统结构

SSL VPN 的系统结构如图 14-14 所示。

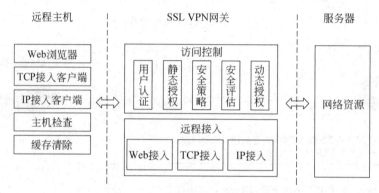

图 14-14    SSL VPN 的体系结构

远程主机其实就是 SSL VPN 客户端机器,上面运行 Web 浏览器、主机检查器、缓存清除器、TCP/IP 接入客户端等。除 Web 浏览器是远程主机自带的以外,其他都是从 SSL VPN 网关下载的。而且这些客户端一般都是自动下载、自动安装、自动配置、自动建立连接。

主机检查器主要用户检查该远程主机的安全情况,包括操作系统补丁、防病毒软件版本等,以决定从该主机登录的用户到底应该授予多大的权限。为了进一步提高安全性,在用户退出后,主机会将访问 SSL VPN 过程中遗留的信息清除,这就需要缓存清除器。

SSL VPN 网关是 SSL VPN 的核心组件,负责终结客户端发来的 SSL 连接,并与资源服务器之间建立连接,起到中继的作用。其核心功能是远程接入和访问控制。SSL VPN 提供了 Web 接入、TCP 接入、IP 接入三种接入方式。而在访问控制方面提供了用户认证、安全评估、动态和静态授权等功能。

## 14.4.2 接入方式

Web 接入是 SSL VPN 最为常见的一种接入方式,其实就是 Web 反向代理技术。图 14-15 是以一个例子说明此种接入方式的典型过程。在该例子中,SSL VPN 网关的公网地址是 IP0,内部的资源服务器 Server A 使用的地址是 IP1。

(1) 远程用户通过 Web 浏览器与 SSL VPN 网关(IP0)之间建立 SSL 连接,通过 SSL 连接发送 HTTP 请求,请求的地址是"https://IP0/ServerA",这个 URL 并不是一个真实的路径,而是 VPN 网关给内网服务器 Server A 建立的虚拟路径。

(2) VPN 网关解析 HTTP 请求,将报文中的请求路径"IP0/ServerA/dir1/page1"修改成

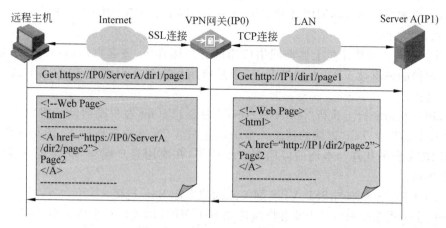

图 14-15 接入方式——Web 接入

为"IP1/dir1/page1",将修改后的请求报文通过 TCP 连接转发给 Server A(IP1)进行处理。

（3）Server A 处理完远程主机发来的 HTTP 请求后,返回应答报文。该报文一般情况下是一个 Web 页面。Web 页面文件中的连接＜A＞…＜/A＞指向的是内网服务器上的地址,如"http://IP1/dir2/page2"（这个 URL 外网是不可见的）。

（4）VPN 网关解析 Server A 返回的 Web 页面,对页面中的链接逐一修改,使之映射成为外网可见的 URL 地址。如图 14-15 中所示,将"http://IP1/dir2/page2"改写成为"https://IP0/ServerA/dir2/page2"。

这样被改写过的页面传回给远程主机后,远程用户就可以访问页面中的链接。

虽然 Web 接入具有免客户端的好处,但是这种接入方式主要适用于访问 Web 类资源。对于 Telnet、FTP、Notes 等这些拥有自己客户端的非 Web 类的 C/S 架构的 TCP 应用,SSL VPN 提供了"TCP 接入"。TCP 接入也称为"端口转发"。

图 14-16 展示了其主要流程。

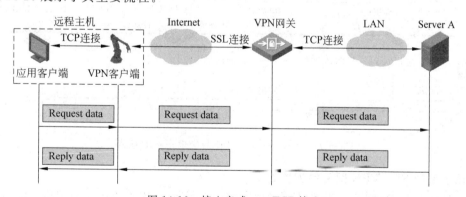

图 14-16 接入方式——TCP 接入

第 1 步:用户登录 SSL VPN 系统后,会通过 Web 页面在远程主机上自动下载、安装和运行一个 VPN 客户端程序,该客户端程序启动后会完成以下任务。

（1）在 hosts 文件中添加内网计算机的主机名,将这些主机名指向本机的环回地址。

例如,用户被授权访问内网的一台服务器,其主机名为"Server A",在 Windows 系统的 hosts 文件中将添加如下的条目:127.0.0.3 ServerA。

（2）监听本机环回地址上的服务端口。

例如,用户被授权访问内网服务器 Server A 的 Telnet 服务,则 VPN 客户端将监听在端口 127.0.0.3:23 上。

第 2 步:用户在远程主机上启动网络应用的客户端程序,该客户端向内网服务器发起的建立 TCP 连接的请求被 VPN 客户端截获,于是应用程序的客户端与 VPN 客户端之间将建立起 TCP 连接。

例如,用户在命令行上执行"telnet ServerA"命令,Telnet 客户端启动后将向 127.0.0.3:23 这个端口发起建立 TCP 连接的请求。该端口正被 VPN 客户端所监听,于是 VPN 客户端便作为内网服务器的代理与本地的应用客户端应答,在应用客户端与 VPN 客户端之间建立起了 TCP 连接。

第 3 步:VPN 客户端与 SSL VPN 网关之间建立起 SSL 连接。

在 SSL 连接建立起来后,VPN 客户端通知 SSL VPN 网关远程主机希望访问内网服务器上的某种 TCP 服务。

第 4 步:SSL VPN 网关与指定的内网服务器上的 TCP 服务建立 TCP 连接。

例如,SSL VPN 网关与内网服务器 Server A 上的 Telnet 服务之间建立 TCP 连接。

经过上述步骤后,从应用程序的客户端到内网服务器之间就建立起了一条首尾贯通的全双工的数据通道。

有些网络应用的通信机制比较复杂,尤其是一些采用动态端口建立连接的通信方式,往往需要 SSL VPN 解析应用层的协议报文才能确定通信双方所要采用的端口,上述两种接入方式就显得力不从心,对于这些通信机制比较复杂的网络应用,SSL VPN 还提供了被称为"IP 接入"的网络互联手段。"IP 接入"也称为"网络扩展"。

为了便于说明 IP 接入的工作原理,以图 14-17 中实例的配置进行讲解。

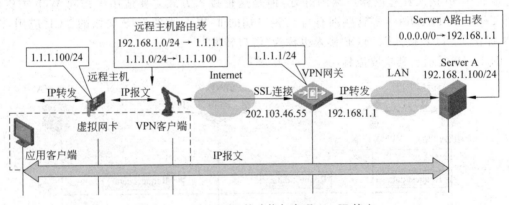

图 14-17　SSL VPN 的功能与实现——IP 接入

在该示例中 SSL VPN 网关的配置如下。

(1) 在 SSL VPN 网关上为 IP 接入配置一个 IP 地址池,用于给接入的用户分配 IP 地址。如 1.1.1.1～1.1.1.255。

(2) 在 SSL VPN 网关上建立一个虚接口 sve1/0,配置 IP 地址 1.1.1.1/24。

(3) 在内网服务器上设置默认路由指向 VPN 网关,如图 14-17 所示:0.0.0.0/0192.168.1.1。

SSL VPN 客户端的准备如下。

(1) 在用户采用 IP 接入时,SSL VPN 会通过 Web 页面在远程主机上下载并安装一个 IP 接入客户端和一个虚拟网卡。

（2）在虚拟网卡上，配置一个由 SSL VPN 网关分配的内网 IP 地址。如图 14-17 中所示的 1.1.1.100。

（3）在远程主机上，VPN 客户端设置若干条路由，这些路由设置了允许该用户访问的 IP 网段。而路由的下一跳都指向 SSL VPN 网关上的虚接口地址。如图 14-17 所示，网段 192.168.1.0/24 的下一跳为 1.1.1.1。

（4）VPN 客户端与 SSL VPN 网关之间建立起一条 SSL 连接。

IP 接入的通信过程如下。

（1）应用客户端要访问内网服务器 Server A，已知 Server A 的 IP 地址是 192.168.1.100，于是向该地址发送一个 IP 报文，该 IP 报文的目的地址是 192.168.1.100，源地址是 1.1.1.100。

（2）在转发该 IP 报文时，远程主机查询本地路由表，得知应该 IP 报文应该发送给默认网关 1.1.1.1。而去往 1.1.1.0 网段的报文应该交给虚拟网卡处理。

（3）虚网卡接收到 IP 报文后，交给 VPN 客户端转发给 SSL VPN 网关。

（4）在 SSL VPN 网关上，IP 报文被送到虚接口 sve1/0。从此处再按照目的 IP 地址 192.168.1.100 进行路由转发，IP 报文被送到了 Server A。

（5）Server A 的回应报文源地址是 192.168.1.100，目的地址是 1.1.1.100。该报文通过查找本地的路由，将报文发送给 VPN 网关。

（6）在 VPN 网关上，查找本地路由，得知 IP 报文应该发送给远程主机上的虚网卡，通过相应的 SSL 连接将报文发送到了 VPN 客户端程序。

（7）VPN 客户端将 IP 报文发送给虚拟网卡，再由虚拟网卡上送到远程主机的 TCP/IP 协议栈，最后送达应用程序的客户端。

### 14.4.3 访问控制

SSL VPN 可以提供高细粒度的访问控制，控制的粒度可以达到 URL、文件目录、服务器端口和 IP 网段等。访问控制的核心技术在于授权管理，SSL VPN 有两种授权管理的方式：静态授权和动态授权，如图 14-18 所示。

普通的授权是静态的，即用户的身份与所授予的权限是绑定的，无论在什么时间、从什么地方、远程主机处于什么样的安全状态，用户登录后，都被授予同样的访问权限，权限的大小只是和用户账号有关。

对于远程接入，网络系统必须考虑这样一个问题：远程主机如果不够安全，染上了病毒或者存在安全漏洞，在访问内部网络时，也有可能给内网带来很大的风险。所以对不安全的远程主机应该限制或禁止其对内网资源的访问。远程主机越安全，被授予的访问权限应该越大，反之则越小。

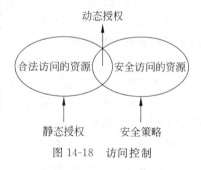

图 14-18　访问控制

结合远程接入的应用需求与现有的软件技术，SSL VPN 可以实现更为高级的"动态授权"方式。一方面根据用户的身份确定用户可以合法访问的网络资源；另一方面通过安全策略和主机检查确定用户目前可以安全访问的网络资源，然后取两者的交集就得到了用户在当前的网络环境中可以既安全又合法地访问哪些网络资源。

动态授权是静态授权与安全策略授权的交集。

### 14.4.4 静态授权

身份认证(图 14-19)是静态授权的核心内容,用户权限的大小只是和账号有关,而非法用户是不能够登录系统的。

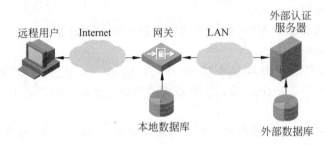

图 14-19 静态授权——身份认证

目前网络上常用的身份认证方法就是对用户名和密码的验证。根据用户是否能提供正确的私密信息来判断用户身份的合法性。这种认证方法的好处是简单可行。根据服务器端保存验证信息的位置可以分为本地认证和外部认证。

在本地认证过程中,网关设备上保存着用户名和密码的验证信息,由网关对认证请求中的用户名和密码进行验证,以确认用户身份。如果认证成功,则可以与远端建立受信任的连接。

如果用户身份的验证信息保存在外部服务器上,则网关设备就相当于一个认证代理,负责转送认证信息,并接收认证结果。如果外部认证服务器对用户身份认证成功,网关设备就与远程用户建立受信任的连接,允许用户访问内部网络。反之,则拒绝接入。

网关与外部认证服务器之间可以有多种交互协议。在拨号上网时代,使用最多的是RADIUS 协议。随着网络信息容量的增大,人们对信息的组织和查询提出了更高的要求,一种称为 LDAP 的服务就应运而生了。LDAP 服务器可以很好地管理和组织一个企业的数据,也可以存储用户身份认证信息。网关设备可以通过查询 LDAP 数据库来确认远程用户提交的用户名和密码是否正确。

另外 SSL VPN 还支持一些高级认证技术:证书认证、动态令牌认证、双因子认证等。

在静态授权中用户登录 SSL VPN 系统后,能访问哪些合法的资源? SSL VPN 资源和用户账号是如何组织的呢?

SSL VPN 中有资源和资源组,可以在一个资源组中加入多个资源,以方便对资源的管理。在 SSL VPN 中可以创建多个用户组,用以标识系统中不同的用户角色,如在一个企业里,可以有开发人员、项目经理、部门经理等不同的角色。在用户组中加入合适的用户,就给该用户赋予了相应的"角色"权利。在用户组中加入可以访问的资源组,就完成了对用户组以及用户的访问授权,如图 14-20 所示。

### 14.4.5 动态授权

提到动态授权,不得不提到安全策略、安全状态和安全级别等概念。

所谓安全状态,是指通过设定一组明确的检查对象以及对各个检查对象所需进行的检查规则,描述符合一定安全要求的系统状态。如远程主机所使用的操作系统类型和版本,是否打上了足够的补丁等。

为了表明不同安全状态的安全程度,由管理员根据自己的判断对每个安全状态指定一个安全级别。当同一台主机系统同时符合多个安全策略所定义的安全状态时,它的安全程度由

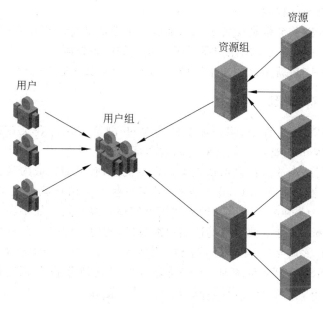

图 14-20　静态授权实现

最高级别的安全状态所确定。

在 SSL VPN 系统中，安全策略用于定义远程主机所处的安全状态，以及在相应的安全状态下，远程主机可以安全访问的网络资源。

安全策略中定义的访问权限和用户身份的静态权限的交集即为该用户登录后的实际访问权限。

SSL VPN 网关是通过主机检查来确定登录主机的安全状态的。

动态授权的过程如图 14-21 所示。

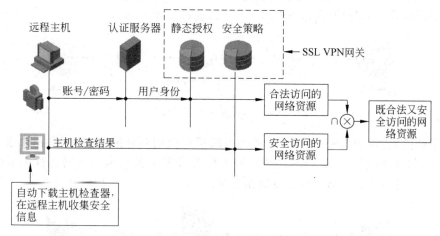

图 14-21　动态授权过程

在远程客户主机尝试登录 SSL VPN 过程中，会自动下载一个客户端程序至本地，该客户端程序会自动收集远程主机的安全状态，包括操作系统的类型、版本和补丁，浏览器的类型、版本和补丁，杀毒软件的类型、版本、病毒库版本，防火墙软件的类型、版本和补丁，用户使用的个人证书，指定的文件是否存在，指定的进程是否存在，等等，并将这些信息反馈到 SSL VPN 网关，网关根据自身定义该远程主机的安全级别并根据配置的安全策略决定给予该远程主机登录的用户相应访问资源的权限。

同时,SSL VPN 网关会根据配置远程认证还是本地认证将用户输入的账号信息送到相应位置进行身份验证,并根据确定的用户身份赋予相应的静态权限。

这两部分权限的交集就是该用户本次访问 SSL VPN 系统最终的权限。

### 14.4.6　缓存清除

在使用 SSL VPN 的过程中,用户需要使用 Web 浏览器执行登录 SSL VPN 系统,访问 Web 资源等操作。Web 浏览器一般会对访问过的页面进行缓存,以提高访问效率。但这样做也导致一些来自内网站点的页面被保留在了远程主机上,有可能造成内网私密信息的外泄。

另外,Web 服务器普遍使用 Cookie 技术,保存一些关于用户状态的信息,其中往往包含标识用户身份的 ID。Cookie 一般会在远程主机上保存一段时间。如果在此期间 Cookie 被黑客复制挪用,则此 Cookie 可以被用来伪造用户的身份,使内部网络存在被黑客入侵的风险。

因此缓存清除非常重要,在用户登录 SSL VPN 后,会下载一个被称为"缓存清除器"的小程序。在用户退出 SSL VPN 系统时,缓存清除器会自动清除包含私密信息的页面缓存和 Cookie,也包括前面下载的各种客户端程序及客户端配置等。

## 14.5　部署 SSL VPN

根据 SSL VPN 网关在网络中的位置的不同,SSL VPN 在实际应用中有双臂和单臂两种组网模式。

采用双臂模式组网时,SSL VPN 网关跨接在内网和外网之间。这种组网的优势在于:外网对内网所有的访问流量都经过网关,网关可以对这些流量进行全面的控制。不足之处是:网关处于内网与外网通信的关键路径上,一旦网关出现故障将导致整个内网与外网之间通信的中断;网关的处理性能也对整个内网访问外网的速度有影响。

一般在 SSL VPN 网关与防火墙集成时,多采用双臂模式的组网,如图 14-22 所示。由于有防火墙对网络攻击的防护,所以 SSL VPN 可以比较安全地运行。

图 14-22　部署方式——双臂模式

采用单臂模式组网时,SSL VPN 网关并不跨接在内网和外网之间,而像一台服务器一样与内网相连,如图 14-23 所示。SSL VPN 网关作为代理服务器响应外网远程主机的接入请求,在远程主机与内网服务器之间转发数据报文。

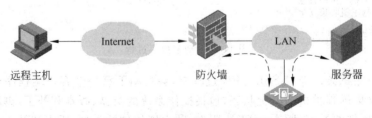

图 14-23　部署方式——单臂模式

单臂模式的好处是设备不处在网络流量的关键路径上,设备的故障不会导致整个网络的通信中断;另外,网关的处理性能不会影响整个内网与外网通信的性能。不足之处是:设备不能充分保护内部网络,有些流量可以不经过此设备而访问内部网络中的其他服务器。

单纯的 SSL VPN 设备一般多采用单臂模式,不但可以免受外部的网络攻击,还可以避免成为网络的性能瓶颈和单点故障源。

## 14.6  本章总结

(1) SSL VPN 是利用 SSL 协议建立远程连接的安全 VPN。

(2) 具有面客户端安装、安全性高、移动性强等特点。

(3) SSL 协议包括握手层和记录层,前者用于建立连接,后者用于发送和接收报文。

(4) SSL VPN 一般采用单臂和双臂两种部署方式。

## 14.7  习题和答案

### 14.7.1  习题

(1) SSL 协议的通信实体一般分为两层,包括_____和_____。

(2) SSL 协议的记录层用于封装传输报文,加密传输数据,为上层通信提供(    )服务。

    A. 保护传输数据的私密性,对数据进行加密和解密

    B. 验证传输数据的完整性,计算报文的摘要

    C. 提高数据的传输效率,对数据进行压缩

    D. 保证数据传输的有序性和可靠性

(3) 握手层的主要作用有(    )。

    A. 协商加密能力        B. 协商密钥参数

    C. 验证对方身份        D. 建立并维护 SSL 会话

(4) SSL VPN 接入方式非常丰富,包括(    )。

    A. Web 接入    B. TCP 接入    C. UDP 接入    D. IP 接入

(5) SSL VPN 的权限控制非常灵活,提供了静态授权和动态授权两种方式,下列关于授权的描述正确的是(    )。

    A. SSL VPN 可以提供高细粒度的访问控制,控制的粒度可以达到 URL、文件目录、服务器端口和 IP 网段

    B. 身份认证是静态授权的核心内容,用户权限的大小只是和账号有关

    C. 在配置动态授权的 SSL VPN 系统中,远程主机下载检查程序,检查程序将检查远程主机的安全状态

    D. 安全状态匹配的安全策略中定义的访问权限和用户身份的静态权限的交集即为该用户登录后的实际访问权限

### 14.7.2  习题答案

(1) 记录层,握手层    (2) A、B、C、D    (3) A、B、C、D    (4) A、B、D    (5) A、B、C、D

第5篇

# BGP/MPLS VPN技术

# 第15章

# MPLS技术基础

20世纪90年代初,随着Internet的快速普及,网络上的数据量日益增大,而由于当时硬件技术的限制,采用最长匹配算法、逐跳转发方式的传统IP转发路由器日益成为限制网络转发性能的瓶颈。因此快速转发路由器技术成为当时研究的热点。然而在解决该问题上被赋予众望的ATM技术却因为技术复杂、成本高昂让人望而却步。在这个情形下,迫切需要一种介于IP和ATM之间的技术,以适应网络发展的需要。

## 15.1 本章目标

学习完本章,应该能够达到以下目标。

(1) 了解MPLS技术产生背景。

(2) 掌握MPLS技术实现原理。

(3) 理解MPLS标签分配、数据转发过程。

## 15.2 MPLS起源

随着Internet的迅速普及,传统的路由器设备因其转发性能低下,逐渐成为网络的瓶颈。

首先,路由器采用的转发算法效率不高。路由器普遍采用IP转发。IP转发的原则是最长匹配算法。路由器在判断该如何转发一个数据包时,需要遍历整个路由表,找出最能精确表达该数据目的地址所在位置的那一条路由。如图15-1所示,报文目的地址为20.0.0.1,在路由表中有四条路由,都能涵盖20.0.0.1,但路由器在转发该报文时,需要遍历整个路由表,并对比确定最能精确说明20.0.0.1所在位置的20.0.0.1/24这条路由,才能确定如何转发该报文。随着网络规模的增大,路由表的规模也逐步增大,遍历路由表需要花费越来越多的时间;而数据量也随着网络规模的扩大逐步上升,路由器变得不堪重负。

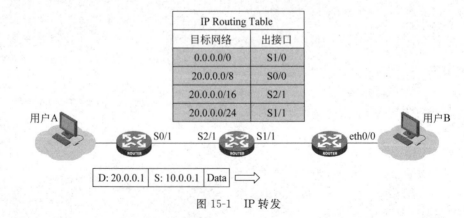

图15-1　IP转发

此外,当时路由器多采用通用 CPU 进行转发处理,性能有限,对 IP 地址和路由的匹配运算需要耗费较多的处理器时间。

ATM(Asynchronous Transfer Mode,异步传送模式)协议采用定长的标签代替 IP 地址,数据包抵达 ATM 交换机后只需要一次查表,就能找出与其唯一匹配的表项,确定报文的出接口。如图 15-2 所示,整个 ATM 转发表中只有唯一的一个表项与图中抵达的数据包相匹配。ATM 转发算法可以大大地提高报文的转发效率,然而 ATM 技术的控制信令实现复杂,它独立于 IP 转发中各种路由协议计算出的路由表项,采用一套复杂的专用表项建立机制形成 ATM 转发表。

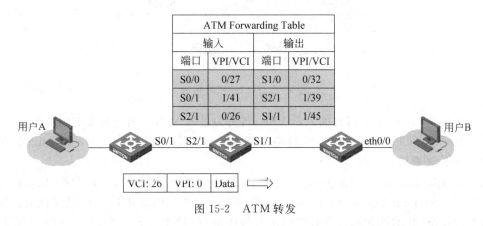

图 15-2  ATM 转发

因为实现复杂,支持 ATM 技术的网络设备成本也相对高昂,用户将原有采用 IP 转发的网络改造成 ATM 转发的网络,需要投入较高的成本。也因为复杂,ATM 技术的普及度不高,众多网络维护人员不能像维护 IP 网络一样熟练维护 ATM 网络。

所以 ATM 技术只得到了较小规模的应用,没有能如设计者预期的那样替代 IP 转发。人们希望能在 IP 和 ATM 之间取一个平衡,既可以提高转发效率,还要容易实现。

MPLS(Multiprotocol Label Switching,多协议标签交换)用一个短而定长的标签来封装网络层分组,并将标签封装后的报文转发到已升级改进过的交换机或者路由器,交换机或路由器根据标签值转发报文。后文将详细阐述 MPLS 的具体实现过程。

MPLS 中的多协议有多层含义。一方面是指 MPLS 协议可以承载在多种二层协议上,如常见的 PPP、ATM、帧中继、以太网等;另一方面多种报文也可以承载在 MPLS 上,如 IPv4 报文、IPv6 报文等,甚至也包括各种二层报文。与多种协议的兼容性是 MPLS 协议得以普及的重要原因之一。

**注意**:MPLS 有帧模式(Frame Mode)和信元模式(Cell Mode)两种工作模式。帧模式 MPLS 工作于诸如 PPP、以太网、帧中继等基于帧(Frame)转发的二层链路上;信元模式 MPLS 工作于 ATM 这样的基于信元(Cell)转发的二层链路上。两种模式的术语、封装、操作等均有所差别。由于在 IP 网络中 ATM 的应用日渐萎缩,本书对 MPLS 的讨论聚焦于帧模式的 MPLS。

## 15.3  MPLS 网络组成

MPLS 网络架构与普通的 IP 网络相比,并无任何特殊性。普通的 IP 网络,其路由器只要经过升级,支持 MPLS 功能,就成了 MPLS 网络。在 MPLS 网络中的路由器被称为 LSR 或者 LER。此外,MPLS 网络可以与非 MPLS 网络共存,报文可在非 MPLS 网络和 MPLS 网络之间进行转发。

MPLS 网络的基本构成单元是 LSR(Label Switching Router),是具有标签分发能力和标签交换能力的设备。

MPLS 网络(图 15-3)包括以下几个组成部分。

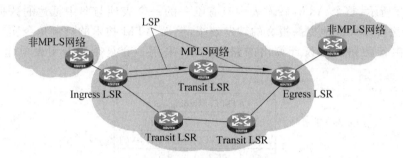

图 15-3    MPLS 网络组成

(1) 入节点(Ingress):报文的入口 LSR,负责为进入 MPLS 网络的报文添加标签。

(2) 中间节点(Transit):MPLS 网络内部的 LSR,根据标签沿着由一系列 LSR 构成的 LSP 将报文传送给出口 LSR。

(3) 出节点(Egress):报文的出口 LSR,负责剥离报文中的标签,并转发给目的网络。

FEC(Forwarding Equivalence Class,转发等价类)是 MPLS 中的一个重要概念。MPLS 将具有相同特征(目的地相同或具有相同服务等级等)的报文归为一类,称为 FEC。属于相同 FEC 的报文在 MPLS 网络中将获得完全相同的处理。且属于同一个 FEC 的报文在 MPLS 网络中经过的路径称为 LSP(Label Switched Path,标签交换路径)。LSP 是一条单向报文转发路径。在一条 LSP 上,沿数据传送的方向,相邻的 LSR 分别称为上游 LSR 和下游 LSR。

# 15.4    MPLS 标签

## 15.4.1    MPLS 标签基本概念

MPLS 的标签是一个比较短的、定长的、通常只有局部意义的标识,这个标识通常位于报文的链路层头和网络层头之间,路由器可以根据标签来决定如何转发报文,而不需要再检查报文的网络层目的地址。

MPLS 标签的结构如图 15-4 所示,每个 MPLS 标签有 32bit,分成四个区域,每个区域都有其独特的含义与作用。

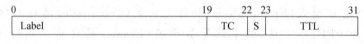

| 0 | | 19 | 22 | 23 | | 31 |
|---|---|---|---|---|---|---|
| Label | | | TC | S | TTL | |

图 15-4    MPLS 标签结构

(1) Label:标签值区域,长度 20bit,是 MPLS 标签的核心内容,标签转发就是指根据 MPLS 标签的标签值查找标签转发表进行转发,它是标签转发表的关键索引。

(2) TC:该区域用于标识报文 QoS 优先级,长度为 3bit,该字段又称为 Exp 字段。作用与 Ethernet 802.1P 值或是 IP 包的 DSCP 值类似。

(3) S:是 MPLS 标签的栈底标识,长度只有 1bit,当一个报文存在多个 MPLS 标签时,用它来标识紧接在该 MPLS 标签后面的是另一个 MPLS 标签还是 MPLS 载荷报文。当 S 位置为"1"时,标识已经是最后一个 MPLS 标签,紧接其后的是 MPLS 载荷报文;而相反当 S 位置为"0"时,表示该 MPLS 标签后面还有下一层 MPLS 标签。S 位使 MPLS 标签可以实现多层嵌套,这也是 MPLS 技术后来被应用于隧道、VPN 等技术的一个重要基础。

(4) TTL:存活时间,长度为 8bit,与 IP 报文的 TTL 值相似。TTL 值在报文进入 MPLS 网络时从报文的 IP 头的 TTL 域复制出来,每经过一台 LSR,外层 Label 的 TTL 值就减"1"。目的也与 IP 报文的 TTL 值相似,为了防止报文因为环路长期在网络里循环转发,浪费网络资源。

MPLS 标签位于报文的链路层头和网络层头之间。图 15-5 是以 IP 报文为例,MPLS 标签位于报文的链路层头部以后,IP 头部之前。

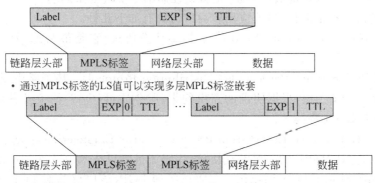

图 15-5　MPLS 标签的位置

通过 MPLS 标签头部栈底标识的设计,MPLS 标签头可以实现多层嵌套。不同产品能够支持的嵌套层数有一定的限制,目前为止,常见的 MPLS 应用中,最多采用到三层 MPLS 标签嵌套使用。

报文抵达路由器,设备解析完报文的链路层头部以后,需要区分出内部载荷是 MPLS 标签包还是普通的网络层封装包,才能正确地处理该报文。在各种链路层协议中,都有一个标识位,指明报文网络层所采用的协议类型。表 15-1 所示就是常见的链路层协议为 MPLS 分配的标识。

表 15-1　链路层协议对应 MPLS 标识

| 二层封装协议 | 协议标识名称 | 值 |
| --- | --- | --- |
| PPP | PPP Protocol field | 0x0281 |
| Ethernet/802.3 LLC/SNAP | Ethertype value | 0x8847 |
| HDLC | Protocol | 0x8847 |
| Frame Relay | NLPID(Network Level Protocol ID) | 0x0080 |

当路由器接收到如图 15-6 所示的以太网帧,解析链路层头部发现 Ether Type 值为 0x8847 时,就可以判断出该报文是一个 MPLS 报文,那么紧随链路头部之后的是 MPLS 标签头。

## 15.4.2　MPLS 标签分配协议分类

MPLS 协议实现的重点是利用标签进行数据转发。IP 转发时报文是根据路由表进行转发的,而 MPLS 转发时报文根据 MPLS 标签转发表进行转发。路由表是由各种路由协议根据

| 以太网帧结构： | DMAC | SMAC | TYPE | DATA | | CRC |
|---|---|---|---|---|---|---|

| 普通IP包： | DMAC | SMAC | 0800 | IP Packet | | CRC |
|---|---|---|---|---|---|---|

| MPLS包： | DMAC | SMAC | 8847 | MPLS标签 | IP Packet | CRC |
|---|---|---|---|---|---|---|

图 15-6  MPLS 标签识别

一定的路由算法计算出来的,指示抵达各个目网段的最优路径。标签转发表是由标签分配协议根据一定的规则生成的,而这些规则通常都有一个重要的特点,那就是它们依赖 IP 路由协议的计算结果,即路由转发表。这是 MPLS 标签转发与 ATM 转发实现的一个主要区别,这样的实现解决了 ATM 技术实现重要阻碍,也就是控制信令实现复杂问题。

标签分配的协议有很多种,目前应用较为广泛的有如下几种。

(1) LDP(Label Distribution Protocol):标签分发协议,它是最为通用的标签分配协议之一。

(2) CR-LDP(Constraint-Based Label Distribution Protocol):基于路由受限的标签分发协议,它对 LDP 进行了扩展,根据明确的路由约束、服务质量(QoS)约束及其他约束,建立一个 LSP,主要用于流量工程技术。

(3) RSVP-TE(Resource Reservation Protocol-Traffic Engineering):基于流量工程扩展的资源预留协议,它是 RSVP 的一个补充协议,用于流量工程技术中进行 MPLS 标签分配。

(4) MP-BGP(Multiprotocol BGP):多协议扩展 BGP,该协议是对 BGP 的扩展,扩展的功能之一就是为 BGP 路由分配 MPLS 标签。

在这些标签分配协议中,LDP 应用最为广泛,被较多厂家的路由器作为默认的标签分配协议使用。LDP 的特点在于简单可靠,下文就以 LDP 为例,详细讲述标签分配协议的原理及其建立标签转发表的具体过程。

### 15.4.3  LDP 消息类型

LDP 定义了以下四类消息。

(1) 发现消息(Discovery messages):用于 LDP 邻居的发现和维持。

(2) 会话消息(Session messages):用于 LDP 邻居会话的建立、维持和中止。

(3) 通告消息(Advertisement messages):用于 LSR 向 LDP 邻居宣告 Label、地址等信息。

(4) 通知消息(Notification messages):用于向 LDP 邻居通知事件或者错误。

所有的 LDP 消息都采用 TLV 结构,具有很强的扩展性。

**注意**:具体的 LDP 消息有很多种,包括 Notification、Hello、Initialization、Keepalive、Address、Address Withdraw、Label Mapping、Label Request、Label Abort Request、Label Withdraw、Label Release 等,这些消息都可以分别归入上述四类中。

图 15-7 是 LDP 的会话建立和维护的过程,LSR 首先定期发送 Hello 消息发现其他的 LSR。如果两台 LSR 的 Hello 消息相关参数匹配,两 LSR 就会建立 TCP 会话,然后在 TCP 连接中交换 Initialization 消息协商 LDP 参数。LDP 参数协商成功以后完成 LDP Session 的建立,Session 建立后 LSR 要定期发送 Keepalive 消息维持 Session。

建立好 LDP 的 Session 以后,LSR 之间开始互相发送一个或者多个 Label mapping 消息,LSR 接收到邻居发来的 Label mapping 消息,再根据自身的路由状况,形成标签转发表项。

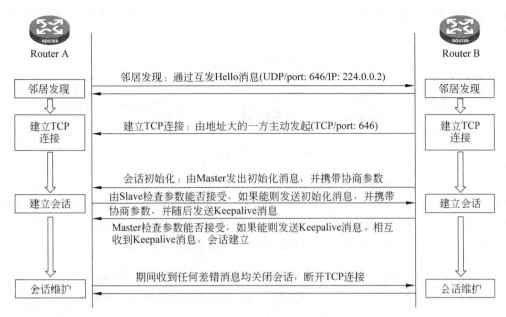

图 15-7 LDP 会话的建立和维护

图 15-8 是 LDP 在会话建立和维护的过程中，LSR 设备上 LDP 状态机的转化过程。

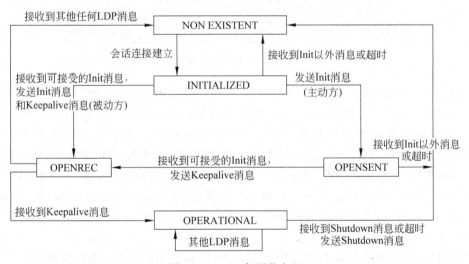

图 15-8 LDP 邻居状态机

两台 LDP 邻居之间建立起 LDP Session 后，状态会维持在 Operational。

## 15.4.4 标签分配过程

首先，在 MPLS 网络中，根据数据报文的传输方向，定义了 LSR 设备上、下游概念。如图 15-9 所示，用户 A 要访问用户 B，报文会依次抵达 LSR1、LSR2、LSR3，那么 LSR3 就是 LSR2 的下游设备，LSR2 是 LSR1 的下游设备。LSR 的上游和下游是根据报文传输的方向来判断的，报文先抵达的 LSR 是上游 LSR，尔后抵达的 LSR 是下游 LSR。因此，如果针对某一条路由来看，就以报文抵达该路由的目的网段的方向来判断设备的上、下游。所以，第一个发现这条路由的 LSR 将是最下游 LSR。比如针对 20.0.0.1/24 这条路由，LSR3 与该网段直连，最先发现这条路由,它就是最下游 LSR。理解上游和下游的概念是理解下文 LDP 标签分配过程的基础。

图 15-9　上游与下游

下文就以一个实际的案例来讲解 LDP 协议完成标签分配的过程。

如图 15-10 所示,用户 A 与用户 B 之间存在一个普通的 IP 网络,3 台路由器 LSR1、LSR2、LSR3 之间运行某种路由协议。针对用户 B 所在网段,3 台路由器都学习到这条路由,形成如图 15-10 所示的路由转发表,进而用户 A 可以顺利访问用户 B。

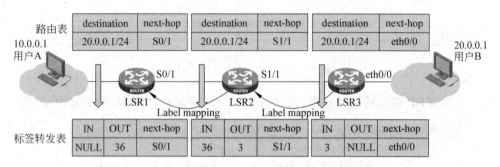

图 15-10　标签分配过程

在三台路由器之间运行 MPLS LDP 协议,LSR1 和 LSR2、LSR2 和 LSR3 之间建立 LDP 邻居关系。LDP 邻居建立完成以后,LDP 协议将按照用户的定义为每个 FEC 分配 MPLS 标签。常见的应用通常按照路由来划分 FEC,即所有匹配某一路由表项的报文属于同一个 FEC。在这种 FEC 划分方式下,LSR 就为每个路由转发表项分配 MPLS 标签,继而形成标签转发表。如图 15-10 所示,LSR3 设备为 20.0.0.1/24 这条路由表项分配了一个 MPLS 标签 "3",并将为 20.0.0.1/24 该路由分配了 MPLS 标签值 "3" 这条信息通过 Label mapping 消息发布给 LSR2。各个 LSR 设备间通过 Label mapping 消息的交互,最终在各台 LSR 设备上形成了如图 15-10 所示的标签转发表。

MPLS 的标签转发表包含入(IN)标签、出(OUT)标签和出接口三个主要部分。

(1) 入标签(IN Label):本 LSR 为某一 FEC 分配的 MPLS 标签。报文抵达 LSR 后,LSR 将报文所携带的 MPLS 标签值与 MPLS 标签转发表的入标签进行对比,匹配到相同的值时,就按照此表项转发该报文。与此同时,LSR 会将为某一 FEC 分配的入标签信息通过 Label mapping 消息通知给上游 LSR。如图 15-10 所示,LSR2 为 20.0.0.1/24 这条路由分配了 MPLS 标签 "36",对应 LSR2 标签转发表的入标签值,同时 LSR2 会将为 20.0.0.1/24 这条路由分配了 MPLS 标签 "36" 这条信息通过 Label mapping 消息通知给 LSR1。当然,当该 FEC 在此 LSR 已经没有上游设备时,其入标签为 "NULL",图 15-10 中 LSR1 对应 20.0.0.1/24 这条路由的入标签为 "NULL"。

(2) 出标签(OUT Label):下游的 LSR 为某一 FEC 分配的标签,通过 Label mapping 消息发送到本 LSR,在本 LSR 上记录为该 FEC 的出标签。LSR 在转发 MPLS 报文时,将报文携带的标签值修改成对应 MPLS 标签转发表项的出标签值。如图 15-10 所示,LSR3 为 20.0.0.1/24 这条路由分配了标签值"3",通过 Label mapping 消息发布给 LSR2,对应 LSR2 标签转发表的出标签值。当然,当该 FEC 在此 LSR 已经是最下游设备时,出标签为"NULL"。如 LSR3 上对应 20.0.0.1/24 这条路由的出标签为"NULL"。

（3）出接口：某一标签转发表项的出接口就指向该 FEC 的下游一台设备。如 LSR2 为 20.0.0.1/24 这条路由生成的标签转发表的出接口与 20.0.0.1/24 这条路由表项的出接口相同,为 S1/1 接口。

MPLS 标签只有本地意义,每台 LSR 设备都对自己分配的标签即入标签负责,确保自己为不同的 FEC 所分配的入标签不会相同,以确保属于不同 FEC 的报文抵达该设备后,匹配到唯一的与此 FEC 对应的标签转发表项进行转发。所以在 LSR 上的标签转发表的 IN 标签列均不会相同。相反,某一 LSR 上标签转发表的 OUT 标签值可能是来源于不同的下游 LSR 为不同的 FEC 分配的标签,它们之间并无关联性。标签由设备随机生成,小于 16 的标签值系统保留。

任何一台 LSR 设备只会将针对某一 FEC 的 Label mapping 消息发送给该 FEC 的上游设备,而绝不会发送给下游设备。这样一来就可以确保只要路由表没有环路,MPLS 的标签转发表就也不会有环路。

## 15.4.5　标签分配和管理方式

在分配和管理 MPLS 标签时,存在很多种方式,这些方式一般情况下可以在设备上进行配置,各种不同的方式适合不同的 MPLS 应用。

标签通告模式包括以下两种。

（1）DOD：downstream-on-demand 下游按需模式。

（2）DU：downstream unsolicited 下游自主模式。

标签控制模式包括以下两种。

（1）有序方式（Ordered）。

（2）独立方式（Independent）。

标签保持模式包括以下两种。

（1）保守模式（Conservative）。

（2）自由模式（Liberal）。

标签通告模式是指 LSR 设备何时可以分发标签所要遵循的原则。它分为两种模式,第一种叫作 DOD 模式,即下游按需方式,基本原则是下游设备需要等到上游设备的标签分配申请才可以分配标签,如图 15-11 所示。

图 15-11　标签通告模式——DOD

DOD 模式通告标签的具体实现方式如下。

第 1 步：上游的 LSR 先向下游的 LSR 发送标签请求的消息,该消息主要包含上游 LSR 需要下游 LSR 针对哪个 FEC 分配标签的具体要求。

第 2 步：下游 LSR 收到标签请求后将为请求消息里要求的 FEC 分配标签，然后通过 Label mapping 消息发送给上游的 LSR，再形成标签转发表项。

DOD 的标签通告模式适用于那些需要由上游设备来动态决定 FEC 的划分方法，或者需要由上游设备来为各个 FEC 指定网络资源要求等类似的应用环境。DOD 标签通告模式目前主要应用在流量工程技术中。

另一种标签通告的模式叫作 DU 模式，即下游自主模式，这种模式相对 DOD 模式较为简单，下游设备不需要等待上游 LSR 的标签分配申请，主动将其为各个 FEC 分配标签的情况通过 Label mapping 消息发送给上游 LSR，并形成标签转发表项。

当前，DU 标签通告模式应用更为普遍，如图 15-12 所示。

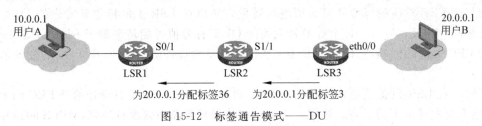

图 15-12　标签通告模式——DU

标签的控制模式是指 LSR 设备可以为哪些 FEC 分配标签的原则。它分为有序和独立两种模式，其中有序的模式是指，LSR 只可以主动地为那些自己是最下游 LSR 的 FEC 分配标签。以图 15-13 为例，对于 20.0.0.1/24 这条路由，LSR2 不是最下游设备，就不能主动地为其分配标签。而 LSR3 设备是 20.0.0.1/24 这条路由的最下游设备，它才可以主动地为 20.0.0.1/24 分配标签。

图 15-13　标签控制模式——有序

在有序的标签控制模式下，上游的 LSR 需要等待收到它下游 LSR 发送的 Label mapping 消息，才能为对应 FEC 分配标签，然后再发送给更上游的 LSR。可见，在这种标签控制模式下，针对某 FEC 的标签转发表将从其最下游的 LSR 立起，依次往上游逐台 LSR 形成该 FEC 的标签转发表项。

有序的标签分配模式使 MPLS 的转发是端到端的，对那些不是直接接入 MPLS 网络的用户，将无法进行 MPLS 转发。

另一种标签控制的模式叫作独立模式，独立的标签控制模式相对有序控制模式的实现较为简单，LSR 不管自己是不是该 FEC 的最下游 LSR，也不管有没有收到该 FEC 的下游 LSR 发布的 Label mapping 消息，都可以直接为该 FEC 分配标签，并向上游设备发布 Label mapping 消息。如图 15-14 所示，LSR2 可以不用等待 LSR3 为 20.0.0.1/24 这条路由分配的标签消息，直接为其分配标签。

独立的标签控制模式，使任何一个数据流在经过 MPLS 网络时都可以进行 MPLS 转发，其最终的目的可能在一个非 MPLS 网络里。

标签保持的方式是指 LSR 收到下游 LSR 的 Label mapping 消息以后，是否记录 Label

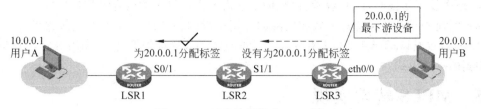

图 15-14　标签控制模式——独立

mapping 消息所携带的标签信息的原则。标签保留的方式也分为保守方式和自由方式两种。其中保守方式(Conservative retention mode)是指,LSR 只保留来自该 FEC 下一跳的 LSR 邻居发送过来的标签消息,而对于其他 LSR 邻居发送过来的标签消息不做记录。

如图 15-15 所示,在 LSR2 上,20.0.0.1/24 这条路由的下一跳是 LSR3,但是对于 LSR3 和 LSR4 来讲,LSR2 都是 20.0.0.1/24 这条路由的上游 LSR,它们都会向 LSR2 发送针对 20.0.0.1/24 这条路由的 Label mapping 消息。在保守的标签保持方式下,LSR2 只会将 LSR3 发布给它的针对 20.0.0.1/24 这条路由的标签记录下来,而将 LSR4 发布给它的针对 20.0.0.1/24 这条路由的标签直接丢弃不做记录。

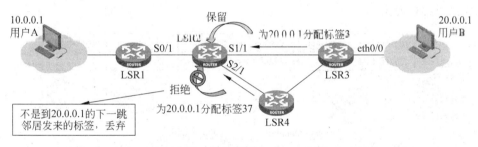

图 15-15　标签保持方式——保守

保守的标签分配方式的优点是可以节省 LSR 设备的内存和标签空间。但是相反,当网络发生故障,下一跳发生变化时,LSP 的收敛比较慢。如图 15-16 所示,当 LSR2 和 LSR3 之间的链路中断,到达 20.0.0.1/24 的路径切换至 LSR4 上时,LSR2 上因为没有保留 LSR4 发布给它的针对 20.0.0.1/24 这条路由的标签信息,需要等待 LSR4 重新发布标签分配协议周期性的通告消息,才能重新建立起 LSP,收敛比较慢。

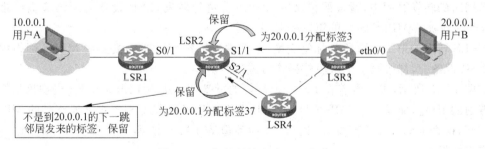

图 15-16　标签保持方式——自由

标签保持的另一种方式叫自由方式(Liberal retention mode),自由方式是指无论是否是该 FEC 的下一跳 LSR 发布过来的标签,LSR 都予以记录。

如图 15-16 所示,LSR2 将 LSR4 发送过来的针对 20.0.0.1/24 这条路由的标签也记录下来,这种标签保持的方式就是自由方式。自由方式的优缺点与保守方式刚好相反,它在网络发生故障,路由发生切换时,LSP 收敛较快,但是它需要占用更多的内存和标签空间。

标签的通告、控制、保持等方式在实际的应用中根据用户的需要可进行任意组合,通常情况下,LDP 协议默认运行在 DU＋有序＋自由的方式下,这种组合也是 MPLS 在具体应用中最常用到的一种方式。

## 15.5　MPLS 转发实现

LSR 上建立起 MPLS 标签转发表以后,当报文进入 MPLS 网络时,就可以进行 MPLS 转发。报文进行 MPLS 转发的过程分为三个不同的阶段,第一阶段是报文从非 MPLS 网络进入 MPLS 网络时,在 Ingress LSR 设备上进行压标签动作,也被称为标签 PUSH。

如图 15-17 所示,用户 A 访问用户 B,报文从作为 Ingress LSR 设备的 LSR1 进入 MPLS 网络。抵达 LSR1 设备时该报文还是一个普通的 IP 包,LSR1 按照普通的 IP 转发流程,首先检查 IP 路由表,找到 20.0.0.1/24 这条路由表项,此时 LSR1 发现对应该路由表项有一个与此关联的标签转发表,于是 LSR1 将对该报文启动 MPLS 转发。在 LSR1 上要完成的就是 MPLS 压标签操作,也就是给这个报文加上一个 MPLS 头,MPLS 头内的标签值就是对应的标签转发表项的 OUT 标签值"36"。完成压标签操作后,LSR1 再将报文按照标签转发表将报文从相应的出接口发出。

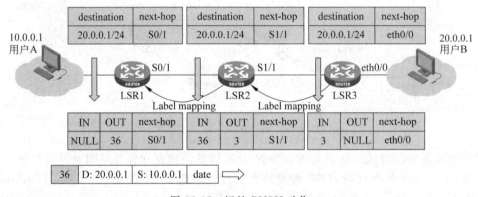

图 15-17　标签 PUSH 动作

在 Ingress LSR 设备上进行了压标签操作后,该报文就转变成一个 MPLS 报文,接下来在 MPLS 网络的转发过程中,就按照报文的 MPLS 头进行转发,LSR 设备无须再检查该报文的 IP 头,也就进入了 MPLS 转发的第二个阶段。

MPLS 转发的第二个阶段是标签交换,也被称为标签 SWAP。报文在 MPLS 网络内部的所有 LSR 设备上,都按照这个阶段的操作方式进行转发。

如图 15-18 所示,报文带着在 LSR1 上压好的标签"36"进入 LSR2,LSR2 发现该报文并非一个普通的 IP 包,而是一个 MPLS 报文,于是进行 MPLS 转发。根据报文所携带的 MPLS 标签值"36",检查本地的标签转发表,找到 IN 标签值等于"36"的那一个表项,并根据这一表项进行报文转发。

LSR2 成功的找到对应的标签转发表项后,首先将报文的 MPLS 头部所携带的标签值转换成该转发表项的 OUT 标签值,即将"36"改成"3",然后将报文按该表项从相应的出接口发出,也就是从"S1/1"接口发出。

可以看出,LSR2 无须查看报文的 IP 头,或者查询 IP 路由表,直接按照报文的 MPLS 标签检查标签转发表即可完成转发。实际的 MPLS 网络中,通常报文会经过多跳的 LSR 设备,

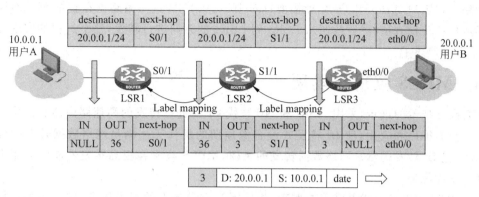

图 15-18 标签 SWAP 动作

在所有的 LSR 设备上,报文都是进行类似的标签交换操作就能完成转发。

因为根据 MPLS 标签转发表建立的实现原理,MPLS 标签转发表中只会有唯一的一个标签转发表项,其入标签值与抵达的 MPLS 报文所携带的标签值相同。所以在 MPLS 转发中只需一次查表就能完成对该报文的转发,相对 IP 转发多次查表已达到最优匹配的转发方式,效率要高很多。

MPLS 转发的最后一个阶段是标签弹出,也被称为标签 POP。这个阶段是报文最终离开 MPLS 网络时需要进行的操作,该操作也最为简单。当报文到达离开 MPLS 网络的 Egress LSR 设备时,首先报文依然与到达普通的 LSR 设备一样,根据标签转发表进行转发,但是对应的标签转发表项的出标签为"NULL",这就表示该 LSR 已经是该 FEC 的最下游设备,从此该报文将离开 MPLS 网络。于是该 LSR 会直接将报文的 MPLS 头部去除,并按照标签转发表从对应的出接口将报文发出。可见此时发出的报文已经恢复成一个普通的 IP 包,在接下来的非 MPLS 网络中可以按照原先的法式正常的进行转发,这体现出 MPLS 网络可以与非 MPLS 网络平滑的进行兼容过渡。

如图 15-19 所示,报文离开 LSR2 后,携带标签值"3"抵达 LSR3 设备,LSR3 检查标签转发表,发现 IN 标签是 3 的标签转发表项显示出标签值为"NULL",LSR3 就直接将该报文的 MPLS 头部去除,并按照该标签转发表项将报文从"eth0/0"接口发出。报文离开"eth0/0"接口后就按照正常的非 MPLS 网络转发方式成功的抵达用户 B,至此实现了用户 A 到用户 B 的访问。

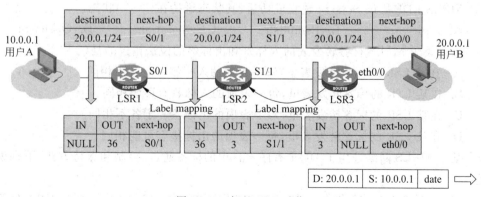

图 15-19 标签 POP 动作

如果考虑用户 B 访问用户 A,就需要针对 10.0.0.1/24 这一条路由在整个 MPLS 网络上首先形成标签转发表项,然后按照从 LSR3 到 LSR1 的方向进行转发,整个过程的实现完全相同,这里不再赘述了。

## 15.6　MPLS 应用与发展

随着硬件技术的进步,采用 ASIC 和 NP 替代 CPU 进行转发的高速路由器和三层交换机得到了广泛的推广和应用,使 IP 转发并没有像预期的那样无法满足网络数据转发的性能需求,至今为止 IP 转发仍然是网络数据转发的主流,MPLS 技术在提高转发性能的应用上没有能够真正发挥优势。

尽管如此,MPLS 技术并没有被抛弃,相反因为它设计上的很多优点,如支持多层标签嵌套,可以兼容多种二、三层协议等,它被人们应用在很多隧道和 VPN 技术中,如 BGP/MPLS VPN、流量工程(TE)、QoS 等,尤其是其中 VPN 的应用,非常流行。

## 15.7　本章总结

(1) MPLS 的产生背景与基本概念。

(2) 标签与标签分配协议。

(3) MPLS 标签分配与 MPLS 报文转发过程。

## 15.8　习题和答案

### 15.8.1　习题

(1) MPLS 的标签字段有(　　)。

　　A. Label 标签值　　　　　　　　　　B. TTL 存活时间

　　C. S 栈底标识　　　　　　　　　　　D. TC QoS 优先级

(2) PPP 标识其承载的上层报文为 MPLS 报文的方法是(　　)。

　　A. 在 PPP 的 LCP 协商阶段与对端设备协商好

　　B. 在 PPP 的 NCP 协商阶段与对端设备协商好

　　C. 在报文的 PPP 头部 PPP Protocol field 位置填写 0x0281

　　D. 在报文的 PPP 头部 PPP Protocol field 位置填写 0x8847

(3) MPLS LDP 协议 Session 建立成功后,其状态维持在(　　)状态。

　　A. Full　　　　　B. Establish　　　　C. Operational　　　D. Opensent

(4) 下列关于 MPLS 标签转发表的入标签和出标签的说法错误的是(　　)。

　　A. 在某 LSR 的标签转发表里,每一表项的入标签一定各不相同

　　B. 在某 LSR 的标签转发表里,每一表项的入标签有可能相同

　　C. 在某 LSR 的标签转发表里,每一表项的出标签一定各不相同

　　D. 在某 LSR 的标签转发表里,每一表项的出标签有可能相同

(5) 某一 MPLS 网络选用了 DU+有序+自由的标签通告、控制和保持方式,下列说法正确的是(　　)。

　　A. 需要等待上游的设备请求,下游的 LSR 才会为对应的 FEC 分配 MPLS 标签

　　B. LSR 如果是某一 FEC 的最下游设备,它可以直接为该 FEC 分配标签

C. LSR 需要保留所有 LDP 邻居发送过来的 MPLS 标签

D. LSR 在收到下游设备为某一 FEC 分配的标签后,才会为此 FEC 分配标签

(6) MPLS 转发过程中,(　　　)阶段只需要查询标签转发表,无须查询路由表。

A. PUSH　　　　　B. SWAP　　　　　C. POP　　　　　D. 所有阶段

## 15.8.2　习题答案

(1) A、B、C、D　　(2) C　　(3) C　　(4) B、C　　(5) B、C、D　　(6) B、C

# 第16章

# BGP/MPLS VPN基本原理

BGP/MPLS VPN 以其更合理的结构模型,更简单的维护需求,更灵活的业务控制方法,解决了传统 VPN 技术的一系列问题,逐渐成为当今应用最为广泛的 VPN 技术之一。

## 16.1　本章目标

学习完本章,应该能够达到以下目标。

(1) 了解 BGP MPLS VPN 技术的产生背景。

(2) 掌握 BGP MPLS VPN 技术的基本原理。

## 16.2　BGP/MPLS VPN 技术背景

### 16.2.1　传统 VPN 的缺陷

当用户的各个部门或分支分散在不同的物理地点时,VPN 技术可以模拟实际的物理线路,将这些分支网络连接起来,实现用户私有网络之间的互通。VPN 技术大大节省了用户建立私有网络的成本,用户的各个分支部门只需要与公共的 Internet 网相连,就可以采用 VPN技术建立起不同分支之间的模拟通道,在各个分支部门的私网之间实现互通。

如图 16-1 所示,某企业用户,在不同的地理位置拥有 N 个分部,该用户通过 VPN 技术,建立总部及各个分布之间的隧道,将总部与各个分布相连,实现其各个分部及总部之间的私网互通。

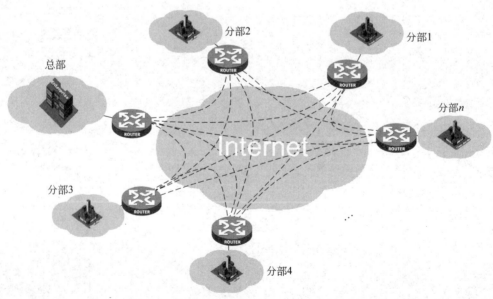

图 16-1　大规模 VPN 应用

VPN技术能够非常有效地节省用户建立私有网络的成本,成为用户建立私有网络的一个很好的选择,因此各种各样的VPN技术也纷纷出炉,如GRE、IPSec、L2TP等。这些VPN技术被统称为传统VPN技术。

随着网络的发展,用户私有网络的规模也逐渐扩大,传统VPN技术的一些缺点被暴露出来,最主要的体现为以下两点。

(1) 静态隧道的可扩展性不强。传统Site-to-Site VPN技术的隧道需要静态建立,随着用户网络规模的扩大,VPN隧道的数量呈$n$平方增长,用户的分支部门的增减都将涉及大量的静态隧道的配置或删除。

(2) VPN只能由用户自行维护和管理。在公共的Internet网络上承载着很多的VPN用户,而各个VPN用户的私网地址空间通常是重叠的,VPN的维护和管理工作只能由用户自行完成。负责维护和管理公共网络的运营商因为不能区分开用户,无法接管用户的VPN。

这两个缺点,使用户不可能采用传统的VPN技术建立大规模的私有网络。

## 16.2.2　BGP/MPLS VPN的优点

BGP/MPLS VPN技术是通过BGP和MPLS两种技术配合实现的一种新型的VPN技术,与传统VPN技术相比,它有以下三个优点。

(1) 实现隧道的动态建立:传统VPN技术用户各个分部之间的VPN隧道需要由维护人员手工静态配置,而BGP/MPLS VPN技术隧道是动态建立的,用户的各个分部之间会自动建立隧道,且分部的增加或减少,不需要用户再去添加或删除隧道配置。

(2) 解决了本地地址冲突问题:BGP/MPLS VPN技术实现了一台路由器可以同时处理多个不同的VPN用户数据的功能,最终使多个地址冲突的用户都可以将建立和维护VPN的工作交给运营商,进一步降低VPN用户的负担。

(3) VPN私网路由易于控制:私网路由的交互是VPN技术实现的关键,能够动态地交互私网路由,用户网络才能自动发现各个分部网络的所在位置。传统的VPN技术中可以支持私网路由的动态学习,然而BGP/MPLS VPN技术在私网路由的动态交互的基础上,加入了互通或隔离的控制,可以更加灵活地控制用户各个分部,或者各个不同用户之间的互访关系。

# 16.3　MPLS隧道

## 16.3.1　隧道技术与MPLS

VPN的实现依赖于一个很重要的技术,那就是隧道。通过隧道,用户私网在公网之间建立起一个逻辑通路,让用户的各个分部之间就像有实际的物理线路一样相连起来。而隧道的实现是通过报文封装的方法。如GRE隧道,就是采用公网IP头部来封装私网报文,公网上的路由器根据报文的外层IP头进行转发,直到报文抵达目的私有网络,再去除外层的IP头,解封出私网报文,如图16-2所示。

图16-2　MPLS封装

MPLS 技术产生本意是为了加快报文的转发效率,但它其实也是一种隧道技术。从它的实现原理可以看出,它也是对报文进行封装,在 IP 报文的前面加上了 MPLS 标签,路由器直接根据标签进行转发,而无须检查内部的目的地址,这与 GRE 的封装非常类似。所以 MPLS 技术是一种天然的隧道技术,而且与已有的 VPN 所采用的隧道技术相比,它有着一个非常重要的优势,那就是动态性。

### 16.3.2　MPLS 隧道应用

如图 16-3 所示,用户 A 和用户 B 是某私网用户两个不同分部,它们需要穿过公网进行互相通信。LSR1 和 LSR3 分别是用户 A 和用户 B 连接公网的出口设备,LSR2 是公网内部的一台设备。

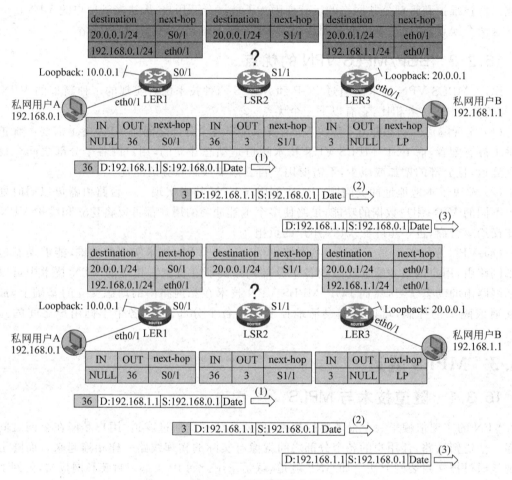

图 16-3　MPLS 隧道应用

此时,LSR1、LSR2 和 LSR3 运行 MPLS 协议,并建立起了 LSR1 访问 LSR3 的标签转发路径。此时,如果一个报文从 LSR1 去访问 LSR3,如访问 20.0.0.1 这个地址,那么,该报文将进行 MPLS 转发。在 MPLS 网络内部的 LSR 设备上,路由器只需要检查报文的 MPLS 标签值就可以完成转发。

如果在 LSR1 设备上,将访问用户 B 的私网报文,也封装在为 20.0.0.1/24 分配的 MPLS 标签里面,并按照为 20.0.0.1/24 这条路由生成的标签转表转发出去,如图 16-3 所示,结果私网报文在 MPLS 网络内部的 LSR 设备上只需要按照 MPLS 标签进行转发,直到抵达 LSR3 设备。这样也就在用户 A 和用户 B 所在分部连接公网的出口设备之间形成了一个隧道,隧道中间的所有 LSR 设备直接根据报文的 MPLS 标签进行数据转发,无须识别封装在 MPLS 标签内部的私网报文。可见,只要在进、出 MPLS 网络的 LSR 设备(隧道入出口)上进行特殊的处理,私网报文就能成功地穿越公共网络。

私网报文在进入 MPLS 隧道时,需要由 LSR 设备特殊进行处理,为私网报文压上合适的 MPLS 标签,报文才能进入正确的 MPLS 隧道。LSR 设备根据私网报文的目的地址,判断出该报文需从哪一台 LSR 设备离开 MPLS 网络,对端的这台 LSR 设备应该是私网报文目的地址所在网段的公网出口设备。如图 16-4 所示,当用户 A 访问用户 B 的报文抵达 LSR1 设备时,LSR1 设备需要判断出,与 192.168.1.1 这个目的网段相连的 LSR 设备应该是 LSR3。判断目的私网地址所在位置,那就需要 LSR 设备之间能互相交互私网路由,而关于私网路由的交互方法,将在后续相关章节进行介绍。

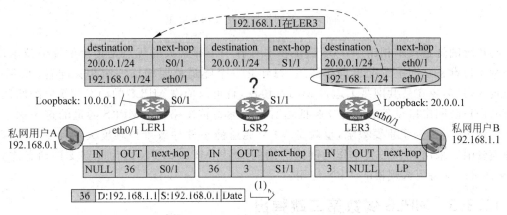

图 16-4　私网报文进入 MPLS 隧道

当 LSR1 知道该私网报文对应的 MPLS 隧道出口 LSR 设备是 LSR3 以后,需要进行的处理就是按照抵达 LSR3 的标签转发表压上对应的 MPLS 标签并进行转发。所以,在 MPLS 技术作为隧道来使用时,通常为 MPLS 网络中的每一个 LSR 设备都配置一个 Loopback 地址,代表这台 LSR 设备。如图 16-4 所示,LSR3 的 Loopback 地址为 20.0.0.1/32,按照 MPLS 标签通告及控制原理,将在整个 MPLS 网络上形成抵达 20.0.0.1/32 这条路由的 MPLS 标签转发表。当 LSR1 设备判断出某私网报文的 MPLS 隧道出口是 LSR3 后,就会按照代表 LSR3 的 20.0.0.1/32 这条路由所对应的标签转发表项进行转发,如图 16-4 所示,为报文加上 36 的 MPLS 标签,并从 S0/1 接口转发出去。

MPLS 网络中间的 LSR 设备,如图 16-4 所示的 LSR2,在接收到 MPLS 标签为 36 的报文时,完全感知不到该报文 MPLS 标签后面隐藏的是私网报文,而是直接按照标签转发表进行转发,报文可以成功地抵达 MPLS 隧道出口设备 LSR3。

私网报文离开 MPLS 网络时的实现要比进入 MPLS 网络更为简单。如图 16-5 所示,私网报文成功的穿越所有的公网 LSR 设备后,抵达 LSR3 设备,LSR3 根据报文所携带的 MPLS 标签 3 查到对应的标签转发表,发现该报文的下一跳是 loopback0,表示该报文是发送给 LSR3 自身的,此时 LSR3 需要进一步解封装该报文,检查报文 MPLS 标签后的内容再进行处理。而 LSR3 检查该报文 MPLS 标签内部的内容后,发现该报文是访问私网 192.168.1.1 的一个私网报文。LSR3 设备是 192.168.1.1/24 这个私网的公网出口设备,拥有抵达 192.168.1.1/24

的路由,LSR3 设备只需要按照路由表转发该私网报文,报文就可以抵达最终的私网目的地址,也就是用户 B。可见 MPLS 技术与传统的隧道技术一样,可以在私网用户的出口设备之间建立起穿越公络的隧道。

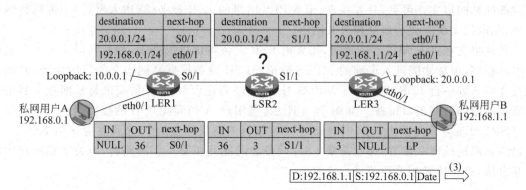

图 16-5　私网报文离开 MPLS 隧道

与传统的隧道技术相比,MPLS 隧道技术有着一个非常大的优点是传统的隧道技术需要在公网出口设备之间手工配置静态隧道,每建立一个隧道就要增加一组相关配置;而 MPLS 隧道技术,只需要在公共网络上运行 MPLS 协议,就可以依靠 MPLS 的动态标签分配原理,在所有的用户公网出口设备之间建立起抵达对方的标签转发路径。MPLS 隧道的这一优点,解决了传统 VPN 的一个重要缺陷,也就是 VPN 隧道静态性导致维护难度大的问题导致 VPN 的规模受限。采用 MPLS 技术作为隧道应用的 BGP/MPLS VPN 因为能够支持动态建立隧道,从而可以支持更大规模的 VPN 应用。

### 16.3.3　MPLS 倒数第二跳弹出

在私网报文抵达出口 LSR 设备,如图 16-6 所示的 LSR3 设备时,LSR3 设备需要首先根据报文的 MPLS 标签检查 MPLS 标签转发表,找到对应的表项后,才发现该报文是发送给 LSR3 本身。此时 LSR3 设备需要再检查报文 MPLS 标签内部的目的 IP 地址,再根据 LSR3 上的路由表转发该报文。故在 MPLS 隧道的出口 LSR 上需要两次查表(先查标签转发表,再查路由表)才能将报文发出。既然在隧道出口 LSR 上最终要根据报文的 IP 头进行转发,不如在隧道出口 LSR 上游的那一台 LSR 上,就直接将 MPLS 标签弹出。如图 16-6 所示,在 LSR2 上将本来该加上的标签 3 弹出,而直接将私网报文发送给 LSR3。此时 LSR3 将收到一个普通的 IP 报文,只需要查询路由表就可以转发该报文。这样可以减少隧道出口 LSR 上的报文处理步骤,由两次查表转变成一次查表,提高了转发效率,这个技术就被称为 MPLS 的倒数第二跳弹出。

在 MPLS 的倒数第二跳弹出技术的实现中,利用了一个特殊的标签值 3,使 LSR 可以判断出它是否是报文的倒数第二跳设备。使能 MPLS 的倒数第二跳弹出技术后,在某 FEC 的最下游 LSR 上,将为该 FEC 分配一个特殊的标签值,通常为 3。当 LSR 转发数据时,检查标签转发表,发现该表项的 OUT 标签值是 3,就将 OUT 标签值 3 弹出再转发报文。如图 16-6 所示,LSR2 收到标签值为 36 的报文时,检查标签转发表,找到对应的标签转发表项,根据标签转发表项,发现 OUT 标签值是特殊值 3,此时 LSR2 路由器就会将标签弹出,直接将 IP 报文从 S1/1 接口发出。这样,抵达 LSR3 的报文就是不带 MPLS 标签的普通 IP 报文,LSR3 只需要检查 IP 路由表就可以转发该报文。

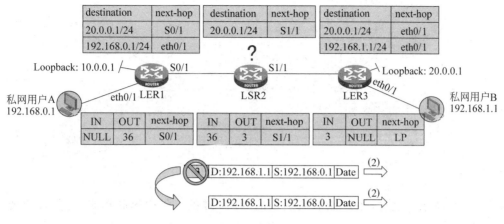

图 16-6 MPLS 倒数第二跳弹出

# 16.4 多 VRF 技术

## 16.4.1 优化 VPN 组网结构

在 VPN 的组网结构中,将网络分成公网和私网两个部分。公网是指由服务提供商建设的公共网络,而私网是指用户自己建设的私有网络。同时将网络中的路由器按照在 VPN 网络中的位置区分成以下三种角色。

(1) CE(Custom Edge Router,用户边缘路由器):直接与公网相连的用户设备。

(2) PE(Provider Edge Router,服务商边缘路由器):是指公网上的边缘路由器,与 CE 相连。

(3) P(Provider Router,服务商路由器):是指公网上的核心路由器。

传统的 VPN 隧道建立在用户的 CE 设备之间,隧道的建立维护等工作完全需要由用户自己来完成,每个 VPN 用户的维护工作烦琐且分散,总体维护成本高昂。另外,作为专门提供网络服务的网络供应商,他们拥有充足的网络维护资源,但却完全无法感知用户的 VPN 应用,不能提供 VPN 相关的服务,从而无法获得相应的利润。传统 VPN 的这种结构限制了其大规模扩展,无论是用户还是运营商都希望能够将 VPN 隧道的建立维护等工作转移给运营商。

VPN 组网结构和用户隧道维护如图 16-7 和图 16-8 所示。

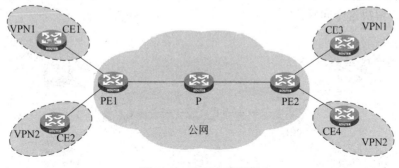

图 16-7 VPN 组网结构

另外一种 VPN 方案是隧道建立在 PE 设备之间,隧道的建立维护等工作由运营商来完

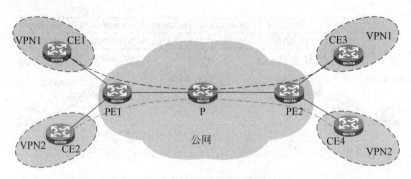

图 16-8　用户隧道维护

成，如图 16-9 所示。这样，用户能够从烦琐的 VPN 维护工作中解脱出来，运营商也能够从 VPN 维护中获利。

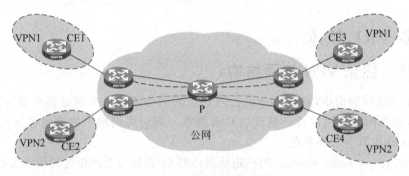

图 16-9　运营商维护隧道

在以上方案中因为不同的私网用户之间的地址空间可能完全重叠，所以运营商需要为每个 VPN 用户提供一台接入设备，哪怕这两个用户离得再近也不能共用。这种方案称为专属 PE 的方式。专属 PE 方式需要运营商为每个 VPN 用户提供专门的设备，硬件成本过于高昂，用户需要向运营商支付较高的费用，无法获得广泛认可。

更优的 VPN 隧道方案是隧道建立在公网的 PE 之间，每一台公网 PE 设备还可以同时接入多个 VPN 用户，多个 VPN 用户能够共享一个隧道。这个方案无论从可维护性上，还是从成本上都满足了用户和运营商的需求，如图 16-10 所示。然而，由于不同的 VPN 用户可能选用了相同的地址空间，这样会造成 PE 设备无法区分这些用户的数据流。也就是说，此方案存在着同一台设备上地址冲突的问题。多 VRF（Virtual Routing and Forwarding，虚拟路由与转发）技术可以解决这个问题。

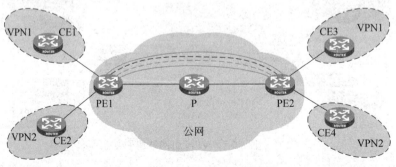

图 16-10　运营商维护共享隧道

## 16.4.2  多 VRF 技术实现原理

多 VRF 技术的目的是解决在同一台设备上的地址冲突问题。如图 16-11 所示,该 PE 路由器的两个不同接口,分别接入 VPN1 和 VPN2 用户,而 VPN1 用户和 VPN2 用户都选用了 10.0.0.0/24 这个网段的地址。在没有多 VRF 技术的情况下,这两条路由将会在 PE 上发生冲突,在 PE 的路由表里面只能保留一条 10.0.0.0/24 路由。

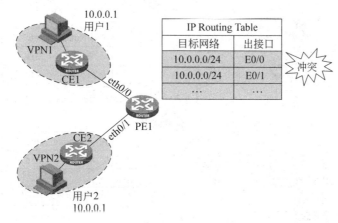

图 16-11  多 VRF 的作用

支持多 VRF 技术的路由器将一台路由器划分成多个 VRF,每个 VRF 之间互相独立,互不可见,各自拥有独立的路由表项、端口、路由协议等,每一个 VRF 就类似一台虚拟的路由器。

如图 16-12 所示,PE1 为了能同时接入 VPN1 和 VPN2 这两个地址冲突的私网用户,启用两个 VRF,每个 VRF 与 VPN 相对应,在 VRF1 里面只看到与 VPN1 相连的接口,只学习 VPN1 的路由;VRF2 上也只看到与 VPN2 相连的接口,只学习 VPN2 的路由。这两个 VRF 各自拥有自己的路由表,VRF1 学习到的 10.0.0.0/24 路由,下一跳指向 eth0/0;而 VRF2 学习到的 10.0.0.0/24 路由,下一跳指向 eth0/1,这 2 条路由同时存在于 PE1 上,互不冲突,互不影响。

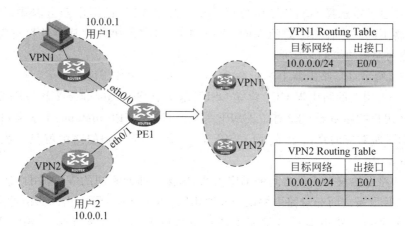

图 16-12  多 VRF 的实现原理

有了支持多 VRF 技术的 PE 设备,就可以实现一台 PE 接入多个 VPN 用户。

为了加深理解多 VRF 技术的实现,在此进一步说明多 VRF 与设备端口的关系。在支持多 VRF 的 PE 设备上,需要将和某一个 VPN 用户相连的接口与对应的 VRF 相绑定。如图 16-13 所示,PE1 会将 eth0/0 与 VRF1 绑定,而将 eth0/1 与 VRF2 绑定。与 VRF 绑定后的接口,只会出现在该 VRF 对应的路由表里面;并且,当报文从该接口进入路由器时,只能查询该 VRF 对应的路由表进行转发。

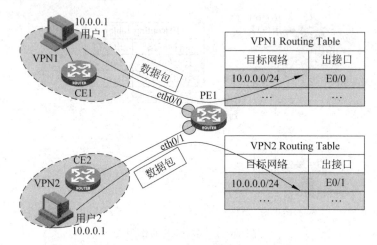

图 16-13　多 VRF 和设备端口

如图 16-13 所示,从 eth0/0 接口进入路由器的报文,只能查询 VPN1 的路由表进行转发;从 eth0/1 接口进入路由器的报文,也只能查询 VPN2 的路由表进行转发。

多 VRF 与设备端口的这种关系,确保了数据进入多 VRF 设备进行转发时,不同 VPN 用户的数据之间不会发生冲突。

在支持多 VRF 技术的路由器上,不同的 VRF 运行独立的路由协议,这些路由协议不会交互协议报文,且学习到的路由也放在各自 VRF 的路由表中,互不影响。实现这种效果需要将各个 VRF 运行的路由协议与该 VRF 进行绑定。

不同的 VRF 可以选择采用同一种路由协议与 VPN 用户之间交互路由,如均采用 OSPF 路由协议;当然也可以选择不同的路由协议。在支持多 VRF 的路由器上需要运行多个路由协议进程,并将不同的进程与不同的 VRF 进行绑定,将路由协议的某个进程与某 VRF 进行绑定的做法称为路由协议的多实例。

如图 16-14 所示,PE 路由器上运行两个 OSPF 实例。OSPF instance 1 和 VRF1 进行绑定,与私网 VPN1 用户的路由器 CE1 建立 OSPF 邻居;OSPF instance 2 和 VRF2 进行绑定,与私网 VPN2 用户的路由器 CE2 建立 OSPF 邻居。此时 OSPF instance 1 学习到的路由就只会收录到 VRF1 所对应的路由表中,而 OSPF instance 2 学习到的路由就只会收录到 VRF2 所对应的路由表中。

多 VRF 和路由协议多实例之间的绑定关系,确保了即使不同的 VPN 用户选用相同的地址空间,并与 PE 设备之间通过路由协议交互路由时,也不会在 PE 上出现路由冲突。

目前,绝大多数的路由器设备都能支持路由协议多实例功能,包括 OSPF、IS-IS、BGP、RIP、静态路由等。

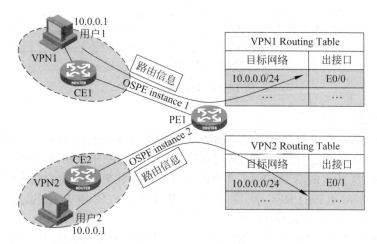

图 16-14　多 VRF 和路由协议多示例

# 16.5　MP-BGP 技术

## 16.5.1　MP-BGP 技术实现

有了比传统 VPN 更加先进的隧道技术,也有了比传统 VPN 更加合理的 VPN 组网结构,最后只需要一种更加先进的路由协议,用于在 PE 设备之间交互私网路由信息。纵观各种路由协议,最合适充当这个角色的路由协议是 BGP 路由协议,因为它有如下两个非常关键的特质,适用于 VPN 技术中。

(1) BGP 路由协议是基于 TCP 连接建立路由邻居的,可以实现跨越多台路由器建立 BGP 邻居,直接交互路由信息。在 VPN 的组网中,就是需要两台 PE 设备直接交互私网路由,无须经过中间的 P 设备转达。因为作为隧道中间的 P 设备,它们无须了解 VPN 的信息;另外,不同 VPN 间地址空间会有重叠,如果这些 VPN 路由都经过 P 设备转达,P 设备上将无法区分。

(2) BGP 路由协议的协议报文是基于 TLV 结构的,具有扩展属性位,便于携带更多的表明路由特征的信息。也就是说,BGP 路由协议可以为 VPN 组网定义一些扩展属性,适应 PE 之间交互私网路由的需要。这一点对于 VPN 非常重要,因为有了多 VRF 技术以后,每一台 PE 设备需要接入多个 VPN 用户,一对 PE 设备之间交互的私网路由,需要设法携带上某种特征,才能够通知对端 PE 这些路由信息属于哪一个 VRF。

因为上述的两个特质,BGP 路由协议被 BGP/MPLS VPN 技术选用于穿越公网传递私网路由的路由协议。为了适应 VPN 技术的需要,BGP 路由协议进行了一定的扩展,扩展后的 BGP 路由协议叫作 MP-BGP(Multiprotocol BGP),即多协议 BGP 路由协议。

在普通的 BGP 路由协议里,BGP 协议通过 BGP 更新(UPDATE)消息发布和删除路由,格式如图 16-15 所示。

BGP 协议的更新消息组要包括以下三个部分。

(1) Withdrawn Routes:之前发布过的,现在不再有效的路由信息。

(2) Path Attributes:路由信息的属性(附加描述),是 BGP 用以进行路由控制和决策的信息,如 LP 属性、MED 属性等。

(3) NLRI:路由信息,由一个或者多个 IPv4 地址前缀组成,这个就是需要发布给邻居的

| Unfeasible Routes Length | Withdrawn Routes |
|---|---|
| Total Path Attribute Length | Path Attribute |
| Network Layer Reachability Information (NLRI) | |

图 16-15　BGP 路由更新

新生效的路由信息。

普通的 BGP 路由协议就是采用这样的更新消息发布或者删除 BGP 路由信息,通过 BGP 更新消息的格式,可以看出,普通的 BGP 路由协议只能用于发布或删除 IPv4 路由。

为了适应 VPN 技术的需要,让 BGP 路由协议能够承载更多形式的路由信息,如 VPN 的私网路由,RFC 2858(更新的 RFC 为 4760)对 BGP 进行了扩展,扩展后的路由协议叫作 MP-BGP(Multiprotocol BGP,多协议 BGP)。

MP-BGP 新增了 MP_REACH_NLRI 和 MP_UNREACH_NLRI 两个属性,并且对 BGP 协议原有的团体属性(Communities 属性)进行了扩展,新增了扩展团体(Extended Communities)属性。

MP-BGP 路由协议通过对 BGP 的扩展,不仅可以用于 BGP/MPLS VPN 技术中传递私网路由,还可以用在 IPv6、6PE、L2VPN 等技术中,从而有了更广泛的应用。

MP-BGP 协议相对 BGP 协议重点是对路由更新消息进行了改动,具体的改动包括以下三个部分。

(1) 采用 MP_REACH_NLRI 属性代替了原 BGP 更新消息里的 NLRI 及 Next-hop 属性。

(2) 采用 MP_UNREACH_NLRI 属性代替了原 BGP 更新消息里面的 Withdrawn Routes。

(3) 在 BGP 属性部分增加的一种新的属性 Extended_Communities 属性。

MP_REACH_NLRI 是对原 BGP 更新消息中的 NLRI 的扩展,增加了新的地址簇的描述,以及私网标签和 RD,并且包含原 BGP 更新消息中的 Next-hop 属性。如图 16-16 所示,MP_REACH_NLRI 属性中共同具体内容包括以下几部分。

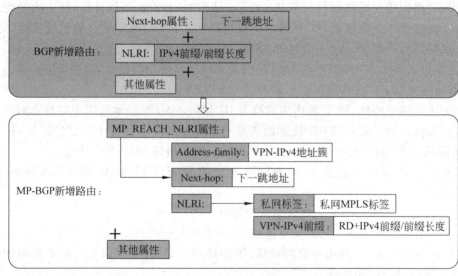

图 16-16　MP_REACH_NLRI 属性

（1）Address-family：说明下面的路由前缀将采用的地址类型，不仅包含原先的普通 IPv4 地址，可能是 IPv6 地址，或者是用于 BGP/MPLS VPN 组网中传递私网路由所要用到的 VPNv4 地址。

（2）Next-hop：下一跳信息，与原 BGP 的下一跳属性的内容相同。

（3）NLRI：如果在 Address-family 区域中指明采用的地址簇是 VPNv4 地址簇，那么该处的格式将包含两个部分，第一部分是私网标签，是一个 MPLS 标签值；第二部分是一个 VPNv4 地址，其格式是 RD＋IPv4 地址。VPNv4 地址的这种格式是为了满足 BGP/MPLS VPN 组网中传递私网路由的需要。

MP_UNREACH_NLRI 属性代替原 BGP 更新消息中的 Withdrawn Routes，格式如图 16-17 所示。它包括两个部分，Address-family 和 Withdrawn Routes，其中增加的 Address-family 与 MP_REACH_NLRI 属性中的 Address-family 形式完全相同，Withdrawn Routes 中的地址前缀的地址类型由 Address-family 的内容来决定。如在 BGP MPLS VPN 的应用中，Address-family 将指示地址簇为 VPNv4 地址簇，而 Withdrawn Routes 区域的地址就会是 VPNv4 地址，格式为 RD＋IPv4 地址。

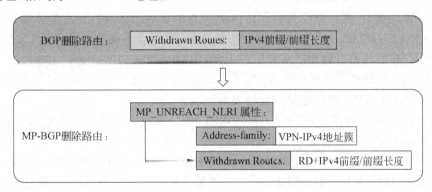

图 16-17　MP_UNRECH_NLRI 属性

## 16.5.2　Route Target 属性

MP-BGP 的最后一个改动是增加了一个扩展团体属性（Extended_Communities），这个属性的最主要内容就是 RT（Route Target）即路由目标，通常都被称为 RT 属性。

扩展团体属性的格式如图 16-18 所示。当 BGP 属性类型域的值为 0x0002 或者为 0x0102 时，标识为 RT 属性。这两种类型值代表两种不同的 RT 格式，通常由用户根据自己的使用习惯来决定使用哪种格式。

| TYPE(2字节) | Administrator Field | Assigned Number Field |
|---|---|---|
| 0x0002 | 2字节AS号 | 4字节分配编号 |
| 0x0102 | 4字节IP地址 | 2字节分配编号 |
| 0x0102 | 4字节AS地址 | 2字节分配编号 |

| TYPE(2字节) | Administrator Field | Assigned Number Field |
|---|---|---|
| 0x0002 | 2字节AS号 | 4字节分配编号 |
| 0x0102 | 4字节IP地址 | 2字节分配编号 |

图 16-18　Route Target

0x0002 类型的 RT 格式为 2 字节的 AS 号加上 4 字节的用户自定义数字,如 100∶1、200∶1 等。其中 100、200 通常为 BGP 的 AS 号,当然不是必需的,用户可根据理解的方便进行配置;而后面的 1、2 通常是 VPN 编号,表示不同的 VPN。

0x0102 类型的 RT 格式为 4B 的 IP 地址加上 2 字节的用户自定义数字,如 192.168.1.1∶1、202.1.1.1∶2 等。前面的 IP 地址通常为 PE 设备的 Router ID,当然也不是必需的,用户可根据理解的方便进行配置;后面的 1、2 是 VPN 编号,用于表示不同的 VPN。

0x0202 类型的 RT 格式为 4 字节的 AS 号加上 2 字节的用户自定义数字,如 65536∶1、65537∶2 等。其中的自治系统号最小值为 65536,用户可根据理解的方便进行配置;后面的 1、2 通常是 VPN 编号,用于表示不同的 VPN。

RT 属性的本质是为每个 VPN 实例表达自己的路由取舍及喜好,RT 属性分为两个部分: Export Target 属性和 Import Target 属性,在 PE 上定义某一个 VPN 时,需要给这个 VPN 设计并配置 RT 属性值。MP-BGP 在 PE 间交互私网路由时,需遵循如下的规则。

(1) 在 PE 设备上,发送某一个 VPN 用户的私网路由给其 BGP 邻居时,需要在 MP-BGP 的扩展团体属性区域中增加该 VPN 的 Export Target 属性。

(2) 在 PE 设备上,需要将收到的 MP-BGP 路由的扩展团体属性中所携带的 RT 属性值,与本地每一个 VPN 的 Import Target 属性值相比较,当这两个值存在交集时,就需要将这条路由添加到该 VPN 的路由表中。

通过以上规则,能够实现同一个 VPN 用户的路由进行交互,而不同 VPN 的用户路由不能交互,也就控制了 VPN 用户之间的互访关系。

RT 的设计使采用 BGP/MPLS VPN 技术的 VPN 站点之间的互访关系的控制变得非常灵活。RT 实际上是一个属性列表,可以配置多个 RT Export Target 和 Import Target 属性值。在发送时,MP-BGP 会携带所有的 Export Target 属性值,而在接收时,MP-BGP 将接收到路由信息里携带的 RT Export Target 值与本地 VPN 的 Import Target 属性值进行比较。比较时采用的是“或”操作,也就是说,是只要这两个列表存在交集,该路由就可以被该 VPN 接收。通过以上的实现方式,可以使 VPN 的互访关系非常的灵活多样。

依靠 RT 属性的这一特点,可以控制同一个 VPN 用户的不同站点之间不单单是简单的完全可互访关系,还可以是图 16-19 所示的 Hub-spoke 模式,也可以使不同的 VPN 用户在某些特殊的分部位置可以与其他的 VPN 用户互通,如图 16-19 所示的 Extranet 模式。下文以 Hub-spoke 模式分析一下其具体实现过程。

Hub-spoke 模式是一种 VPN 用户的特殊互访模式。这种互访关系要求,用户的总部可以与其每一个分部进行互通,而该 VPN 用户的每一个分部之间禁止互相访问。BGP/MPLS VPN 可以通过 RT 的设计轻松满足用户的这一需要,而不需要像传统 VPN 那样通过大量的访问控制列表实现。

在图 16-19 所示的例子中,在用户总部接入的 PE 设备上,为某 VPN 配置 RT 的 Import Target 值为 100∶2,Export Target 值为 100∶1;而在每个分部接入的 PE 上,为该 VPN 配置 RT 的 Import Target 值为 100∶1,Export Target 值为 100∶2。以这样的 RT 设计可以发现,当分部 PE 将该 VPN 的路由发送给总部 PE 时,会在 MP-BGP 路由信息中携带 RT 属性值 100∶2,总部 PE 收到该路由后,发现与本地该 VPN 的 Import Target 属性值相同,于是将路由加入该 VPN 的路由表中。而当总部 PE 将该 VPN 路由发送给各个分部 PE 时,会在 MP-BGP 路由信息中携带 RT 属性值 100∶1,各个分部 PE 收到该路由后,发现与本地该 VPN 的 Import Target 的属性值相同,于是将路由加入该 VPN 的路由表中。这样,各个分部与总部之

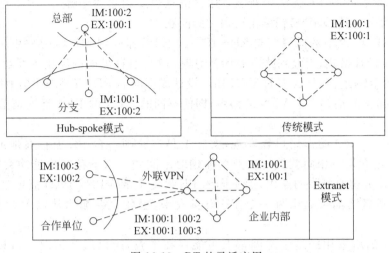

图16-19 RT的灵活应用

间可以完成路由交互,实现互通,总部可以访问各个分部,各个分部也均能访问总部。而如果一台分部PE将该VPN的路由发送给另一分部的PE时,也会在MP-BGP路由信息中携带RT属性值100:2,另一分部PE路由器收到该路由后,对比发现与本地该VPN的Import Target的属性值100:1不同,则路由不能加入该VPN的路由表中,因此每个分部PE之间无法完成路由交互,自然各个分部之间也就无法互通。

这种通过RT来控制路由的交互,从而控制VPN用户之间甚至VPN内部的互访关系的办法,非常灵活,可以根据用户的需求进行规划。而在用户的互访关系发生变化时,也可以通过修改RT的配置进行灵活的变更,而不需要中断VPN用户的业务。相对传统VPN技术的采用访问控制列表控制互访的方法,通过RT通知的BGP/MPLS VPN技术实现安全可靠且不会影响路由器转发的性能。VPN的互访关系灵活可控也是BGP/MPLS VPN技术相对传统VPN技术的优势之一。

### 16.5.3 RD前缀

MP-BGP为了能够传递BGP/MPLS VPN私网路由,设计了一个VPNv4地址簇,这个地址簇的格式是RD+IPv4地址,也就是在普通的IPv4地址前面加了一个被称为RD的前缀。

RD(Route Distinguisher)值是为了标识该路由信息所属的VPN,一共有48位。在定义一个VPN时,除了要为该VPN设计RT属性外,还要为该VPN设计一个RD值。每个VPN只能配置一个RD值,其格式有以下三种。

(1) 16位自治系统号(AS Number)加上32位用户自定义数值。例如,100:1。

(2) 32位IP地址加上16位用户自定义数值。例如,172.1.1.1:1。

(3) 32位自治系统号(AS Number)加上16位用户自定义数值。例如,65536:1。

用户可以根据自己的使用习惯或表达需要来决定使用哪一种RD格式。

在MP-BGP中,由RT来控制VPN之间的互访,当一条路由抵达PE时,PE可根据该路由所携带的RT属性判断该路由应该被学习到本地哪一个VPN的路由表。而RD前缀的目的在于撤销路由时使用。在BGP中规定,BGP在发布路由撤销消息时,将不会携带路由属性域,目的是减少路由撤销消息的报文大小,降低BGP路由协议占用的网络资源。在普通的BGP里,撤销消息不携带路由属性可以满足应用;但在MP-BGP中,发送路由撤销消息时,因无法携带 RT 属性,出现 PE 无法判断这条撤销消息想要删除的是哪个 VPN 的路由。RD 的目的就是用于解决 MP-BGP 撤销路由时遇到的问题。

在 MP-BGP 里,路由的前缀变成 RD+IPv4。当 PE 接收到 MP-BGP 路由时,路由表中的表项是 VPNv4 地址格式;当收到路由撤销消息时,撤销消息里面的路由前缀也是 VPNv4 的格式,也会带着 RD,这样,只要不同 VPN 用户设计成不同的 RD,就可以明确地区分出该路由撤销消息想要撤销的是哪一个 VPN 的路由,即使不同的 VPN 的 IPv4 地址是重叠的,也能够明确地区分。

进一步理解了 RD 的作用可以发现,实际上只需要同一台 PE 上存在地址冲突的两个 VPN 的 RD 值配置得不相同就能解决路由撤销时的问题。当不存在地址冲突时,通过 IPv4 地址的不同就能分辨要删除的路由;而不同的 PE 设备上的 VPN 的 RD 值更是不存在关系,因为 PE 能判断撤销消失是由哪一个 PE 设备发来,也就只会删除从该 PE 设备学习到的路由。

不同 VPN 的所采用的地址空间都有可能存在重叠,所以通常情况下,PE 要为每一个 VPN 用户设计一个本地唯一的 RD 值,避免可能发生的地址冲突。

需要强调的是 RD 前缀的作用只是发生在路由撤销时,RD 是否相同并不决定路由的取舍,也不能控制 VPN 用户的互访关系,路由的取舍完全由 RT 属性来决定。

理解了 RD 前缀再来看 VPNv4 的地址就更为清晰了,VPNv4 的地址与普通的 IPv4 的地址相比,结构如图 16-20 所示,前面多 8 个字节的 RD。

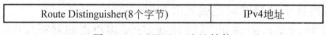

| Route Distinguisher(8个字节) | IPv4地址 |

图 16-20　VPNv4 地址结构

需要说明的是,VPNv4 地址只是存在于 MP-BGP 的路由信息和 PE 设备的私网路由表中,也就是出现在路由的发布学习过程中,在 VPN 数据流量穿越供应商骨干时,包头中没有携带 VPNv4 地址。在用户业务的数据包中,并没有改变 IP 头的结构,将报文 IP 地址区域改成 VPNv4 地址,如果这样就需要更改路由器数据转发的实现了,因为需要去识别一种新的地址格式。

## 16.5.4　MPLS 私网 Label

RT 属性和 RD 前缀顺利解决了私网路由的学习和撤销中存在的问题,然而因为 VPN 地址的冲突在数据转发过程也将遇到困难。试想一个用户的私网报文通过 MPLS 隧道抵达了出口的 PE 设备,PE 需要查询报文的目的 IP 地址,根据本地私网路由表进行转发。但问题在于,在该 PE 上可能接入了多个 VPN,这些 VPN 的地址可能是重叠的,报文的目的地址可能在本地的多个 VPN 的私网路由表中都存在,此时,PE 将无法决定该按照本地的哪一个 VPN 私网路由表进行转发。

要解决上述问题,就需要在数据报文中增加一个标识,以帮助 PE 判断该报文是去往本地的那个 VPN。此时最快联想到的就是采用已经设计出来的 RT 或者 RD 来完成这个任务,然而如果在普通的 IP 报文中增加 RT 或者 RD 将创造出一种新的报文格式,PE 设备将需要升级以支持这种格式的报文转发;此外 RD 有 8 个字节,RT 是一个更大的属性列表加在报文里面将占用网络带宽资源。因此这个位置采用 RD 和 RT 并不是好的选择,相反 MPLS 的标签成为这个位置的最佳选择。

PE 设备将本端的私网路由发往对端 PE 时,为该路由分配个私网 MPLS 标签值,存放在

MP_REACH_NLRI 属性内发给对端,其格式上文已经说明。对端 PE 在接收到该路由以后,将路由中携带的 MPLS 私网标签值与该路由同时保存下来。当在对端 PE 上有数据包根据这条路由发往 PE 时,则在 IP 地址前先压上这个私网 MPLS 标签,再进入 MPLS 公网隧道。报文抵达 PE 以后,PE 检查收到的报文就会发现该 MPLS 标签值,根据该标签值,也就能清楚地知道该报文是依照本地哪个 VPN 的路由转发而来,从而决定按照哪个 VPN 的路由表将该数据转发给对应的 VPN 用户。

私网数据为了穿越公网,需要进入 MPLS 的公网隧道进行转发,也就是需要在报文的前面压上 MPLS 标签。而按照上文所述报文进入公网隧道前需要先加上的标识报文所属 VPN 的 MPLS 标签,因此就需要在报文前面有两层 MPLS 标签。为了在理解上加以区分,将实现公网隧道时所采用的 MPLS 标签称为 MPLS 公网标签,而将实现标识报文所属 VPN 的 MPLS 标签称为 MPLS 私网标签。MPLS 公网标签和私网标签的组成或外观等并没有什么区别,他们的区别在于在报文的转发过程中发挥不同的作用。实现在 IP 报文前压上两层 MPLS 标签依赖于 MPLS 技术本身就考虑支持了标签的嵌套,可见 MPLS 支持标签的嵌套是其可以应用于 VPN 技术的关键。

至此,MP-BGP 协议相对普通 BGP 协议的所有扩展及这些扩展的作用都已经说明,其中 RT 属性、RD 前缀和 MPLS 私网标签是最关键的三个扩展内容,它们分别在私网路由的学习、私网路由的撤销和私网数据的转发过程中发挥着重要的作用。

## 16.6　BGP/MPLS VPN 基本原理

### 16.6.1　公网隧道建立

BGP/MPLS VPN 的实现分为以下四个步骤。

(1) 公网隧道的建立。

(2) 本地 VPN 的建立。

(3) 私网路由的学习。

(4) 私网数据的转发。

前面三个步骤是第(4)步私网数据转发的基础,首先第一步就是公网隧道的建立。在 BGP/MPLS VPN 技术中,选用了 MPLS 技术来建立 VPN 用户的公网隧道。

如图 16-21 所示,是 BGP/MPLS VPN 的典型组网,VPN1 和 VPN2 是接入在公网上的两个 VPN 用户,他们各自拥有两个分部,分别接入在公网的 PE1 和 PE2 设备上。要求 VPN1 的各个分部之间能够互访,也就是图 16-21 的 CE1 和 CE3 可以互通,VPN2 的各个分部之间

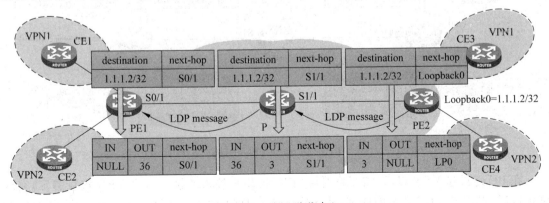

图 16-21　公网隧道建立

也能够互相访问,即 CE2 和 CE4 可以互通,相反 VPN1 和 VPN2 的用户之间不能互访,且 VPN1 和 VPN2 的用户私网地址空间可能重叠。

为了能让 VPN 的私网数据能够穿越公网进行互访,需要在他们的接入公网设备也就是 PE1 和 PE2 之间建立起 MPLS 隧道,如图 16-21 所示,以从 PE1 访问 PE2 的方向为例,需要建立起抵达 PE2 的 MPLS LSP。

按照 MPLS 技术的原理,首先需要公网上有抵达 PE2 的路由,如图 16-21 所示,P 和 PE1 均学习到了 PE2 的 Loopback 地址 1.1.1.2/32 的路由。此时如果 PE1、P 和 PE2 均使能了 MPLS 功能和 MPLS 标签分配协议,就会在 PE1、P 和 PE2 上形成针对 1.1.1.2/32 这条路由的标签转发表。此时,如果有数据从 PE1 去访问 PE2 即访问 1.1.1.2,就会按照标签转发表进行转发,在公网中间的 P 设备上,不需要再检查报文 MPLS 标签内部的目的 IP 地址,就可以完成报文的转发,也就建立起了 PE1 访问 PE2 的 MPLS 隧道。当然,从 PE2 访问 PE1 的 MPLS 隧道的建立过程,与上述过程完全对称,这里就不再赘述。

## 16.6.2 本地 VPN 的建立

实现 BGP/MPLS VPN 技术的第二步是建立本地的 VPN,也就是在每一台 PE 设备上,根据接入的 VPN 用户的需求,为该 VPN 用户建立一个 VRF,并且完成 PE 设备与其本地的 VPN 用户网络的互通。

本地 VPN 的建立,是 BGP/MPLS VPN 规划的关键,在 PE 上设立一个 VPN 需要为该 VPN 设计 RD 和 RT。RD 的设计比较简单,只要确保该 RD 值在本 PE 设备上唯一。而 RT 的设计通常会比较复杂,它决定了用户的互访关系。在图 16-22 所示的组网中,互访关系比较简单,要求 VPN1 用户内部互通,VPN2 用户内部互通,VPN1 和 VPN2 用户隔离。所以可以按照图 16-22 来设计这两个 VPN 的 RD 和 RT 值,即在 PE1 和 PE2 上均为 VPN1 用户设计 RD 值 100：1,RT 值 Import Target：100：1,Export Target：100：1,而为 VPN2 用户设计 RD 值 200：1,RT 值 Import Target：200：1,Export Target：200：1。根据 MP-BGP 的实现原理,可以发现 PE1 和 PE2 上 VPN1 用户的路由可以交互,VPN2 用户的路由也可以交互,相反 VPN1 用户无法接受 VPN2 用户的路由,且 VPN2 用户也无法接受 VPN1 用户的路由,满足用户的互访需求。

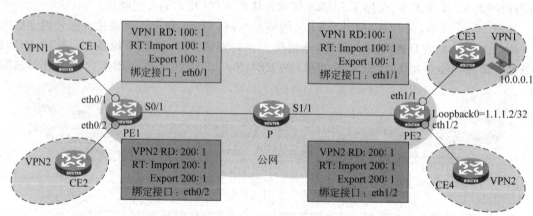

图 16-22　本地 VPN 的建立

在 PE 建立起 VPN 以后,需要将对应的 VPN 用户接入的接口与该 VPN 进行绑定,完成绑定以后,根据多 VRF 技术的原理,从该接口进入 PE 的报文,将只能访问对应的 VPN 的路由表进行转发,而完全无法感知其他 VPN 的路由表,也就不用担心 VPN1 和 VPN2 的地址空间冲突。

　　只将接口与 VPN 进行绑定,并没有最终完成本地 VPN 的建立,还需要 PE 设备与本地的 VPN 用户完成私网路由的交互,这样才能让接入 PE 上的 VPN 用户知道 PE 是通往其他分部的出口。

　　如图 16-23 所示,PE2 设备需要与 CE3 之间进行路由交互,路由交互可以采用各种路由协议,这些路由协议在 PE2 上需要与 VPN1 进行绑定,这样才能将学习到的路由信息存入 VPN1 的路由表,不与其他 VPN 相混淆。图 16-23 的例子中选用 OSPF 路由协议,其进程 1 在 PE2 上与 VPN1 进行绑定。需要说明的是,路由协议的实例与进程一样,只有本地意义,作为 VPN 的内部用户设备,如 CE3 并不需要感知到 VPN 的存在,也不需要运行路由协议的多实例,只是普通的路由协议就可以。

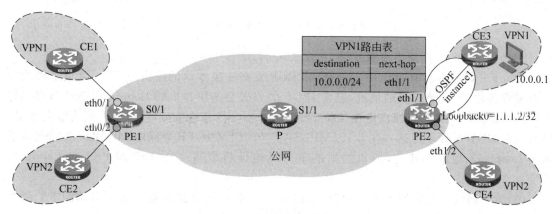

图 16-23　PE 上的本地私网路由学习

　　PE2 和 CE3 之间的路由协议邻居建立成功后,PE2 就可以学习到本地的 VPN1 用户的路由信息,如图 16-23 所示,在 PE2 的 VPN1 的路由表里面,出现了 CE3 下连的某一网段 10.0.0.0/24 这条路由。

　　所有的 PE 设备与接入它的所有 VPN 用户之间都要进行上述的路由交互的过程,交互时可以选用各种路由协议,如静态、OSPF、RIP、IS-IS 等。

### 16.6.3　私网路由的学习

　　完成了本地 VPN 的建立,BGP/MPLS VPN 实现开始了最关键的一个步骤,也就是私网路由的学习过程,这个过程的主角是 MP-BGP 协议,它的目的是将 PE 设备在本地 VPN 的建立过程中学习到的本地的私网路由信息通过 MP-BGP 协议传递给对端 PE 设备,并且根据用户的 VPN 互访关系的设计,将这些路由信息存放在对端 PE 设备的正确的 VPN 路由表中。

　　私网路由的学习可以分为两个部分来看,第一步是本地路由的封装,也就是按照 MP-BGP 协议的原理,在本端 PE 上对即将传递给对端的私网路由进行一系列的准备工作,最终封装成一个 MP-BGP 路由更新消息,发送给对端。

　　如图 16-24 所示,PE2 将从 CE3 学习到的 10.0.0.0/24 这条路由,引入了 MP-BGP 要求将其发送给 BGP 邻居,这时按照 MP-BGP 原理,形成了一条 MP-BGP 路由更新消息,包含以下信息。

　　(1)VPNv4 的路由前缀:RD+IPv4 地址/掩码。根据在本地 VPN 建立过程中 RD 的设

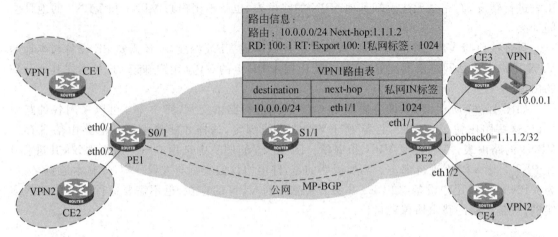

图 16-24　PE 上的本地路由封装

计，RD 值填上 100∶1，路由前缀就是 10.0.0.0/24。

　　(2) 下一跳地址：根据 BGP 的原理，当 BGP 发布一条本地的路由时，下一跳地址将填写与对端设备建立 BGP 邻居的地址，通常 IBGP 的邻居会选用本机的 Loopback 地址与对端建立邻居，以确保 BGP 邻居的稳定性(Loopback 地址不会像普通接口地址那样，因为链路故障，导致接口 DOWN 而不可达)，在 BGP/MPLS VPN 的组网中，PE 之间的 MP-BGP 邻居都要求采用 Loopback 地址来建立，所以这里的下一跳地址将填写 1.1.1.2 即 PE2 的 Loopback 地址。

　　(3) RT 属性：根据 MP-BGP 原理，通过 MP-BGP 路由更新消息传送给对端的 RT 属性是本地 RT 设计的 Export Target 值，这里将填写 100∶1。

　　(4) 私网标签：根据 MP-BGP 原理，需要为发往 BGP 邻居的私网路由分配一个私网标签，这是一个随机值，只要不与为其他路由分配的 MPLS 标签相冲突即可，如图 16-25 所示，随机分配一个 MPLS 私网标签值为 1024。

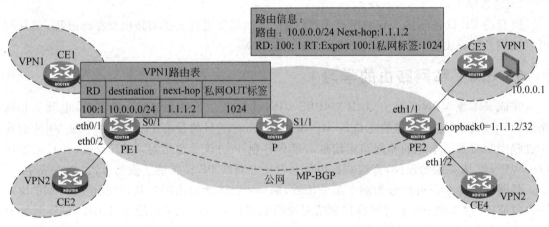

图 16-25　PE 通过 MP-BGP 学习私网路由

　　以上这些信息将按照上文所介绍的 MP-BGP 更新消息的格式，组装成一个 MP-BGP 更新消息，这就完成了私网路由的本地封装过程。

　　完成的私网路由的本地封装后，当 PE 设备之间建立起 MP-BGP 邻居关系，这条路由信息就会发布给对端 PE 设备,如图 6-25 所示,10.0.0.0/24 这条路由从 PE2 传递给 PE1,PE1 收到这条路由信息后,将根据 MP-BGP 的原理,学习这条私网路由,学习过程将包括以下几个步骤。

(1) 比较 RT 属性值决定加入哪些 VPN 的路由表:根据 MP-BGP 原理,PE 设备收到 MP-BGP 路由后,检查路由信息所携带 RT 值,与本地各个 VPN 的 RT 的 Import Target 值相比较,当存在交集时,则将该路由信息加入该 VPN 的路由表,如图 16-25 所示的例子,10.0.0.0/24 这条路由将被加入 PE1 的 VPN1 的路由表。

(2) 记录路由信息:记录路由信息包括记录该路由的前缀(RD+IPv4 前缀),下一跳信息以及私网标签,如图 16-25 所示,10.0.0.0/24 这条路由被记录在 PE1 的 VPN1 的路由表中。

(3) 发布给本地 VPN:通过 MP-BGP 学习到的路由信息,需要通过 PE 和本地接入 VPN 的 CE 设备之间的路由交互,发布给本地的 CE 设备,最终的用户才能知道其他分部的路由信息。如图 16-25 所示 10.0.0.0/24 这条路由信息将通过 PE1 和 CE1 之间的路由交互,发布给 CE1。

完成了公网隧道的建立,本地 VPN 的建立,私网路由的学习,BGP/MPLS VPN 的网就已经搭建完成,此时私网 VPN 用户不同的分部之间就可以互相访问。

## 16.6.4 私网数据的传递

BGP/MPLS VPN 技术原理的最后一部分就是私网数据传递的过程,图 16-26 以 CE1 下面的用户 PC1 访问 CE3 下面的用户 PC3 为例,体验这个过程。

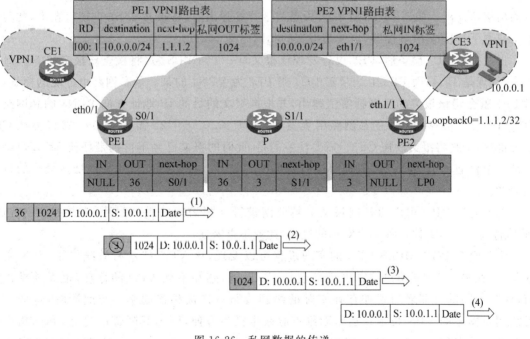

图 16-26 私网数据的传递

首先,PC1 发出一个访问 10.0.0.1 即 PC3 的报文,该报文抵达 CE1 后,CE1 检查路由表发现下一跳指向 PE1。报文会从 PE1 的 eth0/1 接口进入 PE1 设备。因为 PE1 的 eth0/1 接口与 VPN1 相绑定,该报文将只能查询 VPN1 的私网路由表进行转发,根据报文的目的地址,将匹配到 10.0.0.0/24 这条私网路由,因此需要为该报文加上一个私网标签 1024,并转发给下一跳 1.1.1.2。下一跳 1.1.1.2 并不是一个直接的出口,PE1 需要进行路由的迭代,在 BGP/MPLS VPN 的实现中,此处将自动迭代到公网路由表进行转发。因为 PE1 上使能了 MPLS 转发,此时 PE1 发现已经存在一个抵达 1.1.1.2 的标签转发表,该报文需要进行 MPLS 转发,于是按照该标签转发表项,为报文再压上标签 36,并将报文从 S0/1 接口发送出去。

如图 16-26 所示报文连续被压了两层 MPLS 标签,先压的标签是 MPLS 私网标签,也称为内层标签,如 1024;后压的标签是 MPLS 公网标签,也称为外层标签,如图 16-26 所示的 36。

报文从 PE1 的 S0/1 接口发出后,将抵达 P 设备,P 设备使能了 MPLS,会发现该报文是一个 MPLS 包,它将根据报文的 MPLS 标签值进行转发。P 设备首先看到的是报文的外层标签,根据外层标签检查标签转发表。P 设备找到对应的表项后,就可以根据表项进行转发,无须再检查报文外层标签内部的其他内容,即既不会去解读报文的私网标签,更不会去查看私网报文的目的 IP 地址。所以 P 设备也不需识别报文的私网标签和私网 IP 地址,这也就是隧道的效果。图 16-26 中只有一台 P 设备,实际组网中可能存在很多台 P 设备,所有 P 设备的数据转发过程都是相同的,都只需要检查报文的外层标签。

当 P 设备根据标签转发表进行报文的转发时,执行 MPLS 的 SWAP 动作,也就是将报文的外层标签值更换成对应的标签转发表的 OUT 标签值,如图 16-26 所示 P 设备将报文的外层标签值换成 3。根据 MPLS 倒数第二跳弹出的原理,标签值 3 代表一个特殊含义,也就是该 P 设备是该 LSP 的倒数第二跳设备,它需要将 3 标签弹出,再将报文根据标签转发表项从对应的出接口发出。如图 16-26 所示,P 设备将 3 标签弹出后,将报文从 S1/1 接口发出,此时的报文只剩下一层 MPLS 标签,也就是报文的私网标签 1024。

报文抵达 PE2 设备后,PE2 设备发现该报文是一个 MPLS 包,将检查该报文的 MPLS 标签值,发现是 1024,而 PE2 上记录着 1024 是 PE2 为 VPN1 的某一条私网路由分配的标签,此时 PE2 就会将该报文的私网标签值弹出,并根据报文的目的 IP 地址查询 VPN1 的私网路由表进行转发。检查 VPN1 的私网路由表发现,访问 10.0.0.0/24 需从 eth1/1 接口去往 CE3 方可抵达,于是将报文发往 CE3。需要注意的是,此时的报文已经不再携带任何 MPLS 标签,而是一个普通的 IP 包,CE3 只需进行普通的 IP 转发,报文就可以顺利地抵达最终的目的地 PC3。

以上就是 VPN 用户的私网报文穿越公网进行互相访问的整个过程,如果是 PC3 访问 PC1,将是一个与上述过程完全对称的过程,此处不再赘述。

纵观整个 BGP/MPLS VPN 的实现过程可以发现,该 VPN 技术有效减轻了 VPN 用户的负担,在整个 VPN 用户的私网内部包括 CE 设备,感知不到 VPN 的存在,也无须维护隧道,而其不同的分部之间就如存在实际的物理线路一样被相连起来。与此同时,这样一个无须用户操心的 VPN 技术在运营商维护起来也极为方便,因为其隧道的建立,私网路由的学习都是动态的,运营商只需要根据用户的互访需求为各个 VPN 设计 RD 和 RT 值就可以,而且通过 RT 值的设计,运营商可以满足用户丰富多彩的 VPN 互访关系需求。当然以上的这些都是传统的 VPN 技术所无法比拟的,这也正是 BGP/MPLS VPN 技术得以盛行的原因。

# 16.7　本章总结

(1) 了解 BGP/MPLS VPN 技术背景。

(2) 理解 MPLS 技术隧道应用。

(3) 掌握多 VRF 技术和 MP-BGP 技术原理。

(4) 理解 BGP/MPLS VPN 实现过程。

# 16.8　习题和答案

## 16.8.1　习题

(1) BGP/MPLS VPN 技术与传统 VPN 技术相比,下列描述正确的是(　　)。

    A. BGP/MPLS VPN 实现隧道的动态建立,无须手工创建 VPN 隧道

    B. BGP/MPLS VPN 每增加一个 VPN 用户,需要增加对应的隧道配置

    C. BGP/MPLS VPN 私网路由易于控制,可以支持更灵活的 VPN 互访关系

    D. BGP/MPLS VPN 解决了本地地址冲突问题,多个 VPN 用户可共享接入设备

(2) 下列可以作为隧道使用的技术有(　　)。

    A. GRE　　　　　　　　B. IPSec　　　　　　C. MPLS　　　　　　D. BGP

(3) 使能多 VRF 技术的路由器,每一个 VRF 将(　　)。

    A. 拥有独立的接口　　　　　　　　　B. 拥有独立的路由表

    C. 拥有独立的路由协议　　　　　　　D. 拥有独立的 CPU

(4) MP-BGP 路由协议相对 BGP 路由协议增加了的内容包括下列(　　)。

    A. MP_REACH_NLRI 属性　　　　　　B. MP_UNREACH_NLRI 属性

    C. Next-hop 属性　　　　　　　　　　D. Extended_Communities 属性

(5) 下列关于 RT 的描述正确的是(　　)。

    A. RT 包含 Export Target 属性和 Import Target 属性

    B. RT 是配置使能 MP-BGP 路由协议后自动生成的

    C. MP-BGP 路由协议会将本地 VPN RT 的 Import Target 携带在路由信息里面发给 BGP 邻居

    D. 当收到的 MP-BGP 路由中携带的 RT 值与本地 VPN 的 Import Target 属性存在交集时,该路由就会被添加到该 VPN 的路由表

(6) 下列关于 RD 的描述错误的是(　　)。

    A. RD 主要用于撤销路由时区分该撤销哪个 VPN 的路由

    B. 不同的 PE 设备在为不同的 VPN 配置 RD 值时是无须考虑是否相同的

    C. 某一台 PE 设备在为不同的 VPN 配置 RD 值时是无须考虑是否相同的

    D. 不同的 PE 设备在为同一个 VPN 配置 RD 值时是无须考虑是否相同的

(7) 下列内容会出现在 BGP/MPLS VPN 网络的私网报文数据转发过程中的是(　　)。

    A. RT　　　　　　　　　　　　　B. 公网 MPLS 标签

    C. 私网 MPLS 标签　　　　　　　D. RD

(8) BGP/MPLS VPN 网络中,MPLS 使能了倒数第二跳弹出技术,那么与目的网络相连的 PE 设备收到的私网报文携带(　　)层 MPLS 标签。

    A. 0　　　　　　　　B. 1　　　　　　　C. 2　　　　　　　D. 3

（9）BGP/MPLS VPN 网络中关于私网标签和公网标签的描述正确的是（　　）。

A. 都是 MPLS 标签

B. 都是 MPLS LDP 分配的

C. 同一台设备分配出的公网标签和私网标签值一定不相同

D. 私网标签值是手工配置的，公网标签值是动态分配的

## 16.8.2　习题答案

（1）A、C、D　　（2）A、C　　（3）A、B、C　　（4）A、B、D　　（5）A、D　　（6）B、C

（7）B、C　　（8）B　　（9）A、C

# 第17章

# BGP/MPLS VPN配置与故障排除

理解了 BGP/MPLS VPN 的基本原理以后,掌握 BGP/MPLS VPN 技术的配置将是一件非常容易的事。BGP/MPLS VPN 技术的配置步骤与其实现原理互相对应,其故障排查的思路也完全来源于其实现原理。

## 17.1 本章目标

学习完本章,应该能够达到以下目标。

(1) 掌握 BGP/MPLS VPN 配置步骤。

(2) 掌握 BGP/MPLS VPN 主要配置命令。

(3) 理解 BGP/MPLS VPN 故障排查思路与步骤。

## 17.2 BGP/MPLS VPN 的配置思路

从 BGP/MPLS VPN 的实现上来看,可以分为公网 MPLS 隧道、本地 VPN 以及 MP-BGP 三大部分。BGP/MPLS VPN 的配置与这三大部分互相对应,也分为以下三个步骤。

第 1 步,配置公网隧道:就是首先在公网上使能 MPLS,建立公网隧道。

第 2 步,配置本地 VPN:要根据用户 VPN 的互访关系,设计本地 VPN。

第 3 步,配置 MP-BGP:在 PE 之间建立其 MP-BGP 邻居,传递私网路由。

## 17.3 BGP/MPLS VPN 配置命令

### 17.3.1 配置公网隧道

在配置公网隧道时,有以下三个关键配置。

(1) 配置该 LSR 设备的 LSR ID:LSR ID 的格式是一个 IP 地址,它将用来在 MPLS 网络中标识这台 LSR 设备。所以要求 LSR 设备的 LSR ID 在 MPLS 网络中唯一,通常会选用 LSR 的 Loopback 地址作为其 LSR ID。配置方法非常简单,在系统模式下使用 **mplslsr-id** *lsr-id* 命令配置。

(2) 使能 LDP:这一步的配置是要将一台普通的路由器,转变成一台可以处理 MPLS 报文,可以进行 MPLS 标签分配的路由器。使能的标签分配协议由用户选用的标签分配协议来决定,不一定是 LDP 协议,此处以 LDP 为例,给出配置案例,该部分配置内容也在系统模式下。命令如下。

```
mpls
mpls ldp
```

(3) 接口下使能 MPLS 和 LDP:具体使能某一接口的 MPLS 报文处理能力和 LDP 标签分配功能。系统模式下使能 MPLS 和 LDP 是接口使能对应功能的前提,只有具体接口使能了 MPLS 和 LDP,该接口才能处理 MPLS 报文。接口视图下使用如下命令。

```
interface interface-type interface-number
mpls enable
mpls ldp enable
```

完成上述配置后,如果网络中已经有对应的某一网段的路由,就能自动形成对应的标签转发表项,从而形成对应的隧道。

### 17.3.2　配置本地 VPN

配置 BGP/MPLS VPN 的第二步是要建立本地 VPN,这部分的配置包含两个重要的部分,第一部分是根据用户 VPN 互访关系的要求,给对应的 VPN 设计 RT、RD 等参数,并在 PE 上配置该 VPN;第二部分是将用户接入 PE 的接口与对应的 VPN 进行绑定,并启动路由协议多实例完成 PE 和 CE 之间的本地私网路由交互。

所以这部分的关键配置有如下几步。

**1. 创建一个 VPN**

其中 VPN 的名称是一个任意字符,可以根据用户的特点进行命名,建议尽可能考虑能从名称上识别是哪个用户,以方便维护。相关命令如下。

```
ipvpn-instance vpn-instance-name
```

**2. 配置 RD 和 RT**

这部分首先要根据用户互访需求进行规划,规划完成后方可将规划的 RT 和 RD 值配置在该 VPN 视图下。相关命令如下。

```
route-distinguisher route-distinguisher
vpn-target vpn-target &<1-8>[ both | export-extcommunity | import-extcommunity ]
```

**3. 配置接口与 VPN 绑定**

将用户接入的接口与对应的 VPN 进行绑定,方法只需要在对应的接口下配置绑定命令。相关命令如下。

```
interface interface-type interface-number
ip binding vpn-instance vpn-instance-name
```

**4. 配置 PE 与 CE 之间的路由协议**

其中在 PE 一侧需要将对应的路由实例与对应的 VPN 进行绑定,下面是以 OSPF 在 PE 侧的配置为例,将 OSPF 某一进程与某一 VPN 进行绑定。相关命令如下。

```
ospf [ process-id | router-id router-id | vpn-instance vpn-instance-name ]
```

### 17.3.3　配置 MP-BGP

配置 BGP/MPLS VPN 的最后一步是要在 PE 之间建立器 MP-BGP 邻居,这部分的关键配置只是需要在 PE 之间建立普通 BGP 邻居的基础上,使能他们之间交互 VPNv4 路由的能力即可。配置方法如下所示,在 BGP 视图下,进入 VPNv4 地址簇,并在该地址簇视图下,使能需要交互 VPNv4 路由的邻居。相关命令如下。

```
ipv4-family vpnv4
peer { group-name | ip-address } enable
```

## 17.4  BGP/MPLS VPN 配置示例

### 17.4.1  网络环境和需求

下文将以一个具体的组网案例为例,讲解 BGP/MPLS VPN 的配置步骤。如图 17-1 所示是 BGP/MPLS VPN 的一个典型组网。现实组网中,公网通常存在大量的 P 和 PE 设备,本案例进行了简化,假设公网只有 3 台设备,PE1、P 和 PE2,其中 PE1 和 PE2 上分别接入了两个用户,用户 1、用户 2 和用户 3、用户 4。根据各个用户的要求,用户 1 与用户 3 同属 VPN1 需要进行互通;用户 2 与用户 4 同属 VPN2 也需要进行互通;而 VPN1 和 VPN2 完全隔离,不能互访。

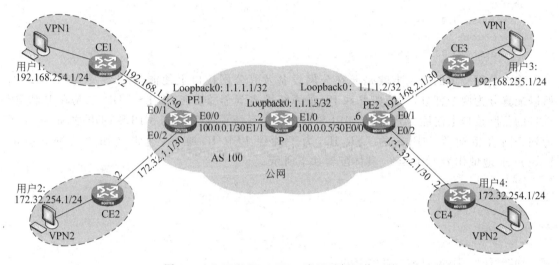

图 17-1  BGP/MPLS VPN 配置示例网络环境

### 17.4.2  配置 BGP/MPLS VPN 公网隧道

按照 BGP/MPLS VPN 的配置思路,首先在公网上配置 MPLS 公网隧道,该部分配置包括两个部分。

(1) 在公网上使能某种 IGP 路由协议,使公网设备之间 IP 互通。

(2) 在公网的 P 和 PE 设备上使能 MPLS 和 MPLS LDP,完成 PE 设备之间的公网隧道建立。

公网上的 IGP 路由协议,可以根据用户的实际需求进行选择,只要能达到以下这个目的,也就是公网上所有的设备可以学习到各个 PE 设备的 Loopback 地址的明细路由。需要注意的是,为了建立 PE 和 PE 之间端到端的隧道,不能将 PE 的 Loopback 地址路由加以聚合。

本文以 OSPF 为例,在公网设备间建立起 OSPF 邻居,并发布 PE 设备的 Loopback 地址的路由,相关配置步骤如下。

PE1:

```
router id 1.1.1.1
ospf 1
  area 0.0.0.0
    network 1.1.1.1 0.0.0.0
    network 100.0.0.1 0.0.0.3
```

P:

```
router id 1.1.1.3
ospf 1
  area 0.0.0.0
    network 1.1.1.3 0.0.0.0
    network 100.0.0.2 0.0.0.3
    network 100.0.0.5 0.0.0.3
```

PE2:

```
router id 1.1.1.2
ospf 1
  area 0.0.0.0
    network 1.1.1.2 0.0.0.0
    network 100.0.0.6 0.0.0.3
```

建立公网隧道的第二步就是要在公网设备及其公网接口上使能 MPLS 及 MPLS LDP。所以配置分为两个部分,一是在 P 和 PE 的系统模式下全局使能 MPLS LDP;二是在 P 和 PE 设备的公网接口上使能 MPLS 及 MPLS LDP。在系统模式下使能 MPLS LDP 之前,还需要为该公网设备配置 MPLS 的 LSR ID,为了确保 LSR ID 唯一,通常选用该公网设备的 Loopback 地址作为 LSR ID。具体配置如下所示。

PE1:

```
mpls lsr-id 1.1.1.1
mpls ldp
#
interface GigabitEthernet0/00/0
  mpls enable
  mpls ldp enable
```

P:

```
mpls lsr-id 1.1.1.3
mpls ldp
#
interface GigabitEthernet0/0
  mpls enable
  mpls ldp enable
#
interface GigabitEthernet0/1
  mpls enable
  mpls ldp enable
```

PE2:

```
mpls lsr-id 1.1.1.2
mpls ldp
#
interface GigabitEthernet0/0
  mpls enable
  mpls ldp enable
```

### 17.4.3　配置 BGP/MPLS VPN 本地 VPN

配置 BGP/MPLS VPN 的第二步是要配置本地 VPN,该部分配置通常分为以下三个步骤来完成。

**1. 创建 VPN**

该步骤需要经过充分的用户需求调查并根据用户要求进行网络规划,才能够完成相应的配置。

按照本章给出的组网需要,在 PE1 和 PE2 上都需要创建两个 VPN,即 VPN1 和 VPN2。其中 PE1 上的 VPN1 需要和 PE2 上的 VPN1 互通,于是可以设计 PE1 和 PE2 上的 VPN1 的 RT 参数 Import Target 和 Export Target 属性值均为 100：1;同时 PE1 上的 VPN2 需要和 PE2 上的 VPN2 互通,于是可以设计 PE1 上的 VPN2 和 PE2 上的 VPN2 的 RT 参数 Import Target 和 Export Target 属性值均为 100：2。在这样的设计下,因为 RT 值的关系,PE1 上的 VPN1 和 PE2 上的 VPN1 路由可以互相学习,可以互通;同时 PE1 上的 VPN2 和 PE2 上的 VPN2 路由也可以交互,也可以互通;相反 VPN1 和 VPN2 路由将不能互相学习,VPN1 用户和 VPN2 用户不能互通,均满足用户的互访关系要求。

关于 RD 值的设计相对简单,只要同一台 PE 上不同的 VPN 的 RD 值不相同即可,这里为了设计更加的清晰,在 PE1 和 PE2 上 VPN1 的 RD 值均设计为 100：1,而 VPN2 的 RD 值均设计为 100：2。

根据以上的 VPN 规划,可以完成对应的 VPN 建立配置,相关配置命令如下。

PE1:

```
ip vpn-instance vpn1
  route-distinguisher 100:1
  vpn-target 100:1 export-extcommunity
  vpn-target 100:1 import-extcommunity
#
ip vpn-instance vpn2
  route-distinguisher 100:2
  vpn-target 100:2 export-extcommunity
  vpn-target 100:2 import-extcommunity
```

PE2:

```
ip vpn-instance vpn1
  route-distinguisher 100:1
  vpn-target 100:1 export-extcommunity
  vpn-target 100:1 import-extcommunity
#
ip vpn-instance vpn2
  route-distinguisher 100:2
  vpn-target 100:2 export-extcommunity
  vpn-target 100:2 import-extcommunity
```

**2. 配置私网接口与 VPN 的绑定**

配置本地 VPN 的第二步就是要将 PE 的私网接口与对应 VPN 进行绑定。如以本章的案例,PE1 的 GigabitEthernet0/1 接口与 VPN1 的用户相连,则需要将该接口与 VPN1 进行绑定。绑定的方法就是在该接口下配置绑定 VPN 的命令。需要提醒的是,在配置将接口与

VPN绑定时,接口下原有的IP地址等配置将会丢失,需要重新进行配置,正确的配置步骤应该是先进行接口与VPN的绑定,在完成接口的IP地址等配置。具体配置如下。

PE1:

```
interface GigabitEthernet0/1
  ip binding vpn-instance vpn1
  ip address 192.168.1.1 255.255.255.252
#
  interface GigabitEthernet0/2
  ip binding vpn-instance vpn2
  ip address 172.32.1.1 255.255.255.252
```

PE2:

```
interface GigabitEthernet0/1
  ip binding vpn-instance vpn1
  ip address 192.168.2.1 255.255.255.252
#
  interface GigabitEthernet0/2
  ip binding vpn-instance vpn2
  ip address 172.32.2.1 255.255.255.252
```

接口与VPN绑定的配置只需要在PE设备上进行,与PE相连的CE设备无法感知到VPN的存在,也无须做任何配置,只是一个普通的接口。

**3. 配置PE和CE之间的路由协议**

配置本地VPN的最后一个步骤,就是要在PE和CE之间运行某种路由协议,使PE和CE之间可以交互路由信息,完成PE和本地VPN用户的路由交互。如以本章的案例,PE1需要能够与其本地相连的用户1可以互通。

在PE和CE之间运行路由协议时,PE侧相对特殊,其运行的路由协议需要与对应的VPN进行绑定,也就是要运行路由协议的多实例。如在PE1上,当它需要与CE1交互路由时,需要运行某种路由协议的一个实例,该实例需要与VPN1进行绑定,这样从CE1学习到的路由才会记录到VPN1的路由表。而在CE1上感知不到VPN的存在,只要运行普通的路由协议即可。

PE和CE之间的路由协议可以任意选择,如OSPF、ISIS、EBGP、RIP甚至静态等,本章是以OSPF为例。PE1为了能分别与CE1和CE2交互路由,在PE1上运行了两个OSPF实例,分别与VPN1和VPN2进行绑定,而在CE1和CE2上只要运行普通的OSPF,PE1和CE1及CE2分别建立起OSPF邻居,交互路由。PE1通过OSPF11学习到的路由,记录在VPN1的路由表,通过OSPF12学习到的路由则记录在VPN2的路由表。具体配置如下。

PE1:

```
ospf 11 vpn-instance vpn1
  area 0.0.0.0
    network 192.168.1.0 0.0.0.3
#
ospf 12 vpn-instance vpn2
  area 0.0.0.0
    network 172.32.1.0 0.0.0.3
```

CE1:

```
ospf 11
  area 0.0.0.0
    network 192.168.1.0 0.0.0.3
    network 192.168.254.1 0.0.0.0
```

在 PE2 上的配置与 PE1 上相当,对应的配置命令本章不再赘述。

## 17.4.4 配置 MP-BGP

配置 BGP/MPLS VPN 的最后一个步骤是配置 MP-BGP。这部分的目标是要能在 PE 之间建立起 MP-BGP 邻居,交互私网路由,一般分为以下两个步骤。

### 1. PE 之间配置建立 MP-BGP 邻居

PE 之间需要使能 BGP 传递 VPNv4 路由的能力,也就是配置 PE 之间的 MP-BGP 邻居关系,这是配置 MP-BGP 的关键步骤。

建立 MP-BGP 邻居关系的方法是先在 BGP 视图下配置 BGP 对等体及建立 TCP 连接时的源接口,然后进入 VPNv4 地址簇,并使能该邻居。具体配置步骤如下。

PE1:

```
bgp 100
peer 1.1.1.2 as-number 100
  peer 1.1.1.2 connect-interface LoopBack0
  address-family vpnv4
    peer 1.1.1.2 enable
```

PE2:

```
bgp 100
  peer 1.1.1.1 as-number 100
  peer 1.1.1.1 connect-interface LoopBack0
  address-family vpnv4
    peer 1.1.1.1 enable
```

### 2. 配置本地 VPN 路由和 MP-BGP 之间的路由互引

配置 MP-BGP 的最后一步尤为关键,也常常是配置 BGP/MPLS VPN 时最容易被遗漏的,那就是配置本地 VPN 私网路由和 MP-BGP 路由的互相引入。具体配置如下。

PE1:

```
bgp 100
  ipv4-family vpn-instance vpn1
    address-family ipv4 unicast
      import-route ospf 11
#
  ipv4-family vpn-instance vpn2
    address-family ipv4 unicast
      import-route ospf 12
#
ospf 11 vpn-instance vpn1
  import-route bgp
#
ospf 12 vpn-instance vpn2
  import-route bgp
```

PE 和 CE 之间采用某种路由协议的多实例互相交互路由,这部分路由将学习到 PE 的对应的 VPN 路由表中,但这些路由并不会自动地被 MP-BGP 路由发布给对端 PE,需要在 MP-BGP 协议中加以引入才行。如上面的配置所示,在 BGP 路由协议中,进入对应的 VPN 实例视图,在 IPv4 单播地址簇视图下引入 PE 和 CE 之间运行的路由实例的路由,以本章为例就是对应的 OSPF 实例。

　　相反 MP-BGP 从远端 PE 学习到的私网路由,也会存放到对应的 VPN 的路由表,但这部分路由并不会自动地通过 PE 和 CE 之间运行的路由协议发布给 CE 设备,也需要在对应的路由协议多实例中引入 BGP 路由才行。各个路由协议多实例中都要配置引入 BGP 路由协议,以本章为例就是在 PE 和 CE 之间运行的 OSPF 实例中引入 BGP。

# 17.5　BGP/MPLS VPN 故障排查

## 17.5.1　BGP/MPLS VPN 故障排查思路

　　BGP/MPLS VPN 的故障排查思路也是来源于 BGP/MPLS VPN 技术的原理,当 BGP/MPLS VPN 的网络出现故障,导致私网用户之间无法互访时,通常可以按照下面的思路来检查问题。

　　第 1 步:检查公网隧道是否正确建立。

　　第 2 步:检查本地 VPN 是否正确建立。

　　第 3 步:检查私网路由是否正确学习。

## 17.5.2　检查公网隧道是否正确建立

　　按照 BGP/MPLS VPN 的故障排查思路,首先是要检查 PE 之间的公网隧道建立是否正确,该部分检查过程主要包括以下三个步骤。

### 1. 检查公网上的 IGP 路由学习是否正确

　　公网 IGP 路由学习正常是建立 MPLS 隧道的前提,无论公网选择哪一种路由协议,对于 BGP/MPLS VPN,要求在 PE 上可以学习到抵达对端 PE 的 Loopback 接口地址的明细路由。可以通过检查路由表的命令检查 PE1 上的路由,确认是否存在 1.1.1.2/32 这条路由,而这条路由是 PE2 的 Loopback 接口地址的路由。

```
[PE1]dis ip routing-table
Destinations: 16        Routes: 16
Destination/Mask   Proto  Pre  Cost    NextHop      Interface
0.0.0.0/32         Direct 0    0       127.0.0.1    InLoop0
1.1.1.1/32         Direct 0    0       127.0.0.1    InLoop0
1.1.1.2/32         O_INTRA10   2       100.0.0.2    GE0/0
1.1.1.3/32         O_INTRA10   1       100.0.0.2    GE0/0
```

　　相反在 PE2 上也要检查有没有到 PE1 的 Loopback 接口地址的明细路由,即 1.1.1.1/32 这条路由。

　　当互相都已经拥有对端的路由时,可以通过"ping"命令再次确认 PE1 和 PE2 之间是否互相可达。

　　**注意**:在 BGP/MPLS VPN 中,不能对 PE 的 Loopback 地址的路由进行聚合。因为一旦聚合,PE 之间的 LSP 就不连贯,也就无法建立 PE 之间端到端的隧道。

　　所以要求 PE 学习到的对端 PE 的 Loopback 接口地址路由一定是没有经过聚合的 32 掩

码的明细路由。

### 2. 检查 MPLS 和 MPLS LDP 状态及 MPLS LDP 邻居关系

确认 IGP 正确后,就需要检查所有公网设备的 MPLS 及 MPLS LDP 的使能情况,每台设备都需要在系统和公网接口模式下使能 MPLS 及 MPLS LDP,使能的结果可以通过检查公网设备间的 LDP 邻居状况进行确认。

MPLS LDP 的邻居关系建立完成后,最终的状态应该是 Operational,可以通过"display mplsldp peer"命令检查 LDP 邻居状态,如下所示。

```
[PE1]dis mplsldp peer
Total number of peers: 1
Peer LDP ID        State        Role      GR     MD5    KA Sent/Rcvd
1.1.1.3:0          Operational  Passive   Off    Off    420/425
```

公网上,每一台设备都应该与它相邻的公网设备建立 LDP 邻居。而如果检查 P 设备上的 LDP 邻居状况,应该看到它与 PE1 及 PE2 都建立了 LDP 邻居。

如果 LDP 邻居状态未能达到 Operational,故障原因就能确定在该公网设备或其相邻设备的 MPLS LDP 配置上,可进一步确认它们的配置是否正确,或者也可按照 MPLS LDP 邻居建立的步骤,排查不能建立邻居的原因。

### 3. 检查相关 LSP 是否存在

如果 LDP 邻居建立也正确,则需要确认 PE 之间的 LSP 是否存在,也就是 PE 之间的公网隧道是否已经建成。MPLS 隧道是单向的,需要在每一台 PE 上确认是否有到达对端 PE 的隧道。如下所示,分别在 PE1 和 PE2 上检查抵达对端 PE 的 LSP。

```
[PE1]dis mplsldplsp
Status Flags: * -stale, L -liberal, B -backup
FECs: 3           Ingress: 2          Transit: 2         Egress: 1
FEC               In/Out Label        Nexthop            OutInterface
1.1.1.1/32        3/-
1.1.1.2/32        -/1151              100.0.0.2          GE0/0
                  1151/1151           100.0.0.2          GE0/0
1.1.1.3/32        -/3                 100.0.0.2          GE0/0
                  1150/3              100.0.0.2          GE0/0


[PE2]dis mplsldplsp
Status Flags: * -stale, L -liberal, B -backup
FECs: 3           Ingress: 2          Transit: 2         Egress: 1
FEC               In/Out Label        Nexthop            OutInterface
1.1.1.1/32        -/1150              00.0.0.5           GE0/0
                  1150/1150           100.0.0.5          GE0/0
1.1.1.2/32        3/-
1.1.1.3/32        -/3                 100.0.0.5          GE0/0
                  1151/3              100.0.0.5          GE0/0
```

上述输出可以看到标签转发表的组成部分,包括 OUT 标签、IN 标签、出接口等。

LSP 是从 PE 抵达对端 PE 的一个标签转发路径,可以根据该标签转发路径沿路检查各台公网设备上的 LSP 状况,确认对应的标签转发表的标签值,是否符合 MPLS 标签分配原理。

确认了公网隧道的存在,关于 BGP/MPLS VPN 的公网隧道的故障排查就已经完成,如果私网用户之间仍然无法互通,需要按照下文进一步排查 BGP/MPLS VPN 的本地 VPN 及

MP-BGP 的情况。

### 17.5.3 检查本地 VPN 是否正确建立

排查 BGP/MPLS VPN 的第二个步骤是检查本地 VPN 的建立是否正确,该部分通常分为以下三个步骤。

**1. 确认本地 VPN 的设计是否符合用户互访要求,RT 的规划是否正确**

确认 PE 上 VPN 的规划是否正确,只需要查看各个的 VPN 的 RT 配置,是否满足用户的互访关系描述,该部分是一个核实配置的过程。

**2. 检查 PE 和 CE 之间运行的路由协议邻居状况是否正常**

确认本地 VPN 设计完全正确后,下一步需要确认 PE 和 CE 之间的路由协议邻居状况。

首先要确认 PE 上与 VPN 用户相连的接口是否与对应的 VPN 绑定,且接口状态 UP,在这个前提下,再去查看 PE 和 CE 之间运行的路由协议邻居是否已经建立成功。

按照本章采用的配置案例,PE 和 CE 之间采用 OSPF 路由协议,在 PE 上就需要检查该 VPN 对应的 OSPF 路由实例邻居状况,如下所示。

```
[PE1]dis ospf 11 peer
        OSPF Process 11 with Router ID 192.168.1.1
            Neighbor Brief Information
Area: 0.0.0.0
Router ID     Address      Pri  Dead-Time  State     Interface
192.168.254.1 192.168.1.2  1    32         Full/BDR  GE0/1
```

在上述输出中,可以看出 PE 与下连的 CE 设备 OSPF 邻居状态已经 FULL,表示邻居状况正常。

**3. 检查 PE 是否正确学习到了本地 VPN 用户的私网路由**

PE 和 CE 之间的邻居状况建立正常后,就需要确认 PE 是否已经学习到本地 VPN 用户的路由。也就是检查 PE 上对应 VPN 的私网路由表,确认是否有到本地 VPN 用户的路由。相关命令如下。

```
[PE1]dis ip routing-table vpn-instance vpn1
Destinations : 14      Routes : 14
Destination/Mask     Proto    Pre  Cost    NextHop        Interface
0.0.0.0/32           Direct   0    0       127.0.0.1      InLoop0
127.0.0.0/8          Direct   0    0       127.0.0.1      InLoop0
127.0.0.0/32         Direct   0    0       127.0.0.1      InLoop0
127.0.0.1/32         Direct   0    0       127.0.0.1      InLoop0
127.255.255.255/32   Direct   0    0       127.0.0.1      InLoop0
192.168.1.0/30       Direct   0    0       192.168.1.1    GE0/1
192.168.1.0/32       Direct   0    0       192.168.1.1    GE0/1
192.168.1.1/32       Direct   0    0       127.0.0.1      InLoop0
192.168.1.3/32       Direct   0    0       192.168.1.1    GE0/1
192.168.254.1/32     O_INTRA  10   1       192.168.1.2    GE0/1
192.168.255.1/32     BGP      255  2       1.1.1.2        GE0/0
```

如果 PE 上已经学习到本地 VPN 用户的私网路由,表示 PE 的本地 VPN 的建立完全正确,如果私网用户之间仍然无法互通,则需要按照检查 MP-BGP 间是否成功进行私网路由的互相引入。

### 17.5.4 检查私网路由是否正确学习

在 BGP/MPLS VPN 组网中,如果 PE 之间公网隧道正常,且 PE 上本地 VPN 的状况也正常的,那么只剩下最后一个可能存在的故障点,那就是 PE 间 MP-BGP 的私网路由交互是否存在问题。

主要从以下三个方面来检查私网路由是否学习正确。

**1. PE 之间 MP-BGP 的邻居是否建立成功**

在 BGP/MPLS VPN 组网中,PE 之间需要建立 MP-BGP 路由邻居。

通过以下命令查看 BGP 的 VPNv4 邻居状况,正常的状态应该是 Established。

```
<PE1>dis bgp peer vpnv4
BGP local router ID: 1.1.1.1
Local AS number: 100
Total number of peers: 1              Peers in established state: 1
  * -Dynamically created peer
  Peer        AS    MsgRcvd   MsgSent    OutQ   PrefRcv  Up/Down    State
  1.1.1.2     100   65        74         0      1        00:58:40   Established
```

如果不能达到 Established,需要确认两个 PE 上是否都将对端 PE 在 BGP VPNv4 视图下面使能。

**2. PE 是否通过 MP-BGP 路由协议学习到了对端私网用户的路由**

前文已经说明,BGP/MPLS VPN 配置过程中最容易疏漏的点,就是将 PE 上本地 VPN 的私网路由引入 BGP 中,这样 BGP 路由协议才会将该路由发布给它的 BGP 邻居。完成引入后,在 PE 上查看对应的私网路由表,可以发现通过 BGP 路由协议从远端 PE 学习过来的私网路由信息。相关命令如下。

```
[PE1]dis ip routing-table vpn-instance vpn1
Destinations : 14      Routes : 14
Destination/Mask     Proto    Pre   Cost     NextHop        Interface
0.0.0.0/32           Direct   0     0        127.0.0.1      InLoop0
127.0.0.0/8          Direct   0     0        127.0.0.1      InLoop0
127.0.0.0/32         Direct   0     0        127.0.0.1      InLoop0
127.0.0.1/32         Direct   0     0        127.0.0.1      InLoop0
127.255.255.255/32   Direct   0     0        127.0.0.1      InLoop0
192.168.1.0/30       Direct   0     0        192.168.1.1    GE0/1
192.168.1.0/32       Direct   0     0        192.168.1.1    GE0/1
192.168.1.1/32       Direct   0     0        127.0.0.1      InLoop0
192.168.1.3/32       Direct   0     0        192.168.1.1    GE0/1
192.168.254.1/32     O_INTRA  10    1        192.168.1.2    GE0/1
192.168.255.1/32     BGP      255   2        1.1.1.2        GE0/0
```

上述输出表明,PE1 已经通过 BGP 路由协议学习到了 PE2 侧的私网路由。同时还应该在 PE2 上做相应的检查,以确认 PE1 设备也做了正确的引入配置。

**3. CE 是否学习到了对端私网用户的路由**

在 PE 已经学习到远端 VPN 的私网路由后,需要完成另一个配置步骤,那就是将通过 MP-BGP 路由协议学习的远端 VPN 的私网路由引入 PE 和 CE 之间运行的路由实例中,以通过该路由实例将路由发布给 PE 本地的 CE 设备,这样 CE 才能学习到远端 VPN 的路由。

完成这一步引入操作后,在 CE 设备上检查路由表应该可以看到远端 VPN 用户的路由。

相关命令如下。

```
[CE1]dis ip routing-table
Destinations : 17      Routes : 17
Destination/Mask     Proto    Pre    Cost        NextHop          Interface
192.168.1.0/30       Direct   0      0           192.168.1.2      GE0/0
192.168.1.0/32       Direct   0      0           192.168.1.2      GE0/0
192.168.1.2/32       Direct   0      0           127.0.0.1        InLoop0
192.168.1.3/32       Direct   0      0           192.168.1.2      GE0/0
192.168.254.0/24     Direct   0      0           192.168.254.1    Loop1
192.168.254.0/32     Direct   0      0           192.168.254.1    Loop1
192.168.254.1/32     Direct   0      0           127.0.0.1        InLoop0
192.168.254.255/32   Direct   0      0           192.168.254.1    Loop1
192.168.255.1/32     O_INTER  10     3           192.168.1.1      GE0/0
```

在上述输出中,可以看到 CE1 上已经可以看到远端 VPN 用户 PC2 的路由信息。

以上就是 BGP/MPLS VPN 的故障排查方法。从上述排查方法可见,BGP/MPLS VPN 的故障排除是与其实现原理紧密相关的。

# 17.6    本章总结

(1) BGP/MPLS VPN 的配置分为配置公网隧道、配置本地 VPN 和配置 MP-BGP 三大步骤。

(2) BGP/MPLS VPN 的故障排查包括检查公网隧道的情况、检查本地 VPN 是否正确建立、检查私网路由是否正确学习等步骤。

# 17.7    习题和答案

## 17.7.1    习题

(1) 下列不能作为 BGP/MPLS VPN 的 IGP 路由协议有(      )。

    A. OSPF          B. ISIS          C. RIP

    D. 静态路由       E. 以上都能

(2) 下列接口需要时能 MPLS 协议的是(      )。

    A. PE 设备的公网接口                  B. CE 设备的上连接口

    C. P 设备的公网接口                   D. PE 设备的私网接口

(3) 下列可以检查 MPLS LDP 的 Session 是否建立完成的命令是(      )。

    A. display mplsldp peer              B. display mplsldplsp

    C. display mplsldp session           D. display mplsldp

(4) 在 PE 上创建一个 VPN 需要为该 VPN 配置的内容有(      )。

    A. VPN 的名称     B. RD 值        C. RT 列表          D. 私网标签

(5) 应使用如下(      )命令查看两台 PE 设备之间的 MP-BGP 邻居是否已经建立成功?

    A. display bgp peer                 B. display bgp vpnv4 peer

    C. display mp-bgp peer             D. display bgp peer vpnv4

## 17.7.2    习题答案

(1) E      (2) A,C      (3) A      (4) A、B、C      (5) D

# 第18章

# BGP/MPLS VPN技术扩展

BGP/MPLS VPN 技术解决了传统 VPN 的问题,然而 BGP/MPLS VPN 的基本组网模式会导致公网网络扁平化。在公网上,接入层 PE 与核心层 PE 承受着相同的路由压力,不符合常见的层次化网络模型,限制了网络的规模。

## 18.1 本章目标

学习完本章,应该能够达到以下目标。

(1) 了解 BGP/MPLS VPN 基本组网的缺陷。

(2) 掌握 MCE 及 HOPE 技术原理。

(3) 熟悉 MCE 及 HOPE 技术的优缺点及各自适合的应用场景。

## 18.2 BGP / MPLS VPN 基本组网的缺陷

随着 BGP/MPLS VPN 的逐渐普及,它不仅被应用于运营商网络,目前也广泛地被应用于企业网用户内部。企业网用户通常用它来区分企业内部的不同业务,如生产、办公等。BGP/MPLS VPN 技术之所以会受到企业用户的青睐,主要原因是它可以通过 RT 的设计,灵活地控制各个 VPN 之间的互访关系。而在企业内部,不同的业务部分,互访关系复杂,原有的访问控制列表的方法,配置维护复杂。通过 BGP/MPLS VPN 技术,可以将不同的业务清晰地规划在不同的 VPN 里面,根据各个业务 VPN 的互访关系规划各个 VPN 的 RT 值,就可以替代访问控制列表的繁杂配置。这样的企业内部 BGP/MPLS VPN 的运用在当前的企业网建设中非常普遍,尤其是在政府、电力等行业。

企业网与运营商的公网相比,有一个特征更为非常显著,那就是网络的层次化,这主要是由企业网所承载的用户业务特征决定的。企业网的网络通常被分为核心层、汇聚层和接入层。接入层的设备主要负责工作组的接入和访问控制,因为分散所以流量一般很小,所需设备的层次也比较低,通常为比较低端的百兆级路由器。汇聚层主要负责路由的汇聚和流量的收敛,该层次的路由器性能相对较高,路由表等各方面的规格也会加大,通常为千兆级的路由器。核心层主要负责高速的数据交换,该层次的路由器性能最为强大,往往会采用万兆级的核心路由器。可见各个层次的路由器性能不一,这样的一种层次化的组网,在部署 BGP/MPLS VPN 时将不可避免地与 BGP/MPLS VPN 的组网模型相冲突。

典型网络层次结构模型如图 18-1 所示。

BGP/MPLS VPN 的组网模式有一个特点是网络扁平化,扁平化是指在 BGP/MPLS VPN 组网中的所有 PE 设备没有层次之分,所有的 PE 设备一视同仁,需要承受相同的性能考验。

图 18-1 典型网络层次结构模型

导致 BGP/MPLS VPN 组网扁平化的因素有如下两个。

（1）所有的 PE 设备必须学习全网所有其他 PE 设备的 Loopback 地址明细路由，并建立起到所有 PE 的 LSP 隧道。BGP/MPLS VPN 的公网隧道是动态建立的，只要身为 MPLS 公网的一员，与其他所有的 PE 间就会动态的建立起 LSP，这是 MPLS 技术作为公网隧道应用的优点。然而想要建立起 PE 之间端到端的隧道，公网的 IGP 就不能对 PE 的 Loopback 地址的路由进行聚合，一旦聚合隧道就将在公网中发生中断，私网报文就会被暴露在 P 设备上，而 P 设备无法识别，私网报文就不能成功地穿越公网。关于这一点，在前文 BGP/MPLS VPN 的原理章节中也已说明。因为不能对 PE 的 Loopback 地址路由进行聚合，全网有多少台 PE 设备，就将会存在多少条 Loopback 地址路由，且无论处于什么位置的 PE 设备，都需要学习到。

（2）私网路由在某一 PE 设备上发布后，不能在任何公网设备上进行聚合，所有的 PE 设备需要学习相同数目的私网路由。这一点是由 BGP 路由协议的原理决定的，在 BGP/MPLS VPN 的组网中，通常整个公网设计为一个 BGP 域（AS），所有的 PE 设备之间通过 IBGP 传递私网路由，根据 BGP 的原理，路由是在 IBGP 邻居之间直接传递的，不会被中途经过的设备改变，即使存在反射器，也只能是转达路由，不能改变路由的任何特征，或者将路由进行聚合。这就决定私网路由一旦进入 BGP/MPLS VPN 公网后，将不会再有机会进行聚合，所有的 PE 设备都将学习到相同的一份。

BGP/MPLS VPN 组网的以上两个特点，就决定了在 BGP/MPLS VPN 的组网中，所有的 PE 设备无论在公网路由还是在私网路由的性能要求上都将承受相同的压力，这显然与企业网网络鲜明的层次化结构是不符合的。在企业网用户使用 BGP/MPLS VPN 技术时很容易出现处于接入层的 PE 设备不堪重负，承受不了与核心层 PE 设备相同的路由压力。这也是 BGP/MPLS VPN 技术在推广过程中的最大阻力，这个问题也不是没有法解决，在本章中，就将提供两个 BGP/MPLS VPN 扩展技术，它们都是用于解决 BGP/MPLS VPN 组网扁平化的问题，当前在企业网采用 BGP/MPLS VPN 技术时正被广泛使用着。

## 18.3    MCE

当前最广泛地用于解决 BGP/MPLS VPN 网络扁平化的解决方法叫作 MCE(Multi-VRF CE)技术，也就是多 VRF CE 技术。在 BGP/MPLS VPN 的组网中，无论出于核心层的 PE 还是处于接入层的 PE 都承受着相同的路由性能要求，此时会出现接入层的 PE 设备性能上不堪重负。MCE 技术将网络上那些不堪重负的 PE 设备改成 MCE 设备，以降低对这些设备的性能要求。MCE 是一种特殊的 CE 设备，将 PE 改成 MCE 后，BGP/MPLS VPN 网络的公网私网的划分出现了变化，MCE 设备属于私网侧，性能要求降低。

因为每个 PE 设备可以接入多个 VPN 用户，普通的 CE 肯定无法代替 PE 的功能，如图 18-2 所示，在 PE 设备上接入了 VPN1 和 VPN2 两个用户，PE 改成 MCE 后，MCE 需要同样能处理这样的组网应用。

MCE 技术的实现包含以下技术点。

（1）MCE 设备通过实现多 VRF 技术，可同时作为多个 VPN 用户的 CE 设备。

（2）PE 和 CE 之间通过划分多个逻辑通道，每个逻辑通道与不同的 VPN 进行绑定，对于 PE 设备来讲，就好像每一个逻辑口都接入了一台普通的 CE 设备，公网实现无须对 BGP/MPLS VPN 技术进行任何扩展。

（3）MCE 设备承担着私网用户与 PE 之间的私网路由交互的任务，因为一台 MCE 上有多个 VPN 的用户在进行路由交互，MCE 设备需要如 PE 设备一样运行路由协议多实例，将每

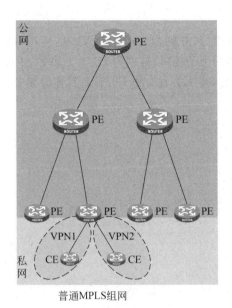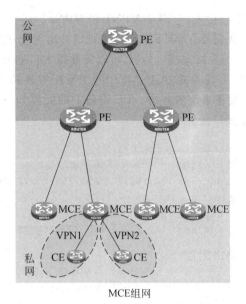

图 18-2 MCE 组网

个 VPN 的路由协议与对应的 VPN 进行绑定,确保不同 VPN 的路由在 MCE 上不会发生混淆。

PE 和 MCE 之间每有一个 VPN 接入就要多一个独立的逻辑通道,这个逻辑通道可以是实实在在的物理线路,也可以是逻辑链路(如以太网接口、FR 接口等)。实际的物理线路需要 PE 和 MCE 设备提供多个物理接口,成本较高,通常采用逻辑链路较多。

MCE 设备成为私网用户网络中的一分子,代替原来的 PE 设备完成 VPN 用户的接入任务,与原来作为 PE 相比,MCE 设备一方面无须再学习公网路由,另一方面全网其他 PE 发布的私网路由也可以在 MCE 上连的 PE 上进行聚合后再通过 PE 和 MCE 之间运行的私网路由协议发布给 MCE,所有 MCE 的路由性能要求相对 PE 来讲可大大降低。同时,作为 MCE 设备,它只需要支持多 VRF 功能,无须再支持 MPLS 和 MP-BGP,也不需要再维护 MPLS 的 LSP,或建立 MP-BGP 邻居等,设备功能方面的要求也得以简化,可以用相对 PE 设备更低档次的设备来充当,充分满足了用户网络层次化的要求。

MCE 技术的实现对 BGP/MPLS VPN 技术本身没有做出任何改变,原先网络中的 PE 设备不需要对 MCE 设备实现新增的功能,完全将下连的 MCE 当成多台 CE 设备来处理就可以。同时 MCE 设备本身也无须实现新的功能,多 VRF 技术就是 BGP/MPLS VPN 技术实现的一部分,MCE 等于支持了部分 PE 功能。所以原 BGP/MPLS VPN 网络中的 PE 设备天然支持 MCE 技术,用 MCE 技术解决用户网络扁平化的问题,对用户网络改造起来无须引入任何新技术。

MCE 技术在 BGP/MPLS VPN 技术基础上天然支持,所以在 MCE 部署时,配置上相对 BGP/MPLS VPN 没有任何新增的内容。

一个典型的 MCE 配置例子如图 18-3 所示,一台 PE 设备下连了一台 MCE 设备,MCE 设备上有两个

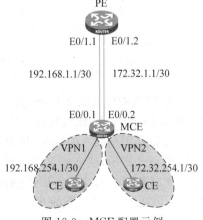

图 18-3 MCE 配置示例

VPN用户接入,分别是VPN1和VPN2。

首先需要在MCE和PE时间划分出两个逻辑接口,分别为VPN1和VPN2所用,以PE和MCE之间为以太接口为例,可以将此以太口划分出两个子接口,分别为E0/1.1和E0/1.2。

PE上普通的BGP/MPLS VPN配置保持不变,将E0/1.1和E0/1.2看作分别接入了一台CE设备来配置即可。PE设备上的配置如下。

#接口配置

```
interface Ethernet0/1.1
  ip binding vpn-instance vpn1
  ip address 192.168.1.1 255.255.255.252#
  interface Ethernet0/1.2
  ip binding vpn-instance vpn2
  ip address 172.32.1.1 255.255.255.252
```

#路由配置

```
ospf 11 vpn-instance vpn1
  area 0.0.0.0
  network 192.168.1.0 0.0.0.3
ospf 12 vpn-instance vpn2
  area 0.0.0.0
  network 172.32.1.0 0.0.0.3
```

MCE设备上的配置如下。

#接口配置

```
interface Ethernet0/0.1
  ip binding vpn-instance vpn1
  ip address 192.168.1.2 255.255.255.252
  interface Ethernet0/0.2
  ip binding vpn-instance vpn2
  ip address 172.32.1.2 255.255.255.252
```

#路由配置

```
ospf 11 vpn-instance vpn1
  area 0.0.0.0
    network 192.168.1.0 0.0.0.3
    network 192.168.254.0 0.0.0.255
ospf 12 vpn-instance vpn2
  area 0.0.0.0
    network 172.32.1.0 0.0.0.3
    network 172.32.254.0 0.0.0.255
```

当然仍然需要完成MPLS公网隧道、本地VPN和MP-BGP三部分配置,这里不再赘述。

在MCE设备上,配置可分为以下三个步骤。

(1)根据用户接入的情况,规划并配置VPN。通常MCE上的VPN规划与PE上保持一致,如图18-3所示,建立好VPN1和VPN2。

(2)将接口与对应的VPN进行绑定。每个VPN的接口包括下连该VPN的CE设备的接口,还包括为该VPN设立的PE和MCE之间的逻辑通道接口,如图18-3所示将E0/2和E0/1.1均与VPN1进行绑定。

（3）配置路由协议多实例，完成本地 VPN 和 PE 之间的路由交互。MCE 设备上，各个 VPN 需要独立的运行一个路由实例，与 CE 和 PE 上的对应 VPN 均要建立路由邻居，并进行路由交互，将本地 VPN 的私网路由发布给 PE，并将 PE 通过 MP-BGP 学习到的远端 VPN 用户的私网路由发布给下连的对应 VPN 的 CE 设备。

在 MCE 组网中，下连在 MCE 设备下面的 CE 设备，完全感知不到配置的变化，这部分配置就不在本章中赘述了。

理解了 MCE 技术的实现原理，可以分析出 MCE 技术如下优点。

（1）MCE 设备的功能要求简单。仅需支持多 VRF 技术，而无须支持 MP-BGP 及 MPLS 等作为 PE 设备需要支持的技术。

（2）MCE 设备的路由等方面的性能要求低。一方面 MCE 设备无须学习公网路由，无须维护到其他 PE 的 LSP，另一方面 MCE 上连的 PE 设备可以将私网路由汇聚后再发布给 MCE，MCE 上的私网路由数量也可以得到很好的控制。

（3）通过 MCE 技术来优化 BGP/MPLS VPN 的组网无须原组网中的设备增加支持任何新技术，天然支持，自然过渡，改造起来非常方便。

也正因为 MCE 技术有上述的优点，该技术使用广泛。因为 MCE 设备技术实现简单，现实中常用交换机设备来充当，成本低廉，而公网的规模得到了有效的控制，有效地解决了 BGP/MPLS VPN 网络扁平化的问题。

与此同时，MCE 技术也存在下述一些缺点。

（1）MCE 和 PE 之间需要开设多个逻辑通道，采用多个物理接口成本太高，而只有以太接口和 FR 接口可以支持划分逻辑通道，当遇到不能划分逻辑通道的接口时，将无法实现，如不支持 FR 的 POS 接口等。

（2）当 MCE 设备接入的 VPN 数量较多时，PE 和 CE 之间需要配置大量的逻辑通道，每一个逻辑通道都要规划互联地址，需要较多的私网地址资源，并且配置维护相对烦琐。

（3）将 PE 改成 MCE 后，该设备从公网设备转变成了私网设备，默认公网上的网管将无法管理该设备，需要在 PE 和 CE 之间开设专门的管理接口才能解决。

因为 MCE 技术存在一定的缺点，所以 MCE 技术并不是所有 BGP/MPLS VPN 网络解决网络扁平化问题的最佳解决方案。

因为 MCE 技术存在上述的优点和缺点，所以比较适合 MCE 技术使用的场合如下。

（1）原 BGP/MPLS VPN 网络的接入层或边缘的 PE 设备不堪重负，出现路由表项空间不足，CPU 性能不够等问题。

（2）PE 和 MCE 之间的接口可以方便地拆分逻辑通道时，如 PE 和 MCE 之间是以太接口，可以拆分多个子接口的情况。

（3）MCE 设备上接入的 VPN 数量有限时，需要 PE 和 MCE 之间的逻辑通道数量有限，配置维护简单可行。

## 18.4　HOPE

用 MCE 技术来解决 BGP/MPLS VPN 网络的扁平化问题，仍然存在一些缺陷，如 MCE 和 PE 之间的接口要可以划分逻辑通道；该技术随着 MCE 接入的 VPN 数量增加配置维护烦琐；PE 转化成 MCE 设备后公网网管不方便管理等。而另外一种同样解决 BGP/MPLS VPN 网络扁平化问题的技术确不存在上述的缺点，那就是 HOPE（Hiberarchy of PE，分层 PE）技术。

HOPE 技术的基本实现思想如图 18-4 所示,它将 BGP/MPLS VPN 网络中的 PE 设备,根据网络的层次进行划分,接入层的性能存在危机的 PE 称为 UPE(Underlayer PE)即下层 PE,而 UPE 上连的 PE 设备被称为 SPE(Superstratum PE)。整个网络的公私网分界线不变,但是通过 HOPE 技术可以设法减轻网络中 UPE 设备的压力,解决 BGP/MPLS VPN 网络扁平化的问题。

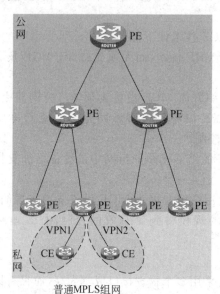
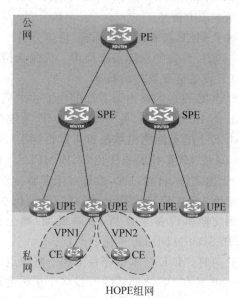

图 18-4   HOPE 组网

HOPE 技术的实现包含以下技术点。

(1) PE 设备作为 SPE 和 UPE 主要体现在 MP-BGP 协议中。

(2) SPE 设备首先是作为其下连接的 UPE 设备的 BGP 反射器。

(3) 与普通的反射器不同的是,SPE 设备在将 MP-BGP 路由反射给其下连接的 UPE 设备时,做了下述两个处理。

① 改变路由的下一跳属性,将下一跳修改为 SPE 自己的 Loopback 地址。

② 可以对私网路由进行聚合,通常聚合成一条默认路由发布给 UPE 设备。

(4) UPE 设备收到的私网路由一方面数量极大减少,通常只有一条默认路由,这样 UPE 上的私网路由数目得到了很好的控制;另一方面所收到的私网路由的下一跳是其上连接的 SPE 设备,这样 UPE 其实只需要拥有到 SPE 的 MPLS 隧道就可以,报文会在 SPE 上解封到私网数据,并重新查询私网路由表进行转发,这样 UPE 设备上可以不学习除 SPE 以外的其他 PE 的公网路由,也不需要维护到其他 PE 的 LSP。SPE 的公网上的路由压力也极大降低。

HOPE 技术实现的关键在于 SPE 设备上对反射给 UPE 设备的私网路由的特殊处理,以下将详解 HOPE 技术的私网路由传递和数据转发过程。

HOPE 技术的实现关键在于 SPE 设备上对反射给 UPE 设备的私网路由的特殊处理。

图 18-5 所示为一个使用 HOPE 技术时的典型示例。SPE 反射给 UPE 设备的路由,对私网路由进行了汇聚并改变了下一跳属性。

在转发报文时,来自 CE 的私网报文首先到达 UPE。UPE 在隧道中转发私网报文时,根据下一跳,隧道的终点就是 SPE 设备,如图 18-6 所示。

SPE 设备收到 UPE 发来的私网报文,根据外层标签发现报文是发送给自己,进一步查询

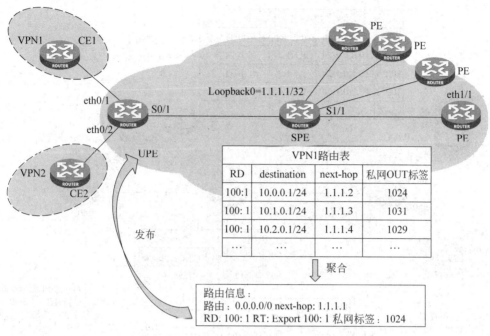

图 18-5　HOPE SPE 对 UPE 的路由发布

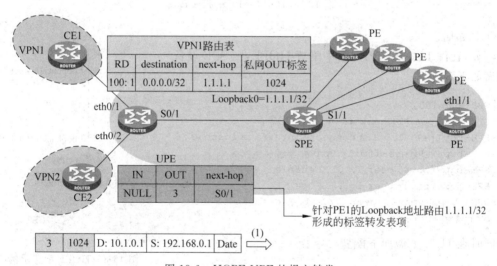

图 18-6　HOPE UPE 的报文转发

私网路由表进行转发。查询的结果是进入另外一个公网隧道,将报文发送给真正的终点 PE,如图 18-7 所示。

可见,HOPE 技术因为在 SPE 设备上对私网路由进行聚合,同时可以修改私网路由的下一跳,最终私网数据的转发也被拆分成了两段,使在 UPE 设备上私网和公网路由的压力都得到了减轻,最终解决了 BGP/MPLS VPN 网络不能适应用户网络层次化需要的问题。

要配置 HOPE,需在 SPE 设备上执行专门的 HOPE 配置,包含以下几部分。

(1) 在 SPE 设备的 BGP VPNv4 视图下指定其下连接的设备为 UPE。

(2) 在 SPE 设备的 BGP VPNv4 视图下配置网 UPE 设备发送默认路由。

(3) 在 UPE 设备上只要保持普通的 BGP/MPLS VPN 配置即可,其只需要与 SPE 建立

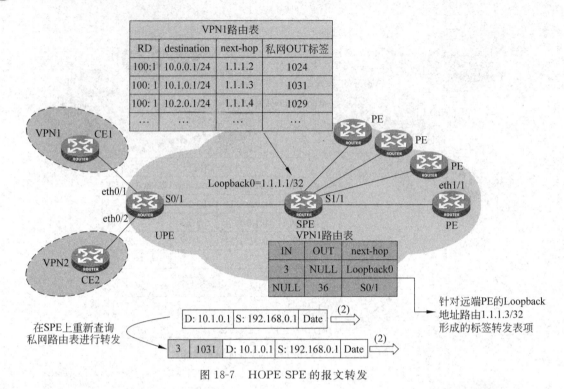

图 18-7    HOPE SPE 的报文转发

MP-BGP 邻居。

例如,在图 18-8 所示的网络中配置 HOPE,则 SPE 设备上需做如下配置。

```
[SPE] bgp 100
[SPE-bgp] peer 1.1.1.2 as-number 100
[SPE-bgp] peer 1.1.1.2 connect-interface loopback 0
[SPE-bgp] address-family vpnv4
[SPE-bgp-vpnv4] peer 1.1.1.2 enable
[SPE-bgp-vpnv4] peer 1.1.1.2 upe
[SPE - bgp - vpnv4] peer 1.1.1.2 default - route -
advertise vpn-instance vpn1
```

同时在 UPE 上做如下配置。

```
[UPE] bgp 100
[UPE-bgp] peer 1.1.1.1 as-number 100
[UPE-bgp] peer 1.1.1.1 connect-interface loopback 0
[UPE-bgp] address-family vpnv4
[UPE-bgp-vpnv4] peer 1.1.1.1 enable
```

图 18-8    HOPE 配置示例

理解了 HOPE 技术的工作原理之后,不难发现其拥有以下优点。

(1) UPE 设备无论是私网还是公网的路由性能压力都得以降低。

(2) 采用 HOPE 技术对原 BGP/MPLS VPN 网络改造后,网络的公私网分界不变,UPE 设备仍然属于公网,用户的管理无须发生变化,且改造的难度低于 MCE,只需要在 SPE 的 MP-BGP 的配置上增加部分配置即可完成。

(3) 对 SPE 和 UPE 之间接口类型没有要求,不需要划分逻辑通道,更不会随着 UPE 接入的 VPN 数量导致配置维护复杂。

HOPE 技术也有着它自身的缺点。

（1）HOPE 技术的实现需要在 SPE 上修改 BGP 路由属性，违背了 BGP 技术的基本原理，特殊组网下可能存在环路等问题。

（2）SPE 设备将私网路由进行聚合后，丢失了原有明细路由的属性信息，所有的属性由 SPE 发给 UPE 的聚合路由的属性来代替。UPE 各种选路方法包括各个 VPN 的互访关系完全由 SPE 来决定。

了解了 HOPE 技术的优缺点，可以发现，HOPE 技术主要的应用场合在于原 BGP/MPLS VPN 网络的接入层 PE 设备不堪重负，路由表项空间不足，且处于 SPE 位置的 PE 设备可以支持 HOPE 技术时。

## 18.5　BGP/MPLS VPN 的其他技术扩展

MCE 技术和 HOPE 技术只是 BGP/MPLS VPN 技术扩展的一个小分支，随着 BGP/MPLS VPN 技术的广泛应用，在其基础之上发展出了众多的应用。如图 18-9 所示，BGP/MPLS VPN 技术首先同时支持三层 VPN 和二层 VPN，本书涉及的仅仅是三层 VPN 技术，L2 BGP/MPLS VPN 技术可以承载二层 VPN 用户，分布在公网两侧的 VPN 用户，通过 MPLS 隧道相连后好像在同一个二层网络里面一样。根据 L2 BGP/MPLS VPN 技术的实现不同，还分为 VLL（Virtual Leased Line）和 VPLS（Virtual Private LAN Service）技术。

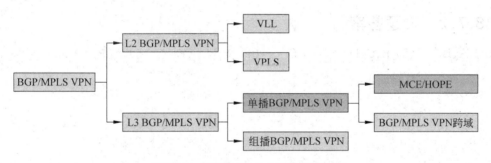

图 18-9　BGP/MPLS VPN 技术体系

在本书所讲解的 L3 BGP/MPLS VPN 技术中，承载的 VPN 用户的数据应用只是单播报文，如果用户有组播业务，那么普通的 L3 BGP/MPLS VPN 技术并不能承载，需要用到组播 BGP/MPLS VPN 技术。

在本书所讲解的 L3 BGP/MPLS VPN 技术中，公网只是在 BGP 的一个 AS 内部，实际上同一用户完全可能分布在不同的 BGP AS 里，它们需要互通时就要涉及 BGP/MPLS VPN 的跨域技术。

## 18.6　本章总结

（1）BGP/MPLS VPN 组网扁平化产生的原因以及导致的后果。

（2）MCE 与 HOPE 技术的应用及配置。

（3）BGP/MPLS VPN 除了扩展 MCE 与 HOPE 技术，还包括很多其他的技术。

## 18.7　习题和答案

### 18.7.1　习题

(1) 作为 MCE 设备需要支持的功能有(　　)。

    A. 多 VRF 技术　　　　　　　　　　B. 路由协议多实例

    C. MPLS　　　　　　　　　　　　　D. MP-BGP

(2) 下列 MCE 和 PE 之间的接口描述正确的是(　　)。

    A. 需要有多个物理接口　　　　　　B. 需要有多个逻辑接口

    C. 需要配置多对 IP 地址　　　　　D. 需要绑定在不同的 VRF 里

(3) 报文在 MCE 和 PE 之间的格式是(　　)。

    A. 报文只携带私网标签　　　　　　B. 报文携带私网标签和公网标签

    C. 报文只携带公网标签　　　　　　D. 普通 IP 报文

(4) HOPE 技术的 UPE 设备需要支持的功能有(　　)。

    A. 多 VRF 技术　　　　　　　　　　B. 路由协议多实例

    C. MPLS　　　　　　　　　　　　　D. MP-BGP

(5) 下列关于 HOPE 技术的 SPE 设备发给 UPE 的路由描述正确的是(　　)。

    A. 是一条默认路由　　　　　　　　B. 下一跳指向 SPE

    C. 下一跳指向远端的 PE　　　　　D. 私网标签是 SPE 上 VPN 的 RT 值

### 18.7.2　习题答案

(1) A、B　　(2) B、C、D　　(3) D　　(4) A、B、C、D　　(5) A、B

第6篇

# 增强网络安全性

# 第19章

# 网络安全概述

随着网络技术的发展,网络安全得到了越来越多的重视,在网络建设和维护中,网络安全成为一个不可或缺的部分。网络安全的范围十分广泛,包括网络的方方面面。

## 19.1　本章目标

学习完本章,应该能够达到以下目标。

(1) 了解网络威胁的来源。

(2) 了解网络安全的内容。

(3) 了解一个安全的网络的组成。

## 19.2　网络安全威胁的来源

网络安全威胁的来源多种多样。在系统化的讲解之前,先来看看几个例子。

首先是一个因外部网络攻击造成网络瘫痪的案例。如图 19-1 所示,某企业的服务器直接连接在 Internet 上对外部人员提供 HTTP 和 FTP 服务,但缺乏相应的安全保障手段。一个不怀好意的用户通过某些方式在 Internet 上控制一部分缺乏安全保护的主机并为己所用,在某一时刻,下达攻击指令,使大量的主机同时发送攻击报文,对这个企业的服务器发起攻击,导致服务器过载,无法正常提供服务。

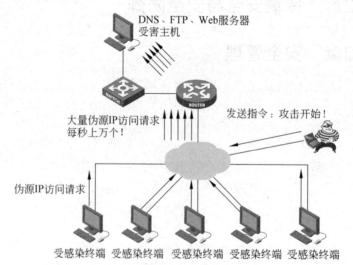

图 19-1　外部网络攻击造成网络瘫痪

这种以破坏阻断正常服务为目的的大规模网络攻击越来越让网络管理人员头疼。

其次是一个非法用户接入网络内部获取信息的案例。如图 19-2 所示,某单位网络的内网信息化程度很高,有线与无线的混合组网使单位内部可以随时随地接入网络,但网络上缺乏相应的安全保障手段。一个不怀好意的用户通过有线方式或无线方式轻易地接入内网,发起网络攻击,攻击服务器、获取机密数据并传播病毒木马,使内网用户无法正常使用网络。

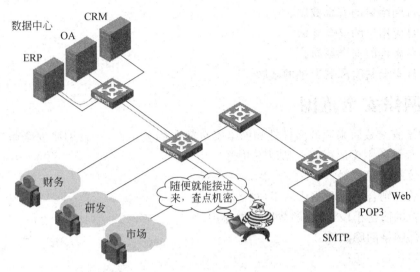

图 19-2　非法用户接入网络内部获取信息

实际上,真正使企业遭受重大损失的安全事件,大部分都是来自内部。

图 19-3 是一个传输过程中截取篡改数据的案例。某企业的分支机构和总部之间通过 Internet 互联,但缺乏相应的安全保障手段,分支单位到总部的数据直接在 Internet 上传播。一个不怀好意的用户通过某些方式在 Internet 上截取监听这些数据,并伪造相应的报文发送给总部或者分支机构,骗取对方信任,获取机密的数据。

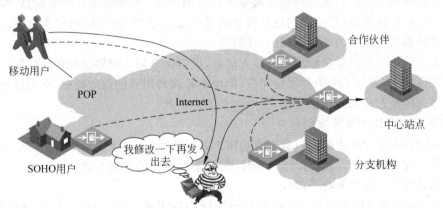

图 19-3　传输过程中截取篡改数据

这类安全问题相当普遍。对一个组织来说,分布于各地的机构和人员常常不得不借助 Internet 实现远程网络连接,而如何在 Internet 这个不安全的网络环境上安全地传输数据成为网络管理人员需要考虑的问题。

综合上述例子,一般而言,按照网络安全威胁存在的网络位置,其可以分为以下几类。

(1)来自内网的安全威胁。

(2)来自外网的安全威胁。

(3)来自传输过程中的安全威胁。

分类的角度不是唯一的。如果从网络层次、业务或应用角度来分析,网络安全威胁的来源也可以分为以下几类。

(1) 来自设备自身物理上安全威胁。

(2) 来自网络层的安全威胁。

(3) 来自应用层的安全威胁。

(4) 来自病毒的安全威胁。

(5) 来自安全制度漏洞带来的威胁。

# 19.3  网络安全范围

由于网络安全威胁来源的多样性和网络安全问题的复杂性,进行网络安全防护时需要关注的内容也很多。主要的内容包括以下几类。

(1) 有效的访问控制。

(2) 有效识别合法的和非法的用户。

(3) 有效的防伪手段,重要的数据重点保护。

(4) 内部网络的隐蔽性。

(5) 外网攻击的防护。

(6) 内外网病毒防范。

(7) 行之有效的安全管理手段。

**1. 有效的访问控制**

有效的访问控制是指控制用户的访问权限,确保每个用户仅仅能够访问自己所必须访问的网络资源。

访问控制的方法主要包括基于数据流的访问控制和基于用户的访问控制。

基于数据流的访问控制是访问控制最基本的应用方式,根据数据流中的信息,如源地址、目的地址、源端口、目的端口等,决定这条数据流是否允许通过,此类应用实现简单,但是在用户接入地址频繁发生变化的场景下,针对性略差。

基于用户的访问控制是根据用户的接入信息,决定这个用户能够访问的网络资源有哪些。此类应用实现复杂,需要多个组件配合完成,但由于是面对用户的访问控制,针对性较强。

如果将这两种方法结合起来使用,安全性会大为提升。

**2. 有效识别合法的和非法的用户**

有效识别合法的和非法的用户是指鉴别用户的合法性,允许合法用户接入网络,而防止非法用户接入。针对用户接入的手段多种多样,需要采取不同的鉴别方法。

对用户识别可分为以下两个部分。

(1) 对于接入网络的用户认证:用户是使用网络资源的主体,用户的接入存在很大的不确定性,不确定什么用户接入,不确定用户从哪里接入,我们认为接入网络的用户属于不可信任的单元,接入的用户有可能是非法用户,也有可能是合法的用户但携带有病毒等危险程序,这样的用户都会对网络的健康稳定运行造成威胁。

对于接入的每一个用户,都应进行认证,不仅要验证这个用户是否是合法用户,还要判断他对网络的安全威胁程度有多高,同时,需要本着每个用户仅能访问自己所需的资源的原则,根据用户的信息对用户进行授权,允许该用户访问其必需的资源。

(2) 对于登录网络设备的用户认证:网络设备是构成整个网络的基础,网络设备的安全得不到保证,则整个网络的基础就会被动摇,整个网络的安全也就无法谈起。

对于登录网络设备的用户也应进行认证和授权,认证每一个用户的合法性,根据用户的情况授予不同的设备操作权限,每一个用户仅仅拥有他所必需的权限,在安全要求更为严格的环境中甚至要对用户的每一个操作动作都进行认证。

### 3. 有效的防伪手段,重要的数据重点保护

在数据传输过程中应采取加密和防伪措施,防止数据被截取和恶意篡改伪造数据;在网络中,应对最重要的部分(如服务器区域)加强安全防御措施。

数据加密和防伪主要是用于 Internet 数据传输时的安全保护。

利用 Internet 传输数据时,安全性是必须考虑的,在公网上传输数据时,数据是否被他人截取是在我们控制之外的事情,因此需要必要的手段来防止数据被截取后让他人了解到数据的内容。数据加密就是通过一系列的算法和协议来保障经过本端加密的数据只能由对端解开的一种安全手段。

在公网传递数据时,数据报文除了有可能被他人截获外,还可能被他人进行篡改伪造,攻击者可以利用篡改后或伪造的数据报文对远端主机进行欺骗,从而达到自己的目的(比如让自己的终端冒充远端终端接入核心网络中)。因此在对传输的数据进行加密的同时,也要能够辨别传送来的数据是否真实、是否被修改过。数据防伪就是通过一系列手段来辨别数据在传输过程中是否有被篡改,辨识数据的真实性。

### 4. 内部网络的隐蔽性与外网攻击的防护

面对外部网络,尽量屏蔽内部网络信息,断绝从外部主动向内部网络发起攻击的可能。对于外网对内网发起的攻击部署相应的防御手段,使内网免受外网的攻击。

为了保障内部网络不受到来自外网的恶意攻击,最好的方法是将内网的信息完全屏蔽,让内外网的路由中断,仅允许内网用户单向的向外发起连接,这样外网就无法了解到内网的任何信息,也就无法主动向内网发起攻击,从而起到了保护内网主机的作用。

对于一个网络来说,绝大部分的攻击都是来自外网,攻击的类型也多种多样,有利用系统安全漏洞的攻击,有利用畸形报文的攻击,有针对系统资源的消耗类攻击,还有利用大流量堵塞网络出口的攻击,因此在抵御攻击时,要面面俱到,可以防御各类的攻击,同时由于攻击的方式会不断发展,整个攻击抵御体系和制度也要有足够的发展空间,能够及时发现攻击方式的变化并改进抵御手段。

### 5. 内外网病毒防范

如今,能够自我复制、自动传播的计算机病毒的危害越来越大,特别是蠕虫病毒,对计算机网络构成了很大威胁。如何防止病毒通过各种途径进入网络和控制病毒在网络中的传播,以及减轻病毒发作时带来的危害是网络安全需要考虑的重要内容。

病毒既可能来自外网,也可能来自内网,因此病毒的防御要双管齐下。一方面,阻止病毒进入网络;另一方面,需要对于内网中出现的病毒发作事件能够及时察觉到,同时能够将病毒发作的危害降低到最小,抑止病毒的蔓延。

### 6. 行之有效的安全管理手段

仅仅依靠各种技术手段来实现网络安全是远远不够的,需要通过提高安全防范意识,制定安全规范制度,及时发现和弥补安全漏洞,不断完善整个网络的安全防护体系。

网络安全是三分靠技术,七分靠管理。安全管理涉及方方面面,包括对设备、场地、人员、流量、内容、制度的管理。

以下几个方面在进行安全管理时需要考虑。

(1) 对于设备和场地的管理。要确保设备、线路物理上的安全。

（2）对于各类安全信息的管理。比如,设备/系统的地址、设备/系统的登录用户名/密码信息、设备/系统的超级管理员口令等安全信息需要妥善保管。控制其传播范围,对于密码等信息还需要定期修改,提高安全性。

（3）对于网络流量的管理。对网络上的流量进行分析,及时发现异常情况,对网络上的流量内容进行分析管理,以便了解每个用户的行为,在出现安全事件后有据可查。

# 19.4　安全网络构成

从整个网络结构上的划分来看,构建一个安全的网络需要满足以下要求。

（1）网络内部的安全。

（2）对外的安全防御。

（3）传输过程中的安全。

（4）完善的安全管理制度。

**1. 网络内部的安全**

保证网络内部的安全,应确保接入内部网络的用户都是安全的,控制内部用户的访问权限,以便构建一个安全的内部网络环境,同时防止合法的用户获取权限外的信息。

网络内部的安全保障措施主要有以下几方面。

（1）接入用户的认证:对于每一个接入用户,无论是直接接入的用户还是通过 VPN 从外网接入的用户,都要进行认证,不仅要验证用户的合法性,还要验证用户的安全性,确保每一个接入网络的用户(无论什么接入方式)都是合法的,而且是安全的。

（2）内网病毒攻击的抑制:对于异常带入内网的病毒发作时,需要进行抑制,降低病毒发作对网络的影响,减少病毒传染的范围。

（3）严格的访问控制:建议按照最小权限原则对用户进行授权,每一个用户仅能够访问自己所必需的资源,以防止合法用户获取与自身权限不符的信息。

**2. 对外的安全防御**

在确保了网络内部安全的情况下,安全的威胁主要来自外部,在构建安全网络时需要充分考虑对于外部安全威胁(攻击、病毒等)的威胁,如图 19-4 所示。

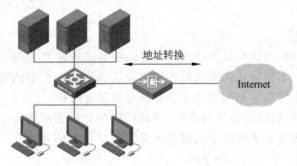

图 19-4　安全接入 Internet

接入 Internet 的安全保障措施主要有以下几个方面。

（1）网络出口启用相应的安全防护手段:在网络和 Internet 互联的接口上,部署安全防护手段,需要防御外网来的各类网络攻击,防止网络攻击对内网产生影响,需要阻止各类病毒、木马进入内网。

（2）通过地址转换访问 Internet:建议通过地址转换来实现内网对外网的访问,利用地址转换中断内外网的路由联系,使外网不能直接访问内网,对内网进行保护。

（3）通过地址转换向外提供 WWW、FTP 等服务：在需要对外提供服务时，考虑采用 NAT 转换方式，把内部服务器的地址映射为外网的地址。

**3. 传输过程中的安全**

由于在某些情况不可避免要通过 Internet 传送部分业务数据，这时就需要考虑使用相应的手段来保护数据在传输过程中的安全，防止被他人窃取和篡改。

数据传输的安全保障措施主要有以下两个方面，如图 19-5 所示。

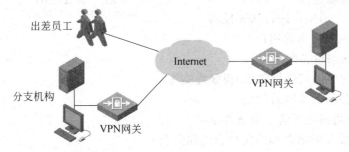

图 19-5　数据传输的安全

（1）出差员工通过 VPN 接入公司：出差员工不要直接通过公网发送业务数据到公司，采用 VPN 技术和公司建立隧道，利用加密和防伪技术对业务数据进行处理后，再和公司进行数据交互，防止业务信息被他人截获或篡改。

（2）分支机构通过隧道技术安全接入公司总部：公司的分支机构和公司总部之间通过公网相连时，采用 VPN 技术建立隧道，利用加密和防伪技术对业务数据进行处理后，再进行数据交互，防止业务信息被他人截获或篡改。

**4. 完善的安全管理制度**

在管理网络时，既要有完善的处理流程，保证安全事件能够得到有效快速的处理；也要有完善的奖惩制度，保障对于安全制度的改进完善做出贡献的人员进行奖励，对于违反安全制度的人员进行惩罚。

完善的安全管理制度主要有以下四个方面。

（1）对于日常工作中遇到的各个方面的安全相关内容，事无巨细，均设定明确的安全要求，让用户的每一个操作都有规定可以遵循，减少给人可以利用的制度漏洞。

（2）对于遵守安全制度、主动上报制度漏洞的行为要加以表彰，有着明显的正相引导作用，引导用户遵守制度，主动参与到制度完善的工作中，形成良性循环。

（3）对于恶意违反安全规定的行为要严加惩处，使用户违反安全规定的代价远大于所获得的利益，使用户不敢轻易违反安全规定，减少用户攻击网络的次数。

（4）安全制度本身能够不断更新完善，定期的审视制度本身是否存在漏洞，不断地完善制度，不断根据技术发展更新制度。

# 19.5　本章总结

（1）分析了网络威胁的来源。

（2）概括了网络安全包括的内容。

（3）讲述了一个安全网络的构成。

## 19.6 习题和答案

### 19.6.1 习题

(1) 从网络结构上来分析,网络安全威胁存在于( )。

    A. 网络内部                  B. 网络外部

    C. 数据传输过程中         D. 数据产生过程中

(2) 需要对( )用户进行认证授权。

    A. 接入内部网络的用户

    B. 登录网络设备的用户

    C. 接入网络的网络打印机/视频终端等

    D. 浏览公司对外网站的用户

(3) 一个安全的网络要满足的条件是( )。

    A. 确保接入网络内部的用户合法和安全

    B. 接入 Internet 时有着足够的安全防范体系

    C. 在 Internet 上传输数据时有着足够的加密和防伪手段

    D. 整个网络有着完善的管理制度

(4) 访问控制分为( )。

    A. 对数据流的访问控制         B. 对接入用户的访问控制

    C. 对登录网络设备用户的权限控制     D. 无须进行访问控制

(5) 网络安全包括的内容有( )。

    A. 有效识别合法的和非法的用户

    B. 内部网络的隐蔽性

    C. 外网攻击的防护和内外网病毒防范

    D. 行之有效的安全管理手段

### 19.6.2 习题答案

(1) A、B、C     (2) A、B     (3) A、B、C、D     (4) A、B、C     (5) A、B、C、D

# 第20章

# 业务隔离与访问控制

业务隔离是网络安全的一个重要方面,而严格的访问控制是实现整个网络安全的基础。

## 20.1　本章目标

学习完本章,应该能够达到以下目标。

(1) 了解业务隔离的常用手段。

(2) 了解访问控制的实现手段。

(3) 掌握各类防火墙技术的使用方法和配置。

## 20.2　业务隔离

### 20.2.1　局域网业务隔离

在展开讨论之前,先看看两个典型场景。

场景一:某公司内所有的部门同处于一个局域网中,那么任意两个用户之间可以毫无约束地相互访问。那么该公司如何能够让不同部门的用户互不干扰,如何让各个部门的业务互相隔离?

场景二:在某小区内,用户通过以太网接入运营商网络访问 Internet。运营商通常不希望各个用户之间通过这个以太网互相访问。那么,如何保证在所有用户都能正常访问 Internet 资源的同时互相隔离?

在这两个典型场景中,都需要使用某种局域网的业务隔离手段来满足需求。

局域网业务隔离手段大多是基于 VLAN 技术的。最常用的局域网业务隔离手段就是使用 VLAN 进行业务隔离。在场景一中,可以通过将不同部门的用户分别划分到不同的 VLAN 中,不同部门的用户从二层上就被隔离开,如果一个部门爆发病毒或出现网络攻击,影响范围就局限在一个 VLAN 中,不会影响到其他部门的用户。部门间的数据互访也都要经过三层网关,在三层网关上可以进行互访的控制。

VLAN 技术的一些扩展技术也用于局域网的业务隔离,如 PVLAN、Super VLAN、Hybrid 端口功能。在场景二中,可以通过部署 PVLAN,可以将各个下行接用户的接口相互隔离开,同时所有用户接口都可以和上行的出口互通,这样就既保证了所有人都能够正常访问 Internet 资源,又保证了所有人两两互相隔离的需求。

在一些需求比较复杂的情况下,就需要组合使用 VLAN、PVLAN、Super VLAN、Hybrid 端口这几项技术才能达到要求。

### 20.2.2　广域网业务隔离

在展开讨论之前,先看看两个典型场景。

场景一：某公司的分支机构和公司总部通过 Internet 相连,双方通过公网相互传递业务数据,如何在 Internet 上传输数据时不保持数据的独立性,不受到他人的干扰?

场景二：在某大型城市综合网络平台上,各个单位均通过该平台互联,各个单位内部联系密切,各个系统之间则需要安全隔离,同时各个系统在该城市内部都有着大量的分支机构。如何在同一个网络平台上既保证系统内部的通信正常又保证系统间的安全隔离?

这些场景中都需要使用各种广域网的业务隔离手段来满足需求。

一种常用的广域网的业务隔离技术是用专线进行业务的物理隔离。即为每个部门或每种业务配置单独的物理线路。

由于专线是独立的线路,带宽是能够独享的,完全能够得到保证;专线业务不和其他业务共享链路,业务的独立性能够得到物理上的保障,在各类隔离技术中有着最高的安全性。

在拥有了最高的安全性和最好的带宽保障同时,专线由于需要使用单独的物理资源,因此成本也是最高的。

在分支机构和公司总部相连时,如果对于带宽的独享和安全性要求很高的情况下,一般会采用专线方式相连。如银行的总行和分行之间,各个大公司的总部和各大办事处之间一般都采用专线方式,确保自己的业务的独立性,和其他的 Internet 流量隔离开。

还可以使用 VPN 技术来实现广域网的业务隔离,即为每个部门或每种业务配置单独的隧道。这是一种逻辑隔离。常用的 VPN 技术有 L2TP、GRE、IPSec、SSL VPN、MPLS-VPN 等,这些技术均可以实现在公有的网络平台上建立虚拟的私有 VPN 隧道。L2TP、GRE、IPSec、SSL VPN 技术建立的隧道都是点到点的隧道,也就是说,每一条隧道的建立都只能连通两个节点。而 MPLS-VPN 技术则能够在一张公有的网络平台上建立全网状(或点到点)的隧道。

从带宽的保证上来说,所有的 VPN 技术都是在物理通道上虚拟出一条隧道,和其他业务是共享物理带宽的,其带宽的保证需要相应的 QoS 技术来保障,隧道技术本身无法保证其隧道带宽。

从安全性上来说,由于 VPN 技术仅仅能够做到逻辑隔离,在物理上所有的数据均在同一个物理通道中,存在被其他人截获的可能,因此整体的安全性要低于专线。

在以上的各类 VPN 技术中,L2TP 和 GRE 本身都没有对数据报文加密。IPSec 和 SSL VPN 技术本身都有完善的对封装的数据报文加密的功能,即使数据被截获,也无法被破解,具有较高的安全性。MPLS-VPN 技术本身也没有对数据报文的加密,但是建立 MPLS-VPN 网络的前提是对整个公有网络平台的绝对控制,因此,安全性要高于不加密的 L2TP 和 GRE 技术。

从应用方式上来说,GRE、IPSec 适用于网络设备之间的点对点隧道建立,一般用于公司总部和各个分支机构之间建立 VPN 隧道。L2TP、IPSec、SSL VPN 都适用于终端和设备之间的隧道建立,一般用于移动办公的个人和公司总部之间建立 VPN 隧道。MPLS-VPN 可以建立全网状的 VPN 隧道,适用于城市综合网络平台的建设。

## 20.3 访问控制

在一个公司内网中,为了防止合法的用户获取权限外的机密信息,整个网络要遵循最小原则赋予每个用户访问权限。如图 20-1 所示,在一个公司内部,A、B 两个部门的服务器都放在服务器区域内,部门 A 的普通员工不能访问部门 B 的服务器,同样部门 B 的普通员工不能访问部门 A 的服务器,但是部门 A、B 的领导可以访问所有的服务器,部门 A、B 的部分关键服务器只能让部门A、B中的部门关键员工访问。同时还要禁止部门A、B员工之间的互访。

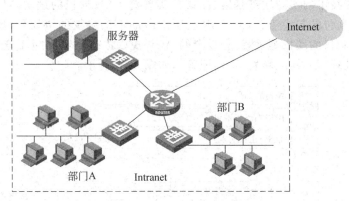

图 20-1　为什么进行访问控制

如何实现以上这些需求,以精确控制每一个人的访问权限呢? 最常用的手段就是使用访问控制。

访问控制的关键是对数据流的区分,以便使用不同的控制策略来对待。

对于数据流的区分通常是通过使用 ACL 来实现,根据需要,可以使用 2 层流的分类规则或 3/4 层流的分类规则来对数据流进行区分。

2 层流分类规则可以定义的分类项包括以下几种。

(1) 以太网承载的数据类型。

(2) 数据报文的源/目的 MAC 地址。

(3) 以太网的封装格式。

(4) 数据报文所属的 VLAN ID。

(5) 数据报文入/出端口。

3/4 层流分类规则可以定义的分类项包括以下几种。

(1) 数据报文的协议类型。

(2) 数据报文的源/目的 IP 地址。

(3) 数据报文的源/目的端口号。

(4) 数据报文的 DSCP 值。

访问控制一般在以下两个位置使用。

(1) 在用户接入的入口使用:在每一个用户进入网络时下发访问控制,控制其能够访问哪些资源,其好处是用户一进入网络就能够被限制访问的区域,访问控制最为严格,缺点是需要了解每一个用户的接入点,对每一个用户精细化控制,配置工作量大,对于接入设备要求也高。

(2) 在业务区域交汇处使用:在业务区域交汇处(如服务器的入口、各个功能区的入口)部署访问控制,在用户跨业务区域进行访问时能够被严格控制访问的资源。其优点是配置工作量相对较小,而且能够对关键区域进行比较有效的保护,但缺点是失去了对用户的控制,在功能区域内部也缺乏控制。

# 20.4 防火墙技术

## 20.4.1 防火墙技术原理简介

包过滤防火墙技术是最常见的防火墙技术。包过滤防火墙技术是将 ACL/包过滤应用在设备中,为设备增加对数据包的过滤功能。

包过滤防火墙技术的实现原理是通过 ACL 实现对 IP 数据包的过滤,对设备需要转发的数据包,先获取数据包的包头信息,包括 IP 层所承载的上层协议的协议号、数据包的源地址、目的地址、源端口和目的端口等,然后和设定的 ACL 规则进行比较,根据比较的结果决定对数据包进行相应的处理(如丢弃、转发、重标记等),如图 20-2 所示。

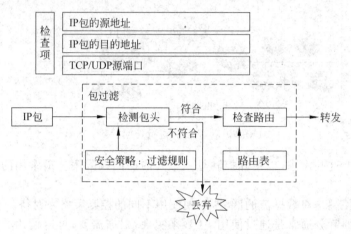

图 20-2　包过滤防火墙技术工作原理

目前的包过滤防火墙技术提供了对分片报文检测过滤的支持。设备将检测报文的类型(非分片报文、首片分片报文和非首片分片报文);获得报文的三层(IP 层)信息(基本 ACL 规则和不含三层以上信息的高级 ACL 规则)及三层以上的信息(包含三层以上信息的高级 ACL 规则)用于匹配。对于配置了精确匹配过滤方式的高级 ACL 规则,设备需要记录每一个首片分片的三层以上的信息,当后续分片到达时,使用这些保存的信息对 ACL 规则的每一个匹配条件进行精确匹配。

包过滤防火墙技术为静态防火墙技术,主要根据设备配置的 ACL 来静态地过滤各个报文,并不能分析各个报文之间的关系。

由于包过滤防火墙技术为静态防火墙技术,因此存在如下问题。

(1) 对于多通道的应用层协议(如 FTP、H.323 等),部分安全策略配置无法预知。

(2) 无法检测某些来自传输层和应用层的攻击行为(如 TCP SYN 等)。

(3) 无法识别来自网络中伪造的 ICMP 差错报文,从而无法避免 ICMP 的恶意攻击。

(4) 对于传输层协议,配置管理员无法精确预知反向回应报文信息,因此增加包过滤配置的难度。同时,若配置管理员配置比较宽松的放行策略,则会增加内网被攻击的风险。

状态检测防火墙技术——ASPF(Application Specific Packet Filter,基于应用层的包过滤)因此而出现。ASPF 能够实现的应用层协议检测包括 FTP、HTTP、SMTP、RTSP、H.323 (Q.931、H.245、RTP/RTCP)检测等;能够实现的传输层协议检测包括通用 TCP/UDP 检测等。

ASPF 工作原理如图 20-3 所示。

ASPF 的主要功能包括以下几种。

(1) 应用层协议检测:检查应用层协议信息,如报文的协议类型和端口号等信息,并且监控基于连接的应用层协议状态。对于所有连接,每一个连接状态信息都将被 ASPF 维护,并用于动态地决定数据包是否被允许通过防火墙进入内部网络,以便阻止恶意的入侵。

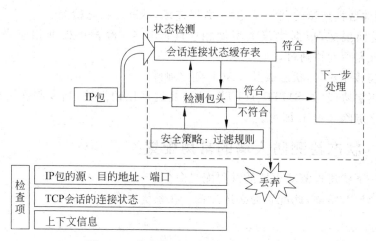

图 20-3 状态检测防火墙技术工作原理

（2）传输层协议检测：检测传输层协议信息（即通用 TCP 和 UDP 检测），能够根据源、目的地址及端口号决定 TCP 或 UDP 报文是否可以通过防火墙进入内部网络。

（3）ICMP 差错报文检测：正常 ICMP 差错报文中均携带有本报文对应连接的相关信息，根据这些信息可以匹配到相应的连接。如果匹配失败，则根据当前配置决定是否去弃该 ICMP 报文。

（4）TCP 连接首包检测：对 TCP 连接的首报文进行检测，查看是否为 SYN 报文，如果不是 SYN 报文则根据当前配置决定是否丢弃该报文。默认情况下，不丢弃非 SYN 首包，适用于不需要严格 TCP 状态检查的组网场景。例如，当防火墙设备首次加入网络时，网络中原有 TCP 连接的非首包在经过新加入的设备时如果被丢弃，会中断已有的连接，造成不好的用户体验，因此建议暂且不丢弃非 SYN 首包，等待网络拓扑稳定后，再开启非 SYN 首包丢弃功能。

在网络边界，ASPF 和包过滤防火墙协同工作，包过滤防火墙负责按照 ACL 规则进行报文过滤（阻断或放行），ASPF 负责对已放行报文进行信息记录，使已放行的报文的回应报文可以正常通过配置包过滤防火墙的接口。因此，ASPF 能够为企业内部网络提供更全面、更符合实际需求的安全策略。

当设备上配置应用层协议检测后，ASPF 可以检测每一个应用层的会话，并创建一个状态表和一个临时访问控制表（Temporary Access Control List，TACL）。状态表在 ASPF 检测到第一个外发报文时创建，用于维护一次会话中某一时刻会话所处的状态，并检测会话状态的转换是否正确。TACL 的表项在创建状态表项的同时创建，会话结束后删除，它相当于一个扩展 ACL 的 permit 项。TACL 主要用于匹配一个会话中的所有返回的报文，可以为某一应用返回的报文在防火墙的外部接口上建立一个临时的返回通道。

下面以 FTP 检测为例说明多通道应用层协议检测的过程。假设 FTP Client 以 1333 端口向 FTP Server 的 21 端口发起 FTP 控制通道的连接，通过协商决定由 Server 端的 20 端口向 Client 端的 1600 端口发起数据通道的连接，数据传输超时或结束后连接删除。

FTP 检测在 FTP 连接建立到拆除过程中的处理如下。

（1）检查从出接口上向外发送的 IP 报文，确认为基于 TCP 的 FTP 报文。

（2）检查端口号确认连接为控制连接，建立返回报文的 TACL 和状态表。

（3）检查 FTP 控制连接报文，解析 FTP 指令，根据指令更新状态表，如果包含数据通道建立指令,则创建数据连接的 TACL;对于数据连接,不进行状态检测。

（4）对于返回报文,根据协议类型做相应匹配检查,检查将根据相应协议的状态表和 TACL 决定报文是否允许通过。

（5）FTP 连接删除时,状态表及 TACL 随之删除。

单通道应用层协议（如 SMTP、HTTP）的检测过程比较简单,当发起连接时建立 TACL,连接删除时随之删除 TACL 即可。

## 20.4.2 状态检测防火墙的常用配置

下面介绍一下状态检测防火墙的常用配置命令。

创建一个 ASPF 策略,此配置为必选配置。在系统视图下配置：

**aspf policy** *aspf-policy-number*

在默认情况下,没有创建 ASPF 策略。

在一个接口的指定方向上应用 ASPF 策略,此配置为必选配置。在接口视图下配置：

**aspf apply policy** *aspf-policy-number* { **inbound** | **outbound** }

默认情况下,没有接口应用了 ASPF 策略。

要显示一个特定 ASPF 策略,在任意视图下使用命令：

**display aspf policy** *aspf-policy-number*

用 displayaspfpolicy 命令显示一个特定 ASPF 策略 1 的示例如下：

```
<Sysname>display aspf policy 1
ASPF policy configuration:
  Policy number: 1
    Disable ICMP error message check
    Disable TCP SYN packet check
    Detect these protocols:
      FTP
      TCP
```

要显示 ASPF 的会话信息,在任意视图下使用命令：

**display aspf session** [ **ipv4** | **ipv6** ] [ **verbose** ]

用 display aspf session 命令显示 ASPF 会话信息的示例如下：

```
<Sysname>display aspf session ipv4
Initiator:
  Source     IP/port: 192.168.1.18/1877
  Destination IP/port: 192.168.1.55/22
  DS-Lite tunnel peer: -
  VPN instance/VLAN ID/VLL ID: -/-/-
  Protocol: TCP(6)
  Inbound interface: GigabitEthernet2/0/1
  Source security zone: SrcZone

Total sessions found: 1
```

用 display aspf session 命令显示 ASPF 会话详细信息的示例如下：

```
[Sysname]display aspf sessionipv4 verbose
Initiator:
  Source        IP/port: 192.168.1.18/1877
  Destination IP/port: 192.168.1.55/22
  DS-Lite tunnel peer: -
  VPN instance/VLAN ID/VLL ID: -/-/-
  Protocol: TCP(6)
  Inbound interface: GigabitEthernet2/0/1
  Source security zone: SrcZone
Responder:
  Source        IP/port: 192.168.1.55/22
  Destination IP/port: 192.168.1.18/1877
  DS-Lite tunnel peer: -
  VPN instance/VLAN ID/VLL ID: -/-/-
  Protocol: TCP(6)
  Inbound interface: GigabitEthernet2/0/2
  Source security zone: DestZone
State: TCP_SYN_SENT
Application: SSH
Start time: 2011-07-29 19:12:36  TTL: 28s
Initiator->Responder:        1 packets        48 bytes
Responder->Initiator:        0 packets        0 bytes

Total sessions found: 1
```

下面是一个状态检测防火墙功能配置示例。如图 20-4 所示，某公司通过一台路由器的接口 Serial1/0 访问 Internet，路由器与内部网通过以太网接口 Ethernet1/0 连接。希望通过设备配置实现仅允许内部网络用户主动向外发起 FTP 连接，不允许外部网路向内发起 FTP 连接。同时不允许其他应用连接。这种需求下就需要同时使用包过滤防火墙和状态检测防火墙的功能，在路由器的相应接口上应用该功能，并配置相应的 ASPF 策略。本例的实际配置如下（此处省略了与防火墙无关的配置）。

首先配置访问控制列表，以禁止所有报文：

```
[Router] acl advanced 3111
[Router-acl-ipv4-adv-3111] rule deny ip
```

其次创建 ASPF 策略，该策略检测应用层 FTP 协议：

```
[Router] aspf policy 1
[Router-aspf-policy-1] detect ftp
```

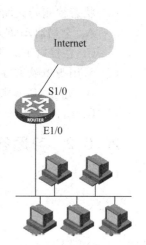

图 20-4　状态检测防火墙功能配置示例

再次在接口上应用定义好的策略，并应用访问控制列表：

```
[Router-Serial1/0] packet-filter 3111 inbound
[Router-Serial1/0] aspf apply policy 1 outbound
```

## 20.5　本章总结

(1) 分析了为什么要进行业务隔离。

(2) 讲述了业务隔离的手段。

(3) 分析了为什么要进行访问控制。

(4) 讲述了访问控制的手段。

(5) 介绍了包过滤和状态检测防火墙技术的原理和应用方法。

## 20.6　习题和答案

### 20.6.1　习题

(1) 广域网进行业务隔离的手段有(　　)。

　　A. 专线　　　　　　　B. SSL VPN　　　　　C. MPLS-VPN　　　D. IPSec 隧道

(2) 我们可以利用数据包中的(　　)信息来对数据流区分,以便进行访问控制。

　　A. 利用源/目的 MAC 地址　　　　　　　B. 利用源/目的 IP 地址

　　C. 利用源/目的的端口号　　　　　　　　D. 利用 URL 信息

(3) 包过滤防火墙技术可以实现的需求有(　　)。

　　A. 禁止源地址是 10.1.1.1 的报文通过

　　B. 禁止目的地址是 20.1.1.1 的报文通过

　　C. 禁止地址 10.1.1.1 主动去 ping 地址 20.1.1.1

　　D. 禁止地址 10.1.1.1 主动向地址 20.1.1.1 发起 FTP 连接

(4) 状态检测防火墙的配置中,(　　)是必须配置的。

　　A. 全局启动防火墙功能　　　　　　　　B. 定义 ASPF 策略

　　C. 在接口下应用 ASPF 策略　　　　　　D. 调整 TCP/UDP 的检测时间

(5) 采用逻辑隔离方式进行业务隔离的手段有(　　)。

　　A. 建立 IPSec 隧道　　　　　　　　　　B. 使用 SSL VPN

　　C. 组件 MPLS-VPN 网络　　　　　　　　D. 使用专线

### 20.6.2　习题答案

(1) A、B、C、D　　(2) A、B、C　　(3) A、B、C　　(4) A、B、C　　(5) A、B、C

# 第21章

# 认证与授权

认证与授权是组建安全网络所不可或缺的一环,是抵御不安全因素进入网络的重要防线。

## 21.1 本章目标

学习完本章,应该能够达到以下目标。

(1) 了解 AAA 体系结构。

(2) 了解认证授权在实际中的应用。

## 21.2 AAA 体系结构

AAA(Authentication,Authorization and Accounting,认证、授权和计费)提供了一个用来对认证、授权和计费这三种安全功能进行配置的一致性框架,实际上是网络安全的一种管理机制。

这里的网络安全主要是指访问控制,包括以下内容。

(1) 哪些用户可以访问网络服务器?

(2) 具有访问权的用户可以得到哪些服务?

(3) 如何对正在使用网络资源的用户进行计费?

针对以上问题,AAA 必须提供下列服务。

(1) 认证功能。AAA 支持以下认证方式。

① 不认证(none):对用户非常信任,不对其进行合法性检查,一般情况下不采用这种方式。

② 本地认证(local):将用户信息(包括本地用户的用户名、密码和各种属性)配置在设备上。本地认证的优点是速度快,可以降低运营成本;缺点是存储信息量受设备硬件条件限制。

③ 远端认证:支持通过 RADIUS 协议或 HWTACACS 协议进行远端认证,由设备(如交换机、路由器)作为 Client 端,与 RADIUS 服务器或 TACACS 服务器通信。对于 RADIUS 协议,可以采用标准或扩展的 RADIUS 协议,与 CAMS 等系统配合完成认证。

(2) 授权功能。AAA 支持以下授权方式。

① 直接授权(none):对用户非常信任,直接授权通过,此时用户的权限为系统的默认权限。

② 本地授权(local):根据设备上为本地用户账号配置的相关属性进行授权。

③ HWTACACS 授权:由 TACACS 服务器对用户进行授权。

④ RADIUS 授权:RADIUS 授权是特殊的流程。只有在认证和授权的 RADIUS 方案相同的条件下,RADIUS 授权才起作用,同时将 RADIUS 认证回应报文中携带的授权信息下发。

(3) 计费功能。AAA 支持以下计费方式。

① 不计费(none):不对用户计费。

② 本地计费(local)：本地计费是为了支持本地用户的连接数限制管理，实现了对用户接入数的统计功能。

③ 远端计费：支持通过 RADIUS 服务器或 TACACS 服务器进行远端计费。

AAA 一般采用客户机/服务器结构。客户端运行于被管理的资源侧，服务器上集中存放用户信息。因此，AAA 框架具有良好的可扩展性，并且容易实现用户信息的集中管理。AAA可以通过多种协议来实现，目前设备中的 AAA 是基于 RADIUS 协议或 HWTACACS 协议来实现的。

# 21.3　认证授权应用

若一个公司有部分用户需要移动办公，通过 Internet 接入公司内网中(图 21-1)，如何保证接入的用户的合法性呢？对于此种需求，需要分两步来实现：第一步，用户通过某种技术连接总部网络，这一步有各类的 VPN 技术可以实现；第二步，总部对连接的用户进行认证授权。在这里仅分析对接入用户的认证授权部分。

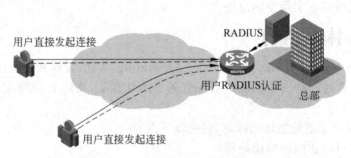

图 21-1　用户接入认证授权

对于远程接入的用户，一般可以采用以下三种认证方式。

(1) 本地认证。

(2) RADIUS 认证。

(3) 证书认证。

通常推荐使用 RADIUS 认证或者证书认证。

采用远端认证的优点是用户管理规范，用户的管理和设备的管理分离，便于多个系统的用户名/密码统一管理，远端认证方便为多个系统服务，便于远程接入用户的用户名/密码和其他系统的登录用户名/密码统一管理，同时便于大量用户的管理。远端认证中最常见的是 RADIUS 认证，使用 RADIUS 服务器可以进一步提高接入的安全性，如采用对登录用户的行为认证，控制每一个用户进行的操作，如采用服务器和 token 卡配合，进行双因素动态密码认证。同时 RADIUS 服务器的适应性比较广泛，大部分网络设备均可以支持RADIUS 协议。

采用证书认证的优点是用户管理规范，安全性更高，证书不仅能够进行认证，同时还有数据防伪功能；采用证书管理，用户的管理和设备的管理分离，证书服务器可以为多个系统颁发证书，便于远程接入用户和其他系统用户的统一管理，同时证书服务器便于对大量用户的管理。但证书认证对设备要求较高，需要支持证书认证功能。

登录设备认证授权如图 21-2 所示。

当网络设备需要远程维护时，如何保证接入设备用户的合法性呢？对于此种需求，需要分

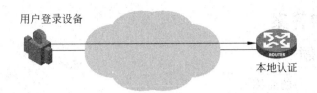

图 21-2  登录设备认证授权

两步来实现：第一步，用户通过某种技术远程登录到设备上；第二步，对登录设备的用户进行认证授权。在这里仅分析对登录设备用户的认证授权部分。

对于远程登录设备的用户，一般可以采用以下两种认证方式。

（1）本地认证授权。

（2）远端认证授权。

对于远程登录设备的管理用户，以上两种方式均有大量应用。

采用本地认证的优点是用法简单，无须其他设备配合，部署简单，只要网络设备正常就可以完成认证。缺点是不利于统一用户管理，同时用户名/密码配置在网络设备上，定期修改密码工作量较大。

采用远端认证的优点是用户管理规范，用户的管理和设备的管理分离，便于多个系统的用户名/密码统一管理，远端认证中最常见的是 RADIUS 认证，使用 RADIUS 服务器可以进一步提高接入的安全性，如采用对登录用户的行为认证，控制每一个用户进行的操作。缺点是组网方式较为复杂，网络设备无法独立完成认证，认证过程需要 RADIUS 服务器配合完成，增加了网络中的故障点。远程维护时网络中可能存在异常，导致认证不能完成。

当网络中存在部分安全性较低的链路时，为了保证协议运行的稳定性，都会对如链路层协议、隧道协议、路由协议等网络协议进行认证，防止异常接入的情况发生，如图 21-3 所示。网络协议认证有以下特征。

图 21-3  设备间协议认证

（1）要求认证的用户名/密码管理权限和设备管理权限统一。

（2）协议认证的用户数量较少，认证的用户名密码不会经常变化。

根据网络协议认证的特征，设备本地认证是一个很好的选择。采用本地认证的优点是用法简单，无须其他设备配合，部署简单，只要网络设备正常就可以完成认证。

# 21.4  本章总结

（1）讲述了 AAA 体系架构。

（2）讲述了认证授权功能在实际组网中的应用。

## 21.5　习题和答案

### 21.5.1　习题

（1）AAA 是（　　）的简称。

 A. 认证    B. 授权    C. 计费    D. 记录

（2）AAA 支持（　　）的授权方式。

 A. 本地授权        B. 直接授权

 C. HWTACACS 授权    D. RADIUS 授权

（3）AAA 支持（　　）的认证方式。

 A. 本地认证   B. 远端认证   C. 不认证   D. RADIUS 认证

（4）用户接入认证授权的方式有（　　）。

 A. 本地认证授权      B. RADIUS 认证授权

 C. CA 认证授权      D. HWTACACS 认证授权

（5）登录用户认证授权的方式有（　　）。

 A. 本地认证授权      B. RADIUS 认证授权

 C. CA 认证授权      D. HWTACACS 认证授权

### 21.5.2　习题答案

（1）A、B、C  （2）A、B、C、D  （3）A、B、C、D  （4）A、B、C、D  （5）A、B、D

第22章

# 传输安全与安全防御

数据在通过 Internet 传送时存在很大的安全隐患,需要采用一些手段保障数据的机密性和完整性。

网络攻击日益增多,病毒也大肆泛滥,对网络的威胁越来越大,在网络建设中,必须考虑对网络攻击和病毒的防范。

## 22.1 本章目标

学习完本章,应该能够达到以下目标。

(1) 数据传输的安全保障措施有哪些?

(2) NAT 技术在网络安全中的作用有哪些?

(3) 如何防御网络攻击?

(4) 如何防范病毒?

(5) 如何在设备上进行安全加固?

## 22.2 传输安全

在一个不安全的环境中传输重要数据时,首先应确保数据的机密性,即防止数据被未获得授权的查看者理解,从而防止信息内容的泄露,保证信息安全性。

对于数据机密性的保障,需要对数据进行加密。根据其工作方式的不同,加密算法可以分为对称加密算法和非对称加密算法两种。

在对称加密算法中,通信双方共享一个秘密,作为加密/解密的密钥。这个密钥既可以是直接获得的,也可以是通过某种共享的方法推算出来的。由于任何具有这个共享密钥的人都可以对密文进行解密,所以对称加密算法的安全性完全依赖于密钥本身的安全性。因为对称密钥加密方法执行效率一般比较高,对称密钥加密算法适用于能够安全地交换密钥且传输数据量较大的场合。目前有不少对称密钥加密算法的标准,包括 DES、3DES、RC4、AES 等。

非对称加密算法也称为公开密钥算法。此类算法为每个用户分配一对密钥,即一个私有密钥和一个公开密钥。私有密钥是保密的,由用户自己保管。公开密钥是公之于众的,其本身不构成严格的秘密。这两个密钥的产生没有相互关系,也就是说不能利用公开密钥推断出私有密钥,安全性较高。非对称加密算法的弱点在于其速度非常慢,吞吐量低。因此不适宜于对大量数据的加密。非对称密钥的算法中最著名和最流行的是 RAS 和 DH。

在一个不安全的环境中传输数据时,还需要确保数据的完整性,即发觉数据是否被篡改。

为了保证数据的完整性,通常使用摘要算法(HASH)。采用 HASH 函数对一段长度可变的数据进行 HASH 计算,会得到一段固定长度的结果,该结果称为原数据的摘要,也称为消息验证码(Message Authentication Code,MAC)。摘要中包含被保护数据的特征,如果该数据稍有变化,都会导致最后计算的摘要不同。另外 HASH 函数具有单向性。也就是说无法根据结果导出原始输入,因而无法构造一个与原报文有相同摘要的报文。

数字签名是指使用密码算法对待发的数据进行加密处理,生成一段信息,附着在原文上一起发送,这段信息类似现实中的签名或印章,接收方对其进行验证,判断原文真伪。

数字签名技术是在网络虚拟环境中确认身份的重要技术,完全可以代替现实过程中的"亲笔签字",在技术和法律上有保证。

数字签名可以保证信息传输的完整性,确认发送者的真实身份并防止交易中的抵赖发生。

## 22.3    使用 NAT 进行安全防御

NAT(Network Address Translation,网络地址转换)是将 IP 数据报报头中的 IP 地址转换为另一个 IP 地址的过程。网络地址转换是对 Internet 隐藏内部地址,防止内部地址公开。

在内部网络与 Internet 相连的位置使用 NAT 技术对于网络安全来说有以下好处。

(1) 内部用户仍然能够透明地访问外部网络,内部用户不会感受到地址转换的存在,在部署了 NAT 技术后访问外网业务的可用性不会受到影响。

(2) 采用了 NAT 技术后,发出到外网的数据信息的源地址都经过了转换,内网地址信息被屏蔽了,使外部人员无法获致内部网络的信息,也就没有了攻击的对象。

(3) 采用 NAT 技术后,内部网络的 IP 地址在互联网上永远不会被路由,内外网的路由被隔断,外网的主动攻击无法到达内网。

此外,在两个内部网络相互连接时,采用双向 NAT 技术,还可以避免两个网络的地址互相影响,避免由于地址冲突引发的网络安全问题。

总之,在与 Internet(或其他网络)相连的位置使用 NAT 技术是一种非常行之有效的安全防御手段。

使用 NAT 会增加地址和路由规划配置的复杂性,对部分应用会产生一定影响。

## 22.4    网络攻击与防御

应用层攻击大多是利用软件的漏洞进行攻击。

SQL 注入攻击是其中一个典型的例子。攻击者利用 Web 应用程序(网页程序)对用户的网页输入数据缺少必要的合法性判断的程序设计漏洞,将恶意的 SQL 命令注入后台数据库。在网站管理登录页面要求账号密码认证时,如果攻击者在"UserID"框内输入"admin",在密码框里输入"anything'or 1='1'",交页面后,查询的 SQL 语句就变成了 Select from user where username='admin' and password='anything' or 1='1'。不难看出,由于"1='1'"是一个始终成立的条件,判断返回为"真",密码的限制形同虚设,不管用户的密码是不是 anything,它都可以以 admin 的身份远程登录,获得后台管理权,在网站上发布任何信息。

从上面这个例子可以看出,应用层攻击的针对性很强,都是针对某一个软件漏洞发起的攻击,由于网络上的软件漏洞层出不穷,针对每一个漏洞的攻击方式都不尽相同,而且每天都有新的漏洞被发现,同时也有老的漏洞被修复,这就使应用层的攻击手段多种多样,经常发生变化,新的攻击方式层出不穷。

应用层攻击的特点是攻击手段多样,作用在应用层上针对性强,新的攻击方式层出不穷。这就需要防御手段具备分析应用层内容的功能,能够匹配大量的攻击特征,能够迅速地更新辨别手段,以便防御新的应用层攻击。

考虑到 IPS/UTM 设备具备大容量攻击特征库,能够匹配多种攻击特征,且特征库可以实时更新,通常采用 IPS/UTM 设备来完成应用层攻击,如图 22-1 所示。在 IPS 上开启防攻击的特征库,对于匹配中攻击特征的报文根据情况采取阻断、告警、记录等动作,并实时更新特征库,以保证能够检测出最新的应用层攻击手段。

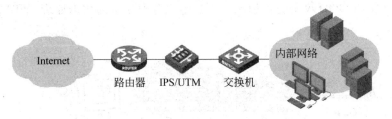

图 22-1 用 IPS/UTM 进行应用层攻击防御

畸形报文攻击是通过向目标系统发送有缺陷的 IP 报文,使目标系统在处理这样的 IP 包时会出现崩溃,给目标系统带来损失。

下面举几种常见的畸形报文攻击方式。

(1) Ping of Death:Ping of Death 攻击,就是利用一些超大尺寸的 Ping 请求报文对系统进行的一种攻击,这种攻击通过发送大于 65536B 的 ICMP 包使操作系统崩溃。通常网络上不可能发送大于 65536 个字节的 ICMP 包,但攻击者可以把报文分割成片段,然后攻击报文到达目标主机后进行重组,最终会导致被攻击目标缓冲区溢出。

(2) Teardrop:Teardrop 类的攻击利用 UDP 包重组时重叠偏移的漏洞来对目标系统进行攻击。Linux 和 Windows NT 以及 Windows 95/98 更容易遭受这些攻击。Teardrop 攻击会导致蓝屏死机,并显示 STOP 0x0000000A 错误。虽然大多数操作系统打了防止这种攻击的补丁,但 Teardrop 仍然会耗费处理器的资源和主机带宽。

(3) 畸形 TCP 报文攻击:TCP 报文包含 6 个标志位:URG、ACK、PSH、RST、SYN、FIN,不同系统对这些标志位组合的处理是不同的,畸形 TCP 报文攻击就是通过构造这 6 个标志位为特定数值的报文发给目标系统,导致目标系统处理出错,由此构成对目标系统的攻击。典型构造标志位的手段有设置 6 个标志位全为 1、设置 6 个标志位全为 0、设置 SYN 和 FIN 位同时为 1。

由上面几个例子可以看出,畸形报文攻击主要是通过构造特殊的 IP 报文发送给目标系统来进行攻击的,攻击报文均属于异常报文,较为容易判断。

畸形报文攻击的攻击报文一般都具有很明显的特征,比较容易和正常报文区分开,只需要针对每种攻击的特征进行针对性的报文过滤即可。举例如下。

(1) 针对 Ping of Death 攻击,可以通过检测 Ping 请求报文的长度是否超过 65536 字节来辨别是否为攻击报文,若长度超过 65536 字节,则直接丢弃该报文。

(2) 针对 TearDrop 攻击,可以通过缓存分片信息,每一个源、目的 IP、报文 ID 相同的构成一组,最大缓存 10000 组,在缓存的组数达到最大时,直接丢弃后续分片,同时根据缓存的分片信息,分析 IP 报文分段的合法性,直接丢弃不合法的 IP 报文的方式来抵御攻击。

(3) 针对畸形 TCP 报文攻击,可以通过判断 TCP 报文标志位来判断报文是否为攻击报文,对于 6 个标志位全为 1 或 6 个标志位全为 0 或 SYN 和 FIN 位同时为 1 的报文直接丢弃。

由于畸形报文攻击都是构造异常的数据报文来进行攻击的,从 IP 层和 TCP/UDP 层就可以辨别出是否为攻击报文,因此防火墙、IPS 和部分路由器/以太网交换机均可以对畸形报文进行有效的抵御。

拒绝服务型(Deny of Service,DoS)攻击是使用大量的数据包攻击系统,使系统无法接收正常用户的请求,或者主机挂起不能提供正常的工作,主要有 SYN Flood、Fraggle 等。和其他类型的攻击不同,DoS攻击并不是去寻找进入内部网络的入口,而是间接影响合法用户对服务的请求。

下面以SYN FLOOD攻击为例说明一下拒绝服务类攻击的攻击原理,如图22-2所示。

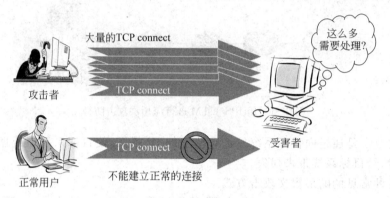

图 22-2　SYN FLOOD 攻击示意

由于资源的限制,TCP/IP协议栈的实现只能建立有限个TCP连接。而SYN FLOOD攻击正是利用这一点。它构造一个源地址是伪造的(甚至根本不存在该地址)SYN报文,向服务器发起连接,服务器收到此报文后用SYN-ACK应答,而此应答发出去后,不会收到ACK报文,这样便形成了一个TCP半连接。如果攻击者发送大量这样的SYN报文,会在被攻击主机上出现大量的半连接,消耗尽其资源,使正常的用户无法访问。直到半连接超时。

SYN FLOOD攻击的特点是利用合法的报文对目标系统进行攻击。从对于攻击报文的结构和组成分析来看,无法分辨出攻击报文。

拒绝服务类攻击大多类似于SYN FLOOD攻击,利用大量合法的报文攻击目标系统,消耗目标系统有限的资源,从而达到影响合法用户对服务的请求的目的。

拒绝服务类攻击的特点是利用合法的报文对目标系统进行攻击,因此没有很好的方法来辨别攻击报文。为了确保目标系统不会瘫痪,一般采取限制此类报文的接收速率或不处理此类报文的方式来进行防御。例如,限制每秒建立的TCP/UDP半连接数量,拒绝处理ICMP地址不可达报文,这样可以保护目标系统不瘫痪,但代价是合法用户的业务也会受到影响。又如,若限制了TCP/UDP的半连接建立速度,在抵御攻击报文的同时,也拒绝了大量合法的半连接建立;若关闭了ICMP地址不可达报文处理功能,避免了遭受攻击的同时,使利用此功能的正常功能也无法使用。

对于SYN FLOOD攻击,由于TCP的三次握手特性,有着更好的防御手段。

防止SYN FLOOD攻击的一个有效的办法就是采用TCP代理(运行于防火墙上)。客户发起连接时,TCP代理并不把SYN包直接传递给服务器,而是自己伪装成服务器返回SYN-ACK,收到客户的ACK后再以当初客户发起连接时的信息向真正的服务器发起连接。当客户和服务器之间传输的数据通过防火墙时,防火墙只需对它们的序号进行调整就可以了。

上述过程中,TCP代理拦截了所有来自客户端的TCP连接请求,它代表服务器建立与客户机的连接,同时又代表客户机建立与服务器的连接。如果两个连接都成功地建立,防火墙就会将两个连接进行中继。如果客户端向服务器发起SYN FLOOD攻击,将首先被TCP代理检测出来(根据接收的SYN报文速率以及现存的TCP半连接数目)并处理,这样防火墙就能很好地保护服务器不受SYN FLOOD的攻击。同时,防火墙将通过其自身的TCP半连接加速老化等机制防止自身被攻陷。

在直接进行防御的同时,还可以通过攻击特征检测发现 DDOS 攻击工具的控制报文,切断其控制攻击主机的通道,从源头消除攻击。

## 22.5 病毒防范

计算机病毒一直是危害计算机正常工作的严重安全威胁。在蠕虫病毒出现后,由于蠕虫病毒的快速传播特性,使病毒对整个计算机网络都形成了巨大的威胁。蠕虫病毒是一种通过网络传播的恶性病毒,它具有病毒的一些共性,如传播性、隐蔽性、破坏性等。蠕虫病毒具有自己的一些特征,如不利用文件寄生(有的只存在于内存中),对网络造成拒绝服务,以及和木马技术相结合等。

由于病毒具备极强的传播性,一旦在网络中爆发,将迅速感染网络中所有存在安全漏洞的主机,因此需要一方面极力避免病毒进入网络,另一方面要提高网络内主机的安全性,减少给病毒传播的可乘之机。

对于病毒的防御要内外兼顾。一方面,在内部网络和外部网络相连的位置需要通过部署 IPS 来组织病毒进入网络内部,堵住病毒从外部网络进入内部网络的通道。另一方面,在内部网络中,对接入的每一台计算机需要进行安全检查,检查计算机上的杀毒软件版本和病毒库,确保接入网络的计算机都不带病毒,堵住病毒通过其他途径进入内部网络的通道,同时还需要检查计算机的补丁安装情况,减少系统安全漏洞的存在,以减少网络内部意外的病毒发作所造成的影响。

## 22.6 设备安全加固

整个网络是由网络设备和相关线路组成,网络设备的安全是整个网络安全稳定运行的前提条件。如果网络设备的安全都得不到保证,整个网络的安全也就无从谈起。

在网络上,对于网络设备的安全威胁主要有以下几个方面。

(1) 对于设备登录安全的威胁。非法用户通过各种方式(如 Telnet、SSH、SNMP 等方式)远程登录到设备上,获取对设备部分或全部的控制权,对设备的稳定运行造成威胁,从而威胁到整个网络的稳定运行。

(2) 对于设备管理权限的安全威胁。合法的用户获取到非法的权限,获得对设备更大的操作权限,对设备的稳定运行造成威胁,从而威胁到整个网络的稳定运行。

(3) 对于设备本身的攻击。利用设备开启的各类服务,如 FTP 服务,IP 重定向服务等服务,对设备的 CPU 进行攻击,使设备无法正常工作,从而威胁到整个网络的稳定运行。

(4) 对于设备资源的安全威胁。非法用户通过大规模消耗设备的相应资源(如 ARP 表项、MAC 表项),导致正常用户享受的服务。

为保护设备安全性,就要对于远程接入的用户进行分级管理,对于不同级别的登录用户的口令加强管理,采用密文管理,定期进行更改。对 CONSOLE 用户进行认证。

对登录用户的配置例子如下:

```
local-user h3c
password hashXXXX
service-type telnet
authorization-attribute user-role level-1
line con 0
  set authentication password hashXXXX
  authentication-mode password
```

```
line vty 0 4
   authentication-mode scheme
```

如果网络中部署了基于 SNMP 的网络管理系统,将设备纳入网管系统进行管理,就应当确保读写团体字的安全,严禁使用默认的读写团体字,同时开启 TRAP 功能,主动上报设备信息,便于网管及时获知设备异常情况。配置例子如下:

```
snmp-agent
snmp-agent sys-info version v2c
snmp-agent community write XXX
snmp-agent community read XXX
snmp-agent trap enable
snmp-agent target-host trap address udp-domain 1.1.1.1   params securityname XXX
snmp-agent trap source Loopback 0
```

为了防止非法用户通过 Telnet、SSH、SNMP 等方式登录到设备上,需要对登录用户的 IP 地址进行限制。

在用户接口上,可以通过 ACL 对接入的 Telnet/SSH 用户的 IP 地址进行限制。配置例子如下:

```
acl basic2001
   rule 1 permit source 1.1.1.0 0.0.0.255
telnet server acl 2001
```

也可以通过 ACL 对 SNMP 网管工作站的 IP 地址进行限制。配置例子如下:

```
acl basic2001
   rule 1 permit source 1.1.1.0 0.0.0.255
snmp-agent
snmp-agent
snmp-agent community write XXX acl 2001
snmp-agent community read XXX acl 2001
```

其他的常用安全加固包括以下几个方面。

(1) 开启信息中心,对登录用户的操作进行记录,缺乏存储介质的设备采取日志主机的方式,将记录传送到日志主机上保存。通过记录操作日志,可以在发生安全事件时,查找当时进行的操作,以便定位事件引发的原因。日志主机的配置例子如下:

```
info-center loghost source Loopback0
info-center loghost 1.1.1.1
```

(2) 关闭设备上不必要的服务。例如,FTP 服务。关闭 FTP 服务的配置例子如下:

```
undo ftp server enable
```

关闭不必要的服务,可以减少设备受到攻击的可能。

(3) 关闭空闲的端口,可以防止用户私自接入网络。配置例子如下:

```
interface GigabitEthernet1/1/1
   shutdown
```

对于其他的攻击手段,可以根据具体的情况来进行安全加固,示例如下。

(1) 进行 MAC 地址、IP 地址和端口的绑定,以防止用户使用 MAC 地址欺骗功能。

（2）部署防止 ARP 攻击解决方案，防止 ARP 攻击，防止设备和用户的 ARP 表项学习错误。

（3）在路由协议上增加邻居认证配置，防止用户冒充对端设备和设备建立路由协议邻居关系，学习到整网路由情况。

（4）在 VRRP 协议上增加邻居认证配置，防止对 VRRP 协议的攻击。

## 22.7 本章总结

（1）传输过程中数据机密性和完整性保障手段。

（2）NAT 技术在网络安全中的作用。

（3）各类网络攻击方式和防御手段。

（4）病毒防御的手段。

（5）设备安全加固的方法。

## 22.8 习题和答案

### 22.8.1 习题

（1）关于对称加密算法说法正确的是（　　）。

    A. 对称加密算法效率较高

    B. 对称加密算法适合于传输数据量较大的环境

    C. 对称加密算法有 AES、3DES、DES 等

    D. 对称加密算法的安全性完全依赖于密钥本身的安全性

（2）使用 NAT 技术进行安全防御的好处有（　　）。

    A. 使用 NAT 技术后，内网用户访问外网业务的可用性不受影响

    B. 使用 NAT 技术后，外部人员无法得到内部网络信息

    C. 使用 NAT 技术后，内外网路由被隔断

    D. 使用 NAT 技术后，可以避免两个内部网络互联时由于地址冲突引起的问题

（3）对于应用层攻击防御说法正确的有（　　）。

    A. 应用层攻击防御一般的网络设备都可以完成

    B. 应用层攻击防御需要采用专业的安全设备来完成

    C. 应用层攻击防御需要实施更新攻击特征库

    D. 应用层攻击防御可以采用固定的策略一劳永逸的完成

（4）对于 DDOS 攻击说法正确的有（　　）。

    A. DDOS 攻击以降低被攻击系统服务提供能力为目的

    B. 对于 DDOS 攻击中的 TCP FLOOD 攻击可以采用 TCP 代理机制进行防御

    C. 对于 DDOS 攻击中的 FTP FLOOD 攻击可以采取限制每秒的连接建立速度来进行防御

    D. DDOS 攻击可以通过在网络设备上配置相应的访问控制列表来防御

（5）设备安全加固手段包括（　　）。

    A. 加强自身的密码强度　　　　　　B. 设置自身的访问控制

    C. 设置访问控制列表控制用户互访　　D. 关闭 FTP 等服务

### 22.8.2 习题答案

（1）A、B、C、D　　（2）A、B、C、D　　（3）B、C　　（4）A、B、C　　（5）A、B、D

# 第23章

# 安 全 管 理

网络攻击技术的发展日新月异,要在这种情况下保证网络的安全,及时更新安全防御手段是一方面,完善的安全管理则是更为重要的一方面。

## 23.1 本章目标

学习完本章,应该能够达到以下目标。

(1) 了解用户行为管理的解决方案。

(2) 了解安全事件管理的解决方案。

(3) 了解流量管理的解决方案。

(4) 了解安全制度管理所要达到的目标。

## 23.2 安全管理概述

在当今的网络中,一方面,业务系统不断地更新,不断有新的应用加载上,不断有新的安全隐患和漏洞被发现;另一方面,网络攻击的手段不断地发生变化,攻击者不断地寻找网络的漏洞以攻击网络。

如果单靠技术手段来保障网络安全,那么网络维护人员将每天忙于修补系统安全漏洞,检测新的应用系统的安全性,抵御各种网络攻击,处理各种各样的网络安全事件。即使如此,仍然不能保证网络的绝对安全。

没有哪一个网络是绝对安全的。只有依靠完善的管理制度,才能够一方面及时发现和分析网络上新出现的攻击事件,完善本网络的安全防御体系;另一方面打击对网络的恶意攻击和漏洞检测,使攻击者攻击网络的代价大大增加,以减少网络攻击的发生。

进行完善的网络安全管理,需要关注以下内容。

(1) 网络上用户的行为。

(2) 网络上发生的各种事件。

(3) 网络上各个业务流量的情况。

(4) 安全管理制度的遵守情况。

只有详细了解网络上发生的一切事情,才能从这些用户的行为、发生的事件、流量情况等信息中寻找出网络中的安全隐患和察觉到网络异常或攻击的存在,同时只有对这些信息进行收集和储存,才能在发生了网络攻击或异常事件后,通过对历史信息的分析,查找出问题的根本原因所在,采取有效的补救措施。

## 23.3 用户行为管理

用户行为管理的内容包括以下几点。

(1) 用户所有的网络行为,如什么时间访问了哪些网站,从哪些地方下载什么文件等行为。

（2）和用户相关的网络设备上的信息，如大多数用户上网都是通过 NAT 转换上网的，需要记录每一个用户在什么时间将内网地址转换成了哪个公网地址。

（3）所有的记录信息都必须和用户关联，如果仅仅记录了内网的哪一个 IP 地址有什么样的行为是远远不够的，必须落实到具体的人身上。

应尽可能详细地记录用户的一切行为。一方面从这些行为中查看是否有违反安全规定的操作；另一方面在发生违反安全制定的事件后，可以通过用户行为记录查找到是哪一个用户违反的。

实现用户行为管理的方法有很多，这里介绍一种利用 ACG（应用控制网关）产品的用户行为管理方案，如图 23-1 所示。

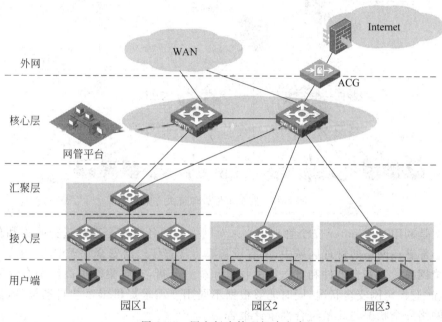

图 23-1 用户行为管理解决方案

ACG 产品的用户行为审计功能可以对用户的上网行为进行全面记录。ACG 的用户行为审计功能包括用户 HTTP 访问行为记录，用户电子邮件行为记录以及 FTP 上传下载行为审计。通过对 URL 的全记录，完全掌握用户上网行为，定位用户访问网页或查看的文件；通过对用户电子邮件内重要信息以及 FTP 上传下载文件名等信息的审计，完成数据流动的完全监控。

图中方案就是通过在网络的出口处部署了 ACG 设备，对所有的出口流量都进行分析记录，记录下所有的用户上 Internet 的所有行为。该方案主要针对用户访问 Internet 的行为进行记录和管理，如果需要管理用户的其他网络行为，可以根据需要调整 ACG 部署的位置或将需要监控分析的链路流量镜像到 ACG 处进行分析。

# 23.4 安全事件管理

安全事件管理要关注的内容包括以下几个方面。

（1）网络上发生的安全事件。

（2）网络上发生的系统事件。

（3）网络上发生的应用事件。

安全事件管理需要关注网络上各个设备（包括路由器、交换机等传统网络设备，防火墙、IPS 等安全设备和系统主机等应用设备）上报的各种事件。但是仅仅收集事件是不够的。不经过处理的海量信息是没有价值的。安全事件管理必须对这些事件进行关联性的分析，进行综合处理，只有这样得出的分析结果才是对我们有价值的信息。

有很多产品都可以完成安全事件管理功能，这里介绍一下利用 SecCenter 安全管理中心产品的安全事件管理解决方案，如图 23-2 所示。

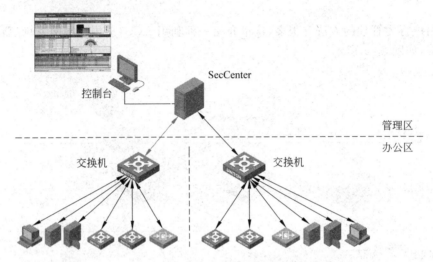

图 23-2　安全事件管理解决方案

该方案是利用 SecCenter 安全管理中心来对网络上的各类安全事件进行收集和分析。安全管理中心部署在网络的管理区域中，所有设备都将日志传送给安全管理中心，由安全管理中心对于对全网海量的安全事件和日志集中收集和统一分析，对收集数据高度聚合存储及归一化处理，实时监控全网安全状况，同时能够根据不同用户需求提供丰富的自动报告，提供具有说服力的网络安全状况与政策符合性审计报告。

## 23.5　流量管理

流量管理需要关注的是网络上的流量情况，包括以下几个方面。

（1）网络上有哪些流量存在。

（2）这些流量都是从哪里流向哪里的。

（3）这些流量占用的带宽有多少。

（4）网络上都有哪些应用存在。

（5）这些应用的流量走向是怎么样的。

（6）这些应用占用的带宽有多少。

对网络上流量的情况完全掌握后，经过分析就可以清楚地得知，现有网络上到底承载了哪些业务，这些业务都会占用多少带宽，要想顺利地承载这些业务到底需要多少带宽，现在带宽占用过高到底是由于带宽过小还是非关键业务流量过大引起的等。

在对现有网络流量情况做出正确的分析后，才能够做出正确的应对措施，如是扩容链路还是对非关键业务进行限制等。

流量管理的方法有很多种，这里介绍一下使用 IMC NTA 软件对网络流量进行监控的方案。

IMC NTA 软件部署在管理区域中即可，无须部署在转发路径上，该软件同时支持通过
NetStream 软件对流量进行分析和使用 DIG 探针对流量进行分析，如图 23-3 所示。

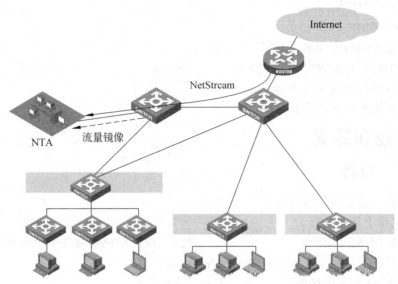

图 23-3 流量管理解决方案

对于网络上支持 NetStream 的部分，IMC NTA 软件直接从支持 NetStream 功能的路由
器和交换机中收集流量信息，可以灵活启动不同层面(接入层、汇聚层、核心层)的网络设备进
行 NetStream 流量日志收集，并将收集的内容以 NetStream 格式的日志输出给 NTC/NTP 设
备进行分析。用户使用 NTA 的分析功能，可以做网络使用状况监控、用户行为追踪、异常流
量检测等，并且基于功能丰富的报表，用户可以做网络规划方面的决策。一般出口路由器或核
心的网络设备都能够支持 NetStream 功能。

针对一些不支持 NetStream 技术的网络，采用 DIG 方式对网络流量进行管理，从网络设
备上使用端口镜像功能，DIG 采集设备能直接从设备的镜像端口收集网络流量信息，进行流
量分析。从而得出分析结果，以多种多样的报表形式展现在用户面前。

## 23.6 安全制度管理

安全管理制度需要管理一切和网络安全相关的内容，具体包括安全级别定义管理、密码管
理、用户权限管理、机房安全管理等。

除此以外，还需要定义处理问题的流程制度，包括安全问题处理流程、网络变更流程等。

为了保证安全管理制度的遵守，还需要完善的安全奖惩制度。为确保安全管理制度本身
的不断完善，还需要一个安全制度的更新机制。

可以认为达到以下程度的安全制度管理是完善的。

(1) 对于日常工作中遇到的各个方面的安全相关内容，事无巨细，均设定明确的安全要
求，让用户的每一个操作都有着规定可以遵循，减少给人可以利用的制度漏洞。

(2) 对于遵守安全制度，主动上报制度漏洞的行为要加以表彰，有着明显的正相引导作
用，引导用户遵守制度，主动参与到制度完善的工作中，形成良性循环。

(3) 对于恶意违反安全规定的行为，要严加惩处，使用户违反安全规定的代价远大于所获
得的利益，务必使人不敢轻易违反安全规定，减少用户攻击网络的次数。

（4）安全制度本身能够不断更新完善，定期的审视制度本身是否存在漏洞，不断地完善制度，不断根据技术发展更新制度。

# 23.7　本章总结

（1）安全管理的内容。

（2）行为管理的内容和解决方案。

（3）安全事件管理的内容和解决方案。

（4）流量管理的内容和解决方案。

（5）安全制度管理的内容和目标。

# 23.8　习题和答案

## 23.8.1　习题

（1）安全管理需要关注的内容有（　　）。

    A. 网络上用户的行为　　　　　　　　　B. 网络上发生的安全事件

    C. 网络上的流量情况　　　　　　　　　D. 网内用户遵循安全管理制度的情况

（2）下面属于用户行为管理需要关注的内容的是（　　）。

    A. 用户访问了哪些网站

    B. 用户上网时通过 NAT 转换，转换成哪个公网地址

    C. 用户什么时候访问了互联网

    D. 用户使用的是什么计算机上网

（3）下面属于网络安全事件管理需要关注的内容的是（　　）。

    A. 网络上发生过网络攻击事件　　　　　B. 网络上检测到 ARP 病毒

    C. 网络中发生了链路中断　　　　　　　D. 网络机房发生火灾

（4）下面属于流量管理需要关注的内容的是（　　）。

    A. 各条链路上都有多少流量

    B. 在出口处，各类应用所占的带宽比例是怎么样的

    C. 网络中每类业务的流量时间分布情况如何

    D. 网络中各类流量的峰值和平均值

（5）一个好的安全制度管理的要求是（　　）。

    A. 确保每一项工作都有规章制度可循

    B. 确保安全制度能够形成一个良性循环，不断自我完善

    C. 对长期遵循安全制度，对安全制度提出有益建议的人员进行奖励

    D. 对于违反安全制度的人员进行处罚

## 23.8.2　习题答案

（1）A、B、C、D　　（2）A、B、C　　（3）A、B、C　　（4）A、B、C、D　　（5）A、B、C、D

# 第7篇

## 服务质量

第24章

# QoS 概 述

传统的 IP 网络仅提供"尽力而为"(Best-Effort)的传输服务。网络有可用资源时就转发数据包,网络可用资源不足时就丢弃数据包。网络设备采用先进先出队列(First In First Out),不区分业务,也无法对业务传递提供任何可预期和有保障的服务质量。

新一代互联网承载了语音、视频等实时互动信息,而这些业务对网络的延迟、抖动等情况都非常敏感,因此要求网络在传统服务之外能进一步提供有保证和可预期的服务质量。

QoS(Quality of Service,服务质量)通过合理的管理和分配网络资源,允许用户的紧急和延迟敏感型业务能获得相对优先的服务,从而在丢包、延迟、抖动和带宽等方面获得可预期的服务水平。

## 24.1 本章目标

学习完本章,应该能够达到以下目标。

(1)描述企业网面临的服务质量挑战。

(2)描述 QoS 主要衡量标准以及常规应用对 QoS 的需求。

(3)理解 QoS 的功能。

(4)理解 QoS Best Effort 模型、IntServ 模型和 DiffServ 模型的特性和体系结构。

(5)描述 DiffServ 模型的各个组成部分。

## 24.2 新一代网络面临的服务质量问题

互联网的快速发展不但导致了网络流量的指数式增长,也使网络承载的业务类型日益增多。而且不同的业务各有特点,对网络服务的质量具有不同的需求。语音业务通常具有较平滑的流量特征,突发性不太明显。但由于实时和交互的特点,其对延迟和抖动较为敏感。另外,语音的时效性也导致其重传的意义不大,因此对于丢包也比较敏感。视频业务在延迟、抖动和丢包等方面的需求和语音业务类似,但视频流的数据量更大,突发性也更强。

在传统的 IP 网络上运行语音视频应用时,由于网络无法保证应用程序享有的资源,语音视频质量无法得到保证。

典型的语音视频问题包括以下内容。

(1)声音断断续续,严重时彻底中断。

(2)声音时快时慢。

(3)视频图像停顿或出现"马赛克"。

(4)声音与图像脱节。

## 24.3 服务质量的衡量标准

### 24.3.1 带宽

带宽(Bandwidth)和吞吐量(Throughput)是用于衡量网络传输容量的关键指标。带宽就是单位时间内许可的最大数据流量,其单位为 bps(bit per second)。吞吐量是每秒通过的数据包的个数,其单位为 pps(packet per second)。

对于一条端到端的路径而言,其最大可用带宽等于端到端路径上带宽最低的链路的带宽。例如,在图 24-1 中,虽然 HostA 与 HostB 之间路径上存在带宽为 1Gbps 的链路,但其最大可用带宽只能等于带宽最小的广域网专线的带宽,即 2Mbps。

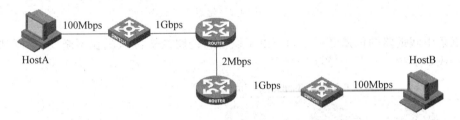

HostA与HostB之间的最大可用带宽= min(100Mbps, 1Gbps, 2Mbps, 1Gbps, 100Mbps) = 2Mbps

图 24-1　带宽与最大可用带宽

在每一链路上可能同时传送多个数据流,这些数据流将共同分享链路带宽。因此每个数据流实际可以占用的带宽将小于最大可用带宽。

对于所有应用而言,带宽总是首要条件。为了使应用能够正常工作,首先必须获得足够的可用带宽。带宽不足将导致网络拥塞,引发丢包、延迟、抖动等一系列问题。

### 24.3.2 延迟

延迟(Delay)又称为时延,是衡量数据包穿越网络所用时间的指标,通常以毫秒(ms)为单位。延迟是一个综合性的指标,主要由处理延迟和传播延迟组成。

处理延迟是指网络设备从接收到报文至将其提交到出接口准备发出所消耗的时间。其主要包括两部分。

(1)交换延迟:是指报文从入接口被交换到出接口所用的时间,这部分延迟主要取决于设备内部处理能力,如总线带宽和交换板容量等,在设备既定的条件下可以被认为是固定值。

(2)排队延迟:是指报文在出接口队列中等待和被调度的时间,这部分延迟受网络拥塞情况、调度算法和 CPU 负载的影响,是一个不确定的值。当网络负载较轻时排队延迟可能很小;但当网络负载较重时,大部分报文都要在队列中排队等候,排队延迟会很大。

传播延迟是指报文在链路上传播所消耗的时间。其主要包括两部分。

(1)串行化延迟:是指报文被发送到链路上时转为串行信号所用的时间。其主要取决于物理接口的速率,速率越大则串行化所用时间越少。

(2)传输延迟:是指物理信号在介质上传输所用的时间。其主要取决于链路的长度和物理性质。如卫星通信通常就具有很大的传输延迟,而局域网内的传输延迟基本可以忽略不计。

各种延迟发生作用的位置如图 24-2 所示。

网络上两节点之间的端到端延迟等于所有途中链路和设备造成的延迟的总和。例如,在图 24-3 中,HostA 与 HostB 之间的端到端延迟等于沿路两台交换机和两台路由器的处理延

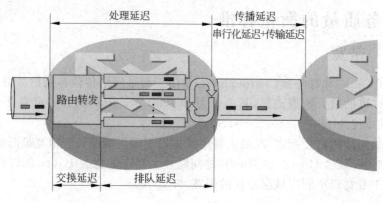

图 24-2　延迟

迟以及五条中间链路的传播延迟之和。由于设备和链路的资源状况在不断变化,端到端延迟也并非一成不变的。

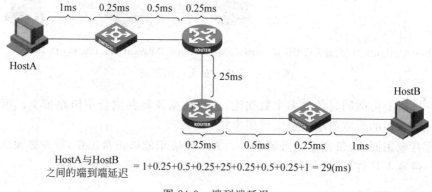

HostA与HostB之间的端到端延迟 = 1+0.25+0.5+0.25+25+0.25+0.5+0.25+1 = 29(ms)

图 24-3　端到端延迟

### 24.3.3　抖动

抖动(Jitter)是描述延迟变化的物理量,是衡量网络延迟稳定性的指标,如图 24-4 所示。抖动通常以毫秒(ms)为单位。抖动的数值等于延迟变化量的绝对值。

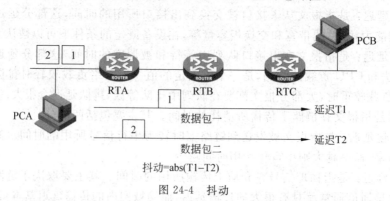

抖动=abs(T1−T2)

图 24-4　抖动

抖动产生的原因主要是延迟的随机性。在 IP 网络环境中,由于分组转发的缘故,同一数据流中相接的两个包可能通过不同的路径到达对端,因而其延迟有可能有相差较大。即使所有数据包都通过相同的路径,网络设备和链路资源的情况也是一个不断变化的因素,这就可能造成延迟的变化性和不可预知性,从而引起较大的抖动。

### 24.3.4 丢包率

丢包的产生可能来源于传输错误、流量限制、网络拥塞等多种情况。由于传输介质的改进,传输错误造成的丢包已经很少发生了。在因而目前的丢包大部分来自网络拥塞和流量限制。前者是由于带宽资源不足,当队列满之后,设备不得已而对某些非重要类型数据进行丢弃而发生的;后者是由于数据流量超出许可的范围,导致设备对其进行丢弃而发生的。

丢包的程度通过丢包率来衡量。一段时间内的丢包率等于该段时间内丢弃的报文数量除以该段时间内的全部报文数量。

丢包率是衡量网络性能状况的另一个重要参数,主要表征报文在网络传输过程的可靠性。对于大多数应用而言,丢包是最为严重的网络问题。因为丢包意味着信息的不完整,甚至会影响整个数据流。对于 TCP 应用,由于其本身提供了重传确认的机制,发生少量的丢包时可以通过重传进行弥补,但是严重的丢包会导致 TCP 传输速率的缓慢,甚至完全中断。对于 UDP 应用,由于 UDP 本身没有任何确认机制,它不能确定是否丢包,极有可能造成信息的永久缺失。对语音、视频等应用,如果网络出现丢包,它们会宁愿舍弃这些数据包,因为迟到的数据包对这些应用是没有价值的,因此丢包会使这些应用在使用效果上大打折扣。

### 24.3.5 常规应用对网络服务质量的要求

各种应用对网络服务质量的要求有很大区别,表 24-1 给出了一些常见应用对网络服务质量的要求。

表 24-1 常规应用对网络服务质量的要求

| 应用类型 | 典型应用 | 带宽 | 延迟 | 抖动 | 丢包率 |
| --- | --- | --- | --- | --- | --- |
| 批量传输 | FTP、批量存储备份 | 高 | 影响小 | 影响小 | 低 |
| 交互音频 | IP 电话 | 低 | 低 | 低 | 低 |
| 单向音频 | 在线广播 | 低 | 影响小 | 低 | 低 |
| 交互视频 | 可视电话、视频会议 | 高 | 低 | 低 | 低 |
| 单向视频 | 视频点播 | 高 | 影响小 | 低 | 低 |
| 实时交互操作 | Telnet | 低 | 低 | 影响小 | 低 |
| 严格任务 | 电子交易 | 低 | 影响小 | 影响小 | 低 |

在带宽方面,一方面,语音视频类应用对带宽的需求相对比较稳定。以语音通话为例,每路 IP 电话需要占用 21～106Kbps 的网络带宽,具体带宽占用值依据不同的编解码算法而有所不同。当带宽不足时会产生断断续续和延迟过大等一系列话音质量问题。

另一方面,很多批量传输应用对于带宽的需求是无限的。对于某个特定的此类应用而言,如果没有其他应用与其竞争,它将占用所有的带宽;如果同时存在多个应用,它们将互相抢占带宽。每个应用所能得到的带宽与其贪婪性成正比,那些拼尽全力转发数据包的应用,往往能比竞争对手获得更多的带宽,导致带宽分配不均,甚至出现某些应用处于饥饿状态,严重影响网络的公平利用。因此带宽总是相对不足的,不论带宽有多高,网络都可能发生拥塞——至少是瞬时的拥塞。

对于 FTP 文件传输而言,稍大的延迟和抖动不会产生明显影响;对于实时交互操作而言,延迟和抖动会对其主观感受产生较大影响。在正常通话过程中,人耳对 150ms 以内的延迟通常是感觉不到的,但若延迟超过 300ms 则会导致通话难以进行。同样是视频应用,视频点播、在线电视等即使被延迟 1s 也不会有明显感觉。另外,较大的延迟将会导致很多应用超时并重传,从而加大了网络负担。

但可以发现,几乎所有的应用对丢包率的要求都较高,即要求尽可能低的丢包率。一方面,对于实时应用而言,重传丢包是没有意义,因此丢包会带来不可挽回的影响;另一方面,即使对于具备重传机制或采用面向连接的传输层技术的应用而言,过多的丢包也同样会严重影响数据传输的性能,甚至造成连接中断。语音应用通常要求丢包率小于 1%,超过 5% 的丢包将不能容忍。视频应用的过多丢包也会造成图像错位和马赛克等多方面问题。对于网上银行和网上交易等严格任务来说,即使个别关键的数据包的丢失和差错也可能造成严重影响。

抖动主要会对语音和视频等实时应用产生影响,强烈的抖动往往比稳定而较大的延迟对语音通话的影响更大。较大的抖动将会产生语音失真、视频图像马赛克等问题。在一般条件下,语音通话的抖动不应大于 30ms,超过这个值就会严重影响使用者的感受。而文件传输、电子交易一类应用对抖动则不太敏感。

## 24.4　QoS 的功能

### 24.4.1　提高服务质量的方法

常见的提高服务质量的方法如表 24-2 所示。具体方法如下。

表 24-2　提高服务质量的方法

|  | 可用带宽不足 | 延迟大 | 抖动大 | 丢包率高 |
|---|---|---|---|---|
| 提高物理带宽 | 缓解 | 降低 | 降低 | 降低 |
| 增加缓冲 | 缓解突发性带宽不足 | 提高 | 降低 | 降低 |
| 对数据包进行压缩 | 缓解 | 降低传播延迟,增加处理延迟 | — | 降低 |
| 优先转发某些数据流的包 | 解决重要应用的带宽不足 | 降低敏感应用的延迟 | 降低敏感应用的抖动 | 降低重要应用的丢包率 |
| 分片和交错 | — | 降低低速链路上重要应用的延迟 | 降低敏感应用的抖动 | — |

(1) 提高物理带宽:增加物理带宽是缓解带宽不足的最简单方法,如从百兆以太网升级到千兆,从 OC-48 线路升级到 OC-192。但由于涉及硬件升级,这种方法受技术和成本的限制。应用对带宽的需求是无限的,由于计算机网络具有分组交换资源复用的基本特点,不论物理带宽有多高,都仍然可能发生拥塞。

(2) 增加缓冲:发送方可以增加缓冲区,在拥塞发生时将来不及发送的报文缓存起来,等资源有富余时再发送;接收方可以增加缓冲区,在抖动较大时等待足够的报文到达后再平滑处理。这种方法可以在一定程度上缓解突发性的拥塞和高抖动,但增加了被缓冲报文的延迟。另外,缓冲区总是有限的,当缓冲区满时报文仍然会被丢弃。

(3) 对报文进行压缩:压缩技术减少了数据传输量,效果相当于增加了带宽,同时降低了串行化延迟。但压缩和解压缩操作会加重设备处理负担,引入新的处理延迟。同时压缩的比率无法预先确定,因此不能预期其实施效果。

(4) 优先转发某些数据流的报文:在资源不足时,优先为重要、敏感的应用报文提供服务,而丢弃不重要的应用报文;在重要性相同的情况下,根据需求对各应用按一定比例提供服务。这样既可以照顾敏感应用对延迟和抖动的要求,又可以照顾各类应用对带宽和吞吐量的要求。在物理资源既定的情况下,这是一种合理的解决方案。

(5) 分片和交错发送:在低速链路上,为了避免大尺寸报文的传输长时间占用链路而造成其他报文的延迟,可以将其拆分成若干片段。这种方法可以降低低速链路上重要应用的延迟,降低敏感应用的抖动。

### 24.4.2　QoS 的功能

QoS 旨在对网络资源提供更好的管理,以在统计层面上对各种业务提供合理而公平的网络服务。其具体的作用包括以下几个方面。

(1) 尽力避免网络拥塞。

(2) 在不能避免拥塞时对带宽进行有效的管理。

(3) 降低丢包率。

(4) 调控 IP 网络流量。

(5) 为特定用户或特定业务提供专用带宽。

(6) 支撑网络上的实时业务。

必须认识到,QoS 只能使资源的分配更合理,使网络传输变得更有效,而不能创造网络资源。假设重要应用的资源需求超过了实际资源拥有量,部署 QoS 也无法保证全部重要应用的正常运行。也就是说,要保证网络应用的正常运行,充足的带宽仍然是必需的。

## 24.5　Best-Effort 模型

Best-Effort 是最简单的服务模型。报文的转发无须预约资源,网络尽最大可能来发送报文,有资源就发送,没资源就丢弃。网络不区分报文所属的业务类型,对各种业务都不提供任何的延迟和丢包保证。

Best-Effort 模型是互联网默认的服务模型,其通过 FIFO(First Input First Output,先入先出)队列来实现,实现最为简单,如图 24-5 所示。

图 24-5　FIFO 队列

FIFO(First Input First Output,先入先出)队列使用一个队列为所有的报文提供服务。报文按照到达的顺序串行进入队列,再按照入队的顺序从出口发送出去。当队列充满时,后续到来的报文将被丢弃,这种丢弃称为尾丢弃(tail drop);当队列有空时,后续报文才能继续入队。

Best-Effort 模型的最大优点是实现简单,节省处理资源,速度较快。其缺点是不能区别对待不同类型的业务,对所有的数据流的带宽、延迟、抖动和丢包等都不可控。

## 24.6　DiffServ 模型

DiffServ(Differentiated Service,区分服务)模型由 RFC 2475 所定义,是目前应用最为广泛的 QoS 模型。其指导思想是对不同业务进行分类,对报文按类进行优先级标记,然后有差别地对其提供服务。

DiffServ 模型对业务的区分是以"类"来进行的。网络边缘设备将不同业务的数据进行分类,并进行适当的标记;网络中间设备则针对有限的类别制定相应的转发策略,不需要跟踪每一条具体的数据流,所占用的资源较少,因而具有良好的扩展性。DiffServ 所提供的服务质量是相对的和基于统计的,无法使业务获得绝对和精确的服务质量保障。另外,报文在跨区域传输时,由于不同区域间对相同优先级的报文处理策略可能不同,会导致用户获得的服务出现偏差,因而很难提供端到端的 QoS 保障。

### 24.6.1　DiffServ 模型体系结构

DiffServ 模型的体系结构如图 24-6 所示,其主要由下列组件构成。

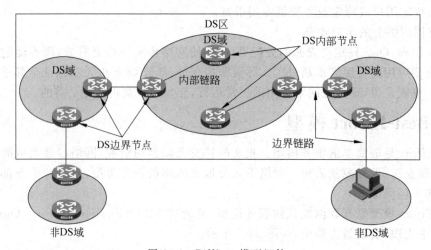

图 24-6　DiffServ 模型组件

(1) DS 域(Differentiated Services Domain):DS 域是一组相邻的 DS 节点的集合,这些 DS 节点配置一致的服务提供策略。DS 域的边界由位于边界处的所有 DS 边界节点构成。

(2) DS 边界节点(DS Boundary Nodes):DS 边界节点负责对进入本 DS 域的数据进行分类及可能的调节,以保证穿过此 DS 域的数据流符合约定的速率,其报文的 DS 代码点被适当标记,如图 24-7 所示。

(3) DS 内部节点(DS Interior Nodes):位于 DS 域内的 DS 内部节点根据报文携带的 DS 代码点为数据包提供适当的转发行为,如图 24-7 所示。

(4) 边界链路和内部链路:DS 域的边界节点通过边界链路与其他 DS 域或非 DS 域相连;一个 DS 域内部的边界节点和内部节点之间通过内部链路互相连接。

(5) 非 DS 域:是指不支持 DS 服务的网络或节点。

(6) DS 区(Differentiated Services Region):DS 区由一个或多个相邻的 DS 域构成,可以沿一系列 DS 域构成的路径上提供区分服务。DS 区中的 DS 域可能配置不同的服务提供策略,以及不同的代码点到 PHB 的映射规则。为了在 DS 区内的整个路径上提供区分服务,各 DS 域之间必须建立定义了 TCA(Traffic Conditioning Agreement,流量调节协议)的 SLA

(Service Level Agreement,服务水平协议),以明确如何在 DS 域边界处对由一个 DS 域传给另一个 DS 域的数据进行调节。

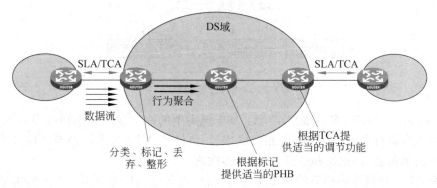

图 24-7　边界节点与内部节点

在 DiffServ 模型中,用户与服务提供者之间达成的关于如何为用户提供转发服务的服务协议称为 SLA。这里的用户既可能是一个非 DS 域,也可能是另一个 DS 域。在 DS 域边界指明分类规则、相应的数据简档以及测量、标记、丢弃、整形规则的协议称为 TCA。TCA 可以包括来自 SLA 显式指定的调节规则,相关服务需求隐式指定的调节规则,以及来自 DS 域的服务提供策略。

相对于不同方向的数据流,DS 边界节点既可以是 DS 入口节点(DS Ingress Node),又可以是 DS 出口节点(DS Egress Node)。DS 入口节点对来自源域或上游域的数据进行分类和调节,以使其符合 SLA/TCA 的规定。DS 入口节点将众多的数据流映射到少量的 DS 行为聚合(Behavior Aggregation)中,调节这些行为聚合使之符合适当的 TCA,并采用适当的 DS 代码点标记其报文。DS 入口节点必须假定流入的业务流不符合 TCA,因此必须能根据本地策略强制执行 TCA。

DS 边界节点和 DS 内部节点都必须能够按照 DS 代码点信息为各个行为聚合提供适当的转发服务,这种服务称为 PHB(Per-hop Behavior,每跳行为)。

DS 出口节点依据本域与下游域之间的 TCA,对转发到其直连的下游对等域的数据执行调节功能。

**注意**:虽然 DS 内部节点也可以配置有限的调节功能,但主要的分类和调节功能应部署在 DS 边界节点上。实现了复杂分类和调节功能的内部节点与 DS 边界节点相似。

## 24.6.2　边界行为

边界节点的行为包括分类(Classification)和调节(Conditioning),前者由分类器(Classifier)实现,主要对报文进行业务种类区分;后者由调节器(Conditioner)实现,包括对报文的测量、标记和整形/丢弃,如图 24-8 所示。

当报文进入设备时首先被分类器依据某种规则进行分类,分类之后的报文可以直接被标记器(Marker)进行标记或者被测量器(Meter)进行测量。测量的目的是根据 SLA/TCA 来限制某一类数据的流量。测量过后的报文可以被标记,目的是对各种不同类型的报文给予显著的标识,以作为后续设备为其提供服务的依据。随后报文将接受整形器/丢弃器(Shaper/Dropper)的处理,目的是防止各类数据流量超出上限。

典型的分类器包括以下几种。

(1) BA(Behavior Aggregate,行为聚合)分类器:只基于 DS 代码点对数据包进行分类。

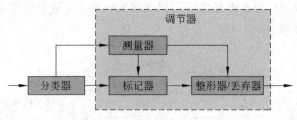

图 24-8　边界行为

（2）MF（Multi-Field，多字段）分类器：基于包头中的一个或多个字段以及在入接口添加的信息对数据包进行分类，如 IP 五元组、DS 字段、协议号、VLAN Tag 乃至入接口等。

调节器由测量器、标记器和整形器/丢弃器构成。

（1）测量器：通过令牌桶算法对流量进行评估，以确定其是否超出了承诺的速率。

（2）标记器：对分类后的结果进行标记，便于出接口或下游设备进行进一步处理。标记的内容包括 DS 代码点、CoS（Class of Service，服务等级）等。

（3）整形器：对超出承诺的报文进行缓存，有空余资源时再进行发送。以保证流量满足 SLA 的要求。

（4）丢弃器：对超出承诺的报文进行丢弃，以保证流量满足 SLA 的要求。

### 24.6.3　无突发令牌桶算法

令牌桶算法是对流量进行测量的一种通用技术，它可以依据测量结果对报文加以标记，以区分其丢弃优先级。令牌桶算法以令牌为发送数据的许可，以令牌桶储存暂时未用的令牌。1 比特令牌对应 1 比特数据的发送权。

在理想的不允许超出承诺速率的流量（突发流量）的令牌桶算法中，有以下 2 个主要参数。

（1）CIR（Committed Information Rate，承诺信息速率）：以承诺的每秒字节数来衡量。

（2）CBS（Committed Burst Size，承诺突发尺寸）：以字节数来衡量，取值大于 0，并且至少应该大于等于最大的分组长度。

令牌桶的尺寸为 CBS，如图 24-9 所示。用 Tc 表示桶中的令牌数量，Tc 初始时等于 CBS。

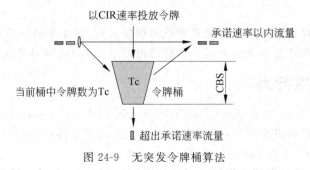

图 24-9　无突发令牌桶算法

令牌被以 CIR 的速率均匀放入桶中，直到桶中的令牌数量达到 CBS 时，后续的令牌将被丢弃。

假设某时刻一个大小为 B 字节的报文到达，在对其进行评估时，如果令牌数目足够转发报文，即 Tc≥B，则该报文被标记为"承诺速率内"；如果令牌不够转发报文，即 Tc<B，则该报文被标记为"超出承诺速率"。

### 24.6.4 带突发的双令牌桶算法

IETF 建议了两种带突发的双令牌桶算法——srTCM（A Single Rate Three Color Marker，单速率三色标记器）和 trTCM（A Two Rate Three Color Marker，双速率三色标记器），用于对流量进行测量，并依据测量结果对报文加以标记，以区分其丢弃优先级。

IETF 在 RFC 2697 中建议了一种支持突发的单速率双令牌桶算法——srTCM（A Single Rate Three Color Marker，单速率三色标记器），用于对流量进行测量，并依据测量结果对报文加以标记，以区分其丢弃优先级。

srTCM 使用两个令牌桶对到达的报文进行评估，并允许流量在短时间内在某种受限的程度上超出承诺速率。

配置 srTCM 时要指定以下三个参数。

（1）CIR（Committed Information Rate，承诺信息速率）：以承诺的每秒字节数来衡量。

（2）CBS（Committed Burst Size，承诺突发尺寸）：以字节数来衡量，取值大于 0，并且至少应该大于等于最大的分组长度。

（3）EBS（Excess Burst Size，超额突发尺寸）：以字节数来衡量，取值大于 0，并且至少应该大于等于最大的分组长度。

为方便讨论，将两个令牌桶称为 C 桶和 E 桶（图 24-10），这两个桶的尺寸分别为 CBS 和 EBS。用 Tc 和 Te 表示 C 桶和 E 桶中的令牌数量，Tc 和 Te 初始时等于 CBS 和 EBS。

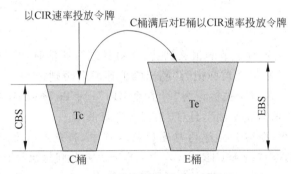

图 24-10 带突发的双令牌桶算法

Tc 和 Te 在每秒钟内更新 CIR 次，更新时遵循以下规则。

（1）如果 Tc＜CBS，则 Tc 增加 1，否则；

（2）如果 Te＜EBS，则 Te 增加 1，否则；

（3）Tc 和 Te 都不增加。

假设某时刻一个大小为 B 字节的报文到达，在对其进行评估时，遵循以下规则。

（1）如果 Tc－B＞＝0，则报文被标记为"承诺突发内"，且 Tc 降低 B，否则；

（2）如果 Te－B＞＝0，则报文被标记为"超额突发内"，且 Te 降低 B，否则；

（3）报文被标记为"超出超额突发"，且 Tc 和 Te 都不降低。

IETF 在 RFC 2698 中建议了一种支持突发的单速率双令牌桶算法——trTCM（A Two Rate Three Color Marker，双速率三色标记器），用于对流量进行测量，并依据测量结果对报文加以标记，以区分其丢弃优先级。

trTCM 使用两个令牌桶对到达的报文进行评估，并允许流量在某种受限的程度上超出承诺速率。

配置 trTCM 时要指定以下四个参数。

(1) CIR(Committed Information Rate,承诺信息速率):以承诺的每秒字节数来衡量。

(2) PIR(Peak Information Rate,峰值信息速率):以每秒字节数来衡量。The PIR must be equal to or greater than the CIR。

(3) CBS(Committed Burst Size,承诺突发尺寸):以字节数来衡量,取值大于 0,并且至少应该大于等于最大的分组长度。

(4) PBS(Peak Burst Size,峰值突发尺寸)。以字节数来衡量,取值大于 0,并且至少应该大于等于最大的分组长度。

为方便讨论,将这两个令牌桶称为 C 桶和 P 桶(图 24-11),这两个桶的尺寸分别为 CBS 和 PBS。用 Tc 和 Tp 表示 C 桶和 P 桶中的令牌数量,Tc 和 Tp 初始时等于 CBS 和 PBS。Tc 和 Tp 在每秒钟内分别更新 CIR 和 PIR 次,每次更新增加一个令牌,直至桶满。

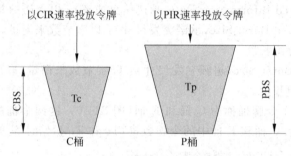

图 24-11　带突发的双速率双令牌桶算法

假设某时刻一个大小为 B 字节的报文到达,在对其进行评估时,遵循以下规则。

(1) 如果 Tp−B<0,则报文被标记为"超出峰值速率",否则;

(2) 如果 Tc−B<0,则报文被标记为"峰值速率内",且 Tp 降低 B,否则;

(3) 报文被标记为"承诺速率内",且 Tc 和 Tp 都降低 B。

**注意**:在实际实现中,令牌并非被均匀连续放入桶中,而是有一定间隔地放入的。例如,在每次评估时,C 桶中的令牌增加 CIR×t,其中 t 为上次评估到这次评估之间的时间间隔。这个增加量再加上桶中剩余的令牌数 Tc,就形成新的 Tc。

## 24.6.5　主要标记方法

对报文(或帧)的主要标记方法包括以下几种。

(1) RFC 791 定义的 IP 头中有一个 8 位长的 ToS(Type of Service)字段,用于区分 IP 包的服务类型。对这一字段的标记方法主要有以下两种。

① RFC 1349 IP Precedence(IP 优先级)标记。

② RFC 2474 DSCP(DiffServ Code Point,区分服务代码点)标记。

(2) IEEE 802.1p 定义了 CoS(Class of Service,服务等级)标记,用于对以太网帧的类型进行区分。

(3) MPLS 标签中保留了 3 位的 EXP(experimental,实验)字段,用于实验性用途。该字段主要被用于对 MPLS 报文的类型进行标记。

## 24.6.6　IP Precedence

RFC 791 定义了 IP 头中的 ToS 字段,并将其前 3 位(第 0~2 位)定义为 IP Prececence

(IP 优先级)字段。RFC 1349 进一步将 IP 头的 ToS 字段划分为 IP Precedence、TOS 和 MBZ 三部分,如图 24-12 所示。

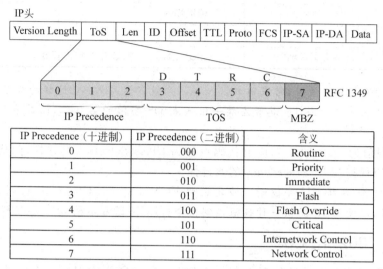

图 24-12　IP Precedence

IP Precedence 占用 ToS 字段中的第 0～2 位,用于表示包的优先级或重要性。IP Precedence 可以表示 8 种不同的优先级,其取值和含义如图 24-12 所示。其中 Internetwork Control、Network Control 通常保留给网络使用。

TOS 占用 ToS 字段中的第 3～6 位,用于衡量包的吞吐量(throughput)、延迟(delay)、可靠性(reliability)和花费(cost)。

ToS 字段中的第 7 位为 MBZ(Must Be Zero,必为零),其值必须为零。

**注意**:RFC 1349 定义的 TOS 是 IP 头中 ToS 字段的一部分,请勿混淆。

### 24.6.7　DSCP

RFC 2474 将 IP 头的 ToS 字段改名为 DS(Differentiated Services)字段,并将其前 6 位重新定义为 DSCP(DiffServ Code Point,区分服务代码点)字段。DS 字段的剩余 2 位未定义,称为 CU(currently unused,当前未用)。

DSCP 字段有 64 个可能的代码点。这个码值空间划分为三个池(pool)。第一个池末位为 0,用作标准标记操作。其余两个池为 EXP/LU(Experimental/Local Use,实验/本地使用)预留,其中第三个池可能会在第一个池的代码点耗尽后补充为标准操作使用,如图 24-13 所示。这三个池的定义如表 24-3 所示。

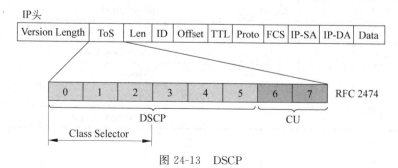

图 24-13　DSCP

表 24-3　DSCP 代码点

| 池 | 代码点空间 | 分配策略 |
|---|---|---|
| 1 | ×××××0 | 标准操作 |
| 2 | ×××11 | EXP/LU |
| 3 | ×××01 | EXP/LU（未来可能作为标准操作） |

**注意**：在讨论 DSCP 值时，常采用×××××× 或×××××0 这样的标记方法表示其二进制取值。其中×可为 0 或 1。其最左端一位代表 DS 字段的第 0 位，而最右端一位代表 DS 字段的第 5 位。

DSCP 字段值为×××000 对应的代码点称为 Class Selector（类选择符）代码点，这一代码点的定义可以保持与 IP Precedence 的兼容性。

**注意**：RFC 3168 将 CU 字段进一步定义为 ECN（Explicit Congestion Notification，显式拥塞通告）字段，以便为 IP 提供一种拥塞控制信令。ECN 通常不被当作 QoS 标记的一部分。

## 24.6.8　802.1p CoS

正常的以太网帧中并不存在 QoS 标记。但是 802.1Q 头中保留了 3 位的 User Priority（用户优先级）字段，用于标记帧的服务级别，如图 24-14 所示。作为 802.1Q 的扩展，802.1p 对这一字段做出了定义，划分了 8 个服务等级。802.1p 推荐的优先级映射如表 24-4 所示，但这一推荐并不具有强制约束力。

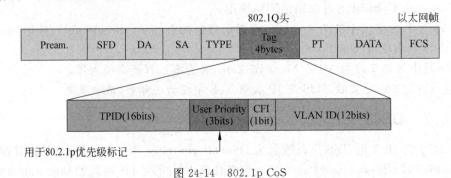

图 24-14　802.1p CoS

表 24-4　802.1p CoS

| 用户优先级 | 数据类型 |
|---|---|
| 1 | Background |
| 2 | Spare |
| 0 | Best Effort |
| 3 | Excellent Effort |
| 4 | Controlled Load |
| 5 | Video |
| 6 | Voice |
| 7 | Network Control |

### 24.6.9 MPLS EXP

为了对 MPLS 标记报文提供 QoS 保障,必须对其重要性和优先级进行区分。而 MPLS 转发设备并不关心内部报文的 QoS 标记,因此需要在 MPLS 标签中携带类似的标记。

MPLS 标签中保留了 3 位的 EXP 字段,用于实验性用途。该字段主要被用于对 MPLS 报文的类型进行标记,如图 24-15 所示。

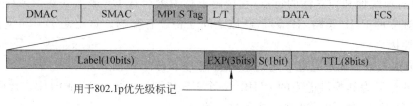

图 24-15  MPLS EXP

在实际使用时,经常在添加 MPLS 标签时将被封装报文的 IP Preference、DSCP 类选择符或 CoS 标记填入 EXP 字段,以便为其提供一致的标记。

### 24.6.10  整形和丢弃

整形(Shaping)的目的是使输出的流量更加平滑,并保证其符合 SLA,如图 24-16(a)所示。整形可以减少网络流量的突发和振荡,同时也降低丢弃的概率。整形器将超出承诺速率的报文放入一个缓冲区(buffer)中,当资源许可时再发送。缓冲区的存在减少了流量高峰期的丢包,但也会因此引入额外的延迟。缓冲区的空间通常是有限的,如果缓冲区空间不足,则被延迟发送的报文会被丢弃。

丢弃(Dropping)的目的是限制流量的突发性,并保证其符合 SLA,如图 24-16(b)所示。丢弃器对于超出承诺速率的报文直接丢弃。这虽然不利于平滑网络流量,但避免了额外引入的延迟,降低了资源的消耗。这种操作也称为流量监管(Traffic Policing)。

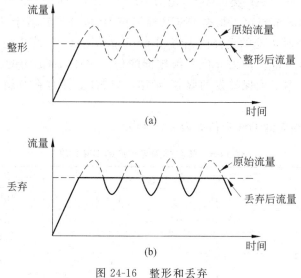

图 24-16  整形和丢弃

## 24.6.11　PHB

PHB是指DS节点对行为聚合应用的可由外部观测到的转发行为。PHB是DS节点对行为聚合分配资源的方法。

PHB可以通过占用带宽、缓冲等资源的优先级来定义,也可以通过延迟、抖动等可观测的特性来定义。一个典型的PHB例子是为某两地之间的数据流保留5%的链路带宽。

PHB具有单跳性和独立性的特点,它规定了行为聚合在DS节点处获得怎样的服务。每个节点具有独立的PHB策略,各节点、各域之间互相没有影响。这也是DiffServ模型具有良好扩展性的原因之一。

在DS节点上,PHB是通过一定的缓冲区管理和分组调度策略实现的。DS节点根据入站报文携带的标记为其提供适当的PHB。一个DS节点可以实现多种PHB。代码点到PHB的映射关系可以是一对一的,也可以是多对一的。

IETF定义了多种PHB,举例如下。

(1) Default PHB:也称为BE(Best Effort,尽力而为) PHB,是默认的PHB。提供尽力而为的服务,服务没有任何保证。

(2) Class Selector(类选择符)PHB:一个Class Selector代码点的值越高,其重要性和优先级就越高,也就应该获得更好、更及时的服务。Class Selector PHB的存在是为了兼容普遍存在的IP Precedence实现。

(3) EF(Expedited Forwarding,加速转发)PHB:RFC 2598定义了此类PHB。此类PHB提供了低延迟、低抖动、低丢包率和保证带宽的优先转发服务,主要用于语音视频等对延迟和抖动敏感的业务。为了保证不对其他业务产生过大影响,此类PHB会对报文的流量进行限制,超过限制的报文会被丢弃。DSCP值101110对应此种PHB。

(4) AF(Assured Forwarding,确保转发)PHB:RFC 2597定义了此类PHB。此类PHB可以提供有保证的带宽服务。如果资源许可,此类PHB可以提供超出承诺的额外的带宽服务。

RFC 2597定义了四个AF类(class),记为AF1~AF4。每个DS节点为每个AF类分配一定量的转发资源。DS节点可以根据DSCP标记将IP包分配到若干AF类中。在每个AF类中,IP包被标记为三种可能的丢弃优先级(dropping priority)。在发生拥塞时,DS节点丢弃丢弃优先级较高的包,尽量保护丢弃优先级较低的包。例如,AF1中的三个丢弃优先级记为AF11~AF13。AF提供了确保转发的服务,承诺一定带宽,并且在有剩余的情况下允许占用其他业务的带宽。

各种转发类别与相应的DSCP值如表24-5所示。

表24-5　转发类别与相应的DSCP值

| 类别 | DSCP值(十进制) | DSCP值(二进制) |
| --- | --- | --- |
| EF | 46 | 101110 |
| AF11 | 10 | 001010 |
| AF12 | 12 | 001100 |
| AF13 | 14 | 001110 |
| AF21 | 18 | 010010 |

续表

| 类别 | DSCP 值（十进制） | DSCP 值（二进制） |
|---|---|---|
| AF22 | 20 | 010100 |
| AF23 | 22 | 010110 |
| AF31 | 26 | 011010 |
| AF32 | 28 | 011100 |
| AF33 | 30 | 011110 |
| AF41 | 34 | 100010 |
| AF42 | 36 | 100100 |
| AF43 | 38 | 100110 |
| CS1 | 8 | 001000 |
| CS2 | 16 | 010000 |
| CS3 | 24 | 011000 |
| CS4 | 32 | 100000 |
| CS5 | 40 | 101000 |
| CS6 | 48 | 110000 |
| CS7 | 56 | 111000 |
| default(BE) | 0 | 000000 |

各种 AF 类的丢弃优先级如表 24-6 所示。

表 24-6　AF 类的丢弃优先级

| 丢弃优先级 | AF1 类 | AF2 类 | AF3 类 | AF4 类 |
|---|---|---|---|---|
| 低丢弃优先级 | AF11 | AF21 | AF31 | AF41 |
| 中丢弃优先级 | AF12 | AF22 | AF32 | AF42 |
| 高丢弃优先级 | AF13 | AF23 | AF33 | AF43 |

队列技术是 PHB 的核心。转发资源的分配通常依靠队列的调度进行，不同的队列调度算法可满足不同业务的资源需求。DS 节点将报文放入不同的队列，通过在这些队列之间的调度来为其分配转发资源，同时赋予其不同的丢包概率，如图 24-17 所示。一类 PHB 可以通过多种队列技术来实现。例如，Class Selector PHB 可以通过 WFQ(Weighted Fair Queuing，加权公平排队)或 WRR(Weighted Round Robin，加权循环)等多种队列技术实现。

入队　　　排队　　　调度　　　转发

图 24-17　调度和资源分配

最简单的队列是 FIFO(First In First Out，先进先出)队列。除 FIFO 队列外，常用的队列还包括以下几种。

(1) PQ(Priority Queuing，优先队列)：PQ 按照优先级从高到低提供了 Top、Medium、

Normal 和 Low 四个队列。当高优先级队列中有报文时始终优先调度,直到高优先级队列中没有报文时再调度低优先级队列。这种队列可以绝对保证重要和实时的报文得到及时的调度,但缺点是有可能导致低优先级队列的报文长时间得不到调度。

(2) CQ(Custom Queuing,定制队列):CQ 给每个子队列提供不同的权重,各队列之间采用轮询的机制,当一个队列的报文调度达到其权重所确定的比例时,即转向下一个队列提供服务。CQ 保证了每个队列都能得到一定的调度机会,但不能保证任何一个队列优先获得调度。

(3) WFQ(Weighted Fair Queuing,加权公平队列):WFQ 依据 IP 五元组、ToS 字段、MPLS EXP 等参数区分数据流,为数据流动态建立队列;调度时依据不同的 IP Precedence 或 DSCP 值确定数据流的权重,并为其提供相应比例的资源。这样既保证了相同优先级的数据流之间的公平,又体现了不同优先级业务之间的权重。

(4) CBQ(Class Based Queuing,基于类的队列):CBQ 允许用户根据 IP 优先级或者 DSCP、输入接口、IP 报文的五元组以及用户定义的 ACL 等规则来对报文进行分类,之后将不同类别的报文映射到预定义的 EF、AF 和 BE 等队列中,以为其提供 EF、AF、BE 等 PHB。

(5) WRR(Weighted Round Robin,加权循环):允许以较小的计算开销在若干队列之间根据权重为其提供转发服务。WRR 以分组(packet)或由分组拆分成的等长片段为单位来计算并分配资源,这种计算虽然相对不够精确,但适用于高速链路和硬件实现。

## 24.7　IntServ 模型

### 24.7.1　IntServ 模型介绍

IntServ(Integrated Service,综合服务)模型由 RFC 1633 所定义,它可以满足多种 QoS 需求。在这种模型中,节点在发送报文前,需要向网络申请所需资源。这个请求是通过 RSVP (Resource Reservation Protocol,资源预留协议)信令来完成的。

IntServ 可以提供以下两种服务。

(1) 保证服务:它提供保证的带宽和延迟来满足应用程序的要求。例如,某 VoIP 应用可以预留 64Kbps 带宽并要求不超过 100ms 的延迟。

(2) 负载控制服务:它保证即使在网络过载的情况下,也能对报文提供与网络未过载时类似的服务。即在网络拥塞的情况下,也可以保证某些应用程序报文的低延迟和优先通过。

### 24.7.2　IntServ 体系结构

IntServ 模型的范围既涵盖了网络设备也涵盖了主机,因而是一种端到端的服务。如图 24-18 所示,该模型要求数据流向上的每一跳设备都为每一个流单独预留资源,同时在每一个流进行资源申请时进行准入控制。

在发送数据之前,终端节点应用程序首先将其流量参数和需要的特定服务质量以信令向网络发起请求,这些参数包括带宽、延迟等。网络在收到应用程序的资源请求后,执行资源分配检查,即基于应用程序的资源申请和网络现有的资源情况,判断是否为应用程序分配资源。一旦网络确认为应用程序分配资源,则网络将为这个流(Flow,由两端节点的 IP 地址、端口号、协议号确定)维护一个状态,并基于这个状态执行报文的分类、流量监管、排队及其调度。收到网络确认已预留资源的消息后,终端节点应用程序才开始发送报文。只要该数据流的流量在流量参数描述的范围内,网络就会承诺满足应用程序的 QoS 需求。

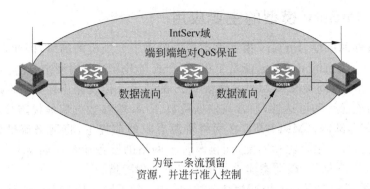

图 24-18　IntServ 体系结构

## 24.7.3　RSVP 介绍

RSVP(Resource Reservation Protocol,资源预留协议)是为 IntServ 模型设计的信令协议,用于在一条路径的各节点上进行资源预留,如图 24-19 所示。RSVP 工作在传输层,但只用于信息的传递,而不参与应用数据的传送,是一种 Internet 上的控制协议。

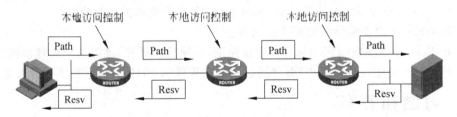

图 24-19　RSVP 介绍

简单来说,RSVP 具有以下主要特点。

(1) 资源的申请具有单向性,即一对通信节点间可以在单方向申请资源,双向的资源申请需独立进行。

(2) 由接收者发起对资源预留的请求,并维护资源预留信息。

(3) 使用"软状态"(soft state)机制维护资源预留信息。

路由器在为每一条流进行资源预留时会沿着数据传输方向逐跳发送资源请求报文(Path消息),其中包含自身对于带宽、延迟等参数的需求信息。收到请求的路由器在进行记录后再将 Path 消息发向下一跳。当报文到达目的地后,由接收端反向逐跳发送资源预留报文(Resv消息)给沿途的路由器进行资源预留。

## 24.7.4　IntServ 模型的特点

IntServ 模型在报文传输前,通过 RSVP 在报文传输路径上的所有中间节点上进行资源申请和预留,从而保证了每一个流都能获得可预期和可控的服务质量。它为用户提供的 QoS 保证是端到端的和绝对的。

IntServ 模型的缺点在于传输路径上的每一个中间节点都要为一个流维护一个资源状态,因此其扩展能力较差。互联网核心上有数以亿计的数据流,全面部署 IntServ 将产生灾难性的后果,所以其通常只能用于小规模网络或边缘网络。

### 24.7.5　IntServ 模型的主要应用

由于其扩展性的问题,IntServ 模型很难独立应用于大规模的网络,因此目前主要应用在与 MPLS TE(Traffic Engineering,流量工程)结合或与 DiffServ 模型结合的。

MPLS TE 是一种间接改善 MPLS 网络 QoS 的技术。传统路由协议(如 OSPF 或 IS-IS)主要保障网络的连通性和可达性,通常只依据跳数、Cost 等参数选取最优路径,导致网络负载不均衡、路由动荡等缺陷。MPLS TE 在网络资源有限的前提下,将网络流量合理引导,达到实际流量负载与物理网络资源相匹配,间接改善了网络的服务质量。而 MPLS TE 采用增强的 RSVP 分发 MPLS 标签,以动态建立并维护流量工程隧道。

在 IntServ 模型和 DiffServ 模型相结合的网络中,骨干网采用 DiffServ 体系结构,边缘网采用 IntServ 体系结构。此时需要解决 IntServ 与 DiffServ 之间的互通问题,包括 RSVP 在 DiffServ 域的处理方式、IntServ 支持的服务与 DiffServ 支持的 PHB 之间的映射。

## 24.8　本章总结

(1) 不同应用对服务器质量的要求大相径庭。

(2) 衡量服务质量的主要标准有带宽、延迟、丢包率和抖动等。

(3) QoS 支持分类、标记、流量监管、拥塞管理、拥塞避免和丢弃等功能。

(4) BestEffort 模型提供尽力而为的服务。

(5) IntServ 模型提供端到端的服务质量保证,但缺乏扩展性,难以适应大规模网络。

(6) DiffServ 模型区分数据类别,并通过每节点提供的 PHB 为数据提供区分服务。

## 24.9　习题和答案

### 24.9.1　习题

(1) 与数据业务相比,语音和 Video 业务更注重于(　　)。

  A. 延迟    B. 抖动    C. 吞吐量    D. 可靠性

(2) DiffServ 模型中定义服务类型包括(　　)。

  A. AF    B. EF    C. BE    D. FIFO

(3) IP 报文头中的 ToS 字段共＿＿＿比特,提供了＿＿＿个优先级和＿＿＿个 DSCP 值。

(4) IntServ 模型为用户提供了端到端的绝对的 QoS 保障,而 DiffServ 模型只能承诺相对的服务质量(　　)。

  A. True    B. False

### 24.9.2　习题答案

(1) A、B　　(2) A、B、C　　(3) 8,8,64　　(4) A

# 第25章

# 配置QoS边界行为

DS 域(DS Domain)内的节点可分为边界节点和内部节点。DS 边界节点负责区分和标记用户数据,并根据 SLA/TCA 对数据进行一定的调节。内部节点依据标记按照特定的 PHB 进行转发。

本章讲解如何在 DS 域边界上实现用户数据的分类、标记、监管、整形等,其主要用到的技术包括 CAR、GTS 和 LR 等。

## 25.1　本章目标

学习完本章,应该能够达到以下目标。

(1) 描述 QoS 域边界节点的功能和行为。

(2) 列举主要的 QoS 工具。

(3) 配置 CAR、GTS 、LR 进行流量的监管、整形和物理接口限速等功能。

## 25.2　分类

在 DS 模型中, 个行为聚合中的流在转发时将应用同一个 PHB,因此将获得相同的 QoS 服务。分类的目的就是要将符合条件的数据流划分到相应的 BA 中,以便后续的 QoS 机制做进一步处理。

H3C 路由器和交换机支持两类分类机制,允许依据丰富的条件对报文进行分类。

(1) 自动分类:在接口上可以配置信任端口优先级或信任报文优先级。信任端口优先级时将从本端口进入的所有报文归为一类。信任报文优先级时可以配置为依据报文携带的 CoS、IP Precedence、DSCP 或 MPLS EXP 等优先级标记对其划分类别。

(2) 手动分类:通过引用 ACL 等手段来匹配报文的不同字段,以便依据报文的 2~7 层信息进行分类,这些信息包括 MAC 地址、VLAN 号、IP 地址、协议类型、传输层端口号、CoS、IP Precedence、DSCP 或 MPLS EXP 等。

## 25.3　流量监管

### 25.3.1　流量监管的实现

流量监管(Traffic Policing)为网络服务提供者提供了一种对用户流量进行监督的能力,以使其能严格地符合 SLA。流量监管可以对超出规格的流量进行"惩罚",通常的做法是直接丢弃,以保证用户的流量不会超出预期。

CAR(Committed Access Rate,承诺访问速率)是一种基本的流量监管工具。CAR 可以区分报文的类型,使用令牌桶技术对各类数据流量进行测量,测量后的报文可以采取放行、丢弃、重标记、转入下一级监管等多种操作。不同型号的设备所实现的 CAR 参数有所差异,但其基本功能是相同的。

## 25.3.2　CAR 的位置

CAR 工作于网络层,可实现对网络层数据包的流量监管。CAR 既可以应用在入方向,也可以应用在出方向,如图 25-1 所示。

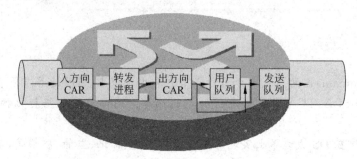

图 25-1　CAR 的位置

在入方向上,CAR 的处理在转发模块之前,只有被 CAR 放行的报文才能进入转发,被 CAR 丢弃的报文将不能进入转发。

在出方向上,CAR 的处理在接口的其他 QoS 机制之前。当拥塞未发生时,即用户队列为空且发送队列未满时,被 CAR 放行的报文将直接进入出接口的发送队列进行转发。当拥塞发生时,即发送队列已满时,被 CAR 放行的报文将进入出接口的用户队列进行调度。

**注意**:发送队列是由接口硬件实现的发送缓冲队列,当发送队列满时发生拥塞。用户队列是由软件或硬件实现的队列,目的是对用户数据提供资源调度服务。用户可以对其进行配置。仅当发送队列满时,即拥塞发生时,用户数据报文才会被送入用户队列进行调度。

## 25.3.3　CAR 的原理

CAR 允许配置多条规则。每一条规则对于报文的处理包括分类、评估和处置三个步骤。

CAR 模块在收到报文后首先会进行分类。符合 CAR 匹配条件的报文由 CAR 进行处理,不符合匹配条件的报文绕过 CAR 直接转发。

当存在多条 CAR 规则时,报文被依次与每一规则的分类条件相对比,符合分类条件的即属于本规则确定的类。随后,CAR 将每一类报文分别送入各自的令牌桶中进行测量,评估其流量是否符合既定的限度。根据评估的结果,CAR 可以对报文可采用多种处置方式,主要包括 Pass(放行)、Discard(丢弃)和 Continue(继续)三类,如图 25-2 所示。具体描述如下。

(1) Pass(放行):是指允许相应的报文通过 CAR,进入下一步的队列调度或转发处理。

(2) Discard(丢弃):是指丢弃相应的报文。

(3) Continue(继续):是指将相应的报文提交给下一条 CAR 规则进行处理。

例如,CAR 可以对评估结果为"符合"的报文放行,允许其被转发,而对评估结果为"不符合"的报文立即丢弃。

## 25.3.4　配置 CAR 实现流量监管

CAR 规则可以引用 CARL(CAR List,CAR 列表)或 ACL 声明的条件作为分类条件。

使用 **qos carl** 命令可以配置 CARL。

[**H3C**] **qos carl** *carl-index* { **dscp** *dscp-list* | **mac** *mac-address* | **mpls-exp** *mpls-exp-*

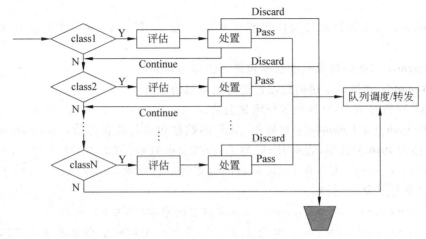

图 25-2 CAR 的原理(一)

*value* | **precedence** *precedence-value* | { **destination-ip-address** | **source-ip-address** } { **range** *start-ip-address* **to** *end-ip-address* | **subnet** *ip-address mask-length* } [ **per-address** [ **shared-bandwidth** ] ] }

其支持以丰富的条件进行分类,主要关键字和参数描述如下。

(1) *carl-index*:CAR 列表号码,取值范围为 1~199。

(2) **dscp** *dscp-list*:DSCP 取值列表。DSCP 为区分服务编码点,用数字表示时,取值范围为 0~63;用文字表示时,可以选取 **af11**、**af12**、**af13**、**af21**、**af22**、**af23**、**af31**、**af32**、**af33**、**af41**、**af42**、**af43**、**cs1**、**cs2**、**cs3**、**cs4**、**cs5**、**cs6**、**cs7**、**default**、**ef**。可以配置多个 DSCP 值,最多可指定 8 个;如果指定了多个相同的 DSCP 值,系统默认为一个;多个不同的 DSCP 值是或的关系,即只要有一个值匹配,就算匹配这条规则。

(3) **mac** *mac-address*:十六进制的 MAC 地址。

(4) **mpls-exp** *mpls-exp-value*:MPLS EXP 优先级,取值范围为 0~7。可以配置多个 MPLS EXP 值,最多可指定 8 个;如果指定了多个相同的 MPLS EXP 值,系统默认为一个;多个不同的 MPLS EXP 值是或的关系,即只要有一个值匹配,就算匹配这条规则。

(5) **precedence** *precedence-value*:优先级,取值范围为 0~7。可以配置多个 **precedence** 值,最多可指定 8 个;如果指定了多个相同的 **precedence** 值,系统默认为一个;多个不同的 **precedence** 值是或的关系,即只要有一个值匹配,就算匹配这条规则。

(6) **destination-ip-address**:基于目的 IP 地址的 CAR 列表。

(7) **source-ip-address**:基于源 IP 地址的 CAR 列表。

(8) **range** *start-ip-address* **to** *end-ip-address*:IP 地址段起始地址和 IP 地址段终止地址。end-ip-address 必须大于 *start-ip-addres*。**range** 指定的 IP 地址数量上限为 1024。

(9) **subnet** *ip-address mask-length*:IP 子网地址和 IP 子网地址掩码长度。取值范围为 22~31。

(10) **per-address**:表示对网段内逐 IP 地址流量进行限速,cir 为各 IP 地址独享的限制带宽,不能被网段内其他 IP 流量共享。如果未指定本参数,将对整个网段的流量进行限速,cir 为该网段内所有 IP 地址带宽之和,各个 IP 地址带宽按照流量大小的比例进行分配。

(11) **shared-bandwidth**:表示网段内各 IP 地址的流量共享剩余带宽,cir 为该网段内所有 IP 地址共享带宽之和,根据当前存在流量的 IP 地址数量,动态平均分配各 IP 地址占用的带宽。

使用 **qos car** 命令可以在接口应用基于 CARL 或 ACL 的 CAR。其主要关键字和参数如下。

（1）**inbound**：对接口接收到的数据包进行流量监管。

（2）**outbound**：对接口发送的数据包进行流量监管。

（3）**any**：对所有的 IP 数据包进行流量监管。

（4）**acl**［ **ipv6** ］*acl-number*：对匹配 ACL 的数据包进行流量监管。*acl-number* 为 ACL 编号。若未指定 **ipv6** 关键字，表示 IPv4 ACL；否则表示 IPv6 ACL。

（5）**carl** *carl-index*：对匹配 CAR 列表的数据包进行限速。*carl-index* 为承诺访问速率列表编号，取值范围为 1～199。

（6）**cir** *committed-information-rate*：承诺信息速率，单位为 Kbps。

（7）**cbs** *committed-burst-size*：承诺突发尺寸，即实际平均速率在承诺速率以内时的突发流量，单位为 Byte。

（8）**ebs** *excess-burst-size*：过度突发尺寸，单位为 Byte。

（9）**pir** *peak-information-rate*：峰值速率，单位为 Kbps。不配置峰值速率表示所配置的是单速桶流量监管，否则表示双速桶流量监管。

（10）**green** *action*：数据包的流量符合承诺速率时对数据包采取的动作，默认动作为 **pass**。

（11）**red** *action*：数据包的流量既不符合承诺速率也不符合峰值速率时对数据包采取的动作，默认动作为 **discard**。

要显示 CARL 的规则，在任意视图下使用命令：

**display qos carl**［ *carl-index* ］

其中 carl-index 是 CARL 的号码，取值范围为 1～199。

要显示 CAR 在接口上的信息，在任意视图下使用命令：

**display qos car interface**［ *interface-type interface-number* ］

其中 *interface-type interface-number* 为指定的接口类型和接口编号。

# 25.4 标记

## 25.4.1 标记的实现

标记的目的是对分类后的报文进行某种标识，以便后续 QoS 机制做进一步的处理。这里的后续机制可以是设备内的其他 QoS 模块，也可能是下游的其他设备。后者的一个常见的应用就是在网络的边缘设备上对报文进行标记，在网络的中间设备上依据标记进行特定的 QoS 处理。

标记可以通过多种方式来实现，本章主要讨论下列两种基本方式。

（1）CAR：流量监管的一个功能就是对符合监管条件的报文进行重标记，标记的内容可以是 ATM CLP、FR DE、CoS、MPLS EXP、DSCP 和 IP Precedence 等。

（2）映射表（map-table）：也称为优先级映射表，是一组全局配置的各种优先级之间的对应关系表，可以根据报文的某一优先级查表来重标记（remark）其他的优先级或者改写此优先级。在入接口启用 Trust 功能后，从该接口进入的报文将会被依据映射表进行相应的重标记。

### 25.4.2 映射表标记的原理

映射表功能通常在交换机和路由器的交换模块中实现。使用映射表对报文进行重标记需要两个步骤,其一是在入接口上配置报文信任模式,其二是在全局配置对应的全局映射表,如图25-3所示。

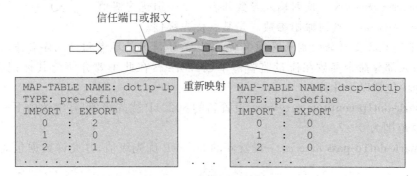

图 25-3 映射表标记的原理

接口上可以配置多种优先级信任方式,常用的包括以下几种。

(1) auto:当配置 auto 方式时,设备会对进入的报文进行判断,对于二层报文将选择信任 dot1p,对于三层报文会选择信任 DSCP。

(2) dscp:信任报文的 DSCP 优先级,并以此为依据查询相关的映射表。

(3) dot1p:信任报文的 802.1p 优先级,并以此为依据查询相关的映射表。

全局下的映射表可以是不同标记之间的、标记自身改写或报文标记与本地优先级之间的映射,在此分别举例给予说明。

(1) dscp-dot1p:DSCP 到 802.1p 的映射表。

(2) dscp-dscp:DSCP 到 DSCP 的映射表。

(3) dscp-lp:DSCP 到本地优先级的映射表。

**注意**:本地优先级(Local Precedence)是设备为报文分配的一种具有本地意义的优先级,仅在设备内部生效。设备可以将报文按本地优先级值送入对应的出端口队列,为报文提供不同的服务。

### 25.4.3 CAR 标记的原理

CAR 可以对测量过的报文进行标记/重标记处理,这个流量可以是承诺速率以内的,也可以是承诺速率以外的。标记的范围包括 IP Precedence、DSCP 和 COS 等。

CAR 标记的通常应用是对超出承诺速率的流量进行特定的标记,在后续的模块或者下游设备发生拥塞时对此类标记的报文进行优先丢弃。

### 25.4.4 标记的配置

在系统视图下使用 qos map-table 命令可以进入映射表视图。其中主要参数和关键字如下。

(1) inbound:接收报文方向优先级映射表。

(2) outbound:发送报文方向优先级映射表。

(3) *map-type*:映射表的类型。可能为 **dscp-dscp**、**dot1p-lp**、**dscp-lp** 等很多类型。以

dot1p-lp 为例,其代表 802.1p 优先级到本地优先级的映射表。

然后可以使用下列命令配置优先级映射:

**import** *import-value-list* **export** *export-value*

其中主要参数如下。

(1) *import-value-list*:映射输入参数列表。是一组优先级值。

(2) *export-value*:映射输出参数。是某一优先级值。

**注意**:不同设备支持的映射表类型有所差别,具体情况请参考相应设备文档。

CAR 的大部分命令参数在流量监管一节已经介绍,在此主要介绍与其标记功能相关的 action 参数值,包括以下几种。

(1) **remark-dot1p-continue** *new-cos*:设置新的 802.1P 优先级值,并继续由下一个 CAR 规则处理,取值范围为 0~7。

(2) **remark-dot1p-pass** *new-cos*:设置新的 802.1P 优先级值,并允许数据包通过,取值范围为 0~7。

(3) **remark-dscp-continue** *new-dscp*:设置报文新的 DSCP 值,并继续由下一个 CAR 规则处理,取值范围为 0~63;用文字表示时,可以选取 af11、af12、af13、af21、af22、af23、af31、af32、af33、af41、af42、af43、cs1、cs2、cs3、cs4、cs5、cs6、cs7、default、ef。

(4) **remark-dscp-pass** *new-dscp*:设置报文新的 DSCP 值,并允许数据包通过。取值范围为 0~63;用文字表示时,可以选取 af11、af12、af13、af21、af22、af23、af31、af32、af33、af41、af42、af43、cs1、cs2、cs3、cs4、cs5、cs6、cs7、default、ef。

(5) **remark-mpls-exp-continue** *new-exp*:设置新的 MPLS EXP 标志位的值,并继续由下一个 CAR 规则处理,取值范围为 0~7。

(6) **remark-mpls-exp-pass** *new-exp*:设置新的 MPLS EXP 标志位的值,并允许数据包通过,取值范围为 0~7。

(7) **remark-prec-continue** *new-precedence*:设置新的 IP Precedence,并继续由下一个 CAR 规则处理,取值范围为 0~7。

(8) **remark-prec-pass** *new-precedence*:设置新的 IP Precedence,并允许数据包通过,取值范围为 0~7。

## 25.5 流量整形

### 25.5.1 流量整形的实现

流量整形(Traffic Shaping,TS)是一种主动的流量调节措施,用以保证输出到下游网络的流量符合某种限制标准,这种限制标准通常来自下游网络的 SLA/TCA 协定。流量整形的另一个作用是使输出的流量减小波动,更加平滑。

流量整形通过 GTS(Generic Traffic Shaping,常规流量整形)来实现。GTS 以令牌桶算法测量流量,对于超出承诺速率的报文会放入一个队列缓存,在有空闲资源时再行发送。这样降低了丢包率,但会引入额外的延迟。

### 25.5.2 GTS 的位置

作为输出流量的调节手段,GTS 只能应用于接口的出方向,如图 25-4 所示。

GTS 的位置处于用户队列调度机制之前。当拥塞未发生时,即用户队列为空且发送队列

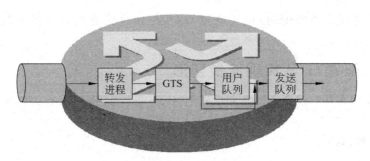

图 25-4　GTS 的位置

未满时，被 GTS 放行的报文将直接进入出接口的发送队列进行转发。当拥塞发生时，即发送队列已满时，被 GTS 放行的报文将进入出接口的用户队列进行调度。

### 25.5.3　GTS 的原理

GTS 在收到报文后会先进行分类，如图 25-5 所示。符合 GTS 匹配条件的报文由 GTS 进行整形，不符合匹配条件的报文绕过 GTS 直接转发。

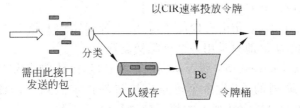

图 25-5　GTS 的原理（一）

GTS 采用令牌桶技术对各类报文分别进行测量，对符合承诺速率的报文放行，将超出承诺速率的报文入队缓存，当有足够令牌时再进行发送。

当缓存队列未满时后续报文直接入队，缓存队列满时后续报文被直接丢弃。

GTS 允许配置多条规则。当存在多条 GTS 规则时，报文被依次与每一规则的分类条件相对比，符合分类条件的即属于本规则确定的类。随后 GTS 将每一类报文分别送入各自的令牌桶中进行测量，评估其流量是否符合既定的限度。符合的报文被放行，进入下一步的队列调度或转发处理。不符合的报文被缓存在队列里，待有足够令牌时再继续发送，如图 25-6 所示。

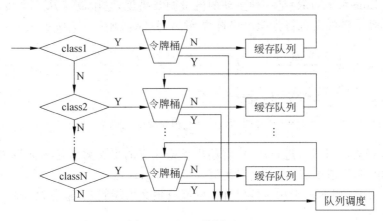

图 25-6　GTS 的原理（二）

当所有的规则都不能匹配时,报文绕过 GTS 处理直接进入下一步的队列调度或转发处理。

### 25.5.4 配置 GTS 实现流量整形

GTS 命令应用在接口视图下。在路由器上,GTS 可以引用 ACL 作为匹配条件,选择需要整形的流量。

第 1 步:配置 ACL。

**acl number** *acl-number*[ **name** *acl-name* ][ **match-order** { **auto** | **config** } ]

第 2 步:在接口上配置 GTS。

**qos gts acl** *acl-number* **cir** *committed-information-rate*[ **cbs** *committed-burst-size*
[ **ebs** *excess-burst-size* ][ **queue-length** *queue-length* ] ]

(1) **acl** *acl-number*:指定一个 ACL 作为匹配条件,对匹配 ACL 的数据包进行流量整形。*acl-number* 为访问控制列表编号。

(2) **cir** *committed-information-rate*:承诺信息速率。

(3) **cbs** *committed-burst-size*:承诺突发尺寸。

(4) **ebs** *excess-burst-size*:超出突发尺寸,在双令牌桶算法中超出承诺突发流量的部分,单位为 Byte。默认取值为 0,即只采用一个令牌桶监管。

(5) **queue-length** *queue-length*:缓存队列的最大长度,默认取值为 50。

在交换机上,基于队列的 GTS 命令可对出接口的指定队列中的流量进行整形。其中 **queue** *queue-number* 表示对指定队列上的数据包进行流量整形,*queue-number* 为指定的队列号。具体命令如下:

**qos gts queue** *queue-number* **cir** *committed-information-rate*[ **cbs** *committed-burst-size*[ **ebs** *excess-burst-size* ][ **queue-length** *queue-length* ] ]

使用 **qos gts any** 命令 GTS 还允许对接口上的所有流量进行整形。

用 **display qos gts interface** 命令可显示指定接口的流量整形的运行状况。

## 25.6 接口限速

接口限速(Line Rate,LR)是一种主动的流量调节措施,它限制了从一个接口发往下游的报文的总速率,使上游的发送行为能严格符合 SLA/TCA,如图 25-7 所示。

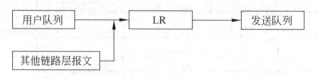

图 25-7 接口限速介绍

LR 用令牌桶算法对流量进行测量,将超出承诺速率的报文重新送入队列进行缓存,因而减小了整体丢包率,平滑了流量,但也因此引入了额外的延迟。

LR 位于链路层,因而对于从该接口外出的所有报文均能起效(紧急报文除外),不论是 IP 报文还是非 IP 报文。

LR 同时位于用户队列之后,因此其接收的报文都是通过 QoS 队列调度的。

LR和GTS一样,是一种面向下游的流量调节机制,因而也只能应用于接口的出方向。

## 25.6.1 接口限速的原理

在LR中,符合承诺速率的流量将会被放行;超出承诺速率之外的流量会被再次送回到用户队列进行调度,调度后的流量将会被重新送给LR并由其令牌桶进行评估,直到LR令牌桶中有足够令牌时才能被发送,如图25-8所示。

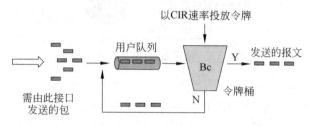

图25-8 接口限速的原理

LR本身不提供缓存队列,其缓存是基于整个QoS用户队列的,因而比GTS的简单缓存队列具有更加丰富的特性。

## 25.6.2 接口限速的配置

端口下的接口限速配置及参数如下:

**qos lr outbound cir** *committed-information-rate* [ **cbs** *committed-burst-size* [ **ebs** *excess-burst-size* ] ]

(1) **outbound**:对接口发送的数据流进行限速。

(2) **cir** *committed-information-rate*:承诺信息速率。

(3) **cbs** *committed-burst-size*:承诺突发尺寸,默认取值为500ms以CIR速率通过的流量。

(4) **ebs** *excess-burst-size*:超出突发尺寸,在双令牌桶算法中超出承诺突发流量的部分,单位为Byte。默认取值为0,即只采用一个令牌桶监管。

接口限速的显示维护命令:

*interface-type interface-number*:指定的接口类型和接口编号。

# 25.7 流量监管/整形配置示例

本例网络环境如图25-9所示。对RouterA的配置要求包括以下几点。

(1) 对于Server的流量约束为54Kbps,可采用CAR来进行限速。超出部分将其优先级设为0后发送,可采用remark对令牌桶红色的报文进行标记后转发。

(2) 对HostA的流量约束为8Kbps,同样可采用CAR限速,超出部分直接丢弃。

对RouterB的配置要求包括以下几点。

(1) 对Ethernet1/1接收的报文流量限制为500Kbps,可采用CAR来进行限速,超出部分报文直接丢弃。为减小丢包和平滑流量,可在RouterA的出接口上配置GTS预先进行整形。

(2) 对从Ethernet1/2进入Internet的报文流量限制速率为1000Kbps,可采用出方向的CAR,对超出限制的报文直接丢弃。

RTA的相关配置如下:

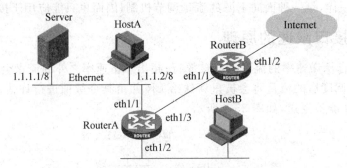

图 25-9　流量监控/整形配置示例

```
[RouterA] acl number 2001
[RouterA-acl-basic-2001] rule permit source 1.1.1.1 0
[RouterA] acl number 2002
[RouterA-acl-basic-2002] rule permit source 1.1.1.2 0
[RouterA-Ethernet1/3] qos gts any cir 500
[RouterA-Ethernet1/1] qos car inbound acl 2001 cir 54 cbs 4000 ebs 0 green pass red
remark-prec-pass 0
[RouterA- Ethernet1/1] qos car inbound acl 2002 cir 8 cbs 1875 ebs 0 green pass
red discard
[RouterA - Ethernet1/1] qos car inbound any cir 500 cbs 32000 ebs 0 green pass
red discard
```

RTB 的相关配置如下：

```
[RouterB] interface ethernet 1/2
[RouterB- Ethernet1/2] qos car outbound any cir 1000 cbs 65000 ebs 0 green pass
red discard
```

其中,在 RouterA 上使用 ACL 来分别区分来自 Server 和 HostA 的流量,并在 CAR 配置中引用这些 ACL,以对不同的流量采取不同的限制策略;在 RouterB 的 Ethernet1/2 出方向上配置了 CAR,对外出的所有报文进行限速。

# 25.8　本章总结

(1) DS 域边界负责对进入本域的数据包进行分类、测量、流量监管、整形和标记。

(2) 基本的 DS 域边界工具包括 LR、CAR、GTS 和映射表等。

(3) LR 支持流量监管,对线路上的流量进行控制。

(4) GTS 支持流量整形,但可能引入延迟。

(5) CAR 可以支持分类、流量监管和标记。

# 25.9　习题和答案

## 25.9.1　习题

(1) 与流量监管相比,流量整形会引入额外的(　　)。

　　A. 丢包　　　　　　B. 时延　　　　　　C. 负载　　　　　　D. 时延抖动

(2) 在流量监管中对匹配的流量实施的监管动作包括(　　)。

　　A. 转发　　　　　　B. 丢弃　　　　　　C. 重标记　　　　　　D. 下一级监管

（3）局域网上的 QoS 主要依靠在以太网帧头上加入优先级字段来实现，这定义在（　　　）标准中。

  A. RFC 2474        B. RFC 2475

  C. IEEE 802.1p/q      D. IEEE 802.1x

（4）流量监管（CAR）与流量整形（GTS）的不同点在于（　　　）。

  A. CAR 可以缓存报文      B. CAR 可以标记报文

  C. CAR 可以用在出入两个方向    D. CAR 可以对非 IP 报文操作

## 25.9.2　习题答案

（1）B   （2）A、B、C、D   （3）C   （4）C

# 第26章

# 基本拥塞管理机制

所谓拥塞,是指当前供给资源相对于正常转发处理需要资源的不足,从而导致服务质量下降的一种现象。拥塞有可能会引发一系列的负面影响。

在拥塞发生时保证重要数据的正常传送是 QoS 的主要功能之一,也是一类最重要的 PHB,相关的技术称为拥塞管理技术。

## 26.1　本章目标

学习完本章,应该能够达到以下目标。

(1) 理解拥塞管理与队列技术的关系。

(2) 描述 FIFO、CQ、PQ、WFQ、RTPQ 的原理。

(3) 配置 FIFO、CQ、PQ、WFQ、RTPQ。

(4) 理解交换机的拥塞管理实现。

(5) 在交换机上配置优先级映射、SPQ 和 WRR。

## 26.2　拥塞管理概述

### 26.2.1　拥塞与拥塞管理

网络的设备在某个时间内接收到的数据总量可能会超过设备转发接口的转发能力,从而导致拥塞的发生。例如,若路由器的高速以太网口连接到一个局域网,通过低速的 WAN 链路连接 Internet,当局域网内有大量用户访问 Internet 时,路由器的 WAN 链路的出方向将会发生拥塞。交换机设备也可能存在上行带宽不够而发生拥塞问题,如若接口 1 和接口 2 接入的用户都需要通过接口 3 上行访问部门服务器,接口 3 与接口 1 和 2 速率相同,这样当大量用户同时访问服务器时可能导致接口 3 发生拥塞,如图 26-1 所示。

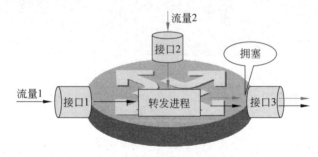

图 26-1　拥塞与拥塞管理

拥塞有可能会引发一系列的负面影响。

(1) 拥塞增加了报文传输的延迟和抖动,可能会引起报文重传,从而导致更多的拥塞产生。

（2）拥塞使网络的有效吞吐率降低，造成网络资源的利用率降低。

（3）拥塞加剧会耗费大量的网络资源（特别是存储资源），不合理的资源分配甚至可能导致系统陷入资源死锁而崩溃。

拥塞管理是指在网络发生拥塞时，进行管理和控制，合理分配资源。处理的方法是使用队列技术，将报文按一定的策略缓存在队列中，然后按一定调度策略把报文从队列中取出，在接口上发送出去。不同的队列调度算法用来解决不同的问题，并产生不同的效果。

## 26.2.2　路由器拥塞管理

对于路由器设备，路由器的每个网络接口都有一个物理的发送队列，在被发送出接口前，报文在发送队列缓存。网络接口接收的数据流量经过转发进程处理后被送到转发出接口。如果该接口发送队列不满（不拥塞），则该报文直接入发送队列转发；否则进入软件队列缓存，软件队列包括系统队列和用户队列，软件队列的调度策略决定哪些报文可以进入发送队列进行转发，如图 26-2 所示。

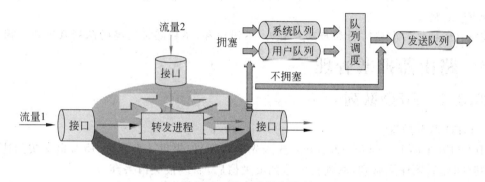

图 26-2　路由器拥塞管理

系统队列包括紧急队列和协议队列，在拥塞时分别来发送链路控制和路由协议报文。系统队列的优先级高于一般用户队列。需发送链路控制和路由协议报文时，可能正好遇到发送队列满而导致发送失败，此时报文入紧急队列或协议队列缓存，等待后续发送。

用户队列是指提供给用户使用的，对各种业务流量进行拥塞管理的队列技术。路由器常用的用户队列有 FIFO、PQ、CQ、RTPQ、WFQ、CBQ 等队列，默认使用 FIFO 队列，用户可以通过命令配置自己需要的用户队列。交换机的 SPQ、WRR 等队列也可以理解为用户队列。

**注意**：在 Tunnel 接口、子接口，或是封装了 PPPoE、PPPoA、PPPoEoA、PPPoFR 协议的 VT、Dialer 接口上，要使队列生效，需使用 LR 功能。

## 26.2.3　交换机拥塞管理

相对于路由器产品，交换机处理的业务具有流量大、带宽高的特点。因此交换机 QoS 要求高速硬件处理，通常采用芯片实现 QoS 队列。芯片中的队列不能像软件一样灵活扩展，通常是固定数目的。交换机通常通过二层头识别数据类，因此主要参照 802.1p 标记，三层交换机也可以识别 DSCP 等三层标记。

交换机设备收到数据报文，先经过转发进程处理，然后根据优先级的信任规则，查找 QoS 映射表，将报文映射到本地队列。如信任报文的 DSCP 优先级，就根据报文的 DSCP 优先级标记，查找 DSCP 到本地优先级的映射表，根据映射结果对报文进行本地优先级标记。报文的本

优先级和本地队列是一一对应的关系。例如,对于 S3610 来说,本地优先级 0～7 对应 0～7 共
8 个本地队列。拥塞管理就是对交换机本地队列的调度管理过程,如图 26-3 所示。

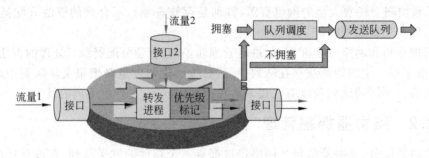

图 26-3　交换机拥塞管理

交换机的拥塞管理过程由芯片硬件实现,因此处理效率高,可以实现报文的线速转发,但
其支持的队列类型却没有路由器那么丰富。交换机上常用的队列有 SP、WRR、HWFQ 等。
默认使用的队列类型依产品型号的不同而有所区别,如有的产品默认使用 SP 队列,有的默认
使用 WRR 队列。

**注意**:交换机的本地队列数与硬件有关,不同设备、不同芯片支持的队列数可能不同。

# 26.3　路由器拥塞管理

## 26.3.1　FIFO 队列

### 1. FIFO 队列原理

FIFO(First In First Out Queuing,先入先出队列)仅提供一个队列,所有报文按到达转发
接口的时间先后顺序入队列,队列长度达到最大值后,后续报文被丢弃。

队列调度时,首先看系统队列是否为空,如果不空,则先发送系统队列报文;如果系统队列
空,则按报文入队列的时间顺序,先入先出地发送 FIFO 队列报文,如图 26-4 所示。

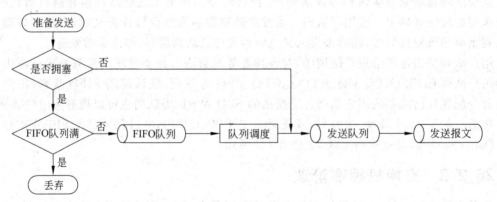

图 26-4　FIFO 队列原理

FIFO 队列具有处理简单,开销小等优点。但 FIFO 不区分报文类型尽力而为的转发模
式,使对时间敏感的实时应用(如 VoIP)的延迟得不到保证,关键业务的带宽也不能得到保证。

### 2. FIFO 队列配置

FIFO 是路由器网络接口的默认队列方式,不配置其他队列时,接口所使用的队列就是
FIFO 队列。

使用如下命令,用户可以配置 FIFO 队列的长度:

```
[H3C-GigabitEthernet0/0]qosfifo queue-length queue-length
```

其中 queue-length 参数指定了 FIFO 队列的长度,即其最大可以容纳的报文数量。增加队列的长度意味着可以缓存更多的报文,因此可以减少丢包,但同时也会增加延迟。

**3. FIFO 队列的显示**

通过 **display interface** 命令可以看到接口的 FIFO 队列信息。一个典型的显示例子如下。

```
[H3C]display interface GigabitEthernet 0/0
GigabitEthernet0/0
Current state: UP
Line protocol state: UP
Description: GigabitEthernet0/0 Interface
Bandwidth: 1000000kbps
Maximum Transmit Unit: 1500
Internet Address is 2.2.2.1/24 Primary
IP Packet Frame Type:PKTFMT_ETHNT_2, Hardware Address: 0cda-41c6-8611
IPv6 Packet Frame Type:PKTFMT_ETHNT_2, Hardware Address: 0cda-41c6-8611
Media type: twisted pair, loopback: not set, promiscuous mode: not set
1000Mb/s, Full-duplex, link type: autonegotiation
flow-control: disabled
Output queue -Urgent queuing: Size/Length/Discards 0/100/0
Output queue -Protocol queuing: Size/Length/Discards 0/500/0
Output queue -FIFO queuing: Size/Length/Discards 0/75/0
Last clearing of counters: Never
Last 300 seconds input rate: 22.76 bytes/sec, 182 bits/sec, 0.15 packets/sec
Last 300 seconds output rate: 8.39 bytes/sec, 67 bits/sec, 0.10 packets/sec
```

从上述输出可以看到,接口 GigabitEthernet 0/0 的输出队列为 FIFI 队列,其中比较重要的信息如下。

(1) Size 表示队列中的报文数目。当前为 0 个报文。

(2) Length 表示队列长度,即队列最大可容纳的报文数。当前的 FIFO 队列长度为 75 个报文。

(3) Discards 表示尾丢弃的报文总数。当前已丢弃 0 个报文。

## 26.3.2　PQ 队列

**1. PQ 队列原理**

PQ(Priority Queuing,优先队列)是针对关键业务设计的。关键业务有一个重要的特点,即在拥塞发生时要求优先获得服务以降低延迟、抖动和丢包率。

PQ 队列提供 4 个队列,分别为 top(高优先队列)、middle(中优先队列)、normal(正常优先队列)和 bottom(低优先队列),它们的优先级依次降低。在队列调度时,PQ 严格按照优先级从高到低的次序,优先发送较高优先级队列中的报文,保证较高优先级报文的利益,如图 26-5 所示。

PQ 允许根据报文的协议类型、数据流入接口、长度、源地址/目的地址等灵活地指定其优先次序。PQ 将数据包与定义的优先级次序规则进行匹配,根据匹配结果将其送入对应的队列;如果所有规则都不匹配,则将其送入默认队列。默认情况下,默认队列是正常优先队列。

PQ 对其 4 个队列均使用尾丢弃策略。即队列满后,后续报文做丢弃处理。

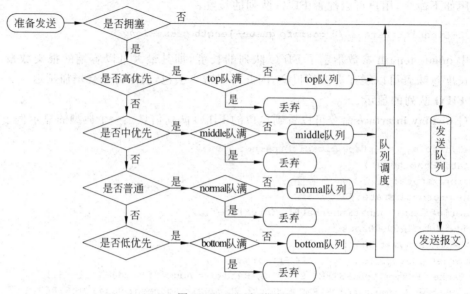

图 26-5　PQ 队列原理

## 2. PQ 队列调度

PQ 队列调度时，首先判断系统队列是否为空。如果系统队列有报文，优先发送系统队列报文；如果系统队列为空，判断 PQ 的 top 队列是否为空，如果 top 队列有报文，则按先入先出的原则，将 top 队列中最先入队的报文出队，入转发队列转发，然后进入下一个循环；否则往下依次判断 middle 队列、normal 队列、bottom 队列，如图 26-6 所示。

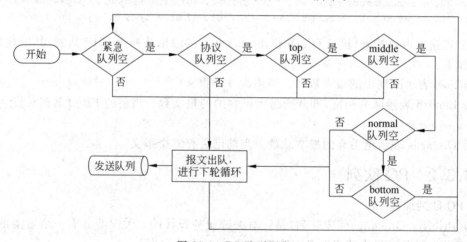

图 26-6　PQ 队列调度

这样，PQ 将关键业务的报文放入较高优先级的队列，将非关键业务的报文放入较低优先级的队列，可以保证关键业务的报文被优先传送，非关键业务的报文在处理关键业务数据的空闲间隙被传送。高优先级业务的带宽和延迟得到最大限度的保证。

PQ 的缺点是如果较高优先级队列中总有报文存在，那么低优先级队列中的报文将一直得不到服务，出现队列"饿死"现象。

## 3. PQ 队列配置

PQ 队列的配置过程主要分为两部分。

（1）配置 PQL（Priority Queue List，优先队列列表）：系统预定义了 16 个 PQL，用户可以选择其中的一个来配置自己需要的优先队列。配置内容包括 PQ 各队列的匹配规则、各队列的长度、默认队列。

（2）PQ 队列应用到接口：引用配置好的 PQL，在接口应用 PQ 队列。系统预定义的 PQL 中没有分类规则，将其应用到接口后，所有报文都入默认队列。

PQ 队列的配置通过 PQL 实现，因此首先要配置 PQL。对于那些无对应规则的报文，需要指定一个默认队列，默认队列为 PQ 的四个队列之一，默认的默认队列是普通队列。进行分类时，如果数据包不与任何规则匹配，则进入默认队列。使用如下配置命令：

[H3C] **qos pql** *pql-index* **default-queue** { **bottom** | **middle** | **normal** | **top** }

用户可以配置 PQ 各队列的长度：

[H3C] **qos pql** *pql-index* **queue**{ **bottom** | **middle** | **normal** | **top** } **queue-length** *queue-length*

PQ 队列长度的取值范围为 1～1024。top 队列默认长度值为 20，middle 队列默认长度值为 40，normal 队列默认长度值为 60，bottom 队列默认长度值为 80。

分类规则方面，用户可以建立基于接口的优先级分类，通过流量的接收接口来区分流量的优先等级，使用如下配置命令：

[H3C] **qos pql** *pql-index* **inbound-interface** *interface-type interface-number* **queue** { **bottom** | **middle** | **normal** | **top** }

用户还可以基于协议，灵活地进行优先级分类：

[H3C] **qos pql** *pql-index* **protocol ip** [ *queue-key key-value* ] **queue** { **bottom** | **middle** | **normal** | **top** }

其中主要参数如下。

ip [queue-key key-value]：表示将 IP 报文进行优先级队列分类；queue-key，表示队列的规则参数，key-value 表示规则参数的取值范围。

参数 queue-key、key-value 所对应的含义如表 26-1 所示。

表 26-1　ip 参数含义

| queue-key | key-value | 意　　义 |
|---|---|---|
| acl | access-list-number（2000～3999） | 符合访问控制列表定义的 IP 报文入队列 |
| fragments | — | 只要是分片的 IP 报文就进入队列 |
| greater-than | 长度值（0～65535） | 长度大于某个计数值的 IP 报文入队列 |
| less-than | 长度值（0～65535） | 长度小于某个计数值的 IP 报文入队列 |
| tcp | 端口号（0～65535） | 只要 IP 报文的源或目的 TCP 端口号为指定的端口号，入队列 |
| udp | 端口号（0～65535） | 只要 IP 报文的源或目的 UDP 端口号为指定的端口号，入队列 |

同一个 PQL 内可以配置多个分类规则，各规则可以使用不同的分类方式。报文入队时，按规则的配置顺序进行匹配，如果发现报文与某个规则匹配，则入该规则对应的队列。例如，若 PQL 中一个分类规则规定 TCP 报文入 top 队列，另一个分类规则规定长度小于 128 字节的报文入 middle 队列，则对于一个长度小于 128 的 TCP 报文，其入 top 队列还是入 middle 队

列取决于这两个规则在 PQL 中配置的先后顺序。

PQL 配置完成后,用如下命令应用到网络接口:

```
[H3C-GigabitEthernet0/0] qos pq pql pql-index
```

### 4. PQ 队列信息显示

用户可以使用 **display qos pql** 命令显示 PQL 中的非默认的配置信息。一个典型的显示例子如下:

```
[H3C]display qos pql 5
Current PQL Configuration:
List   Queue   Params
----------------------------------------------------------
5      Middle DefaultQueue
5      Top    Length 1024
5      Middle Length 1000
5      Normal Length 900
5      Bottom Length 800
5      Top     Inbound-interface GigabitEthernet6/1
5      Bottom Inbound-interface GigabitEthernet6/0
5      Top     Protocol ip less-than 100
5      Bottom Protocol ip greater-than 1400
5      Normal Protocol ip udp snmp
```

从输出信息可以知道,对于编号为 5 的 PQL,高、中、普通、低优先队列的大小分别为 800、900、1000、1024,接口 Ethernet6/1 接入关键业务,进入高优先队列,为优先保证小包优先发送,把报文长度小于 100 的报文也分类到高优先队列转发,接口 Ethernet6/0 接收的数据报文,进入低优先队列,报文长度大于 1400 的报文入普通队列,SNMP 协议报文入中优先队列转发,其他数据报文默认入中优先队列。

用户可以用 **display qos pq interface** 命令显示 PQ 队列的统计信息。一个典型的显示例子如下:

```
[H3C]display qos pq interface GigabitEthernet 0/0
Interface: GigabitEthernet0/0
Output queue : (Urgent queuing : Size/Length/Discards)   1/100/0
Output queue : (Protocol queuing : Size/Length/Discards)   0/500/0
Output queue : (Priority queuing : PQL 5 Size/Length/Discards)
Top:  0/1024/0    Middle:  991/1000/77884121    Normal:  0/900/0    Bottom:  0/
800/0
```

通过以上输出信息可以看到,接口 GigabitEthernet0/0 引用编号为 5 的 PQL 配置实现 PQ 队列,当前中优先队列的报文发生了拥塞,并产生了丢包。

### 5. PQ 队列配置示例

如图 26-7 所示,某企业的两个部门间通过路由器 RTA 和 RTB 连接。部门 B 的用户可以和部门 A 的用户互相通信。服务器设置在部门 A,部门 A 和部门 B 的用户都可以使用。服务器地址为 1.1.1.2。由于 RTA 和 RTB 之间的 WAN 链路带宽较低,在 RTA 设备的 S0/0 接口可能产生拥塞。为了保证部门 B 的用户对服务器正常访问,需要把服务器流量放到高优先级队列。应在 RTA 上使用如下配置:

```
[RTA] acl number 2001
```

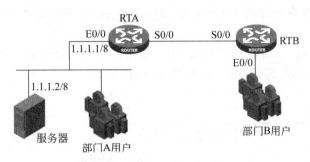

图 26-7　PQ 队列配置示例

```
[RTA-acl-basic-2001] rule permit source 1.1.1.2 0.0.0.0
[RTA] qos pql 1 protocol ip acl 2001 queue top
[RTA] qos pql 1 queue top queue-length 100
[RTA] qos pql 1 queue normal queue-length 1024
[RTA] interface serial 0/0
[RTA-Serial0/0] qos pq pql 1
```

## 26.3.3　CQ 队列

### 1. CQ 队列原理

CQ(Custom Queuing,定制队列)提供 16 个队列。CQ 允许根据报文的特征建立匹配规则,将报文分为 16 类,每类报文对应 CQ 中的一个队列,如图 26-8 所示。接口拥塞时,报文按匹配规则被送入对应的队列;如果报文不匹配任何规则,则被送入默认队列。默认队列默认为 CQ 的队列 1。用户可以配置修改默认队列。

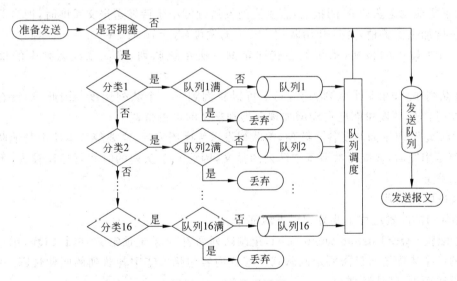

图 26-8　CQ 队列原理

CQ 队列调度采用轮询的方式,按照预先配置的额度依次从 1 到 16 号用户队列中取出一定数量的报文发送。如果轮询到某队列时该队列恰好为空,则立即转而轮询下一个队列。这样可以保证关键业务能获得较多的带宽,又不至于使非关键业务得不到带宽。但是由于采用轮询调度各个队列,CQ 无法保证任何数据流的延迟。

CQ 对其中每一个队列使用尾丢弃策略,即队列满后,后续报文做丢弃处理。

**2. CQ 队列调度**

队列调度时,先调度系统队列的报文,当系统队列为空时,才调度 CQ 中的队列。CQ 的 16 个队列间的调度采用轮询的方法,如图 26-9 所示。

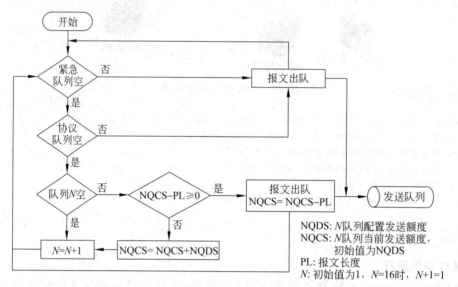

$NQDS$: $N$ 队列配置发送额度
$NQCS$: $N$ 队列当前发送额度,初始值为 $NQDS$
$PL$: 报文长度
$N$: 初始值为 1, $N=16$ 时, $N+1=1$

图 26-9　CQ 队列调度

CQ 队列调度时,首先判断队列 $N$($N$ 从 1 开始)的当前发送额度是否大于该队列中当前最先入队的报文长度,如果大于则发送该报文,并且把该队列的当前发送额度减去发送报文长度;如此不断地发送队列 $N$ 的报文,直到当前发送额度小于待发送报文长度时,把当前队列 $N$ 的发送额度加上配置值,并且开始队列 $N+1$ 的调度($N=16$ 时, $N+1=1$)。在这一过程中,每发送一个 CQ 中的报文,系统就会转向轮询一次系统队列,确保系统队列中的报文优先发送。

CQ 队列中,如果某个队列为空,马上可以轮询到下一个队列调度。因此,当没有某些类别的报文时,CQ 调度机制能自动增加现存类别报文的可占带宽。

由于 CQ 队列轮询调度各个队列,本队列发送额度用完后,需要等待本轮中其他队列的发送额度都是用完后,才能再次调度本队列的报文,因此 CQ 队列的时间延迟比较大,不适合时间敏感的业务。

**3. CQ 队列配置**

CQ 队列的配置过程主要分为以下两部分。

(1) 配置 CQL(Custom Queue List,定制队列列表):系统预定义 16 个 CQL,用户可以选择其中的一个来配置自己需要定制队列。配置内容包括 CQ 中各队列的匹配规则、各队列的长度与发送额度、默认队列。

(2) CQ 队列应用到接口:引用配置好的 CQL,在接口应用 CQ 队列。

CQ 队列的配置通过 CQL 实现,因此首先要配置 CQL。对于那些无对应规则的报文,需要指定一个默认队列,默认队列为 CQ 的队列之一,默认的默认队列是队列 1。如果数据包不与任何规则匹配,则进入默认队列。使用如下配置命令配置默认队列:

[H3C] **qos cql** *cql-index* **default-queue** *queue-number*

CQ 各队列长度的取值范围为 1～1024，默认值都是 20，用户可以使用如下命令配置 CQ 各队列的长度：

[H3C] **qos cql** *cql-index* **queue** *queue-number* **queue-length** *queue-length*

CQ 队列发送额度的初始值，也是每一轮调度完成后队列当前发送额度的增加值，取值范围为 1～16777215，默认值为 1500，单位为字节。使用如下命令修改配置：

[H3C] **qos cql** *cql-index* **queue** *queue-number* **serving** *byte-count*

用户可以建立基于接口的队列分类，通过流量的接收接口来划分队列，使用如下配置命令：

[H3C] **qos cql** *cql-index*　**inbound-interface interface-type** *interface-number* **queue** *queue-number*

CQ 也可以根据协议特征，细致地划分队列：

[H3C] **qos cql** *cql-index* **protocol ip**[*queue-key key-value*] **queue** *queue-number*

其主要参数含义如下。

ip [queue-key key-value]：表示将 IP 报文进行队列分类，queue-key 表示队列的规则参数，key-value 表示规则参数的取值范围。

参数 queue-key、key-value 所对应的含义与 PQ 相同。

同一个 CQL 内可以使用不同的分类方式配置分类规则，报文入队时，按规则的配置顺序进行匹配，如果发现报文与某个规则匹配，则入该规则对应的队列。

CQL 配置完成后，用如下命令应用到网络接口：

[H3C-GigabitEthernet] **qos cq cql** *cql-index*

### 4. CQ 队列信息显示

可以使用 **display qos cql** 命令显示 CQL 中的非默认的配置信息。一个典型的例子如下：

```
[sysname] display qos cql 1
Current CQL Configuration:
List   Queue   Params
-------------------------------------------------------
1      1       Serving 3000
1      2       Length 1000
1      1       Inbound-interface GigabitEthernet 6/1
1      2       Protocol ip fragments
1      3       Protocol ip greater-than 10000
1      4       Protocol ip tcp lpd
```

通过以上输出信息可知，编号为 1 的 CQL 配置了 4 个用户队列，其中队列 1 对应接口 Ethernet6/1 接收的用户流量，队列 2 对应所有的 IP 分片报文，队列 3 对应长度大于 10000 的用户报文，队列 4 对应 TCP LDP 报文；队列 1 的转发额度是 3000，其他队列的转发额度为默认值 1500；队列 2 的队列大小为 1000，其他队列的大小是默认值 20。

可以使用 **display qos cq interface** 命令显示 CQ 队列的配置与统计信息。一个典型的例子如下：

```
[sysname] display qos cq interface Ethernet 9/0
```

```
Interface: GigabitEthernet 0/0
Output queue : (Urgent queuing : Size/Length/Discards)  1/100/0
Output queue : (Protocol queuing : Size/Length/Discards)  0/500/0
Output queue : (Custom queuing : CQL 1 Size/Length/Discards)
1:   0/  20/0        2:  0/1000/0        3:  10/  20/944420
4:   0/  20/0        5:  0/  20/0        6:  0/  20/0
7:   0/  20/0        8:  0/  20/0        9:  0/  20/0
10:  0/  20/0       11:  0/  20/0       12:  0/  20/0
13:  0/  20/0       14:  0/  20/0       15:  0/  20/0
16:  0/  20/0
```

通过以上输出信息可知,编号为 1 的 CQL 应用到接口 GigabitEthernet0/0,当前仅队列 3 中有报文,该队列已经发生丢包。

**5. CQ 队列配置示例**

如图 26-10 所示,某企业部门 A 和部门 B 通过路由器 RTA 和 RTB 连接,部门 A 和部门 B 的用户可以互相访问。部门 A 的用户通过 RTA 的以太网口 E1/0、E1/1 接入,在 WAN 口 S0/0 上配置定制队列对部门 A 内用户公平调度。

图 26-10　CQ 队列配置示例

相关配置如下所示:

```
[RTA] qos cql 1 inbound-interface GigabitEthernet 1/0 queue 1
[RTA] qos cql 1 inbound-interface GigabitEthernet 1/1 queue 2
[RTA] qos cql 1 queue 1 serving 3000
[RTA] qos cql 1 queue 2 serving 3000
[RTA] interface serial 0/0
[RTA-Serial0/0] qos cq cql 1
```

## 26.3.4　WFQ 队列

**1. WFQ 队列原理**

WFQ(Weighted Fair Queuing,加权公平队列)对报文按流特征进行分类。对于 IP 报文,根据源 IP 地址、目的 IP 地址、源端口号、目的端口号、协议号、优先级等特征,采用 Hash 算法,尽量将不同特征的流分入不同的队列类别中,这个过程也称为散列,如图 26-11 所示。每个队列类别可以看作一类流,其报文进入 WFQ 中的同一个队列。WFQ 允许的队列数是有限的,用户可以根据需要配置该值。

在出队时,WFQ 按队列优先级的比例来分配各个队列应占有出口的带宽。优先级的值越小,所得的带宽越少。优先级的值越大,所得的带宽越多。这样就保证了相同优先级业务之间的公平,体现了不同优先级业务之间的权重。

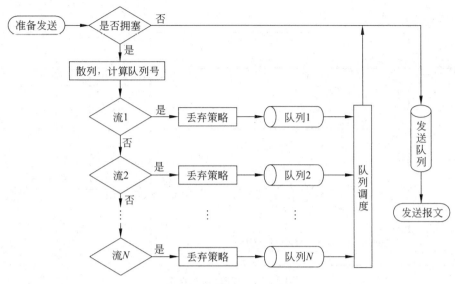

图 26-11 WFQ 队列原理

### 2. WFQ 入队机制

对于 IP 网络,报文入 WFQ 队列时,先根据五元组特征将其 Hash 到不同的组,每个组内再根据不同的优先级分配不同的队列号,如图 26-12 所示。受组数目的限制,五元组特征不同的报文可能会 Hash 到相同的组,但是不同优先级的报文不会分配相同的队列号。只有分组和优先级都相同的报文才被分配到相同的队列。

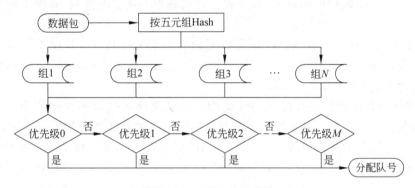

图 26-12 WFQ 入队机制

例如,对于使用 IP Precedence 的 IP 报文,当配置 WFQ 队列数为 16 时,WFQ 对报文根据五元组特征 Hash 时最大能分成 2 个组,每个组里包含 8 个队列。如果使用 DSCP 优先级作为权重,则 WFQ 队列数最小要配置成 64,此时所有报文都属于同一个组。

WFQ 可以使用尾丢弃的丢弃策略,即队列满后,后续报文直接丢弃处理。也可以根据拥塞避免的需求,使用 WRED 的丢弃算法。

### 3. WFQ 队列调度

WFQ 队列的调度时,系统队列优先调度;当系统队列空时,才调度 WFQ 队列,如图 26-13 所示。WFQ 队列间调度方式也是轮询调度,同一个队列内部出队方式是 FIFO 方式。

WFQ 中的每个队列都有一个发送额度。发送额度的初始值等于队列优先级加 1 后与 100 的乘积。比如,优先级为 0 的队列发送额度初始值为 100,优先级为 2 的队列发送额度初

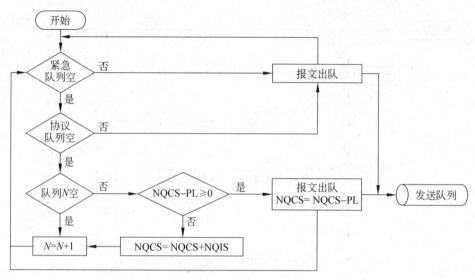

图 26-13　WFQ 队列调度

始值为 300。对队列 $N$（$N$ 从 1 开始）调度时，首先判断该队列的发送额度是否大于该队列中最先入队列的报文长度，如果是，则转发该报文，并把队列的发送额度减掉被转发报文长度，如此不断地发送队列 $N$ 的报文，直到当前发送额度小于待发送报文长度时，把当前队列 $N$ 的发送额度加上该队列的发送额度初始值，然后开始 $N+1$ 队列的调度过程。当队列号 $N$ 达到 WFQ 最大队列数时，表示 WFQ 完成一轮调度，开始下一轮 $N=1$ 的队列调度。在这一过程中，每发送一个 WFQ 队列中的报文，系统就会转而轮询一次系统队列，确保系统队列中的报文优先发送。

　　从以上的调度过程可以看到，WFQ 可以照顾到小报文的利益。长度小的报文更容易满足转发份额，从而较快地得到调度。另外，WFQ 中的高优先级队列能获得较高的发送额度，因而可以照顾到高优先级报文的利益。

　　根据 WFQ 队列的调度过程可知，WFQ 中每个队列所占接口带宽比值为：队列发送额度/全部队列发送额度之和。其最终结果只与队列的优先级及队列数相关。例如，若当前共 4 个队列，其中 3 个队列的优先级为 4，另 1 个队列的优先级为 5，那么每个优先级为 4 的队列获得的接口带宽比值为 $(4+1) \div [(4+1) \times 3 + (5+1)] = 5/21$，优先级为 5 的队列获得的带宽比值为 6/21。

### 4. WFQ 队列特点

WFQ 具有下列优点。

（1）配置简单，系统对报文自动分类。

（2）每条流都可以获得公平调度，同时照顾高优先级报文利益。

（3）有利有小包的转发，从而降低用户交互类操作的相应时间。

（4）可以与 WRED 组合应用，进行拥塞避免的控制。

但 WFQ 同时具有下列缺点。

（1）对流自动分类，用户不能手工干预，缺乏一定的灵活性。

（2）受资源的限制，当多个流进入同一个队列时无法提供精确服务，无法保证每个流获得的实际资源量。

（3）资源消耗大而不适应高带宽链路。

（4）WFQ 可以均衡各个流的延迟和抖动，但同样不适合延迟敏感的业务应用。

**5. WFQ 队列配置与显示**

WFQ 队列长度的配置范围为 1～1024，默认值为 64，最大队列数的配置范围为 16～4096，默认值是 256，用户可以使用如下命令配置 WFQ 队列的权重类型、队列长度、队列总数等参数：

```
[H3C] qos wfq[ precedence | dscp ][ queue-length max-queue-length [queue-number
total-queue-number]]
```

可以使用 **display qos queue wfq interface** 命令显示 WFQ 队列的配置与统计信息。一个典型的例子如下：

```
[sysname]display qos wfq interface GigabitEthernet 0/0
Interface: GigabitEthernet0/0
Output queue : (Urgent queuing : Size/Length/Discards)  1/100/0
Output queue : (Protocol queuing : Size/Length/Discards)  0/500/0
Output queue : (Weighted Fair queuing : Size/Length/Discards) 1014/1024/1036763564
  Weight: IP Precedence
  Queues: Active/Max active/Total 1/1/4096
```

通过以上输出信息可知，接口 GigabitEthernet0/0 使用 WFQ 队列，权重类型为 IP 优先级，当前和历史的最大队列数都是 1，队列最大长度为 1024，当前有数据拥塞，并且丢包，WFQ 中最大可包含的队列数是 4096。

## 26.3.5 RTPQ 队列

**1. RTPQ 队列原理**

RTPQ 即 RTP（Real-time Transport Protocol，实时传输协议）优先队列，是一种保证实时业务（包括语音与视频业务）服务质量的队列技术。其原理就是将承载语音或视频的 RTP 报文送入高优先级队列，使其得到优先发送，保证延迟和抖动降低为最低限度，如图 26-14 所示。

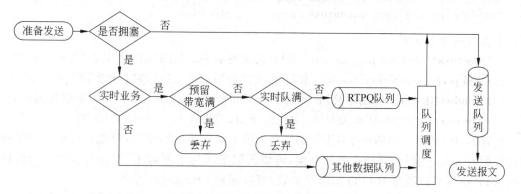

图 26-14　RTPQ 队列原理

RTPQ 将 RTP 报文定义为端口号在一定范围内，并且为偶数的 UDP 报文，并以此作为归类依据。RTP 优先队列可以同 FIFO、PQ、CQ 和 WFQ 结合使用，而它的优先级最高。

为了防止 RTPQ 队列报文占据全部带宽，导致其他队列"饿死"，RTPQ 在报文入队列前先进行流量监管处理，超过 RTPQ 预留带宽的流量将直接被丢弃。在预留带宽范围内的流量才允许入队列处理。RTPQ 采取尾丢弃的丢弃策略。

### 2. RTPQ 队列调度

RTPQ 队列的优先级仅次于紧急队列,等同于协议队列,高于其他的数据队列。队列调度时,先检查紧急队列是否为空,如果不空,调度紧急队列报文发送,否则轮询调度 RTPQ 和协议队列。RTPQ 队列内部采用 FIFO 的出队方式。RTPQ 队列每一个报文出队转发后,将调度权交给紧急队列,如果紧急队列不空,发送紧急队列报文,否则进行协议队列的调度。协议队列调度完成后,开始下一轮的调度。如果 RTPQ 和协议队列都为空,开始其他数据队列的调度,其他队列为空,或者一次调度完成后,开始下一轮的队列调度,其过程如图 26-15 所示。

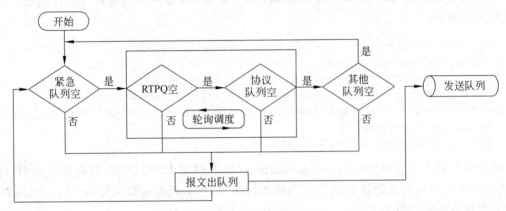

图 26-15　RTPQ 队列调度

因为 RTPQ 队列相对其他数据队列具有调度上的绝对优先权,因此 RTPQ 队列可以保证最低的延迟和抖动限度,从而保证了语音或视频这类业务的服务质量。

### 3. RTPQ 队列的配置与显示

在接口下使用如下命令配置 RTPQ 队列:

```
[H3C-GigabitEthernet1/0/1] qos rtpq start-port first-rtp-port-number end-port last-rtp-port-number bandwidth bandwidth [ cbs burst ]
```

主要参数含义如下。

(1) **start-port** *first-rtp-port-number*:RTP 报文的第一个 UDP 端口号,范围 2000~65535。

(2) **end-port** *last-rtp-port-number*:RTP 报文的最后一个 UDP 端口号,范围 2000~65535。

(3) **bandwidth** *bandwidth*:RTP 队列所占用的带宽,范围 8~1000000,单位为 Kbps。

(4) **cbs** *burst*:指定承诺突发尺寸,单位为字节,范围 1500~2000000 字节。

配置时,RTP 报文的第一个 UDP 端口号的值不能比最后一个 UDP 端口号的大。带宽参数如果配置太大,会影响其他业务的调度,需要根据实际的组网需求,配置合理值。为保证突发的 RTP 流量可以通过 RTPQ 的流量监管,可以配置 CBS 参数。

可以使用 **display qos queue rtpq interface** 命令显示 RTPQ 队列的配置与统计信息。一个典型的例子如下:

```
[sysname]display qos rtpq interface Ethernet 9/0
Interface: GigabitEthernet0/0
Output queue -RTP queuing : Size/Max/Outputs/Discards   0/364/435689/7580744
```

其中主要显示参数含义如下。

(1) Size:队列中报文数。

（2）Max：队列中历史最大报文数目。

（3）Ouputs：经过队列发送出去的报文数目。

（4）Discards：丢弃的报文数目。

**4. RTPQ 配置示例**

如图 26-16 所示，企业路由器提供语音和其他数据业务服务，要求语音业务使用固定带宽，并优先调度，其他的数据业务使用剩余带宽。为此，在路由器的 WAN 接口配置 RTPQ 和 WFQ 队列，分别对应语音和其他业务的队列调度，其配置如图 26-16 所示。

图 26-16 RTPQ 配置示例

相关配置如下：

```
[H3C-Serial0/0]qosrtpq start-port 16384 end-port 32767 bandwidth 64 cbs 3000
[H3C-Serial0/0]qoswfq
```

# 26.4 交换机拥塞管理

## 26.4.1 优先级映射

交换机对报文经过转发处理后，有一个本地优先级的标记过程，通过标记本地优先级使报文可以进入相应的本地队列。可以通过配置命令，使交换机信任报文携带的 802.1p 优先级、DSCP 优先级或者不信任报文中的优先级，其过程如图 26-17 所示。

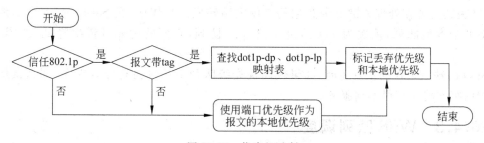

图 26-17 优先级映射

如果信任报文的 802.1p 优先级，则根据报文的 802.1p 优先级值查找 dot1p-dp、dot1p-lp 映射表，根据映射结果标记报文的丢弃和本地优先级。如果报文是非标记的，不同芯片的产品处理方式可能不同，S3610 产品直接使用端口优先级作为本地优先级对报文进行标记处理。

如果信任报文的 DSCP 优先级，则根据报文中 DSCP 优先级值查找交换机内部的 dscp-dp、dscp-dot1p、dscp-dscp 映射表，根据映射结果重新标记报文的 DP（drop priority，丢弃优先级）、802.1p 和 DSCP 优先级，然后根据报文新的 802.1p 值，查找 dot1p-lp 映射表，标记报文的本地优先级，其过程如图 26-18 所示。

如果设备信任端口优先级（不信任报文携带的优先级），S3610 产品直接使用端口优先级作为本地优先级对报文进行标记处理。

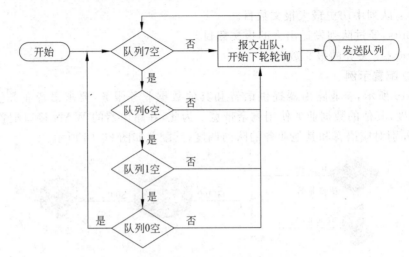

图 26-18　SPQ 队列调度

**注意**：不同型号的设备在处理非标记报文的 802.1p 优先级映射、端口优先级映射，以及 SP＋WRR 混合调度算法等方面可能有实现的差异。交换机信任报文携带的优先级类型由产品决定，有的产品只信任 802.1p 优先级，有的产品可以信任 802.1p 优先级或 DSCP 优先级。

## 26.4.2　SPQ 队列调度

关键业务在拥塞发生时要求优先获得服务以减小响应的延迟。SPQ（Strict-Priority Queue，严格优先级队列）就是针对这种需求设计的。

在队列调度时，SPQ 严格按照优先级从高到低的次序优先发送较高优先级队列中的报文，当较高优先级队列为空时，再发送较低优先级队列中的报文。这样，将关键业务的报文放入较高优先级的队列，将非关键业务的报文放入较低优先级的队列，可以保证关键业务被优先转发，非关键业务在处理关键业务数据的空闲间隙转发。具体地，在 S3610 中，8 个本地优先级对应 8 个本地队列，依次为 7、6、5、4、3、2、1、0 队列，它们的优先级依次降低，如图 26-18 所示。

SPQ 的缺点是在拥塞发生时，如果较高优先级队列中长时间有分组存在，那么低优先级队列中的报文将一直得不到服务。

## 26.4.3　WRR 队列调度

WRR（Weighted Round Robin，加权轮询）队列，对本地队列进行轮流调度，保证每个队列都得到一定的服务时间，同时通过权重参数，保证每个队列的分配带宽的符合配置需求。

以 S3610 产品为例，WRR 队列的调度如图 26-19 所示。WRR 为每个队列配置一个权重值，权重表示该队列在一轮调度中所能获得的发送资源的额度，因此 WRR 中各个队列分配接口带宽的比例也就是各队列权重的比。例如，一个 100Mbps 的端口，有 8 个本地队列，配置本地队列 7～0 的 WRR 权重依次为 50、50、30、30、10、10、10、10，这时优先级最低的 0 队列可分配到的带宽为：100Mbps×10÷（50＋50＋30＋30＋10＋10＋10＋10）＝5Mbps。

WRR 队列调度时，先查看队列的当前发送额度，发送额度大于 0 则发送该队列里的一个报文，同时发送额度减去报文长度，然后继续该队列下个报文的发送，当发送额度小于 0 时，停止该队列报文的转发，将当前发送额度加上该队列的配置发送额度，开始下一队列的转发。如

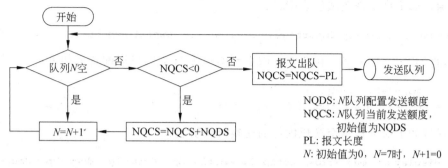

图 26-19 WRR 队列调度

果发现某个队列为空,则马上换到下一个队列调度,这样带宽资源可以得到充分的利用。

WRR 队列可以和 SP 队列混合调度。

### 26.4.4 SP 和 WRR 队列混合调度

以 S5820V2 产品为例,SP 和 WRR 队列混合调度如图 26-20 所示,本地队列被分为 SP、group1 和 group2 三个组。SP 内的队列按严格优先级调度算法选出候选发送报文,group1 和 group2 按 WRR 调度算法选出候选发送报文,三个组的候选发送报文最后按严格优先级选择最终的出队发送报文。

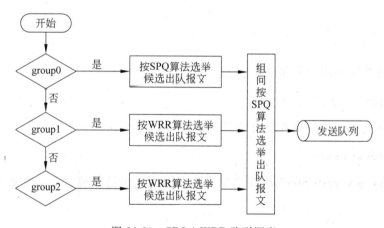

图 26-20 SPQ＋WRR 队列调度

例如,把本地队列 0～2 配置到 SP,本地队列 3～4 的报文配置到 group1,本地队列 5～7 的报文配置到 group2。调度结果是:如果 SP 中存在报文,SP 中队列报文按 SP 算法调度出队,因为 group1 和 group2 的调度优先级低于 SP,所以需要等到 SP 调度组内队列没有报文时才会调度这两个队列中的报文,两个 group 调度组之间按 1∶1 的权重进行调度,group 组内的各个队列执行加权调度方式。

### 26.4.5 交换机队列的配置和显示命令介绍

交换机的优先级映射表,可以根据客户需求进行配置,根据如下命令进入优先级映射表的配置视图:

```
[H3C] qos map-table{ dot1p-lp | dot1p-dp | dscp-lp | dscp-dp | dscp-dot1p | dscp-dscp }
```

然后通过如下命令修改映射表配置：

[H3C-maptbl-dot1p-lp]**import** *import-value-list* **export** *export-value*

例如，将 802.1p 的 0 和 1 优先级都映射到本地优先级 0，可以配置成如下：

[H3C]qos map-table dot1p-lp
[H3C-maptbl-dot1p-lp]import 0 1 export 0

可以通过如下命令显示交换机内部的交换机映射表：

[H3C] **display qos map-table**[ **dot1p-lp** | **dot1p-dp** | **dscp-lp** | **dscp-dp** | **dscp-dot1p** | **dscp-dscp** ]

例如，一个典型的优先级映射表如下所示：

```
<H3C>display qos map-table dot1p-lp
MAP-TABLE NAME: dot1p-lp   TYPE: pre-define
IMPORT  :  EXPORT
  0    :    0
  1    :    0
  2    :    1
  3    :    3
  4    :    4
  5    :    5
  6    :    6
  7    :    7
```

配置端口优先级使用如下命令：

[H3C] **qos priority** *priority-value*

配置端口下优先级信任模式使用如下命令：

[H3C] **qos trust dot1p**

使用 **display qos trust interface** 命令显示端口的优先级信任模式。一个典型的显示结果如下所示：

```
[H3C]display qos trust interface GigabitEthernet 1/0/1
Interface: GigabitEthernet1/0/1
  Port priority information
    Port priority: 2
    Port priority trust type: dot1p
```

从上述输出可以看到，端口 GigabitEthernet 1/0/1 信任 802.1p 优先级，端口优先级为 2。

下面，我们以 5820V2 产品为例，介绍交换机队列配置命令如下。

（1）将本地队列全部都配置成 WRR 的 SP 组队列调度。

（2）将本地队列全部配置成 WRR 的 group1 或 group2，即 WRR 基本调度。

（3）将部分本地队列配置成 WRR 的 group1，部分本地队列配置成 WRR 的 group2，为 WRR 分组调度。

（4）将本地队列部分成 SP 组，部分配置成 WRR 组，即 SP＋WRR 混合调度。

配置命令如下：

[H3C] **qos wrr** *queue-id* **group**{ *group-id* **weight** *queue-weight* | **sp** }

对于 5820V2,当用户配置使用 WRR 或 SP+WRR 队列调度算法时,必须将连续的队列划分到同一个调度组内。

通过 **display qos wrr interface** 命令查看端口的队列信息,一个典型的例子如下所示:

```
[H3C]display qos queue wrr interface GigabitEthernet 1/0/1
Interface: GigabitEthernet1/0/1
Output queue: Weighted Round Robin queuing
Queue ID    Queue name    Group    Weight
----------------------------------------------------
0           be            sp       N/A
1           af1           sp       N/A
2           af2           sp       N/A
3           af3           1        5
4           af4           1        10
5           ef            1        15
6           cs6           2        5
7           cs7           2        10
```

通过上述输出信息可知,在接口 GigabitEthernet 1/0/1 上配置了 SP+WRR 队列调度,其中队列 0~2 配置在 SP,队列 3~5 配置在 group1,队列 6、7 配置在 group2。

## 26.4.6 交换机队列配置示例

如图 26-21 所示,某企业的汇聚交换机连接部门 A、B、C。企业的服务器被各个部门共用。为保证重要部门对服务器的访问,对部门 A、B、C 做了级别划分,要求低级别部门不能影响高级别部门对服务器的访问,同部门内部高级别的用户享有更多带宽。

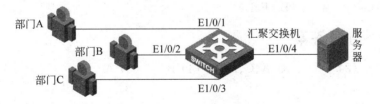

图 26-21　SPQ+WRR 配置举例

为此可以做如下部署。A、B、C 三个部门的接入端口信任报文 802.1p 优先级,部门 A、B、C 的 802.1p 优先级划分范围依次为 0~2、3~5、6~7。在连接服务器的端口上配置 SPQ+WRR 调度。

具体配置如下:

```
[H3C-GigabitEthernet1/0/1]qos trust dot1p
[H3C-GigabitEthernet1/0/2]qos trust dot1p
[H3C-GigabitEthernet1/0/3]qos trust dot1p
[H3C-GigabitEthernet1/0/4]qos wrr weight
[H3C-GigabitEthernet1/0/4]qos wrr 3 group 1 weight 5
[H3C-GigabitEthernet1/0/4]qos wrr 4 group 1 weight 9
[H3C-GigabitEthernet1/0/4]qos wrr 5 group 1 weight 13
[H3C-GigabitEthernet1/0/4]qos wrr 6 group  sp
[H3C-GigabitEthernet1/0/4]qos wrr 7 group  sp
```

## 26.5　本章总结

（1）路由器上的基本拥塞管理工具包括 FIFO、CQ、PQ、WFQ、RTPQ 等。

（2）交换机上的基本拥塞管理工具包括 SPQ 和 WRR。

（3）通过优先级映表在交换机上控制数据包的本地优先级和丢弃优先级，从而影响数据包所进入的队列。

## 26.6　习题和答案

### 26.6.1　习题

（1）路由器产品使用的用户队列有（　　　）。

    A. FIFO　　　　　　B. 紧急队列　　　　　C. 协议队列　　　　　D. CQ

（2）路由器在语音视频业务和其他数据业务共存时，应使用（　　　）队列进行拥塞管理。

    A. PQ　　　　　　　B. CQ　　　　　　　C. RTPQ　　　　　　D. SPQ

（3）WFQ 队列的优点有（　　　）。

    A. 配置简单，易于应用

    B. 系统开销小，效率高

    C. 对小报文的发送有利

    D. 高优先级的报文可以分配到更多的带宽

（4）WFQ 队列散列时，如果出现资源不足，优先级不同的报文可能会被分配到同一个队列中（　　　）。

    A. True　　　　　　B. False

（5）对于交换机来说，拥塞管理就是对本地队列的调度管理过程。（　　　）

    A. True　　　　　　B. False

### 26.6.2　习题答案

（1）A、D　　　（2）C　　　（3）A、C、D　　　（4）B　　　（5）A

# 第27章

# 配置拥塞避免机制

当拥塞发生时,利用队列技术实现的拥塞管理机制可以对报文进行区分,并根据预定义的规则提供服务。然而这种机制发挥作用的前提是所有的报文都能够被恰当地送入特定的队列。而当队列被填满时,所有后续到达的报文都会被无差别地丢弃,此时队列机制完全失效。同时这种从队列尾部开始的截断性丢弃还会导致一系列严重的问题。

拥塞避免机制可以在相当程度上缓解或避免这种情况的发生。

## 27.1 本章目标

学习完本章,应该能够达到以下目标。

(1) 描述尾丢弃及其导致的 TCP 全局同步等问题的产生原因。

(2) 描述 RED 和 WRED 工作原理。

(3) 在路由器和交换机上配置 WRED。

## 27.2 尾丢弃及其导致的问题

当队列被填满时,所有后续到来的报文都会因无法入队而丢弃,这种从队尾开始的丢弃方式被称为"尾丢弃"(Tail-drop)。尾丢弃是一种截断性的丢弃方式,不对报文进行任何方式的区分。

尾丢弃带来的结果是高延迟、高抖动、丧失服务保证、TCP 全局同步和 TCP"饿死"等一系列问题。从而导致应用超时、数据重传和业务不可用等种种后果,如图 27-1 所示。数据超时重传的结果是进一步地加剧网络拥塞。

图 27-1 为丢弃及其导致的问题

尾丢弃带来的最重要的问题就是 TCP 全局同步。即在队列满时,所有报文在队尾被全部丢弃。这种没有差别的丢弃会造成所有 TCP 流的报文几乎在同一时刻丢失,TCP 又几乎在同一时刻重传。

TCP 在丢失报文时会自动缩小窗口尺寸。因而所有 TCP 连接的窗口会在几乎同一时刻缩小。这样链路带宽会突然变得充足,因而 TCP 连接也会逐渐增大其窗口,这也几乎是同时发生的。窗口增大后,流量会急剧增加,从而再次造成拥塞。这样将造成所有 TCP 连接的流量以相同的"频率"持续振荡。这种现象称为 TCP 全局同步,如图 27-2 所示。TCP 全局同步的结果是 TCP 传输效率急剧下降,并且带宽的平均利用率大大降低。

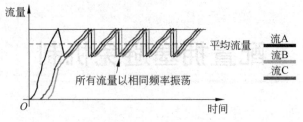

图 27-2    TCP 全局同步

增加队列的长度可以缓存更多的报文,因而降低了流量的突发性,减少尾丢弃的概率。但单纯增加队列长度并不能从根本上解决 TCP 同步的问题。

队列长度的增加是有限的,因而只能在有限范围内发挥作用,当流量比较大时这种方法几乎无效。

增加队列长度的同时也加大了报文的平均延迟和抖动,这对某些应用是有害的。对实时业务而言,过大的延迟与丢包是等效的。

TCP 全局同步的根本原因是所有报文在同一时刻被无差别的丢弃。因此如果在尾丢弃发生前,使不同 TCP 连接的报文在不同时刻被丢弃,则各个 TCP 连接的流量振荡就不会同步。

## 27.3    RED 原理

RED(Random Early Detection,随机早期检测)技术的出现较好地解决了 TCP 全局同步的问题。它的做法是在队列被填满前就开始丢弃报文,并且随着队列长度的增加(拥塞发生的可能性增加)报文被丢弃的概率会越来越大,当超过一个最大丢弃概率时再全部丢弃到来的报文,如图 27-3 所示。

RED 的特点在于"早期"和"随机"。早期表示丢弃是在拥塞发生之前就开始进行的,这就意味着报文不必全部丢弃而可以有所"选择"。而随机则表明了这种丢弃行为是以报文而不是以流为单位"无规律"进行的。随机和早期的特点决定了所有 TCP 流的报文不可能在同一时刻被丢弃,因而不会产生 TCP 全局同步的问题。同时,丢弃行为是以报文为单位的,对于那些占据大量带宽的非 TCP 的"野蛮"流来讲,被丢弃的概率会更大,因而大大降低了 TCP"饿死"的概率。

RED 丢弃行为和丢弃曲线由下面三个参数决定,如图 27-4 所示。

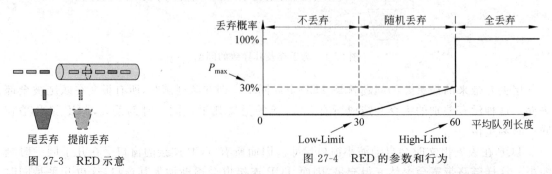

图 27-3    RED 示意

图 27-4    RED 的参数和行为

(1) Low-Limit:最低丢弃门限。平均队列长度超过此门限时,RED 开始丢弃报文。Low-Limit 越低,队列越早开始丢弃报文,在其他参数不变的情况下,最终丢弃的报文也会越多。

（2）High-Limit：最高丢弃门限。平均队列长度超过此门限时，RED 将丢弃所有到来的报文。High-Limit 越高，进行 RED 丢弃报文的范围就越大，在其他参数不变的情况下，RED 丢弃报文的效果也会越明显。

（3）$P_{max}$：最大丢弃概率，即 RED 丢弃报文条件下报文被丢弃的最大概率，这个值通常不为 100%。

RED 丢弃的具体做法是，用平均队列长度与队列的 Low-Limit 和 High-Limit 做度量，并对度量结果做如下规定。

（1）当前平均队列长度小于 Low-Limit 时，不丢弃报文。

（2）当前平均队列长度超过 High-Limit 时，丢弃所有到来的报文。

（3）当前平均队列长度在 Low-Limit 和 High-Limit 之间时，开始随机丢弃到来的报文，丢弃概率随平均队列长度的增加而增加。实现方法是为每个到来的报文赋予一随机数，并用该随机数与当前队列的丢弃概率比较，如果小于丢弃概率则被丢弃。

平均队列长度的计算公式为

$$average = old\_average \times (1 - 2^{-n}) + current\_queue\_size \times 2^{-n}$$

其中，$n$ 为用户配置值，即 weighting-constant。

当前队列的丢弃概率为：

$$P = P_{max} \times \frac{average - MinThreshold}{MaxThreshold - MinThreshold}$$

RED 的度量过程中使用了平均队列长度来代替真实队列长度，它是一个对真实队列长度进行"滤波"后的结果，上述公式中的 $n$ 即可看作"滤波系数"。它较好地避免了真实队列长度受突发数据流影响而剧烈抖动的问题。$n$ 值越大表明队列的"惯性"越大，即其受突发数据流的影响越小。

当前队列的丢弃概率是平均队列长度的线性函数，意味着随着平均队列的增长，报文被丢弃的概率会越来越大。当平均队列长度等于最低丢弃门限时，丢弃概率为 0，此时队列准备开始 RED 丢弃。当平均队列长度增长至最高丢弃门限时，丢弃概率即为 $P_{max}$，RED 丢弃结束。

RED 丢弃减少了链路的剧烈振荡，提高了线路的带宽利用率和吞吐量。因而也减小了延迟和抖动，其效果如图 27-5 所示。

图 27-5　RED 的效果

## 27.4　WRED 的原理

虽然 RED 很好地解决了 TCP 全局同步和"饿死"等问题，但由于其不能感知业务类型，对报文的丢弃不分轻重缓急，因此并没有解决重要和紧急报文被丢弃的问题。

WRED(Weighted RED，加权随机早期检测)技术较好地解决了上述问题。它允许为不同优先级的报文配置不同的 RED 参数,从而保证了不同重要程度的报文获得不同的服务。目前 WRED 可以利用 DSCP 和 IP Precedence 来区分数据。

图 27-6 表示不同 IP Precedence 的报文在最低丢弃门限不同时的丢弃曲线,可以看出在 RED 丢弃阶段,当平均队列长度相同时,IP Precedence 越高的队列其丢弃概率越低,也就意味着越少被丢弃。这就有效地解决了对于重要和紧急报文的优先保障问题。

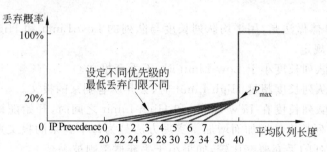

图 27-6    基于 IP Precedence 的 WRED 参数和行为

图 27-7 表示不同 DSCP 优先级的报文在最低丢弃门限不同时的 RED 丢弃曲线。对于同一类 AF 报文,不同的丢弃优先级可以设定不同的最低丢弃门限,而 EF 报文应当保证其具有最小的丢弃概率和丢弃区间。在图 27-7 中可以看出,当平均队列长度相同时,丢弃优先级越大的报文丢弃概率也越大。

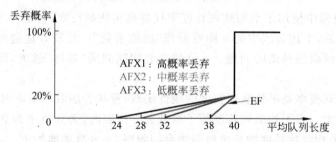

图 27-7    基于 DSCP 的 WRED 参数和行为

如图 27-8 所示,启用 WRED 后,不同优先级的流量在不同的 RED 丢弃参数作用下得到了不同的丢弃曲线。这一方面大大减小了不同优先级流量间的同步振荡,从而提高了链路的整体利用率和吞吐量。另一方面,可以人为地改变某些重要业务类型的丢弃行为,从而使不同类型的报文在丢弃时获得有差别的对待。

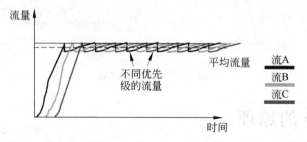

图 27-8    WRED 的效果

## 27.5　配置 WRED

可以以接口方式配置 WRED。以此方式配置 WRED 时主要有两大步骤：一是在接口或 PVC 视图下面启用 WRED，这是配置 WRED 的必选命令；二是配置相应的参数，包括权重指数、最低丢弃门限、最高丢弃门限和丢弃概率分母（用于配置最大丢弃概率）。其中权重指数即为平均队列长度公式中的 $n$ 值。参数的配置为可选命令。具体配置命令如下。

（1）在接口上使能 WRED。

[H3C-GigabitEthernet0/0/0]**qos wred**[**dscp**|**ip-precedence**]**enable**

（2）配置计算平均队列长度的指数。

[H3C-GigabitEthernet0/0/0]**qos wred weighting-constant** *exponent*

（3）配置各优先级的对应参数。

[Router-GigabitEthernet0/0/0] **qos wred**{**ip-precedence** *ip-precedence* |**dscp** *dscp-value* } **low-limit** *low-limit* **high-limit** *high-limit* **discard-probability** *discard-prob*

另一个配置 WRED 的方式是基于队列的 WRED 表配置方式，其主要思路是在全局模式下配置一张 WRED 表，在表视图下配置各个队列的 RED 参数，最后将这个表应用于需要进行 WRED 丢弃的接口。

WRED 表中需要配置的参数和接口方式下相同，包括权重指数、最低丢弃门限、最高丢弃门限和丢弃概率分母。上述参数均有默认值，为可选命令。具体配置命令如下。

（1）在系统视图下配置 WRED 表。

[H3C] **qos wred queue table** *table-name*

（2）在表视图下配置计算平均队列长度的指数。

[H3C-wred-table-t] **queue** *queue-value*　**weighting-constant** *exponent*

（3）在表视图下配置 WRED 表的其他参数。

[H3C-wred-table-t] **queue** *queue-value*[ **drop-level** *drop-level* ] **low-limit** *low-limit* **high-limit** *high-limit*[ **discard-probability** *discard-prob* ]

（4）在接口或端口组视图下应用 WRED 表。

[H3C-GigabitEthernet0/0/0] **qos wred apply** *table-name*

还可以配置其他类型的 WRED 表。其他类型在这里指的是不同类型的优先级。这种配置模式的思路与上面一种基本相同，不同的是建立 WRED 表时需要指明将依据哪种优先级，同时在表中配置 WRED 参数时也将针对不同的优先级进行。

WRED 表中需要配置的参数和接口方式下相同，包括权重指数、最低丢弃门限、最高丢弃门限和丢弃概率分母。上述参数均有默认值，为可选命令。

Weighting-constant 为权重因子，对所有的队列都相同，配置范围为 $1\sim16$，默认值为 9。它表征了平均队列长度对实际队列长度变化的敏感长度。较大的 $n$ 值将使平均队列长度在实际队列长度变化时具有较大的"惯性"。

Discard-probability 为丢弃概率分母，表示了 RED 丢弃曲线的斜率，用于调节最大丢弃概

率 $P_{\max}$。较大的 discard-probability 值意味着较小的 $P_{\max}$ 值。取值范围为 $1\sim255$，默认值为 10。

要显示接口配置方式下 WRED 的配置和统计信息，可使用 **display qos wred interface** 命令。

要显示 WRED 表的配置情况，可使用 **display qos wred table** 命令。

## 27.6　配置 WRED 示例

图 27-9 是一个 WRED 配置示例。在本例中，Telephone 发出的为语音报文，Host 发出的为普通数据报文，两条业务流从 RTA 的千兆端口进百兆端口出。要求在拥塞发生时两条流要具有不同的丢弃行为，从而保证语音流能得到更好的服务。

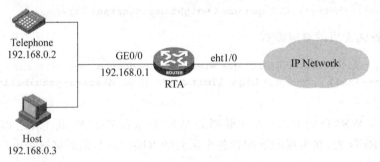

图 27-9　WRED 配置示例

配置时，在 RTA 的入端口 GE0/0 上对报文进行区分，将语音报文标记为 IP Precedence 5，数据报文标记为 IP Precedence 0。在出端口 Eth1/0 上启用 WRED，对 IP Precedence 为 5 的报文采用更高的最高丢弃门限和更大的丢弃概率分母，从而保证其在拥塞时能得到更好的服务。

依据源 IP 地址，采用 CAR 重标记的方式对报文进行分类，将来自 Telephone 和 Host 的报文优先级分别标记为 5 和 0。此处 CIR 的取值可以调整，主要目的是保证所有匹配的报文都能够被重标记。配置如下：

```
[RTA]acl number 2002
[RTA-acl-basic-2001]rule 1 permit source 192.168.0.2
[RTA]acl number 2003
[RTA-acl-basic-2002]rule 1 permit source 192.168.0.3
[RTA-GigabitEthernet0/0]qos car inbound acl 2002 cir 1000000 green remark-prec-pass
5 red pass
[RTA-GigabitEthernet0/0]qos car inbound acl 2003 cir 1000000 green remark-prec-pass
0 red pass
```

在出接口 GE0/1 上启用 WFQ 队列，在保证各条流公平调度的同时兼顾优先级。队列长度取值范围为 $1\sim1024$，为避免队列过长导致的延迟，此处取为 100。队列总数可取的值为 16、32、64、128、256、512、1024、2048、4096，考虑到本例中实际的网络环境取为 16。

```
[RTA-GigabitEthernet1/0]qos wfq queue-length 100 queue-number 16
```

在出接口 E0/1 上配置 WRED，在拥塞加剧时根据优先级进行丢弃。为了体现出 WRED 根据优先级丢弃的效果，此处须保证语音流的丢弃区间大于数据流，丢弃概率分母也大于数据流。

```
[RTA-GigabitEthernet1/0] qos wred enable
[RTA-GigabitEthernet1/0] qos wred ip-precedence 5 low-limit 10 high-limit 250
discard-probability 15
[RTA-GigabitEthernet1/0] qos wred ip-precedence 0 low-limit 10 high-limit 180
discard-probability 11
```

## 27.7　本章总结

（1）当拥塞严重时队列被塞满，产生尾丢弃。

（2）尾丢弃可能导致 TCP 全局同步等严重的问题。

（3）RED 根据一定概率，在拥塞发生之前对数据包进行随机的丢弃。

（4）根据 IP Precendence 和 DSCP 的不同，WRED 可以在拥塞发生之前对不同类型的数据包用不同的概率进行随机的丢弃。

（5）WRED 需与 WFQ 同时使用。

## 27.8　习题和答案

### 27.8.1　习题

（1）尾丢弃导致了 TCP 全局同步和 TCP"饿死"等问题。（　　）

　　A. True　　　　　B. False

（2）当给设备发去 10000 个包并且造成拥塞时，启用 RED 可以比普通的尾丢弃减少丢弃报文的数量。（　　）

　　A. True　　　　　B. False

（3）相对于尾丢弃，RED 丢弃的方式的特点是_____和_____。

（4）WRED 对 RED 的改进主要是（　　）。

　　A. 增大了队列的长度和数量

　　B. 允许根据优先级配置不同的丢弃参数

　　C. 用平均队列长度替代了实际队列长度

　　D. 占用了更少的资源

（5）在 WRED 的配置参数中，weighting-constant 值越大，表明平均队列长度对实际队列长度的变化越（　　）。

　　A. 敏感　　　　　B. 不敏感

### 27.8.2　习题答案

（1）A　　（2）B　　（3）随机，早期　　（4）B　　（5）B

# 第28章

# 高级QoS管理工具

CAR、GTS、PQ、CQ、WFQ、WRED 等传统的 QoS 工具能够实现标记、流量监管、流量整形、拥塞管理、拥塞避免等各种 QoS 功能。但这些工具的配置互相独立,各有不同,不便于记忆和使用。

作为一种高级的 QoS 管理工具,QoS policy 通过使用 MQC(Modular QoS Configuration,模块化 QoS 配置),将数据类型的定义与 QoS 动作的定义相分离,提高了配置的标准化和灵活性。其不仅可以为任意类型的数据提供任意类型的 QoS 服务,而且允许复用类和动作的配置。

## 28.1　本章目标

学习完本章,应该能够达到以下目标。

(1) 理解 QoS policy 和 CBQ 的功能和特点。

(2) 描述 CBQ 的工作原理。

(3) 配置 QoS policy 实现 CBQ 以及其他主要的 QoS 功能。

(4) 理解 QoS policy 的 DAR 特性。

## 28.2　QoS policy 应用

### 28.2.1　QoS policy 介绍

QoS policy 包含三个要素: 类(class)、行为(behavior)、策略(policy)。用户可以通过 QoS 策略将指定的类和行为绑定起来,方便地进行 QoS 配置,如图 28-1 所示。

类是用户定义的一系列规则的集合,系统通过将报文与类中的规则进行匹配,根据匹配结果对报文进行分类。

行为定义了针对报文所做的 QoS 动作。策略则用来将指定的类和行为绑定起来,并对分类后的报文执行行为中定义的动作。

用户可以在一个策略中定义多个类与行为的绑定关系。这样,系统就可以根据 QoS policy 对从属于其中某一类的数据施加相应的行为。

使用 QoS policy 可以实现分类、标记、整形、监管、拥塞管理、拥塞避免、统计、镜像、访问控制、深度应用识别等多种 QoS 功能。

每个 QoS policy 包含若干条目。每个条目为一个 C-B(Class-Behavior)对,包含一个类和一个对应的行为。

QoS policy 被应用后,报文按条目的先后顺序尝试匹配其分类规则。匹配某类后则执行对应的行为。一个行为可以包含多个动作,依次将其执行完毕后,将结束 QoS policy 对此报文的处理,不再继续匹配其他条目。若不匹配某类,则继续尝试匹配其他类。对于路由器产

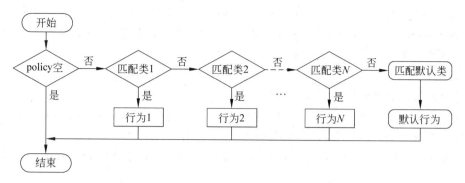

图 28-1　QoS policy 的构成

品,若不匹配任何类,则被认为属于默认类,系统将对其实施默认行为。

## 28.2.2　配置 QoS policy

使用 QoS policy 配置 QoS 的过程如图 28-2 所示。

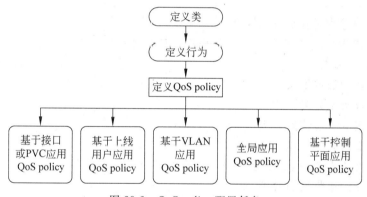

图 28-2　QoS policy 配置任务

首先需要定义类,在类中配置需要的分类规则。

其次定义行为,在行为中定义需要的 QoS 动作。可以根据需要定义多个类及其对应的行为。

最后定义 QoS policy,在 QoS policy 中添加条目,引用定义的类与行为,完成类与行为的绑定。

QoS policy 定义完成后,可以根据需要在适当的位置应用。

QoS policy 常见的应用位置有以下几种。

(1) 基于接口(或 PVC)进行应用 QoS policy:对通过接口(或 PVC)接收/发送的流量生效。

(2) 基于上线用户应用 QoS policy:对通过上线用户接收/发送的流量生效。

(3) 基于 VLAN 应用 QoS policy:对通过同一个 VLAN 内所有接口接收/发送的流量生效。

(4) 基于全局应用 QoS policy:对所有数据流量生效。

(5) 基于控制平面应用 QoS policy:对通过控制平面接收/发送的流量生效。

**注意**:如果 QoS policy 应用在出方向,则 QoS policy 对本地协议报文不起作用。本地协议报文是设备内部发起的。常见的本地协议报文有链路维护报文、IS-IS、OSPF、RIP、BGP、

LDP、RSVP、SSH 报文等。为了确保这些报文能够被不受影响地发送出去，即便在发出方向应用了 QoS policy，其也不会受到 QoS policy 的限制，从而降低了因 QoS 误配置而将这些报文丢弃或对其提供低等级服务的风险。

**1. 类的定义**

类分为系统定义类和用户定义类两种。

系统定义类是系统预先定义好的类，系统为这些类定义了通用的规则。定义 QoS policy 时可直接引用这些类。这些类包括以下几种。

（1）默认类：类名为 default-class，不匹配 QoS policy 中其他任何分类的报文将被归入默认类。

（2）基于 DSCP 的预定义类：包括 ef、af1、af2、af3、af4，分别匹配 IP DSCP 值 ef、af1、af2、af3、af4。

（3）基于 IP Precedence 的预定义类：包括 ip-prec0、ip-prec1、…、ip-prec7，分别匹配 IP Precedence0、1、…、7。

（4）基于 MPLS EXP 的预定义类：包括 mpls-exp0、mpls-exp1、…、mpls-exp7，分别匹配 MPLS EXP 值 0、1、…、7。

用户不能修改或删除系统定义的类。

用户定义类由用户创建并维护。用户可以根据下列标准定义用户类。

（1）根据 ACL 分类。

（2）匹配所有的数据报文。

（3）根据协议类型分类。

（4）根据报文的二层信息分类。

（5）根据报文的三层信息分类。

（6）根据各类优先级、标记位分类。

（7）根据报文的接收接口分类。

（8）根据 MPLS 标签分类。

一个类中可以定义多个规则，规则间的关系可以为 and 或者为 or。

（1）and（逻辑与）关系：报文只有匹配了类中的所有规则才认为报文属于这个类。

（2）or（逻辑或）关系：报文只要匹配了类中的任何一个规则，就认为报文属于这个类。

用户定义类时可以同时指定类中各规则的逻辑关系。默认情况下是 and 关系。通过类的嵌套，可以实现规则之间的复杂逻辑关系。例如，定义一个类，规则为匹配 ACL 2001 和 ACL 2002，或匹配 ACL 2003，可以用如下的配置实现：

```
[H3C]traffic classifier classB operator and
[H3C-classifier-classB]if-match acl 2001
[H3C-classifier-classB]if-match acl 2002
[H3C]traffic classifier classA operator or
[H3C-classifier-classA]if-match acl 2003
[H3C-classifier-classA]if-match classifier classB
```

如果一个报文匹配 ACL 2003 或者同时匹配 ACL 2001 和 ACL 2002，该报文就属于以上配置的类 A。

可以使用如下命令配置用户类，指定规则间的逻辑关系：

[H3C] **traffic classifier** *tcl-name* [ **operator** { **and** | **or** } ]

使用 if-macth 命令配置类规则：

[H3C-classifier-classA] **if-match**[ **not** ] *match-criteria*

其中 not 参数表示不匹配指定规则的规则，比如 if-match acl 2000 表示匹配 ACL 2000 所指定网段的报文，那么 if-match not acl 2000 表示匹配 ACL 2000 指定网段以外的报文。

表 28-1 是产品常用的分类规则参数。

表 28-1 类的 match-criteria 参数

| match-criteria 值 | 描　　述 |
|---|---|
| acl [ipv6] { acl-number \| name acl-name } | 定义匹配 ACL 的规则 |
| Any | 定义匹配所有数据包的规则 |
| classifier *tcl-name* | 定义匹配 QoS 类的规则 |
| dscp *dscp-list* | 定义匹配 DSCP 的规则 |
| destination-mac *mac-address* | 定义匹配目的 MAC 地址的规则 |
| customer-dot1p *8021p-list* | 定义匹配用户网络 802.1p 优先级的规则 |
| inbound-interface *interface-type interface-number* | 定义匹配入接口的规则 |
| ip-precedence *ip-precedence-list* | 定义匹配 IP Precedence 的规则 |
| mpls-exp *exp-list* | 定义匹配 MPLSEXP 优先级的规则 |
| protocol *protocol-name* | 定义匹配协议的规则 |
| rtp start-port *start-port-number* end-port *end-port-number* | 定义匹配 RTP 协议接口的规则 |
| qos-local-id *local-id-value* | 定义匹配 qos-local-id 的规则 |
| source-mac *mac-address* | 定义匹配源 MAC 地址的规则 |
| customer-vlan-id *vlan-id-list* | 定义匹配用户网络 VLANID 的规则 |

用户可以使用如下命令显示系统和用户定义的类：

[H3C] **display traffic classifier**{ **system-defined** | **user-defined** }[*tcl-name*]

例如，系统定义的默认类的显示结果如下：

```
<H3C>dis traffic classifier system-defined default-class
System-defined classifier information:
   Classifier: default-class (ID 0)
     Operator: AND
     Rule(s) :
       If-match any
```

用户定义类显示结果如下：

```
<H3C>dis traffic classifier user-defined test
User-defined classifier information:
   Classifier: test (ID 101)
     Operator: AND
     Rule(s) :
       If-match acl 3000
       If-match acl 2000
       If-match source-mac 0000-0000-0001
```

**2. 行为的定义**

行为是对符合分类的报文所执行的 QoS 动作的集合，包括系统定义行为和用户定义行为。

系统定义行为是为系统定义类而定义的 QoS 动作,用户也可以根据需要对用户定义类使用系统定义行为,但不可以修改和删除系统定义的行为。系统定义行为包括如下。

(1) ef:定义了一个特性为入 EF 队列,占用带宽为接口或 PVC 预留带宽的 20%。

(2) af:定义了一个特性为入 AF 队列,占用带宽为接口或 PVC 预留带宽的 20%。

(3) be:不定义任何特性。

(4) be-flow-based:定义了一个特性为入 WFQ 队列,丢弃策略为 WRED,其中 WFQ 默认有 256 个队列,WRED 为基于 IP Precedence 丢弃的 WRED。

用户定义行为是用户创建并维护的行为。用户可以在行为中定义流量监管、流量整形、流量过滤、流量重定向、流量镜像、重标记、流量统计、拥塞管理、拥塞避免等 QoS 动作。

在 QoS policy 中,一个行为可以包含多个 QoS 动作。这些动作依据特定的顺序被执行,如图 28-3 所示。

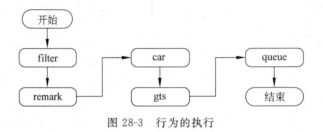

图 28-3 行为的执行

路由器软件的 QoS 动作处理顺序依次为:流过滤、重标记、流量监管、流量整形、拥塞管理。硬件 QoS 动作的支持情况及执行顺序与具体的产品相关。

如果在行为中配置了 filter deny,则部分 QoS 动作不会生效,具体情况与设备型号相关。例如,在 S3610 交换机上,配置了 filter deny 之后其他 QoS 动作都不会生效;而在 S7500E 交换机上,配置了 filter deny 之后,除流量统计以外的其他 QoS 动作都不会生效。

用户可以使用如下命令配置用户定义行为:

[H3C] **traffic behavior** *behavior-name*

主要的动作配置命令如下。

(1) car:配置流量监管。

(2) filter:配置流量过滤。

(3) gts:配置流量整形。

(4) redirect:配置流量重定向。

(5) remark:配置流量重标记。

(6) queue:配置拥塞管理使用的队列。

(7) traffic-policy:对流量应用子策略(另一个 QoS policy)。

(8) accounting:配置流量统计。

(9) nest:配置加外层 VLAN tag。

用户可以通过如下命令显示系统和用户定义的行为:

[H3C] **display traffic behavior**{ **system-defined** | **user-defined** }[*behavior-name*]

对系统定义行为 be-flow-based 的显示结果示例如下:

```
[H3C]display traffic behavior system-defined  be-flow-based
  System Defined Behavior Information:
    Behavior: be-flow-based
      Flow based Weighted Fair Queue:
        Max number of hashed queues: 256
        Discard Method: IP Precedence based WRED
        Exponential Weight: 9
        Precedence    Low       High      Discard
                      Limit     Limit     Probability
        ------------------------------------------------------
           0          10        30        10
           1          10        30        10
           2          10        30        10
           3          10        30        10
           4          10        30        10
           5          10        30        10
           6          10        30        10
           7          10        30        10
```

对一个用户定义行为的显示结果示例如下：

```
[H3C]display traffic behavior user-defined test
  User Defined Behavior Information:
    Behavior: test
      Accounting enable : Packet
```

**3. QoS policy 配置命令**

QoS policy 分为系统定义的和用户定义的两种。系统定义的 QoS policy 的名称是 default。用户不能进入其配置视图，不能修改和删除。用户可以使用如下命令创建用户定义的 QoS policy：

视图，不能修改和删除。用户可以使用如下命令创建用户定义的 QoS policy：
[H3C]**qos policy** *policy-name*

要在 QoS policy 中将类和行为绑定起来，须使用如下命令配置 QoS policy 条目：

[H3C-qospolicy-test] **classifier** *tcl-name* **behavior** *behavior-name* [ **mode dot1q-tag-manipulation** ]

参数 mode dot1q-tag-manipulation 表示此条目用于 VLAN 映射功能。VLAN 映射可以实现不同业务流量互相隔离，但可通过相同的 VLAN 上行，节省 VLAN 资源。对于路由器产品，在用户创建的 QoS policy 中，除了用户定义的类和行为之外，还包括系统自定义的默认类——default-class 类和对应的默认行为——be 行为，用来对不属于任何用户定义类的流量进行匹配和服务。

可以用如下命令把 QoS policy 应用到接口：

[H3C-GigabitEthernet1/0/1] **qos apply policy** *policy-name* { **inbound** | **outbound** }

可以用如下命令把 QoS policy 应用到 VLAN：

[H3C] **qosvlan-policy** *policy-name* **vlan** *vlan-id-list* { **inbound** | **outbound** }

可以用如下命令把 QoS policy 应用到全局：

〔H3C〕**qos apply policy** *policy-name* **global**{ **inbound** | **outbound** }

使用如下命令显示系统和用户定义的 QoS policy：

〔H3C〕**displayqospolicy**{ **system-defined** | **user-defined** } [ *policy-name* [ **classifier** *tcl-name* ] ]

用户可以不输入 *policy-name* 参数，显示全部的系统或用户定义策略；也可以输入 *policy-name* 参数，显示指定的系统或用户定义策略；用户还可以进一步输入 *tcl-name* 参数，显示指定策略中的指定类及其行为信息。例如，显示系统定义策略中的 ef 类及对应的行为，有如下的显示结果：

```
<H3C>display qos policy system-defined default classifier ef
  System Defined QoS Policy Information:
   Classifier: ef
     Behavior: ef
       Expedited Forwarding:
         Bandwidth 20 (% ) Cbs-ratio 25
```

使用如下命令显示应用到接口或 PVC 的 QoS policy：

〔H3C〕**display qos policy interface** [ **interface-type** *interface-number* ] [ **inbound** | **outbound** ] [**pvc** { *pvc-name* [ *vpi/vci* ] | *vpi/vci*} ]

一个接口下 QoS policy 的显示示例如下：

```
[H3C]display qos policy interface GigabitEthernet0/0
  Interface: GigabitEthernet0/0
  Direction: Inbound
  Policy: test
  Classifier: default-class
    Matched : 0(Packets) 0(Bytes)
    5-minute statistics:
      Forwarded: 0/0 (pps/bps)
      Dropped : 0/0 (pps/bps)
    Rule(s) : If-match any
    Behavior: be
     -none-
  Classifier: test
    Matched : 0(Packets) 0(Bytes)
    5-minute statistics:
      Forwarded: 0/0 (pps/bps)
      Dropped  : 0/0 (pps/bps)
    Operator: AND
Rule(s) : If-match protocol arp
    Behavior: test
      Filter Enable: deny
```

通过以上显示信息可知，在设备的千兆以太网接口 GigabitEthernet0/0 的入方向应用了名为 test 的 QoS policy。QoS policy 对用户定义类 test 使用用户定义的行为 test。其中 test 类的匹配规则是匹配所有 arp 报文，test 行为是拒绝该流量。显示信息还包含每个类的匹配报文统计计数，采样间隔内转发和丢弃报文的速率计数。

使用如下命令显示应用到 VLAN 的 QoS policy：

```
[H3C] display qos vlan-policy { name policy-name | vlan [ vlan-id ] } [ inbound |
outbound ]
```

按 QoS policy 名称显示 VLAN QoS policy 时,显示结果为应用该 QoS policy 的 VLAN 信息。比如,在下面的显示信息中可以看到,名为 test 的 QoS policy 应用到 VLAN1 和 VLAN2 的入方向:

```
[H3C]display qos vlan-policy name test
  Policy test
    Vlan 1: inbound
    Vlan 2: inbound
```

按 VLAN 显示 QoS policy 信息时,会显示 QoS policy 被应用到的 VLAN ID、方向、QoS policy 名、QoS policy 中的类与行为等详细信息,见下面的显示结果。

```
[H3C]display qos vlan-policy vlan 1
  Vlan 1
  Direction: Inbound
  Policy: test
   Classifier: test
     Operator: AND
     Rule(s) : If-match any
     Behavior: test
       Accounting Enable:
         0(Bytes)
```

使用如下命令显示应用到全局的 QoS policy 信息:

```
[H3C] display qos policy global [ inbound | outbound ]
```

全局 QoS policy 应用的显示结果包括应用方向、QoS policy 名、类与行为等信息,见如下示例:

```
[DUT4]display qos policy global inbound
  Direction: Inbound
  Policy: test
   Classifier: test
     Operator: AND
     Rule(s) : If-match any
     Behavior: test
       Accounting Enable:
         0(Bytes)
```

**4. QoS policy 配置示例**

如图 28-4 所示,某企业的部门 C 是重要业务部门,需要优先保证该部门对服务器的访问。可以在交换机的接入接口配置 QoS policy,对来自部门 C 的流量重标记比较高的本地优先级。具体配置如下:

```
[H3C-classifier-remarkA]if-match acl 2000
[H3C-classifier-remarkA]quit
[H3C]traffic behavior remarkA
[H3C-behavior-remarkA]remark local-precedence 5
[H3C]qos policy remarkA
[H3C-qospolicy-remarkA]classifier remarkA behavior remarkA
```

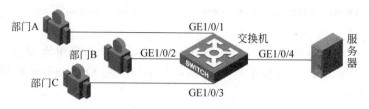

图 28-4 QoS policy 配置示例

```
[H3C-qospolicy-remarkA]quit
[H3C-GigabitEthernet1/0/3]qos apply policy remarkA inbound
```

### 28.2.3 基于 VLAN 的 QoS policy

QoS policy 应用于 VLAN 后,会对 VLAN 内所有端口上匹配规则的流量生效。例如,一个 QoS policy 使用的分类是匹配任何流量,执行的动作为流量监管,限速 50Mbps,则该 QoS policy 应用到 VLAN 入方向后,该 VLAN 所有物理端口在入方向接收流量的总和不会超过 50Mbps。

在互相包含的范围上应用了不同的 QoS policy 时,应用范围最小的 QoS policy 生效。如果在某一端口和该端口所属的 VLAN 上都应用了 QoS policy,端口上应用的 QoS policy 生效。例如,若 VLAN 内 192.168.0.0/24 网段的流量只允许通过 GigabitEthernet1/0/1 上行,可以通过如下配置实现:

```
[H3C]acl num 2000
[H3C-acl-basic-2000]rule permit source 192.168.0.0 0.0.0.255
[H3C]traffic classifier Filter-permit
[H3C-classifier-Filter-permit]if-match acl 2000
[H3C-1]traffic behavior Filter-permit
[H3C-behavior-Filter-permit]filter permit
[H3C]qos policy Filter-permit
[H3C-qospolicy-Filter-permit]classifier Filter-permit behavior Filter-permit
[H3C]traffic classifier Filter-deny
[H3C-classifier-Filter-deny]if-match acl 2000
[H3C]traffic behavior Filter-deny
[H3C-behavior-Filter-deny]filter deny
[H3C-qospolicy-Filter-deny]classifier Filter-deny behavior Filter-deny
[H3C-GigabitEthernet1/0/1]qos apply policy Filter-permit inbound
[H3C]qos vlan-policy Filter-deny vlan 1 inbound
```

同样,当 VLAN 和全局都应用了 QoS policy 时,VLAN 上的 QoS policy 生效,全局 QoS policy 在该 VLAN 上不会生效。

## 28.3 CBQ 应用

### 28.3.1 CBQ 概述

CBQ(Class Based Queuing,基于类的队列)是一种基于 QoS policy 实现的拥塞管理技术。在网络拥塞时,CBQ 对报文根据用户定义的类规则进行匹配,并使其进入相应的队列。

CBQ 中包含一个 LLQ(Low Latency Queuing,低延迟队列),用来支撑 EF(Expedited Forwarding,快速转发)类业务,被绝对优先发送,保证延迟。

CBQ 中最大包含 64 个 BQ(Bandwidth Queuing,带宽保证队列),用来支撑 AF(Assured Forwarding,确保转发)类业务,保证每一个队列的带宽及可控的延迟。

CBQ 中还包含一个默认队列,对应默认分类,用于为默认的 BE(Best Effort,尽力传送)类业务提供服务。其使用 WFQ 队列调度,利用接口剩余带宽进行发送。

**1. CBQ 入队列处理**

CBQ 中最多包含 64 个 EF 类,每类 EF 流量都对应一个虚拟的 EF 队列。每个 EF 队列都有自己的配置带宽。之所以称为虚拟队列,是因为所有 EF 队列的报文,实际上进入同一个 LLQ 队列。拥塞发生时,各 EF 类的流量按自己的配置带宽进行流量监管,超出配置带宽范围的流量被丢弃。所有 EF 类的流量经过监管后进入同一个 LLQ 队列。LLQ 队列本身按 FIFO 方式调度,丢弃策略为尾丢弃。

CBQ 中最多包含 64 个 AF 类,每个 AF 类对应一个 AF 队列。每个 AF 队列实际上是一个 BQ,每个 BQ 有自己的配置带宽。这个配置带宽实际上是一个最低保证带宽,拥塞发生时,BQ 至少可以获得此配置带宽量。BQ 可以使用尾丢弃或 WRED 丢弃,如图 28-5 所示。

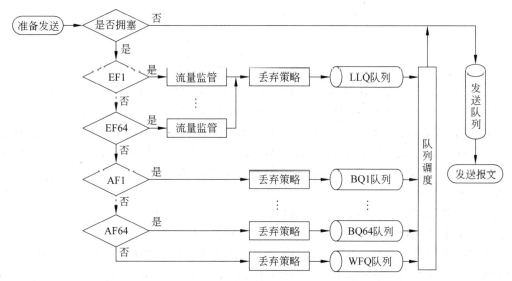

图 28-5　CBQ 入队列处理

CBQ 中所有 EF 类和 AF 类配置的配置带宽之和称为 CBQ 的总配置带宽。

CBQ 将默认流量作为 BE 类对待,送入 BE 队列。BE 队列内部实际上使用 WFQ 队列调度,可以使用尾丢弃或 WRED 丢弃。

**2. CBQ 队列调度**

CBQ 在队列调度时优先调度系统队列;系统队列为空时调度 LLQ 队列;当 LLQ 队列也空时调度 BQ 队列;当所有 BQ 队列为空,或者 BQ 队列的出队列报文会导致 LLQ 和 BQ 的出队列报文所占带宽总和超过 CBQ 的总配置带宽时,停止 BQ 队列调度,开始调度 WFQ 队列,如图 28-6 所示。

因此,LLQ 队列在数据队列中具有绝对的高优先级,所以 EF 类的延迟和抖动都可以降至最低限度。这为对延迟敏感的应用(如 VoIP 业务)提供了良好的服务质量保证。

LLQ 和 BQ 列调度后,有一个带宽测量过程。带宽测量是指计算 LLQ 和所有 BQ 的出队列报文所占带宽,带宽测量的结果可以用来控制 LLQ 和 BQ 出队列报文带宽不要超过其配置带宽。

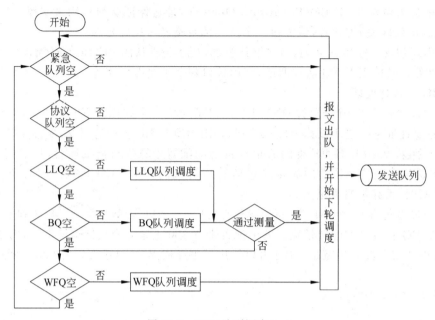

图 28-6　CBQ 队列调度(一)

对于 LLQ 队列,流量入队列前经过了限速,因此除非突发流量,LLQ 队列出队报文一般不会超过其配置带宽。对于 BQ 队列,如果发现当前 LLQ 和 BQ 出队报文的带宽已经达到了CBQ 的总配置带宽,需要对 WFQ 队列作检查:如果 WFQ 队列为空,则 BQ 可以占据剩余全部带宽,被调度报文可以直接出队;如果 WFQ 队列有报文,则停止 BQ 队列的调度,开始WFQ 队列调度。也就是说,当 LLQ 队列流量不足时,BQ 队列可以抢占其剩余带宽,但不能抢占 WFQ 队列带宽。

当 LLQ 和 BQ 队列流量都不足时,WFQ 可以使用剩余全部带宽。

任何队列报文出队后,都开始下一轮从系统队列开始的队列调度。

每个 BQ 队列都有自己的队列势能(图 28-7),队列势能与队列中当前报文长度成正比,与队列的保证带宽成反比。队列调度时,系统对各 BQ 队列的当前势能进行比较,当前势能小的队列报文出队转发。因此,BQ 队列既可以根据用户需求分配队列的保证带宽,又优先照顾了小报文的利益。

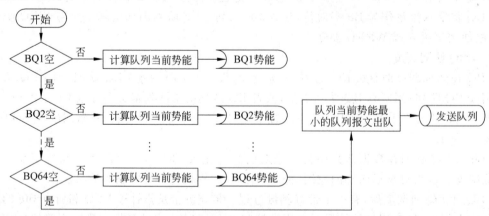

图 28-7　CBQ 队列调度(二)

### 3. QoS 预留带宽

接口的 QoS 最大可用带宽是指在此接口上 CBQ 可能占用的最大带宽。QoS 最大可用带宽允许手工配置,可以与接口的实际带宽不同。但为了避免 QoS 计算错误,QoS 最大可用带宽应小于等于接口的实际带宽。

可以用 **bandwidth** *bandwidth* 命令配置接口的 QoS 最大可用带宽。其中 *bandwidth* 参数的单位为 Kbps。不配置时使用如下默认值:对于物理接口,其取值为物理接口实际的波特率或速率;对于 T1/E1、MFR 等通过绑定生成的逻辑串口,其取值为绑定通道的总带宽;对于 VT、Dialer、BRI、PRI 等模板类型的接口,取值为 1000000Kbps;对于其他虚接口(如 Tunnel 接口),取值为 0Kbps。

为了避免默认类的数据流被"饿死",系统在接口对 CBQ 所能配置的总配置带宽做了限制。CBQ 队列中 LLQ 和 BQ 队列配置带宽的总和不得超过 QoS 预留带宽。

QoS 预留带宽由 QoS 最大可用带宽与 QoS 预留百分比共同确定。其计算公式为

$$QoS 预留带宽=QoS 最大可用带宽×QoS 预留百分比$$

QoS 预留百分比参数可以通过 **qos reserved-bandwidth pct** *percent* 命令配置。其中 *percent* 参数取值 1~100,代表 1%~100% 的比例,默认值为 80。

根据实际应用经验,QoS 预留带宽建议不要超过接口实际带宽的 80%。

## 28.3.2 配置 CBQ

CBQ 配置过程如图 28-8 所示。首先需要配置 EF 和 AF 业务对应的类和行为,EF 和 AF 类的上限都是 64 个。然后配置 QoS policy,将 EF 和 AF 的类与行为绑定到一起。可以使用百分比方式配置 EF 和 AF 队列的配置带宽,也可以使用绝对值方式配置,但一个 CBQ 内配置方式要统一,不允许部分队列使用绝对值方式配置,部分队列使用百分比方式配置。

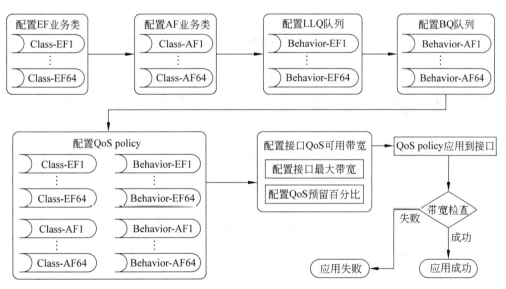

图 28-8 CBQ 的配置过程

用户也可以将系统的默认类与 AF 队列绑定,为其配置带宽,进行基于类的 BQ 队列调度。但是更多的情况是为默认类分配默认的队列。默认队列是一个系统预定的 WFQ 队列,用户不能修改该队列的最大队列数、丢弃策略等参数。但用户可以创建一个用户行为,在行为中配置自己需要的 WFQ 队列参数,然后将默认类和该行为绑定,达到修改默认流行为的

目的。

应用 CBQ 时,系统检查 CBQ 的总配置带宽是否小于等于 QoS 预留带宽,检查通过则应用 QoS policy,否则提示用户配置失败。

**1. 系统定义的 CBQ**

Default 策略使用系统定义的分类和系统定义的队列行为,提供默认的 CBQ 服务。用户可以使用,但不能修改或删除该策略。系统定义的 CBQ 如图 28-9 所示。

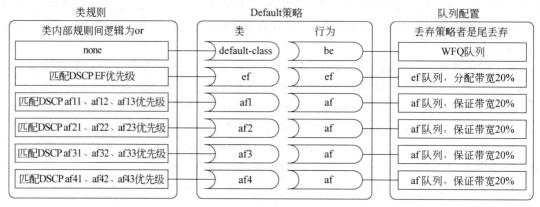

图 28-9　系统定义的 CBQ

Default 策略基于 DSCP 对 EF 和 AF 类型的业务提供 EF 和 AF 队列服务,其带宽配置使用百分比方式,对每个队列配置 20% 的 QoS 预留带宽份额。对默认类使用默认的 WFQ 队列调度。

**2. CBQ 队列配置命令**

可以使用如下命令配置 EF 队列:

[H3C-behavior-behaviorA] **queue ef bandwidth** {*bandwidth* [ **cbs** *burst* ] | **pct** *percentage* [ **cbs-ratio** *ratio* ] }

可以使用绝对值和百分比两种方式对 EF 队列分配带宽。用绝对值方式配置时,可以配置直接配置 CBS(Committed Burst Size,承诺突发尺度),支持突发流量。用百分比方式配置时,需要通过配置突发因子 *ratio* 计算 CBS:

$$\text{CBS} = \text{QoS 预留带宽} \times percentage \times ratio \div 100 \div 1000$$

因为所有 EF 队列报文最终进入一个 LLQ 队列调度,因此 EF 队列不支持队列长度的配置。对系统预定义的默认类不能使用 EF 队列。

使用如下命令配置 AF 队列:

[H3C-behavior-behaviorA] **queue af bandwidth** {*bandwidth* | **pct** *percentage* }

AF 队列也支持绝对值和百分比两种方式配置保证带宽,可以配置 WRED 作为丢弃策略,默认为尾丢弃。

使用如下命令配置 CBQ 中默认队列使用的 WFQ 队列:

[H3C-behavior-behaviorA] **queue wfq** [ **queue-number** *total-queue-number* ]

用户可以通过以上命令修改 WFQ 的总队列个数,默认值是 256。用户可以用 WRED 作为 WFQ 的丢弃策略,默认为尾丢弃。

使用如下命令配置 AF 和 WFQ 队列尾丢弃时的最大队列长度:

[H3C-behavior-behaviorA] **queue-length** *queue-length*

若用 WRED 命令配置为随机丢弃方式,则 queue-length 被取消,反之亦然。

**3. CBQ 信息显示**

用户可以通过如下命令显示接口的 CBQ 配置和统计信息:

[H3C] **display qoscbq interface**[*interface-type interface-number*][ **pvc**{*pvc-name* [*vpi/vci*] | *vpi/vci* }]

一个显示结果的示例如下:

```
[H3C]display qos cbq interface g0/0
Interface: GigabitEthernet0/0
Output queue : (Urgent queuing : Size/Length/Discards)  0/100/0
Output queue : (Protocol queuing : Size/Length/Discards)  0/500/0
Output queue : (Class Based Queuing : Size/Discards)  0/0
    Queue Size: 0/0/0 (EF/AF/BE)
    BE queues:  0/0/256 (Active/Max active/Total)
    AF queues:  1 (Allocated)
    Bandwidth(Kbps): 0%  /80000 (Available/Max reserve)
```

以上显示结果中,Queue Size 表示当前队列中的报文数,BE 队列的统计信息分别为当前队列数,历史最大队列数和 WFQ 队列配置最大数。AF 队列数为配置的 AF 队列个数。带宽统计中,Available 表示 QoS 预留带宽与 CBQ 当前的总配置带宽之差,也就是还有多少 QoS 预留带宽可以给 CBQ 继续配置。Max reserve 即接口的 QoS 预留带宽。因为所有 EF 队列入一个 LLQ 队列,因此没有 EF 队列数的信息显示。

使用接口显示信息命令也可以看到 CBQ 的配置和统计信息:

```
[H3C]display interface GigabitEthernet0/0
GigabitEthernet0/0 current state: UP
Line protocol current state: UP
Description: GigabitEthernet0/0 Interface
……………………………………………………………………………………
Output flow-control is disabled, input flow-control is disabled
Output queue : (Urgent queuing : Size/Length/Discards)  0/100/0
Output queue : (Protocol queuing : Size/Length/Discards)  0/500/0
Output queue : (Class Based Queuing : Size/Discards)  0/0
    Queue Size: 0/0/0 (EF/AF/BE)
    BE queues:  0/0/256 (Active/Max active/Total)
    AF queues:  1 (Allocated)
    Bandwidth(Kbps): 0%  /80000 (Available/Max reserve)
……………………………………………………………………………………
```

通过 QoS policy 查看每个队列的匹配和统计计数:

```
<H3C>display qos policy interface g 0/0
    ………………………………………………………………………………
  Rule(s) : If-match any
    Behavior: be
    Default Queue:
      Flow Based Weighted Fair Queuing
        Max number of hashed queues: 256
```

```
Matched  : 0/0 (Packets/Bytes)
Enqueued : 0/0 (Packets/Bytes)
Discarded: 0/0 (Packets/Bytes)
```

#### 4. CBQ 的配置示例

如图 28-10 所示,某企业路由器 GE0/1 接口接入语音业务,GE0/2 接口接入管理部门,GE0/3 接口接入普通业务,通过 GE0/4 上行到运营商传输网络。要求语音业务加速转发,管理部门确保转发,剩余或空闲带宽用于普通业务。可以通过如下配置实现。

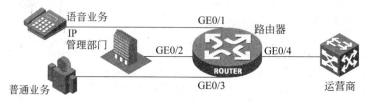

图 28-10　CBQ 配置示例

```
[H3C]traffic classifier EF-1
[H3C-classifier-EF-1]if-match inbound-interface g0/1
[H3C-classifier-EF-1]traffic classifier AF-1
[H3C-classifier-AF-1]if-match inbound-interface g0/2
[H3C-classifier-AF-1]traffic behavior EF-1
[H3C-behavior-EF-1]queue ef bandwidth pct 40 cbs 50
[H3C-behavior-EF-1]traffic behavior AF-1
[H3C-behavior-AF-1]queue af bandwidth pct 30
[H3C-behavior-AF-1]qos policy CBQ
[H3C-qospolicy-CBQ]classifier AF-1 behavior AF-1
[H3C-qospolicy-CBQ]classifier EF-1 behavior EF-1
[H3C-GigabitEthernet0/4]qos apply policy CBQ outbound
```

## 28.4　基于 QoS policy 的其他 QoS 功能介绍

QoS policy 不仅可以实现 CBQ,依托其丰富的分类规则和 QoS 动作,以及灵活的配置方式,还可以实现包括 CBPolicing(基于类的流量监管)、CBShaping(基于类的整形)、CBMarking(基于类的标记)等在内的诸多 QoS 功能。

#### 1. 基于 QoS policy 的监管与整形配置示例

如图 28-11 所示,企业路由器对每个部门的 IP Precedence 小于 2 的上行流量进行监管,限速 8Mbps,全部对外上行流量超过 70Mbps 时进行流量整形。可以通过如下配置实现。

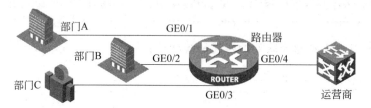

图 28-11　基于 QoS policy 的监管与整形配置示例

配置流量监管,应用到路由器的接入接口:

```
[H3C-classifier-CAR]if-match ip-precedence 0 1
[H3C-behavior-CAR]car cir 8000
[H3C-qospolicy-CAR]classifier CAR behavior CAR
[H3C-GigabitEthernet0/1]qos apply policy CAR inbound
[H3C-GigabitEthernet0/2]qos apply policy CAR inbound
[H3C-GigabitEthernet0/3]qos apply policy CAR inbound
```

配置流量整形，应用到路由器的上行口：

```
[H3C]traffic classifier GTS
[H3C-classifier-GTS]if-match any
[H3C-qospolicy-GTS]classifier GTS behavior GTS
[H3C-GigabitEthernet0/4]qos apply policy GTS outbound
```

**2. 基于 QoS policy 的 MPLS QoS 配置示例**

某 MPLS 网络如图 28-12 所示。要求对 VPN1 中 DSCP 为 AF11、AF21、AF31 的流量分别给予 10%、20%、30% 的带宽保证，对 DSCP 为 EF 的流量分配 40% 带宽，确保转发。为此指定如下解决方案：在 PE 设备上配置 QoS policy，根据 DSCP 标记 MPLS EXP 值。在 P 设备根据 MPLS EXP 配置 CBQ 队列。配置如下。

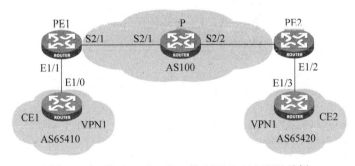

图 28-12　基于 QoS policy 的 MPLS QoS 配置示例

（1）PE1 设备，定义四个类，用来匹配同一 VPN 内 DSCP 分别为 AF11、AF21、AF31 和 EF 的报文。

```
[PE1] traffic classifier af11
[PE1-classifier-af11] if-match dscp af11
[PE1-classifier-af11] traffic classifier af21
[PE1] traffic classifier af21
[PE1-classifier-af21] if-match dscp af21
[PE1-classifier-af21] quit
[PE1] traffic classifier af31
[PE1-classifier-af31] if-match dscp af31
[PE1-classifier-af31] quit
[PE1] traffic classifier efclass
[PE1-classifier-efclass] if-match dscp ef
[PE1-classifier-efclass] quit
```

（2）定义四个行为，设置 MPLSEXP 的值。

```
[PE1] traffic behavior exp1
[PE1-behavior-exp1] remark mpls-exp 1
[PE1-behavior-exp1] quit
```

```
[PE1] traffic behavior exp2
[PE1-behavior-exp2] remark mpls-exp 2
[PE1-behavior-exp2] quit
[PE1] traffic behavior exp3
[PE1-behavior-exp3] remark mpls-exp 3
[PE1-behavior-exp3] quit
[PE1] traffic behavior exp4
[PE1-behavior-exp4] remark mpls-exp 4
[PE1-behavior-exp4] quit
```

（3）定义 QoS policy，为不同类的报文指定行为，即对不同类的报文标记不同的 EXP 值，在 PE 入接口应用 QoS policy。

```
[PE1] qos policy REMARK
[PE1-qospolicy-REMARK] classifier af11 behavior exp1
[PE1-qospolicy-REMARK] classifier af21 behavior exp2
[PE1-qospolicy-REMARK] classifier af31 behavior exp3
[PE1-qospolicy-REMARK] classifier efclass behavior exp4
[PE1-qospolicy-REMARK] quit
[PE1] interface GigabitEthernet 1/1
[PE1-GigabitEthernet1/1] qos apply policy REMARK inbound
```

（4）在 P 设备定义四个类，分别用来匹配 EXP 域为 1、2、3、4 的 MPLS 报文。

```
[P] traffic classifier EXP1
[P-classifier-EXP1] if-match mpls-exp 1
[P-classifier-EXP1] quit
[P] traffic classifier EXP2
[P-classifier-EXP2] if-match mpls-exp 2
[P-classifier-EXP2] quit
[P] traffic classifier EXP3
[P-classifier-EXP3] if-match mpls-exp 3
[P-classifier-EXP3] quit
[P] traffic classifier EXP4
[P-classifier-EXP4] if-match mpls-exp 4
[P-classifier-EXP4] quit
```

（5）定义行为不同的流配置不同的带宽和延迟保证。

```
[P] traffic behavior AF11
[P-behavior-AF11] queue af bandwidth pct 10
[P-behavior-AF11] quit
[P] traffic behavior AF21
[P-behavior-AF21] queue af bandwidth pct 20
[P-behavior-AF21] quit
[P] traffic behavior AF31
[P-behavior-AF31] queue af bandwidth pct 30
[P-behavior-AF31] quit
[P] traffic behavior EF
[P-behavior-EF] queue ef bandwidth pct 40
[P-behavior-EF] quit
```

（6）定义 QoS policy，将流分类和行为关联，并应用到 P 设备的出接口。

```
[P] qos policy CBQ
[P-qospolicy-CBQ] classifier EXP1 behavior AF11
[P-qospolicy-CBQ] classifier EXP2 behavior AF21
[P-qospolicy-CBQ] classifier EXP3 behavior AF31
[P-qospolicy-CBQ] classifier EXP4 behavior EF
[P-qospolicy-CBQ] quit
[P] interface serial 2/2
[P-Serial2/2] qos apply policy CBQ outbond
```

## 28.5 本章总结

（1）QoS policy 是一种 QoS 配置工具，具有配置灵活、功能强大的特点。

（2）QoS policy 可以用于实现基于类的拥塞管理、拥塞避免、监管、整形、标记等功能。

（3）CBQ 是一种基于类的拥塞管理技术，可以提供加速转发、确保转发等服务。

## 28.6 习题和答案

### 28.6.1 习题

（1）QoS policy 的要素有（　　）。

    A. class        B. behavior        C. policy        D. if-match

（2）一个类中可以定义多个规则，规则间的关系是全部为 and 或者全部为 or。（　　）

    A. True        B. False

（3）用户可以根据需要修改系统定义类或系统定义行为。（　　）

    A. True        B. False

（4）在 QoS policy 中不能把系统定义类和用户定义行为绑定在一起使用。（　　）

    A. True        B. False

（5）拥塞发生时 LLQ 队列占用的带宽不会超过配置值。（　　）

    A. True        B. False

### 28.6.2 习题答案

（1）A、B、C　　（2）B　　（3）B　　（4）B　　（5）A

# 第29章

# 链路有效性增强机制

QoS 的实质是一种带宽管理技术,它本身并不能创造带宽,而只是更加合理地利用带宽。在一些低速链路上,由于传输速率与数据流量的差距过大,尽管采用了一些带宽管理技术,仍有可能无法满足业务的需求。此时,一方面可以通过升级硬件来提高链路的数据传输能力,另一方面可以利用压缩技术来降低数据传输量,从而达到提升吞吐量的目的。

低速链路的另一个问题就是串行化延迟过长带来的阻塞。当一个大报文被串行化到链路上时,其后续的小报文会较长时间地处于等待状态,当这个等待时间足够长时就会导致小包业务的超时或可用性下降。解决的办法就是利用 LFI(Link Fragmentation & Interleaving,链路分片与交错)技术,将一个大报文分成若干个小片并与其他的小报文交错在一起发送,从而减少其他业务的等待时间。

## 29.1 本章目标

学习完本章,应该能够达到以下目标。

(1) 理解链路有效性增强技术的功能。

(2) 列举主要的链路有效性增强技术。

(3) 描述头压缩的功能和原理。

(4) 描述 LFI 的功能和原理。

(5) 配置 IP 和 TCP 头压缩。

(6) 配置基于 PPP MP 的 LFI。

## 29.2 压缩的必要性

数据通信本身的特点决定了线路上传输的数据不可能全部都是有效载荷。报文的头(和尾)对网络传输有用而对用户应用而言是无用的信息。

对某些小报文应用来说,报文头作为非有效载荷占据了很大一部分带宽。以 VoIP 报文为例,为了保持实时性,必须间隔很短的时间就发送一个报文,每个报文的语言载荷都较小,典型的载荷长度为 20~160B。一个 20B 的语音报文被封装了 46B 的报文头,包括 IP 头、UDP 头、RTP 头。此外,对一个特定的数据流而言,其报文头的信息变化较少。在这种情况下,有效载荷比率实际上只占到 30%,绝大部分的带宽被冗余信息所占据,如图 29-1 所示。这不仅造成带宽的大量浪费,也导致语音报文的延迟显著加大。

此外,即使在作为净载荷的用户数据中也存在大量相同的字符串。这些对于带宽紧张的低速链路来讲也是某种程度的“浪费”。为了减小网络流量和延迟,也应当尽可能地对载荷数据进行压缩。

对报文头和载荷的压缩减少了需要传递的数据量,从而间接增大了链路吞吐量。

依据其在传输中的变化情况,报文头中的信息可以分为以下几类。

有效载荷率=20÷(6+20+8+12+20)×100%=30%

图 29-1　为什么需要压缩

（1）不变部分包括报文的源/目的 IP 地址、源/目的端口号、协议号、版本信息等。这些内容在传递过程中保持不变，因此在会话初始时传递一次即可。

（2）规律变化部分包括 Packet ID、Sequence Number 等内容。这些内容在传递过程中以简单规律变化（如单调递增），因此只需要在会话之初传递一次，之后每次传递一个变化量即可。

（3）运算可获得部分包括 IP 包长、校验和等。IP 包长可以依据报文头尾计算获得，而三层校验和可以不用传递，依靠二层校验和来保证正确性。

（4）不规律变化部分是指报文头中随机变化的字段，这些字段没有变化规律，因此需要完整地传递。

载荷中的大量重复字符串也可以进行压缩，方法是对重复出现字符串的位置用第一个字符串的偏移量和字符长度来代替。

## 29.3　IP 头压缩

头压缩的思想是将报文头在会话的开始传递一次，并将其存储在字典里，作为一个索引被后续的压缩报文引用。

PPP 链路上的头压缩算法主要是 VJ TCP 头压缩协议（V. Jacobson Compressing TCP/IP Headers，CTCP）和 IP 头压缩协议（IP Header Compression，IPHC）。

CTCP 协议是由美国劳伦斯伯克力国家实验室（Lawrence Berkeley National Laboratory，LBNL）的 V. Jacobson 在 1990 年 2 月开发的。它提出了一种压缩 IP/TCP 头的基本方法来提高在低速串行链路上传输数据的效率。现在 CTCP 被普遍应用于 IP 协议栈中。CTCP 采用计时超时的差错恢复机制，因此不适合在来回响应时间较长的链路上使用。CTCP 属于差分编码压缩算法，技术标准遵循 RFC 1144。VJ TCP（RFC 1144）主要对 IP/TCP 头进行压缩。

IPHC（RFC 2507）协议是一个主机—主机协议，用于在 IP 网络上承载语音、视频等实时多媒体业务。在 PPP 链路上使用 IPHC，可以对 RTP 头（含 IP/UDP/RTP 头）、TCP 头甚至 GRE 和 IPSec 头进行压缩。IPHC 将报文分成 TCP 和 NON_TCP 类，并进而细分为更小的类别，对相同类别的报文头提取出不变的字段和有规律变化的字段，不传输或者只传输这些字段的变化量，从而达到压缩整个报文头长度的目的。IPHC 属于差分编码压缩算法，技术标准遵循 RFC 2507。IPHC 可对 IP/TCP、IP/UDP/RTP 以及 GRE、IPSec 等头进行压缩。

PPP 以外的其他链路也支持相应的压缩算法。如帧中继上的 FRF.9 和 FRF.20 等。这些超出了本书的讨论范围，在此不作探讨。

在头压缩的实现中，压缩模块位于转发的下行路径上，在 QoS 队列之后。报文被调度出队列后进入压缩模块，依据所采用的压缩算法被压缩。压缩后的报文进入硬件队列进行转发，如图 29-2 所示。

在压缩过程中，压缩模块依据报文头的内容生成压缩端的 context 存储表，存储头压缩所

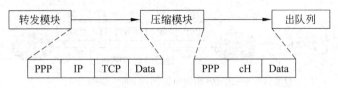

图 29-2　头压缩的实现

需的各种信息。解压端根据压缩端传来的不同类型的压缩报文,建立相应的 context 表用来解压报文,如果解压过程中出现错误,则根据具体的情况丢弃出错报文,同时生成 CONTEXT_STATE 报错报文返回压缩端,以便压缩端进行纠错处理。

　　头压缩后的报文总尺寸变小,从而降低了串行化延迟,加大了链路的吞吐量。然而,在压缩和解压过程中引入了压缩和解压处理延迟。在算法既定的前提下,降低的延迟主要取决于压缩率和链路带宽;增加的延迟量主要取决于设备的处理能力。最终的端到端延迟将取决于增加的延迟和减小的延迟的对比情况。

　　一般来说,头压缩消耗的处理能力较低,压缩率较高,因此总体延迟通常会降低。

　　在图 29-3 所示的例子中,压缩前链路吞吐量为 128Kbps,报文传递所需的总延迟为 $1+6=7$ms。进行头压缩后,引入了压缩延迟 1ms,而传播延迟减小 3ms,总的延迟为 $2+3=5$ms,比压缩前有所降低。同时,吞吐量也增加到 256Kbps。

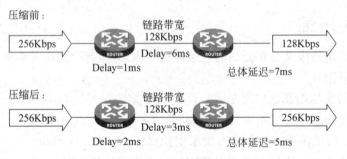

图 29-3　头压缩的效果

　　以 IPHC 对语音报文进行压缩为例,可以看出随着载荷包长的增加,报文头所占比重在减小,但最低也有 22%。采用头压缩技术后,头部所占比例大大降低。从表 29-1 可以看出,对于 20B 的载荷,压缩前后报文头所占的比重从 70% 降到了 33%。而对于 160B 的载荷,压缩前后的报文头比重从 22% 降到了 6%。可见包长越长,压缩的效果越不明显。对于载荷可达 1500B 的 TCP 报文,这种关系将会表现得更加明显。

表 29-1　不同大小 IP 头压缩效果

| IP 包长 | 压缩前头部比重/% | 延迟(64Kbps)/ms | 压缩后头部比重/% | 延迟(64Kbps)/ms |
|---|---|---|---|---|
| 20B | 70 | 8 | 33 | 4 |
| 40B | 53 | 11 | 20 | 6 |
| 80B | 37 | 16 | 11 | 11 |
| 120B | 28 | 21 | 8 | 16 |
| 160B | 22 | 26 | 6 | 21 |

IPHC 的配置命令均需在指定接口下配置。常用 IPHC 命令包括以下几种。

（1）使用 **ppp compression iphc enable** 命令可以在接口上启动 IPHC 功能，是 IPHC 配置的必选命令。

（2）使用 **ppp compression iphc tcp-connections** 命令可配置 TCP 头压缩的最大连接数，默认值为 16，是可选命令。TCP 是面向连接的协议，一条链路上所能承载的 TCP 连接的数目是比较多的，但压缩算法需要对每个连接维护一定的信息，执行一定的运算，从而占用较多的资源，因此可以用此命令来配置允许执行压缩的 TCP 最大连接数。例如，连接数限定为 3 时，第 4 条 TCP 连接上的报文就不会被压缩了。

（3）使用 **ppp compression iphc rtp-connections** 命令可配置 RTP 头压缩的最大连接数，默认值为 16，是可选命令。此命令用来配置允许执行压缩的 RTP 最大连接数。例如，连接数限定为 3 时，第 4 条 RTP 连接上的报文就不会被压缩了。

（4）在任意视图下执行 **display ppp compression iphc tcp** 命令可显示 IPHC TCP 头压缩的统计信息。

（5）在任意视图下执行 **display ppp compression iphc rtp** 命令可显示 IPHC RTP 头压缩的统计信息。

（6）在用户视图下执行 **reset ppp compression iphc** 命令可清除 IP 头压缩的统计信息。

# 29.4　分片和交错

在低速链路上，由于大报文的串行化延迟过长，如果几个大包连续排在前面，会导致后面的小包长时间处于等待状态。这对于 Telnet、VoIP 等交互式应用往往是不可忍受的，会导致业务质量的严重下降。

在图 29-4 所示的例子中，一个 1500B 的 FTP 报文在 64Kbps 的链路上传递需要花费 188ms，如果两个或以上的这种报文紧邻着传送，那么其后的语音报文就会等待超过 300ms，这对正常通话来讲是难以接收的。即使配置语音流使用 LLQ，系统也必须将获得调度的 FTP 报文一次性传送完毕，之后才能对语音报文提供服务。这会造成部分语音报文的延迟增大，从而提高了抖动。

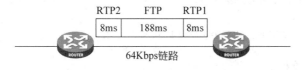

图 29-4　低速链路的延迟和抖动问题

LFI 技术将大包分片之后与小包交错在一起发送，从而减少小包的等待时间，以避免某些业务的延迟和抖动增大，如图 29-5 所示。分片的大小可以通过手工命令指定，仅当报文大于这个数值时才进行分片。

LFI 可以配合 CBQ、RTPQ、FIFO 等其他队列技术来使用。

除了 PPP 链路的 LFI 外，还有支持其他链路的 LFI 标准，如 FRF.11 用于帧中继的语音连接，FRF.12 用于帧中继的数据连接。这些技术超出本书的讨论范围。

在虚模板或 MP-group 接口下使用 **ppp mp lfi** 命令可在接口上启用 PPP LFI，此命令为配置 LFI 的必选命令。

在虚模板或 MP-group 接口下使用 **ppp mp lfi delay-per-frag** 命令可配置 LFI 分片传输的最大延迟。此命令为 LFI 可选命令，默认值为 10ms。

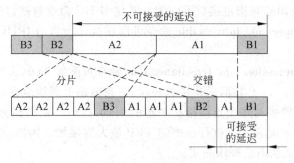

图 29-5  LDI 原理

在图 29-6 所示的示例中,一个包含语音和数据业务的高速局域网通过一条低速广域网链路接入互联网,要求当 FTP 等大报文传输时不会造成语音通信大的延迟和抖动。

图 29-6  配置示例

要达到用户要求,需要在低速链路的两端配置 LFI,一般情况采用默认参数。具体配置如下:

```
[RTA]interface virtual-template 0
[RTA-Virtual-Template0]ppp mp lfi
[RTA]interface serial 0/2/0
[RTA-Serial0/2/0]ppp mp virtual-template 0
[RTB]interface virtual-template 0
[RTB-Virtual-Template0]ppp mp lfi
[RTB]interface serial 0/2/0
[RTB-Serial0/2/0]ppp mp virtual-template 0
```

# 29.5  本章总结

(1) 头压缩和载荷压缩可以提高低速链路的吞吐量。

(2) 在不同链路带宽、计算速度和平均包大小的链路上,头压缩和载荷压缩的效果有很大区别。

(3) LFI 可以降低低速链路上的抖动和延迟峰值。

# 29.6  习题和答案

## 29.6.1  习题

(1) IP 首部压缩(IPHC)只能对 IP 头压缩,而作为其载荷的 TCP 和 UDP 头不能被压缩。(  )

    A. True               B. False

（2）在低速链路上采用压缩技术一定可以增加吞吐量,同时减小延迟。（　　）

    A. True          B. False

（3）链路分片和交错（LFI）是指在低速链路上对超过 MTU 大小的报文进行分片和交错。（　　）

    A. True          B. False

## 29.6.2　习题答案

（1）B    （2）B    （3）B

# 第8篇

开放应用体系架构

第30章　OAA架构

# 第30章

# OAA 架 构

随着传统数据通信网络承载越来越多的新业务,以及对网络安全性、可管理性要求的不断提高,对网络在转发数据包之外提供更多、更复杂、更灵活的服务的要求越来越迫切。例如,用户需要数据通信网络能够接入电话和传真并提供统计与计费功能,防范网络攻击、防范病毒入侵,进行流量监控和调整,等等。

传统网络中,上述功能可以通过在数据通信网络中配置专用设备来提供。但出于降低网络建设、管理、维护成本的考虑,用户往往希望能够在一台网络设备上完成多种功能。另外,还有很多用户对网络服务有个性化的需求,而往往一家独立的技术厂商很难同时提供客户所要求的所有需求和服务。

面对这样的情况,H3C 提出了一个开放的软硬件体系架构——OAA(Open Application Architecture,开放应用体系架构)。OAA 允许对传统的路由交换设备进行二次开发,满足客户的多样化需求;允许众多厂商生产的设备和软件无缝集成在一起,像一台设备那样工作。

## 30.1　本章目标

学习完本章,应该能够达到以下目标。

(1) 了解传统体系结构网络设备所面临的挑战。

(2) 描述 OAA 体系架构中的组件。

(3) 掌握 OAA 工作模式及主要应用场景。

(4) 了解典型 OAA 体系架构应用。

## 30.2　OAA 概述

### 30.2.1　OAA 架构简介

传统网络模式最大的特点就是分工合作,客户根据需求选择不同的网络设备,然后将它们通过 IP 网络连接而成(图 30-1)。如选择路由器完成基本路由、连接异构网络功能;交换机可以提供高密度、高速主机接入;语音服务器、AAA 服务器提供语音管理、认证计费等功能;防火墙提供基本安全功能;网管系统提供集中化设备监控、管理功能。

如果客户有新的需求,如在连接广域网的路由器上实现应用加速,在网管平台集成网络流量分析,在防火墙上新增网络杀毒应用,往往很难实现。一方面因为部分网络设备是为 1~3 层功能、性能而设计的,而应用加速、网络流量分析、网络杀毒则要求网络设备具备深度的 4~7 层分析处理能力,而即使原有网络设备实现了这些 4~7 层功能,也会占用网络设备过多资源,从而影响网络设备的 1~3 层功能和性能;另一方面因为这些网络设备往往架构封闭,新增功能只能由厂商开发、编译、加载,并且客户要求的新功能也不是厂商的专长,开发的新功能往往不能完全符合客户业务需求。

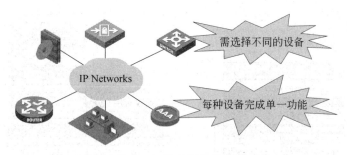

图 30-1 传统网络模式

针对这种情况,H3C 及时地提出 OAA 开放应用体系架构(图 30-2),该架构的特点在于不影响网络设备固有 1~3 层功能、性能的同时,提供开放接口实现深度 4~7 层扩展。

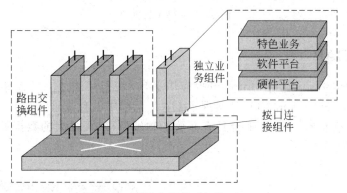

图 30-2 开放应用体系架构(OAA)

OAA 架构主要分为以下三个组成部分。

(1) 路由交换组件:路由交换组件是网络设备主体部分,这部分有着完整的路由器或交换机的功能,也是用户管理控制的核心。

(2) 独立业务组件:独立业务组件是 OAA 架构的核心部分,是可以开放给第三方合作开发的主体,主要用来提供各种特殊的业务服务功能。

(3) 接口连接组件:接口连接组件是网络设备和独立业务组件的连接器件,它使各组件形成一个统一的产品。

独立业务组件可以分为硬件平台、软件平台和特色业务三个平面,每个层面都是开放、标准的规范接口,可以进行灵活的二次开发。如擅长硬件开发的第三方可以根据 OAA 规范开发独立业务组件的硬件平台部分,擅长软件平台开发的第三方可以在标准 OAA 硬件平台上开发软件平台,擅长业务集成开发的第三方以在 OAA 标准软件平台上开发特色业务。

OAA 架构优势在于全面的 1~7 层解决方案定制能力,使网络设备的扩展能力大增,如图 30-3 所示。

传统网络设备的优势在于丰富的 1~3 层特性,附带一定的 4 层特性和简单的应用,但是4 层以上特性扩展能力相对较弱。基于 OAA 架构的网络设备在 1~3 层功能特性和性能上与传统网络设备相当,同时通过开放的独立业务组件而实现深度 4~7 层扩展。这种开放式的架构不但使网络设备厂商可以更加方便地集成更多高层特性,也有利于和第三方深度合作,共同开发符合市场需求的特性;甚至用户也可以根据自身需要而在 OAA 平台上进行灵活的二次开发。

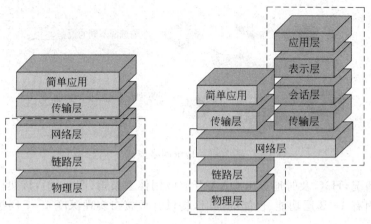

图 30-3　OAA 的优势

## 30.2.2　OAP

OAP(Open Application Platform,开放应用平台)是 H3C 根据 OAA 架构规范而实现的具体产品平台,如图 30-4 所示。OAP 实现了 OAA 架构中的独立业务组件功能,包括硬件平台、软件平台和特色业务。OAP 平台具有开放的软硬件接口、强大的数据处理能力以及灵活的工作模式等特点。

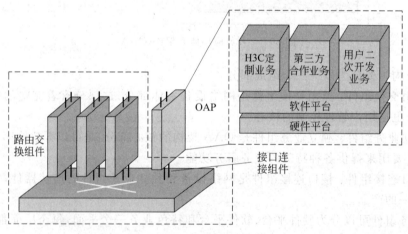

图 30-4　开放业务平台(OAP)

通过 OAP 这个开放平台,H3C 可以向客户提供特定的业务功能;也可以和第三方合作开发,共同向最终客户提供完整的业务;当然,用户也可以根据需要在软件平台上进行二次业务开发。所有的这一切都不影响传统路由交换组件的自身功能。

图 30-5 是可以使用在 MSR 系列路由器上的 OAP 实物及其架构示意图(在其他网络设备上使用的 OAP 体系结构和模块外形可能稍有不同)。在图 30-5 中,功能模块 1 是路由交换组件,完成传统路由交换功能。一台支持 OAP 功能的网络设备就是功能模块 1;功能模块 2 是接口连接组件,包括一个数据通道(以太接口)和一个控制通道(串行接口),其中数据通道的速率可达 1000Mbps;功能模块 3 是独立业务组件,它既提供了连接路由器的高速以太网口和串口,也对外提供了一个独立的以太网口来扩展业务连接。为了能够实现独立的业务功能,独立业务组件(功能模块 3)内置有 BIOS、CPU、内存、硬盘等硬件。

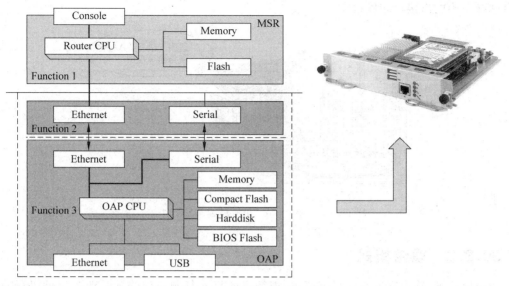

图 30-5　OAP 体系架构及模块

　　独立业务组件和路由交换组件间通过 1000Mbps 的高速数据通道来完成各种报文的传递。另外，通过独立的管理通道，用户可以登录到独立业务系统而进行各种配置和管理。同时，由于两个系统之间是由通道连接的一种松耦合关系，所以彼此之间独立性很强，路由交换组件专注于完成路由交换功能，就像传统的网络转发设备一样；而独立业务组件则专注于自己独特的业务功能。

　　H3C 开发了 OAP 模块具体实现 OAA 架构中的独立业务组件和接口连接组件功能。从外观上看，OAP 模块与普通模块类似；使用时，和其他模块一样，插入路由器、交换机等传统网络设备的扩展槽中。

# 30.3　OAA 工作模式

## 30.3.1　主机模式

　　OAP 可以被二次开发为各种不同的业务系统，以满足各种业务特性需求。根据路由交换组件和独立业务组件之间的数据交互方式的不同，OAP 提供了四种工作模式：主机模式、镜像模式、重定向模式和透明模式（也称为桥接模式）。

　　在主机模式下，独立业务系统像网络上的一台主机一样工作，拥有自己的 IP 地址，作为网络末梢存在。IP 报文是通过路由交换组件连接独立业务组件的高速数据通道转发，路由交换组件相当于独立业务系统的网关。路由交换组件收到数据报文后，如果判断出数据需要送给 OAP 模块处理（目的 IP 地址为 OAP 模块地址），则将此数据转发给 OAP 模块，OAP 模块处理完成后，将回应的报文返回路由交换组件，由路由交换组件将报文发送给相应的目的地。这种工件模式下，路由交换组件和独立业务组件间的耦合是最松的。

　　主机模式适合语音服务器、AAA 服务器等应用，如图 30-6 所示。例如，在插在网络设备中的 OAP 模块上集成了 AAA 服务器的应用中，当认证请求报文到达网络设备后，网络设备根据路由信息将认证请求报文转发给 OAP 模块；OAP 模块上的 AAA 服务器根据认证请求报文中携带的用户信息判断认证是否通过，通过则返回正确授权报文，不通过则返回认证拒绝报文。不管是授权报文还是拒绝报文都转交给网络设备，网络设备收到报文后根据路由/转发信息选择正确的出接口转发报文。

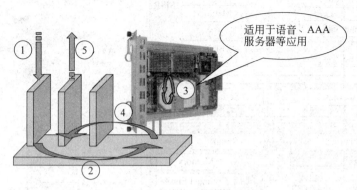

适用于语音、AAA服务器等应用

图 30-6  主机模式

## 30.3.2  镜像模式

镜像模式下,路由交换组件根据要求,把特定的报文复制一份给独立业务组件,原始报文继续完成正常的转发。独立业务组件收到这个报文以后进行分析和处理,然后将报文丢弃。当然路由交换组件和独立业务组件也可以进行联动,独立业务组件分析完镜像报文后可以下发联动规则要求路由交换组件对相应业务流进行限速、阻断等特殊处理。这种模式下,镜像报文也是通过路由交换组件连接独立业务组件的高速数据通道转发。

镜像模式适用于网络流量分析、入侵检测等应用,如图 30-7 所示。例如,网络流量分析应用中,数据包进入网络设备接口处理后被镜像到 OAP 模块,同时源报文被正常转发。OAP 中的网络流量分析功能对镜像报文进行分析,如果发现报文中有占用大量带宽的 BT 应用数据流,那么网络分析应用程序会针对该镜像报文所代表的数据流生成限速联动规则,并下发给网络设备,网络设备应用该联动规则就可以对 BT 流进行限速。

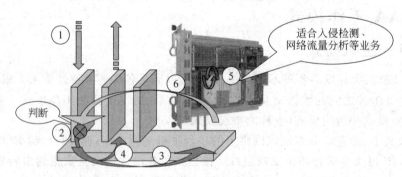

适合入侵检测、网络流量分析等业务

图 30-7  镜像模式

## 30.3.3  重定向模式

在重定向工作模式下,数据包到达网络设备接口后根据规则判断是否应该被重定向,如果符合重定向规则那么网络设备会将该报文重定向 OAP 模块中。OAP 模块中的业务系统对重定向报文进行分析处理,然后根据处理结果判断是否生成联动规则并发送给网络设备。根据不同业务的需求,重定向报文也有可能被返回给网络设备,网络设备对返回报文进行正常转发。

重定向模式所适用的业务比较广泛,如入侵防御、应用加速、网络杀毒等,如图30-8所示。如在网络杀毒应用中,携带病毒的HTTP报文到达网络设备后,根据配置的规则判断应被重定向到OAP模块中,模块中的杀毒应用程序发现病毒并将病毒查杀,再下发联动规则要求网络设备过滤该HTTP站点。同时,OAP模块上杀毒应用程序生成一个HTTP页面返回给网络设备,表示用户访问的网页有病毒。网络设备再将此HTTP页面发送给访问用户,以通知用户。

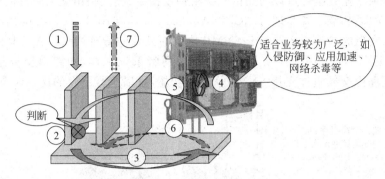

图 30-8 重定向模式

## 30.3.4 透明模式

透明模式下,独立业务组件像二层网桥设备一样工作,不需要配置IP地址。外来的数据流从OAP模块上的外部以太网接口流入,穿过独立业务组件,经过内部高速数据通道到达路由交换组件。在路由交换组件来看,外部数据直接到达了连接部件上的高速以太网口,内嵌的独立业务系统似乎根本不存在一样。实际上,当数据流通过独立业务系统时,独立业务系统会做相关的记录分析,必要的时候,业务系统还会对报文会做一定的修改以完成相关的功能。

这种模式下,路由交换组件和独立业务系统之间的耦合也是比较松的。

这种工作模式适用于IPS/IDS、流量分析、应用加速等,如图30-9所示。

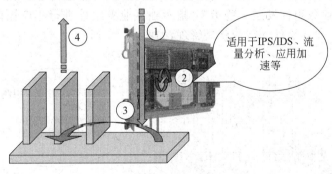

图 30-9 透明模式

在IPS/IDS应用中,报文抵达OAP外部接口后,IPS/IDS应用程序对该报文进行分析处理,如果检测出来是攻击报文,则将该报文丢弃,并生成对应规则过滤该数据流;如果是正常报文则允许其通过。

## 30.4　联动及管理

### 30.4.1　联动

OAA 体系结构中,路由交换组件与独立业务组件是两个独立的主体,这两个主体协作完成具体业务。为达到这种目的,两者之间有时需要互通一些信息,这种信息交互就是联动。简单而言,就是指独立业务组件可以向路由交换组件发指令,改变路由交换组件的动作。

联动(图 30-10)功能主要是通过 ACFP(Application Control Forwarding Protocol,应用控制转发协议)来实现的。ACFP 是基于 SNMP 协议而开发的管理协议。ACFP 协议的运行过程与网管软件运行有些类似,独立业务组件就像网管系统一样,向路由交换组件发送各种 SNMP 命令,而路由交换组件支持 SNMP Agent 功能,可以执行下发的这些命令。

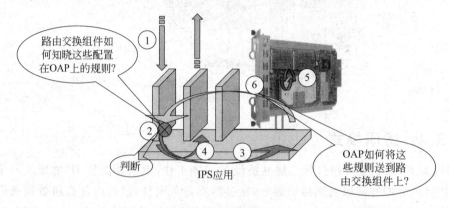

图 30-10　联动

为了支持联动功能,要求路由交换组件支持相关 MIB。

### 30.4.2　管理

除了联动外,路由交换组件和独立业务组件间还需要互相监控、互相感知,有时还需要路由交换组件向独立业务组件发送一些指令,指示独立业务组件进行相应操作。这种路由交换组件监控、指挥独立业务组件的行为就是管理,如图 30-11 所示。

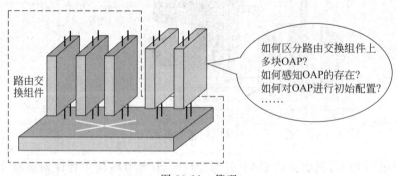

图 30-11　管理

路由交换组件对独立业务组件的管理是通过 ACSEI 协议来完成的。通过 ACSEI 协议,路由交换部件可以区分不同插槽上的多个 OAP 模块,监控、记录各个 OAP 模块的运行状态。路由交换组件与 OAP 模块间还通过 ACSEI 协议来完成互相监测、信息交互、时钟同步等功能;路由交换组件还可以对 OAP 模块下发如业务系统关闭、重新启动等命令。

通过路由交换组件和独立业务组件之间的管理通道,已经登录到路由交换组件上的用户,可以向独立业务组件发起连接,登录到独立业务组件的控制台上。

## 30.5 OAA 典型应用

计算机进入互联网时代后,病毒也借助网络大规模传播,传播速度更快、扩散范围更广。

传统杀毒方式一般都是将杀毒软件部署在内部网络的主机上(图 30-12)。这种杀毒方式下,每台主机各自为战。因此,病毒会在一段时间内在网络中肆虐,网络带宽会受到病毒吞噬,部分网络设备甚至会遭受到病毒攻击而无法正常工作。另外,传统网络设备只能通过基于访问控制列表(ACL)的防火墙进行被动防御,无法进行深度杀毒。

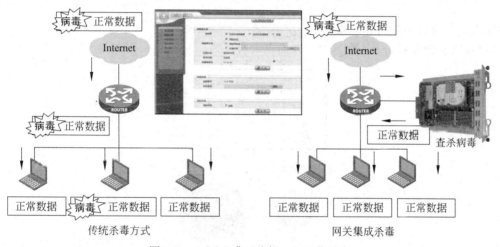

图 30-12　OAA 典型应用——网络杀毒

通过在 OAP 模块上进行二次开发,可以将杀毒产品厂家成熟的杀毒引擎移植到 OAP 模块上,使网络设备具备对 HTTP、FTP、SMTP、POP 等数据流杀毒的能力,从而能够将大部分病毒截杀在用户网络入口,减少了病毒冲击内部网络的概率。通过将网关集成杀毒与单机杀毒部署相结合,在网络中能够形成立体防毒体系,从而大幅度提高网络的健壮性,如图 30-12 所示。

同时,根据现实需求,此 OAP 模块还可以集成病毒库自动更新、Web 网管、实时生成报表等功能。

广域网性能优化和应用加速方案是 OAA 的另一种典型应用,如图 30-13 所示。

在广域网建设上,链路高带宽/低延时和建设成本一直存在不可调和的矛盾。要增大带宽、降低延时必然要追加投资。另外,在广域网传输过程中,时延较大一直是突出的问题。

随着企业网络规模不断壮大,通过广域网传输的数据越来越多,广域网带宽逐渐成为企业业务的瓶颈。在传统的广域网性能优化解决方案中,虽然可以使用 QoS 来保证优先业务,但总有一些非关键业务得不到传输质量保证。

OAA 广域网性能优化方案则从应用加速的角度上,致力于在低速链路上提高数据传输能力。通过在连接广域网的网络设备上部署加载了应用加速系统的 OAP 模块,从而在两端网络设备的 OAP 加速模块之间建立加速通道。当广域网数据流到达网络设备后,网络设备将数据流重定向到 OAP 模块中,OAP 模块可以通过深度应用识别采用最合适的压缩算法提升传输效率。此外,OAP 模块还可以通过 TCP 加速、TCP 选择重传、HTTP/FTP 缓存等技术

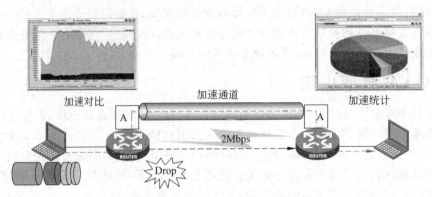

图 30-13　OAA 典型应用——广域网加速

大幅度提高低速链路的传输性能。

　　OAA 在流量监控分析(图 30-14)方面也大有可为。

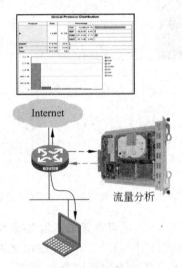

图 30-14　OAA 典型应用——网络流量分析

　　目前,在 IP 网络上运行的应用种类非常丰富,网络也是四通八达。因此,流量监控技术有两大技术难题,一是如何深度识别各种应用;二是如何进行灵活有效的实时监控网络各处流量。

　　网络设备是各种网络流量的必经之路,在网络设备上进行应用流量深度监控具备得天独厚的优势。H3C 提供的基于 OAA 体系架构的网络流量分析模块 NAM 具备强大的 4～7 层业务识别能力和链路质量检测功能,能够自定义流量监控、攻击报警、恶意流量报警,另外还有丰富多彩的统计报表功能。由于通过 OAP 模块实现流量监控,所以网络设备的其余功能(如数据转发)不会受到任何影响。

## 30.6　OAA 的未来

　　用户需求推动网络发展。用户日益复杂的个性化需求使传统网络设备封闭的体系架构越来越捉襟见肘。要满足用户需求,必须要对原有的体系、解决方案进行变革。OAA 体系架构以其优秀的兼容性和扩展性,必定会引领网络设备体系架构的变革。

　　OAA 架构以标准化的形式对外开放,一方面以标准化提高互操作性;另一方面通过开放以实现更灵活的需求。OAA架构以开放寻合作,目标是与合作伙伴、用户实现共赢,共同开拓市场,带来更大的市场价值,如图30-15所示。

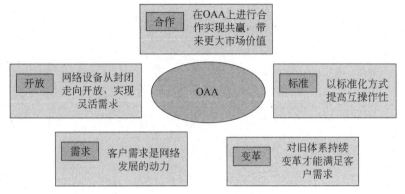

图30-15  OAA的未来

封闭的终将过去,开放才能引领未来。

# 30.7  本章总结

(1) 传统网络体系结构的不足。

(2) OAA体系架构及其特点。

(3) OAA四种工作模式。

(4) 管理与联动。

(5) OAA主要典型应用。

# 30.8  习题和答案

## 30.8.1  习题

(1) OAA主要包括三个组件,即路由交换组件、独立业务组件和_____。

(2) 在(    )下,独立业务组件就像网络上的一台主机,拥有自己的IP地址,作为网络末梢存在。

    A. 主机模式     B. 重定向模式     C. 镜像模式      D. 透明模式

(3) 下列(    )中独立业务组件没有IP地址,并且一定要有外在的以太网口。

    A. 主机模式     B. 重定向模式     C. 镜像模式      D. 透明模式

(4) 下列关于OAA组件之间的联动描述,正确的是(    )。

    A. 联动功能主要是通过SNMP协议实现的

    B. 独立业务组件仿照网管系统的功能,向路由交换组件发送各种SNMP命令

    C. 路由交换组件仿照网管系统的功能,向独立业务组件发送各种SNMP命令

    D. 联动功能主要是通过TR069协议实现的

(5) 路由交换组件对OAP模块的管理是通过(    )协议完成的。

    A. ACFP协议     B. ACSEI协议     C. TR069协议     D. SNMP协议

## 30.8.2  习题答案

(1) 接口连接组件    (2) A    (3) D    (4) A、B    (5) B

# 附录

## 课程实验

# 配置GRE VPN

## 1.1 实验内容与目标

完成本实验,应该能够达到以下目标。

(1) 配置 GRE VPN 隧道。

(2) 配置 GRE VPN 与路由协议协同工作。

(3) 使用 display 命令获取 GRE VPN 配置和运行信息。

## 1.2 实验组网图

实验组网如实验图 1-1 所示。

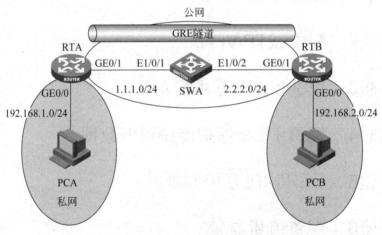

实验图 1-1　GRE VPN 实验环境图

## 1.3 实验设备和器材

本实验所需的主要设备和器材如实验表 1-1 所示。

实验表 1-1　实验设备和器材

| 名称和型号 | 版　　本 | 数量 | 描　　述 |
|---|---|---|---|
| MSR36-20 | CMW 7.1.049-R0106 | 2 | |
| S5820V2 | CMW 7.1.049-R2311 | 1 | |
| PC | Windows XP SP3 | 2 | |
| 第 5 类 UTP 以太网连接线 | — | 4 | |

# 1.4　实验过程

## 实验任务 1　GRE VPN 基本配置

RTA 与 RTB 之间的公网设备 SWA 上没有私网路由，要求建立 RTA 与 RTB 之间的 GRE 隧道，使 PCA 和 PCB 所在的两个分离的私网互通。在本实验任务中将分别使用静态路由和路由协议来完成任务。

实验前先清空所有设备的配置，确保其使用出厂默认配置。

### 步骤 1：搭建实验环境

连接设备。在 SWA 上配置 VLAN2，将接口 E1/0/2 加入 VLAN2。

根据实验表 1-2 配置各物理接口的地址。其中 PCA、PCB 的默认网关分别配置为 RTA 和 RTB。

**实验表 1-2　各设备接口 IP 地址**

| 设　备 | 接　口 | 地　址 | 备　注 |
|---|---|---|---|
| RTA | GE0/0 | 192.168.1.1/24 | 私网 |
| | GE0/1 | 1.1.1.1/24 | 公网 |
| | Tunnel0 | 192.168.3.1/30 | 私网 |
| RTB | GE0/0 | 192.168.2.1/24 | 私网 |
| | GE0/1 | 2.2.2.1/24 | 公网 |
| | Tunnel0 | 192.168.3.2/30 | 私网 |
| SWA | VLAN1 | 1.1.1.2/24 | 公网 |
| | VLAN2 | 2.2.2.2/24 | 公网 |
| PCA | 以太口 | 192.168.1.2/24 | 私网 |
| PCB | 以太口 | 192.168.2.2/24 | 私网 |

### 步骤 2：检测公网连通性

查看 SWA 的路由表和端口状态，确认其工作正常。应使用的命令为：

_____

在 RTA 和 RTB 上配置公网接口互通所需的静态路由。应使用的命令为：

_____

在 RTA 上检测与 RTB 的公网接口的连通性，此时应该可以连通。

至此，实际上以 SWA 模拟的公网已经通信正常。

### 步骤 3：配置 GRE 隧道接口

在 RTA 和 RTB 上建立隧道接口 Tunnel0，为其配置 IP 地址、隧道起点和终点。应使用的命令为：

_____
_____
_____
_____

**步骤 4：为私网配置静态路由**

在 RTA 和 RTB 上为私网配置静态路由，其目的网络应为私网地址 192.168.1.0/24 和 192.168.2.0/24。应使用的命令为：

应注意的是，在本步骤中并未对公网设备 SWA 配置私网路由，而仍然要求隧道工作正常，私网设备能够互通。

**步骤 5：检验隧道工作状况**

用 ping 命令验证 PCA 与 PCB 之间的连通性，此时应该是可以连通的。

查看 RTA 与 RTB 的路由表，解读路由表，指出其中的公网路由和私网路由：

```
[RTB]display ip routing-table

Destinations : 21 Routes : 21

Destination/Mask    Proto    Pre    Cost    NextHop         Interface
0.0.0.0/32          Direct   0      0       127.0.0.1       InLoop0
1.1.1.0/24          Static   60     0       2.2.2.2         GE0/1
2.2.2.0/24          Direct   0      0       2.2.2.1         GE0/1
2.2.2.0/32          Direct   0      0       2.2.2.1         GE0/1
2.2.2.1/32          Direct   0      0       127.0.0.1       InLoop0
2.2.2.255/32        Direct   0      0       2.2.2.1         GE0/1
127.0.0.0/8         Direct   0      0       127.0.0.1       InLoop0
127.0.0.0/32        Direct   0      0       127.0.0.1       InLoop0
127.0.0.1/32        Direct   0      0       127.0.0.1       InLoop0
127.255.255.255/32  Direct   0      0       127.0.0.1       InLoop0
192.168.2.0/24      Direct   0      0       192.168.2.1     GE0/0
192.168.2.0/32      Direct   0      0       192.168.2.1     GE0/0
192.168.2.1/32      Direct   0      0       127.0.0.1       InLoop0
192.168.2.255/32    Direct   0      0       192.168.2.1     GE0/0
192.168.3.0/30      Direct   0      0       192.168.3.2     Tun0
192.168.3.0/32      Direct   0      0       192.168.3.2     Tun0
192.168.3.2/32      Direct   0      0       127.0.0.1       InLoop0
192.168.3.3/32      Direct   0      0       192.168.3.2     Tun0
224.0.0.0/4         Direct   0      0       0.0.0.0         NULL0
224.0.0.0/24        Direct   0      0       0.0.0.0         NULL0
255.255.255.255/32  Direct   0      0       127.0.0.1       InLoop0
```

查看 RTA 和 RTB 的隧道接口状态，应使用的命令是：

上述命令的输出如下，可见该接口使用的封装协议是_____，工作状态_____（正常/不正常）：

```
[RTB]_____
Tunnel0
Current state: UP
```

```
Line protocol state: UP
Description: Tunnel0 Interface
Bandwidth: 64Kbps
Maximum Transmit Unit: 1476
Internet Address is 192.168.3.2/30 Primary
Tunnel source 2.2.2.1, destination 1.1.1.1
Tunnel keepalive disabled
Tunnel TTL 255
Tunnel protocol/transport GRE/IP
    GRE key disabled
    Checksumming of GRE packets disabled
Output queue - Urgent queuing: Size/Length/Discards 0/100/0
Output queue - Protocol queuing: Size/Length/Discards 0/500/0
Output queue - FIFO queuing: Size/Length/Discards 0/75/0
Last clearing of counters: Never
Last 300 seconds input rate: 0 bytes/sec, 0 bits/sec, 0 packets/sec
Last 300 seconds output rate: 1 bytes/sec, 8 bits/sec, 0 packets/sec
Input: 85256 packets, 2046012 bytes, 0 drops
Output: 85344 packets, 2048736 bytes, 28 drops
```

在 RTA 上打开 GRE 协议调试开关，以便检验路由器实际收发的报文：

```
<RTA>terminal monitor
<RTA>terminal debugging
<RTA>debugging gre packet
```

随即在 PCA 上对 RTB 运行 ping 命令，但只发送一个 ICMP 包：

```
C:\Documents and Settings\User>ping -n 1 192.168.2.1

Pinging 192.168.2.1 with 32 bytes of data:

Reply from 192.168.2.1: bytes=32 time<1ms TTL=254

Ping statistics for 192.168.2.1:
    Packets: Sent=1, Received=1, Lost=0 (0%  loss),
Approximate round trip times in milli-seconds:
    Minimum=0ms, Maximum=0ms, Average=0ms
```

观察 RTA 上的输出信息，RTA 向 RTB 发出的报文地址，其源地址为_____，目的地址为_____，原因是_____。

关闭所有 debugging 开关：

```
<RTA>undo debugging all
```

**步骤 6：清除静态路由**

在 RTA 和 RTB 上清除全部静态路由，应使用命令_____。

**步骤 7：为公网配置动态路由**

在 SWA、RTA 和 RTB 上为公网配置 OSPF，保证所有公网接口全部启动 OSPF 并均处于 Area 0 中。命令为：

_____

_____

_____
_____
_____
_____
_____
_____
_____
_____

### 步骤 8：为私网配置动态路由

在 RTA 和 RTB 上为包括 Tunnel 接口在内的私网接口配置 RIPv2。命令为：

_____
_____
_____
_____
_____
_____
_____
_____

### 步骤 9：再次检验隧道工作状况

用 ping 命令验证 PCA 与 PCB 之间的连通性，此时应该是可以连通的。

查看 RTA 与 RTB 的路由表，解读路由表，指出其中的公网路由和私网路由：

```
<RTB>display ip routing-table

Destinations : 22      Routes : 22
```

| Destination/Mask | Proto | Pre | Cost | NextHop | Interface |
|---|---|---|---|---|---|
| 0.0.0.0/32 | Direct | 0 | 0 | 127.0.0.1 | InLoop0 |
| 1.1.1.0/24 | OSPF | 10 | 2 | 2.2.2.2 | GE0/1 |
| 2.2.2.0/24 | Direct | 0 | 0 | 2.2.2.1 | GE0/1 |
| 2.2.2.0/32 | Direct | 0 | 0 | 2.2.2.1 | GE0/1 |
| 2.2.2.1/32 | Direct | 0 | 0 | 127.0.0.1 | InLoop0 |
| 2.2.2.255/32 | Direct | 0 | 0 | 2.2.2.1 | GE0/1 |
| 127.0.0.0/8 | Direct | 0 | 0 | 127.0.0.1 | InLoop0 |
| 127.0.0.0/32 | Direct | 0 | 0 | 127.0.0.1 | InLoop0 |
| 127.0.0.1/32 | Direct | 0 | 0 | 127.0.0.1 | InLoop0 |
| 127.255.255.255/32 | Direct | 0 | 0 | 127.0.0.1 | InLoop0 |
| 192.168.1.0/24 | RIP | 100 | 1 | 192.168.3.1 | Tun0 |
| 192.168.2.0/24 | Direct | 0 | 0 | 192.168.2.1 | GE0/0 |
| 192.168.2.0/32 | Direct | 0 | 0 | 192.168.2.1 | GE0/0 |
| 192.168.2.1/32 | Direct | 0 | 0 | 127.0.0.1 | InLoop0 |
| 192.168.2.255/32 | Direct | 0 | 0 | 192.168.2.1 | GE0/0 |
| 192.168.3.0/30 | Direct | 0 | 0 | 192.168.3.2 | Tun0 |
| 192.168.3.0/32 | Direct | 0 | 0 | 192.168.3.2 | Tun0 |

| | | | | | |
|---|---|---|---|---|---|
| 192.168.3.2/32 | Direct | 0 | 0 | 127.0.0.1 | InLoop0 |
| 192.168.3.3/32 | Direct | 0 | 0 | 192.168.3.2 | Tun0 |
| 224.0.0.0/4 | Direct | 0 | 0 | 0.0.0.0 | NULL0 |
| 224.0.0.0/24 | Direct | 0 | 0 | 0.0.0.0 | NULL0 |
| 255.255.255.255/32 | Direct | 0 | 0 | 127.0.0.1 | InLoop0 |

转入下一实验任务。

## 实验任务 2  GRE VPN 隧道验证

**步骤 1：单方配置隧道验证**

首先在 RTA 上单方启动隧道验证，设置验证值（如 1234），应使用命令：

_____

**步骤 2：检验隧道连通性**

用 ping 命令验证 PCA 与 PCB 之间的连通性。此时应该_____（能/不能）连通，原因是_____。

**步骤 3：配置错误的隧道验证**

在 RTB 上也启动隧道验证，但验证值配置与 RTA 不同（如 12345），应使用命令：

_____

**步骤 4：检验隧道连通性**

用 ping 命令验证 PCA 与 PCB 之间的连通性。此时应该_____（能/不能）连通，原因是_____。

**步骤 5：正确配置隧道验证**

在 RTB 上配置与 RTA 相同的验证值。

**步骤 6：检验隧道连通性**

用 ping 命令验证 PCA 与 PCB 之间的连通性。此时应该_____（能/不能）连通，原因是_____。

**注意**：由于 RTA 和 RTB 上配置了 RIP 路由，如果隧道验证值长时间不匹配，RIP 会删除来自对方的私网路由。在这种情况下，配置了正确的隧道验证值后需要等待 RIP 重新学习路由。

## 实验任务 3  GRE VPN 隧道 Keepalive

**步骤 1：恢复静态路由配置**

在 RTA 和 RTB 上删除 RIP 路由协议的配置，恢复静态路由配置，验证 PCA 和 PCB 可以连通。

**步骤 2：模拟网络故障**

用命令关闭 SWA 的 VLAN2 接口，模拟网络突然发生故障。

**步骤 3：检查 RTA 上的隧道接口状态**

在 RTA 上检查隧道接口状态，应使用命令：

_____

此时隧道接口状态应为_____（UP/DOWN），原因是_____

_____

_____

### 步骤4：恢复网络故障

用命令开启 SWA 的 VLAN2 接口，模拟网络故障恢复。

### 步骤5：配置隧道 Keepalive

在 RTA 和 RTB 上配置隧道 Keepalive。应使用命令：

_____

_____

_____

### 步骤6：模拟网络故障

在 RTA 上启动 debugging 开关：

```
<RTA>terminal monitor
<RTA>terminal debugging
<RTA>debugging gre all
<RTA>debugging tunnel all
```

用命令关闭 SWA 的 VLAN2 接口，模拟公网路由突然发生故障。

### 步骤7：观察效果，检验隧道连通性

在 RTA 上观察 debugging 信息。输出信息如下：

```
<RTA>
Tunnel0 : Received a keepalive packet.
 * Dec 10 13:00:05:029 2015 RTA GRE/7/packet:
Tunnel0 packet: Before de-encapsulation according to fast-forwarding table,
   1.1.1.1->2.2.2.1 (length = 48)
 * Dec 10 13:00:05:029 2015 RTA GRE/7/packet:
Tunnel0 packet: After de-encapsulation according to fast-forwarding table,
   2.2.2.1->1.1.1.1 (length = 24)
 * Dec 10 13:00:05:029 2015 RTA TUNNEL/7/packet:
Tunnel0 packet: Fast forwarded the de-encapsulated packet.
 * Dec 10 13:00:12:655 2015 RTA GRE/7/packet:
Tunnel0 packet: Before encapsulation,
   1.1.1.1->2.2.2.1 (length = 24)
 * Dec 10 13:00:12:655 2015 RTA GRE/7/packet:
Tunnel0 packet: After encapsulation,
   2.2.2.1->1.1.1.1 (length = 48)
 * Dec 10 13:00:22:655 2015 RTA GRE/7/packet:
Tunnel0 packet: Before encapsulation,
   1.1.1.1->2.2.2.1 (length = 24)
 * Dec 10 13:00:22:655 2015 RTA GRE/7/packet:
Tunnel0 packet: After encapsulation,
   2.2.2.1->1.1.1.1 (length = 48)
 * Dec 10 13:00:32:655 2015 RTA GRE/7/packet:
Tunnel0 packet: Before encapsulation,
   1.1.1.1->2.2.2.1 (length = 24)
 * Dec 10 13:00:32:655 2015 RTA GRE/7/packet:
Tunnel0 packet: After encapsulation,
   2.2.2.1->1.1.1.1 (length = 48)
 * Dec 10 13:00:42:655 2015 RTA GRE/7/packet:
Tunnel0 packet: Before encapsulation,
```

```
    1.1.1.1->2.2.2.1 (length =  24)
 * Dec 10 13:00:42:655 2015 RTA GRE/7/packet:
Tunnel0 packet: After encapsulation,
   2.2.2.1->1.1.1.1 (length =  48)
% Dec 10 13:00:42:656 2015 RTA IFNET/5/LINK_UPDOWN: Line protocol state on the
interface Tunnel0 changed to down.
 * Dec 10 13:00:43:655 2015 RTA TUNNEL/7/event:
Tunnel0: No keepalive packet received from the peer.
 * Dec 10 13:00:48:655 2015 RTA TUNNEL/7/event:
Tunnel0: No keepalive packet received from the peer.
```

可见 Tunnel0 接口状态发生了_____，根据 debugging 信息，其原因是_____。

关闭 debugging 开关，查看 Tunnel0 接口信息，此时 Tunnel0 接口状态应已经变为_____（UP/DOWN）。

在 SWA 上重新打开 VLAN2 接口，过一段时间之后，Tunnel0 接口状态以及 PCA 与 PCB 之间的连通性应为_____（不变/恢复正常）。

# 1.5　实验中的命令列表

本实验所使用的命令如实验表1-3所示。

实验表 1-3　实验中的命令列表

| 命　　令 | 描　　述 |
|---|---|
| **interface tunnel** *interface-number* **mode gre** | 创建一个 Tunnel 接口，并进入该 Tunnel 接口视图 |
| **source** {*ip-address* \| *interface-type interface-number*} | 设置 Tunnel 接口的源端地址或接口 |
| **destination** *ip-address* | 设置 Tunnel 接口的目的端地址 |
| **debugging gre packet** | 打开 GRE 包调试 |
| **gre key** *key-number* | 设置 GRE 类型隧道接口的密钥 |

# 1.6　思考题

若配置路由协议，而不启用 Keepalive，能否发现对方故障？

**答**：路由协议通过自身的计时器或可靠传送机制可以察觉对端的设备发生故障，并更新路由表中的路由，使数据包从其他路径转发，但隧道接口状态并不会因此而发生变化。

# 配置L2TP VPN

## 2.1 实验内容与目标

完成本实验,应该能够达到以下目标。

(1) 配置独立 LAC 模式的 L2TP。

(2) 以 iNode 为客户端配置客户 LAC 模式的 L2TP。

(3) 使用 display 命令获取 L2TP VPN 配置和运行信息。

(4) 使用 debugging 命令了解 L2TP VPN 运行时的重要事件和异常情况。

## 2.2 实验组网图

实验任务 1 组网如实验图 2-1 所示。

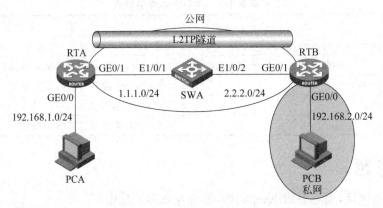

实验图 2-1 独立 LAC 模式实验环境图

实验任务 2 组网如实验图 2-2 所示。

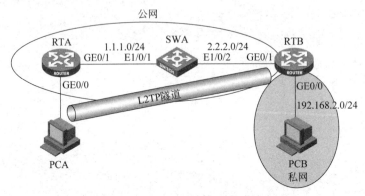

实验图 2-2 客户 LAC 模式实验环境图

## 2.3 实验设备和器材

本实验所需的主要设备和器材如实验表 2-1 所示。

实验表 2-1 实验设备和器材

| 名称和型号 | 版　本 | 数量 | 描　　述 |
|---|---|---|---|
| MSR36-20 | CMW 7.1.049-R0106 | 2 | |
| S5820V2 | CMW 7.1.049-R2311 | 1 | |
| PC | Windows XP SP3 | 2 | |
| 第 5 类 UTP 以太网连接线 | — | 4 | 其中包括交叉线 2 根 |
| iNode 客户端安装程序 | V3.60 E6202 | 1 | |

## 2.4 实验过程

### 实验任务 1　配置独立 LAC 模式

本实验任务中，以 PCA 为客户端，RTA 为 LAC，RTB 为 LNS。

**步骤 1：搭建实验环境**

连接设备。在 SWA 上配置 VLAN2，将接口 E1/0/2 加入 VLAN2。

根据实验表 2-2 配置各接口的地址。其中，PCA、PCB 的默认网关分别配置为 RTA 和 RTB。

实验表 2-2　各设备接口 IP 地址

| 设备 | 接　　口 | 地址 | 备注 |
|---|---|---|---|
| RTA | GE0/0 | 无地址 | |
| | GE0/1 | 1.1.1.1/24 | 公网 |
| | Virtual-template0 | 无地址 | |
| RTB | GE0/0 | 192.168.2.1/24 | 私网 |
| | GE0/1 | 2.2.2.1/24 | 公网 |
| | Virtual-template1 | 192.168.1.1/24 | 私网 |
| SWA | VLAN1 | 1.1.1.2/24 | 公网 |
| | VLAN2 | 2.2.2.2/24 | 公网 |
| PCA | 以太口 | 自动获取 | |
| | PPPoE 连接 | 自动获取 | |
| PCB | 以太口 | 192.168.2.2/24 | 私网 |

**步骤 2：检测公网连通性**

查看 SWA 的路由表和端口状态，确认其工作正常。应使用的命令为：

_____

_____

在 RTA 和 RTB 上配置公网接口互通所需的静态路由。应使用的命令为：

_____

_____

在 RTA 上检测与 RTB 的连通性。此时应该可以连通。

至此，实际上以 SWA 模拟的公网已经通信正常。

**步骤 3：配置 PPPoE**

在 RTA 上配置 PPPoE Server，以便接受 PCA 发起的拨号。

首先配置验证域 abc.com，目的是给 PPPoE 和 L2TP 验证提供验证参数：

```
[RTA]domain abc.com
[RTA-isp-abc.com]authentication ppp local
```

其次配置 PPPoE 用户和密码，此用户名和密码也将被用于 L2TP 验证。

```
[RTA]local-user vpdnuser class network
[RTA-luser-network-vpdnuser]password simple Hello
[RTA-luser-network-vpdnuser]service-type ppp
```

配置一个虚模接口模板，并为物理接口启动 PPPoE 服务，以接受 PPPoE 拨号连接并进行验证：

```
[RTA]interface Virtual-Template0
[RTA-Virtual-Template0]ppp authentication-mode chap domain abc.com
[RTA-Virtual-Template0]ppp chap user vpdnuser
[RTA-Virtual-Template0]ppp chap password simple Hello
[RTA-Virtual-Template0]interface GigabitEthernet0/0
[RTA-GigabitEthernet0/0]pppoe-server bind Virtual-Template 0
```

**步骤 4：配置 LAC**

在 RTA 上进行配置。首先启动 L2TP 功能，应使用命令：

_____

其次配置 L2TP 组 1，隧道验证密码为 aabbcc，密码显示方式为明文；隧道名为 LAC；LNS 地址为 2.2.2.1，指定 abc.com 域内的用户为 L2TP 用户。这样 abc.com 域内的用户拨入将触发 L2TP 隧道建立。应使用命令：

_____

_____

_____

**步骤 5：配置 LNS**

在 RTB 上进行配置。首先启动 L2TP 功能，命令为：

_____

配置 abc.com 域，使用本地验证方式，此域用于提供对 L2TP VPN 用户进行身份验证的参数。然后配置 IP 地址池 192.168.1.2～192.168.1.10，此地址池用于为 L2TP VPN 客户端分配 IP 地址，命令为：

_____

_____

其次添加一个本地用户 vpdnuser，并配置其密码 Hello，服务类型 ppp，用于对 L2TP VPN 用户进行身份验证，命令为：

_____

_____

再次还需要配置一个虚模接口模板,以便对拨入的 L2TP VPN 用户进行身份验证,为其分配地址并与其进行 IP 通信,命令为:

最后配置 L2TP 组 1,指定其接收来自名称为 LAC 的对端设备发起的 L2TP 控制连接,并配置隧道本端名称、隧道验证密码等,命令为:

**步骤 6:配置 PPPoE 客户端,发起 L2TP 呼叫**

在 PCA 上创建 PPPoE 连接。在 Windows XP 中,在任务栏上选择"开始"→"所有程序"→"附件"→"通信"→"新建连接向导",打开如实验图 2-3 所示的"新建连接向导"窗口。

实验图 2-3 "新建连接向导"窗口

单击"下一步"按钮,进入实验图 2-4 所示的窗口。选择"连接到 Internet"。

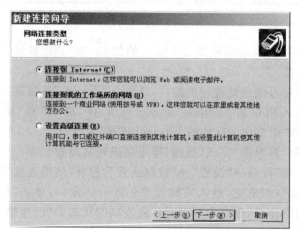

实验图 2-4 选择网络连接类型

单击"下一步"按钮,进入如实验图 2-5 所示的窗口,选择"手动设置我的连接"。

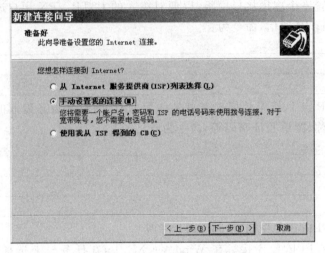

实验图 2-5    选择配置连接的方式

单击"下一步"按钮,进入实验图 2-6 所示的窗口,选择"用要求用户名和密码的宽带连接来连接"。

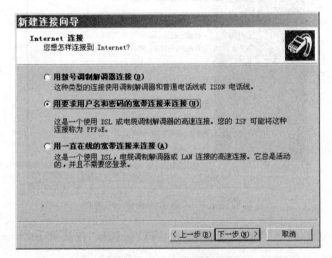

实验图 2-6    选择连接类型

单击"下一步"按钮,进入如实验图 2-7 所示的窗口,在"ISP 名称"文本框中输入连接名称,如"我的 PPPoE 连接"。

单击"下一步",指定可使用此连接的用户,再单击"下一步"按钮进入实验图 2-8 所示的窗口。在"用户名"处输入用户名 vpdnuser@abc.com,在"密码"和"确认密码"处输入密码 Hello。如有必要,清除"把它作为默认的 Internet 连接"复选框。

单击"下一步"按钮,再单击"完成"按钮,即可完成连接设置。

在任务栏选择"开始"按钮→"设置"→"控制面板",打开"网络连接"窗口,可以看到刚刚配置的"我的 PPPoE 连接",双击它,进入实验图 2-9 所示的窗口,单击"连接"按钮即可发起连接。拨号成功后在"网络连接"窗口中可以看到此连接的状态为"已连接上"。

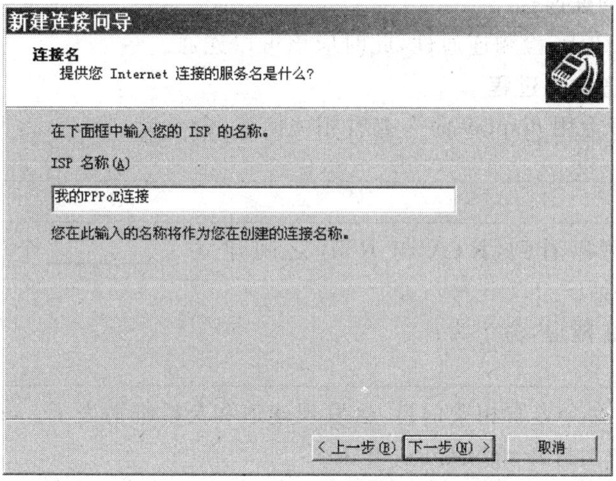


实验图 2-7　设置连接名称

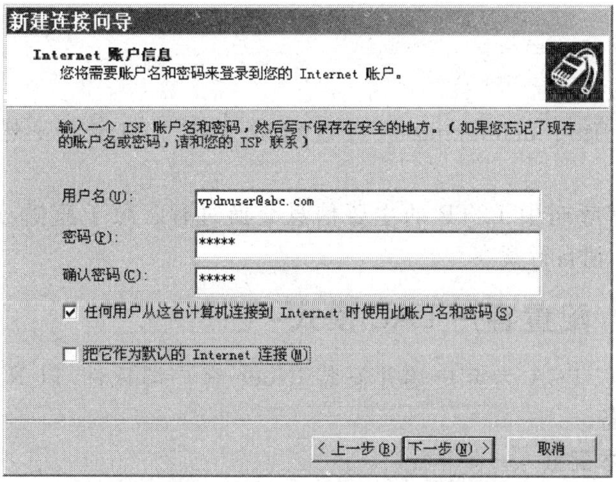


实验图 2-8　设置 Internet 账户信息

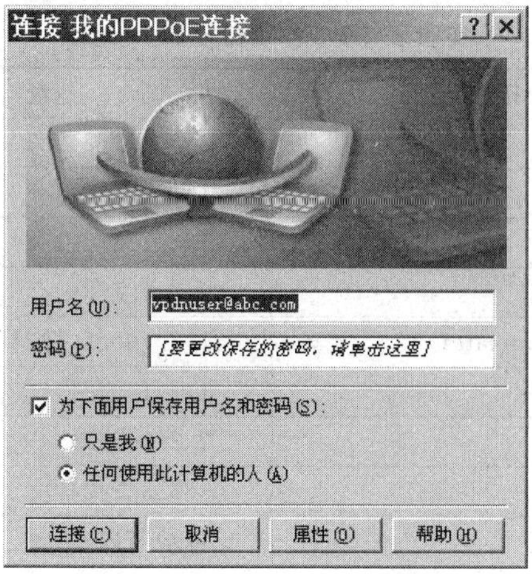


实验图 2-9　发起连接

**步骤7：检测私网连通性**

从 PCA 上 ping PCB，检测连通性，此时应该可以连通。

**步骤8：观察隧道建立过程**

在 RTA 和 RTB 上用 display 命令查看相关信息，命令为：

_____

_____

从输出信息应可以看到，RTA 与 RTB 之间建立了 _____ 个 L2TP 隧道，其中有 _____ 个 L2TP 会话。

用 reset 命令终止隧道，命令为：

_____

随后，用 display 命令查看相关信息，会发现隧道和会话都消失了。

在 RTA 和 RTB 上打开 debugging 开关：

```
<RTA>debugging l2tp event
<RTA>debugging l2tp control

<RTB>debugging l2tp event
<RTB>debugging l2tp control
```

重新发起呼叫，通过 debugging 信息观察隧道建立的过程。然后断开连接，观察 debugging 信息。

这样就可以了解呼叫中 L2TP 的主要信息交换过程。限于篇幅，此处不列出 RTB 的 debugging 输出信息，请自行观察。

## 实验任务2　配置客户 LAC 模式

本实验任务中，以 PCA 为客户端并安装 iNode 客户端软件，以 RTB 为 LNS，RTA 和 SWA 则模拟公网设备。

**步骤1：执行基本配置**

在实验任务1的连接基础上，根据实验表2-3修改 RTA 的 IP 地址为 3.3.3.1/24。为 PCA 配置 IP 地址 3.3.3.2/24，默认网关 3.3.3.1。

实验表 2-3　各设备接口 IP 地址

| 设备 | 接口 | 地址 | 备注 |
|---|---|---|---|
| RTA | GE0/0 | 3.3.3.1/24 | 公网 |
| | GE0/1 | 1.1.1.1/24 | 公网 |
| RTB | GE0/0 | 192.168.2.1/24 | 私网 |
| | GE0/1 | 2.2.2.1/24 | 公网 |
| | Virtual-template1 | 192.168.1.1/24 | 私网 |
| SWA | VLAN1 | 1.1.1.2/24 | 公网 |
| | VLAN2 | 2.2.2.2/24 | 公网 |
| PCA | 以太口 | 3.3.3.2/24 | 公网 |
| | VPN 连接 | 自动获取 | |
| PCB | 以太口 | 192.168.2.2/24 | 私网 |

**步骤 2：配置公网路由**

删除所有静态路由，修改接口 IP 地址。在 RTA 上删除所有 PPPoE 和 L2TP 配置相关配置。

在 RTA、RTB 和 SWA 上配置 OSPF，保证三台设备上所有公网接口都可互通，命令为：

_____

_____

_____

_____

_____

_____

_____

_____

_____

_____

配置完成后，查看 RTA、RTB 和 SWA 的路由表，并使用 ping 命令，确认三台设备可以互通。注意为 PCA 配置 IP 地址及网关。

**步骤 3：安装 iNode 客户端**

在 PCA 上安装 iNode 客户端。启动安装程序，跟随安装向导完成安装。

**注意**：要使 iNode 客户端支持 L2TP 功能，在安装过程中必须确认安装虚拟网卡(Virtual NIC)。

**步骤 4：配置 iNode 客户端**

启动 iNode 客户端程序，新建一个 L2TP 连接，将登录用户名设置为"vpdnuser@abc.com"，登录密码设置为"Hello"，LNS 服务器地址为 2.2.2.1，隧道名称 LAC，选择认证模式为"CHAP"，设置为使用隧道验证密码且输入隧道验证密码"aabbcc"。

**步骤 5：配置 LNS**

在 RTB 上保留上一实验任务中的 LNS 配置。

**步骤 6：发起 L2TP 呼叫，建立 L2TP 隧道**

由客户端发起呼叫，此时应可以呼叫成功。

在 PCA 上用 ipconfig 命令查看连接，可见目前有_____个连接，分别是：

_____

_____

其中，_____连接是私网连接，其地址来源于_____。

在 PCA 上检测对 PCB 的连通性，此时应可以连通。

在 RTB 上用 display 命令查看 L2TP 隧道和会话信息，命令为：

_____

可见已建立_____个隧道，其中包含_____个会话。

## 2.5 实验中的命令列表

本实验所用的命令如实验表 2-4 所示。

**实验表 2-4　实验命令列表**

| 命　　令 | 描　　述 |
|---|---|
| **l2tp enable** | 启用 L2TP 功能 |
| **l2tp-group** *group-number mode* ｛ **lac** ｜ **lns** ｝ | 创建 L2TP 组，并进入 L2TP 组视图 |
| **tunnel name** *name* | 配置隧道本端的名称 |
| **lns-ip**｛ *ip-address* ｝&＜1-5＞ | 配置 LNS IP 地址 |
| **user** ｛ **domain** *domain-name* ｜ **fullusername** *user-name* ｝ | 配置向 LNS 发起隧道建立请求的触发条件 |
| **domain** *isp-name* | 创建一个 ISP 域，并进入 ISP 域视图 |
| authentication ppp loca | 配置 PPP 域用户的 AAA 本地验证方案 |
| interface virtual-template *virtual-template-number* | 创建虚拟接口模板，进入虚拟接口模板视图 |
| **ppp authentication-mode** ｛ **chap** ｜ **ms-chap** ｜ **ms-chap-v2** ｜ **pap** ｝ * ［ ［ **call-in** ］ **domain** *isp-name* ］ | 配置本端对 PPP 用户进行验证 |
| remote address ｛ **pool**［ *pool-number* ］｜ *ip-address* ｝ | 指定给对端分配地址所用的地址池或直接给对端分配 IP 地址 |
| **allow l2tp virtual-template** virtual-template-number **remote** *remote-name* | 指定接收呼叫的虚拟接口模板、隧道对端名称和域名 |
| **tunnel authentication** | 启用隧道验证 |
| **tunnel password** ｛ **cipher** ｜ **simple** ｝ *password* | 配置隧道验证密码 |
| **reset l2tp tunnel** ｛ **id** *tunnel-id* ｜ **name** *remote-name* ｝ | 强制挂断隧道 |
| **display l2tp tunne** | 显示当前 L2TP 隧道的信息 |
| **display l2tp session** | 显示当前 L2TP 会话的信息 |

## 2.6　思考题

（1）在实验任务 1 中，如果两个用户使用同一域名发起连接，在 RTB 上可以查看到几个隧道几个会话？

答：一个隧道两个会话。RTA 会对两个用户使用同一隧道，而不会新建一个隧道。

（2）在实验任务 2 中，如果两个用户使用同一域名发起连接，在 RTB 上可以查看到几个隧道几个会话？

答：两个隧道，每个隧道一个会话。每个 PC 会独立对 RTB 建立隧道和会话。

# IPSec VPN基本配置

## 3.1　实验内容与目标

完成本实验,应该能够达到以下目标。

（1）配置 IPSec＋预共享密钥的 IKE 主模式。

（2）配置 IPSec＋预共享密钥的 IKE 野蛮模式。

## 3.2　实验组网图

实验组网如实验图 3-1 所示。

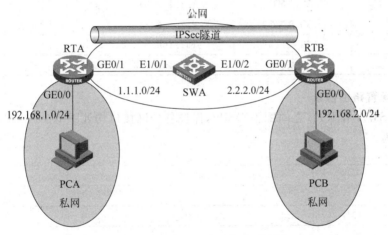

实验图 3-1　IPSec VPN 实验环境图

## 3.3　实验设备和器材

本实验所需的主要设备和器材如实验表 3-1 所示。

实验表 3-1　实验设备和器材

| 名称和型号 | 版　　本 | 数量 | 描　　述 |
|---|---|---|---|
| MSR36-20 | CMW 7.1.049-R0106P08 | 2 | |
| S5820V2-54QS-GE | CMW 7.1.045-R2311P03 | 1 | |
| PC | Windows 7 SP1 | 2 | |
| 第 5 类 UTP 以太网连接线 | — | 4 | 其中包括交叉线 2 根 |
| iNode 客户端安装程序 | iNode PC 7.2(E0403) | 1 | |

## 3.4 实验过程

### 实验任务 1 配置 IPSec + IKE 主模式

本实验任务要求在 RTA 和 RTB 之间建立 IPSec 隧道,使 PCA 与 PCB 所在的私网网段可以通过 IPScc 隧道互通。使用 IKE 预共享密钥验证方式。

**步骤 1:搭建实验环境**

连接设备。在 SWA 上配置 VLAN2,将接口 GE1/0/2 加入 VLAN2。

根据实验表 3-2 配置各接口的地址。其中 PCA、PCB 的默认网关分别配置为 RTA 和 RTB。

实验表 3-2 各设备接口 IP 地址

| 设备 | 接口 | 地址 | 备注 |
|---|---|---|---|
| RTA | GE0/0 | 192.168.1.1/24 | 私网 |
| | GE0/1 | 1.1.1.1/24 | 公网 |
| RTB | GE0/0 | 192.168.2.1/24 | 私网 |
| | GE0/1 | 2.2.2.1/24 | 公网 |
| SWA | VLAN1 | 1.1.1.2/24 | 公网 |
| | VLAN2 | 2.2.2.2/24 | 公网 |
| PCA | 以太口 | 192.168.1.2/24 | 私网 |
| PCB | 以太口 | 192.168.2.2/24 | 私网 |

**步骤 2:配置路由协议**

在 RTA、SWA 和 RTB 之间配置 OSPF,保证各公网接口均处于 Area 0,相互之间都具有可达性,命令为:

_____

_____

_____

_____

_____

_____

_____

_____

_____

_____

OSPF 自治系统不包括 RTA、RTB 与 PCA、PCB 互联的接口,因此,作为模拟公网设备的 SWA 上不具备 192.168.1.0 和 192.168.2.0 网段的路由,只有公网路由。

在 RTA 和 RTB 上为私网配置静态路由:

```
[RTA]ip route-static 192.168.2.0 255.255.255.0 1.1.1.2
```

```
[RTB]ip route-static 192.168.1.0 255.255.255.0 2.2.2.2
```

配置后查看 RTA、RTB 和 SWA 的路由表,可见 SWA 上_____(有/没有)私网路由。

用 ping 命令验证 PCA 与 PCB 之间的连通性,此时 PCA 与 PCB _____(能/不能)连同。

### 步骤 3:配置 IKE proposal

要求使用预共享密钥认证,验证算法为 MD5,加密算法为 3DES,请补全下列命令为:

```
[RTA]ike proposal 1
[RTA-ike-proposal-1] _____
[RTA-ike-proposal-1] _____
[RTA-ike-proposal-1] _____

[RTB]ike proposal 1
[RTB-ike-proposal-1] _____
[RTB-ike-proposal-1] _____
[RTB-ike-proposal-1] _____
```

### 步骤 4:配置 IKE keychain

配置 IKE keychain,以明文方式配置密钥,key 为 h3c,请补全下列命令为:

```
[RTA]ike keychain keychain1
[RTA-ike-keychain-keychain1] _____

[RTB]ike keychain keychain1
[RTB-ike-keychain-keychain1] _____
```

### 步骤 5:配置 IKE profile

创建 IKE profile,采用 IP 地址标识本端身份信息、配置匹配对端身份的规则,配置 IKE 安全提议以及 keychain,请补全下列命令为:

```
[RTA]ike profile profile1
[RTA-ike-profile-profile1] _____
[RTA-ike-profile-profile1] _____
[RTA-ike-profile-profile1] _____
[RTA-ike-profile-profile1] _____

[RTB]ike profile profile1
[RTBike profile profile1] _____
[RTBike profile profile1] _____
[RTDike profile profile1] _____
[RTBike profile profile1] _____
```

### 步骤 6:配置安全 ACL

由于 IPSec 隧道需要保护的是私网数据,因此安全 ACL 应匹配 192.168.1.0/24 网段与 192.168.2.0/24 网段之间的数据流,请补全下列命令为:

```
[RTA]acl number 3000
[RTA-acl-adv-3000] rule 0 _____

[RTB]acl number 3000
[RTB-acl-adv-3000] rule 0 _____
```

### 步骤 7：配置 IPSec 安全提议

要求使用 ESP 安全协议，验证算法为 SHA1，加密算法为 AES，请补全下列命令为：

```
[RTA]ipsectransform-set tran1
[RTA-ipsec-transform-set-tran1] _____
[RTA-ipsec-transform-set-tran1] _____

[RTB]ipsectransform-set tran1
[RTB-ipsec-transform-set-tran1] _____
[RTB-ipsec-transform-set-tran1] _____
```

### 步骤 8：配置并应用 IPSec 安全策略

在 RTA 和 RTB 上配置 IPSec 安全策略，配置隧道对端的 IP 地址，引用之前步骤所配置的安全 ACL、安全提议和 IKE profile，并将其应用于通往对方的物理接口上，请补全下列命令为：

```
[RTA]ipsec policy policy1 1 isakmp
[RTA-ipsec-policy-isakmp-policy1-1] _____ (隧道对端 IP)
[RTA-ipsec-policy-isakmp-policy1-1] _____ (引用安全 ACL)
[RTA-ipsec-policy-isakmp-policy1-1] _____ (引用安全提议)
[RTA-ipsec-policy-isakmp-policy1-1] _____ (引用 IKE profile)
```

在 RTA 上将 IPSec 安全策略应用于通往对方的物理接口上，应使用命令为：

_____

```
[RTB]ipsec policy policy1 1 isakmp
[RTB-ipsec-policy-isakmp-policy1-1] _____ (隧道对端 IP)
[RTB-ipsec-policy-isakmp-policy1-1] _____ (引用安全 ACL)
[RTB-ipsec-policy-isakmp-policy1-1] _____ (引用安全提议)
[RTB-ipsec-policy-isakmp-policy1-1] _____ (引用 IKE profile)
```

在 RTB 上将 IPSec 安全策略应用于通往对方的物理接口上，应使用命令为：

_____

### 步骤 9：检验配置

在 RTA 和 RTB 上用 display 命令检查 IKE 提议、IPSec 提议以及 IPSec Policy 等配置参数，应使用命令为：

_____

_____

_____

由这些命令输出可以看到当前配置所设定的 IPSec/IKE 参数。

### 步骤 10：检验隧道工作状况

用 ping 命令从 PCA 检测与 PCB 的连通性，可发现除最初一两个 ICMP Echo Request 包被报告超时外，其他的都成功收到 Echo Reply 包。这是因为

_____

_____

在 RTA 与 RTB 上查看 IPSec/IKE SA 相关信息,命令为:

---

---

---

此时 ISAKMP SA 和 IPSec SA 应该都已经正常生成。观察 IPSec SA 中 IP 地址、SPI 等参数的对应关系。其中可以观察到 RTA 和 RTB 的对应方向的 SPI 值是相同的,采用的验证算法和加密算法也相同。

**步骤 11:观察 IPSec 工作过程**

为了解 IKE 和 IPSec 协商和加密操作过程,首先清除 IPSec SA 和 ISAKMP SA,中断 IPSec 隧道,以便重新观察整个过程。此操作应在＿＿＿＿＿＿＿(RTA 或 RTB/RTA 和 RTB)上执行。命令为:

---

---

打开 debugging 开关:

```
<RTA>terminal monitor
% Current terminal monitor is on
<RTA>terminal debugging
% Current terminal debugging is on
<RTA>debugging ike packet
<RTA>debugging ipsec packet
```

在 PCA 上 ping PCB,重新触发 IPSec 隧道建立,观察 debugging 输出信息,这样就可以看到 IKE 的交换过程,以及 IPSec 对数据包的加密处理过程。

## 实验任务 2   配置 IPSec＋IKE 野蛮模式

本实验任务要求在 RTA 和 RTB 之间建立 IPSec 隧道,使 PCA 与 PCB 所在的私网网段可以通过 IPSec 隧道互通。其中 RTA 模拟拨号接入的路由器,SWA 作为 NAS,为 RTA 分配地址。

**步骤 1:配置 IP 地址**

根据实验表 3-3 配置各接口的地址。其中 PCA、PCB 的默认网关分别配置为 RTA 和 RTB。

**实验表 3-3   各设备接口 IP 地址**

| 设备 | 接口 | 地址 | 接口 |
| --- | --- | --- | --- |
| RTA | GE0/0 | 192.168.1.1/24 | 私网 |
| | GE0/1 | 自动获取 | 公网 |
| RTB | GE0/0 | 192.168.2.1/24 | 私网 |
| | GE0/1 | 2.2.2.1/24 | 公网 |
| SWA | VLAN1 | 1.1.1.2/24 | 公网 |
| | VLAN2 | 2.2.2.2/24 | 公网 |
| PCA | 以太口 | 192.168.1.2/24 | 私网 |
| PCB | 以太口 | 192.168.2.2/24 | 私网 |

**步骤 2：清除所有 IPSec 和 IKE 配置**

在 RTA 和 RTB 上清除所有 IPSec 和 IKE 配置，包括 ACL 的配置。

**步骤 3：配置公网连接**

在 SWA 上配置 DHCP Server。设置 RTA 从 SWA 动态获得 IP 地址和默认路由。

```
[SWA]dhcp enable
[SWA]dhcp server ip-pool 1
[SWA-dhcp-pool-1]network 1.1.1.0 mask 255.255.255.0
[SWA-dhcp-pool-1]gateway-list 1.1.1.2
[SWA-dhcp-pool-1]quit

[RTA]undo ospf 1
Warning : Undo OSPF process? [Y/N]:y
[RTA]undo ip route-static 192.168.2.0 255.255.255.0
[RTA]interface GigabitEthernet0/1
[RTA-GigabitEthernet0/1] ip address dhcp-alloc
```

在 RTA 上查看路由，可见已经从 SWA 获得地址和默认路由。

```
[RTA]display ip routing-table
```

Destinations : 19      Routes : 19

| Destination/Mask | Proto | Pre | Cost | NextHop | Interface |
|---|---|---|---|---|---|
| 0.0.0.0/0 | Static | 70 | 0 | 1.1.1.2 | GE0/1 |
| 0.0.0.0/32 | Direct | 0 | 0 | 127.0.0.1 | InLoop0 |
| 1.1.1.0/24 | Direct | 0 | 0 | 1.1.1.1 | GE0/1 |
| 1.1.1.0/32 | Direct | 0 | 0 | 1.1.1.1 | GE0/1 |
| 1.1.1.1/32 | Direct | 0 | 0 | 127.0.0.1 | InLoop0 |
| 1.1.1.255/32 | Direct | 0 | 0 | 1.1.1.1 | GE0/1 |
| 2.2.2.0/24 | O_INTRA | 10 | 2 | 1.1.1.2 | GE0/1 |
| 127.0.0.0/8 | Direct | 0 | 0 | 127.0.0.1 | InLoop0 |
| 127.0.0.0/32 | Direct | 0 | 0 | 127.0.0.1 | InLoop0 |
| 127.0.0.1/32 | Direct | 0 | 0 | 127.0.0.1 | InLoop0 |
| 127.255.255.255/32 | Direct | 0 | 0 | 127.0.0.1 | InLoop0 |
| 192.168.1.0/24 | Direct | 0 | 0 | 192.168.1.1 | GE0/0 |
| 192.168.1.0/32 | Direct | 0 | 0 | 192.168.1.1 | GE0/0 |
| 192.168.1.1/32 | Direct | 0 | 0 | 127.0.0.1 | InLoop0 |
| 192.168.1.255/32 | Direct | 0 | 0 | 192.168.1.1 | GE0/0 |
| 192.168.2.0/24 | Static | 60 | 0 | 1.1.1.2 | GE0/1 |
| 224.0.0.0/4 | Direct | 0 | 0 | 0.0.0.0 | NULL0 |
| 224.0.0.0/24 | Direct | 0 | 0 | 0.0.0.0 | NULL0 |
| 255.255.255.255/32 | Direct | 0 | 0 | 127.0.0.1 | InLoop0 |

在 PCA 上验证 PCA 与 PCB 之间的连通性，应该是_____（可以/无法）连通的，因为_____。

**步骤 4：配置 IKE proposal**

要求使用预共享密钥认证，验证算法为 MD5，加密算法为 3DES，请补全下列命令为：

```
[RTA]ike proposal 1
[RTA-ike-proposal-1]_____
[RTA-ike-proposal-1]_____
```

```
[RTA-ike-proposal-1] _____

[RTB]ike proposal 1
[RTB-ike-proposal-1] _____
[RTB-ike-proposal-1] _____
[RTB-ike-proposal-1] _____
```

### 步骤 5：配置 IKE 身份信息

配置 RTA 和 RTB 的身份信息，RTA 的身份标识为 rta，RTB 的身份标识为 rtb：

```
[RTA] _____

[RTB] _____
```

### 步骤 6：配置 IKE keychain

配置 IKE keychain，以明文方式配置密钥，key 为 h3c，请补全下列命令为：

```
[RTA]ike keychain keychain1
[RTA-ike-keychain-keychain1] _____

[RTB]ike keychain keychain1
[RTB-ike-keychain-keychain1] _____
```

### 步骤 7：配置 IKE profile

创建 IKE profile，配置 IKE 的协商模式为野蛮模式，配置匹配对端身份的规则、IKE 安全提议以及 keychain，请补全下列命令为：

```
[RTA]ike profile profile1
[RTA-ike-profile-profile1] _____ (野蛮模式)
[RTA-ike-profile-profile1] _____
[RTA-ike-profile-profile1] _____
[RTA-ike-profile-profile1] _____

[RTB]ike profile profile1
[RTBike profile profile1] _____ (野蛮模式)
[RTBike profile profile1] _____
[RTBike profile profile1] _____
[RTBike profile profile1] _____
```

### 步骤 8：配置安全 ACL

安全 ACL 应匹配 192.168.1.0/24 网段与 192.168.2.0/24 网段之间的数据流，请补全下列命令为：

```
[RTA]acl number 3000
[RTA-acl-adv-3000] _____

[RTB]acl number 3000
[RTB-acl-adv-3000] _____
```

### 步骤 9：配置 IPSec 安全提议

要求使用 ESP 安全协议，验证算法为 SHA1，加密算法为 AES，请补全下列命令为：

```
[RTA]ipsectransform-set tran1
```

```
[RTA-ipsec-transform-set-tran1] _____
[RTA-ipsec-transform-set-tran1] _____

[RTB]ipsectransform-set tran1
[RTB-ipsec-transform-set-tran1] _____
[RTB-ipsec-transform-set-tran1] _____
```

### 步骤 10：配置并应用 IPSec 安全策略

在 RTA 和 RTB 上配置 IPSec 安全策略，配置隧道对端的 IP 地址，引用之前步骤所配置的安全 ACL、安全提议和 IKE profile，并将其应用于通往对方的物理接口上，请补全下列命令为：

RTA 采用直接配置的方式配置 IPSec 安全策略：

```
[RTA]ipsec policy policy1 1 isakmp
[RTA-ipsec-policy-isakmp-policy1-1] _____(隧道对端 IP)
[RTA-ipsec-policy-isakmp-policy1-1] _____(引用安全 ACL)
[RTA-ipsec-policy-isakmp-policy1-1] _____(引用安全提议)
[RTA-ipsec-policy-isakmp-policy1-1] _____(引用 IKE profile)
```

在 RTA 上将 IPSec 安全策略应用于通往对方的物理接口上，应使用命令：

_____
_____

RTB 作为响应方，无法获取隧道对端的 IP 地址，需要采用模板方式配置 IPSec 安全策略。

```
[RTB]ipsec policy-template templete1 1
[RTB-ipsec-policy-template-templete1-1] _____(引用安全 ACL)
[RTB-ipsec-policy-template-templete1-1] _____(引用安全提议)
[RTB-ipsec-policy-template-templete1-1] _____(引用 IKE profile)
```

引用安全策略模板创建 ISPec 安全策略：

```
[RTB]_____
```

在 RTB 上将 IPSec 安全策略应用于通往对方的物理接口上，应使用命令：

_____
_____

### 步骤 11：检验配置

在 RTA 和 RTB 上用 display 命令检查 IKE 提议、IPSec 提议以及 IPSec policy 等配置参数，应使用命令：

_____
_____
_____
_____

由这些命令输出可以看到当前配置所设定的 IPSec/IKE 参数。此时野蛮模式应该 _____（已经/没有）启动。

### 步骤 12：检验隧道工作状况

用 ping 命令从 PCA 检测与 PCB 的连通性，可发现除最初一两个 ICMP Echo Request 包

被报告超时外,其他的都成功收到 Echo Reply 包。这是因为

_____

在 RTA 与 RTB 上查看 IPSec/IKE SA 相关信息,命令为:

_____

_____

此时 ISAKMP SA 和 IPSec SA 应该都已经正常生成。观察 IPSec SA 中 IP 地址、SPI 等参数的对应关系。其中可以观察到 RTA 和 RTB 的对应方向的 SPI 值是相同的,采用的验证算法和加密算法也相同。

此时的 ISAKMP SA 是通过 IKE _____(野蛮模式/主模式)协商生成的,这是根据_____命令的输出得知的。

**步骤 13:观察 IPSec 工作过程**

为了解 IKE 和 IPSec 协商和加密操作过程,首先清除 IPSec SA 和 ISAKMP SA,中断 IPSec 隧道,以便重新观察整个过程。此操作应在_____(RTA 或 RTB/RTA 和 RTB)上执行。命令为:

_____

打开 debugging 开关:

```
<RTA>terminal monitor
% Current terminal monitor is on
<RTA>terminal debugging
% Current terminal debugging is on
<RTA>debugging ike packet
<RTA>debugging ipsec packet
```

在 PCA 上 ping PCB,重新触发 IPSec 隧道建立,这样就可以看到 IKE 的交换过程,以及 IPSec 对数据包的加密处理过程。

# 3.5　实验中的命令列表

本实验所使用的命令如实验表 3-4 所示。

实验表 3-4　实验命令列表

| 命　　令 | 描　　述 |
| --- | --- |
| ike identity { address address\| dn \| fqdn [fqdn-name ] \| user-fqdn [ user-fqdn-name ] } | 配置本端身份信息 |
| ike proposal proposal-number | 创建 IKE 安全提议,并进入安全提议视图 |
| encryption-algorithm { 3des-cbc \| aes-cbc-128 \| aes-cbc-192 \| aes-cbc-256 \| des-cbc } | 配置 IKE 安全协议采用的加密算法 |
| authentication-method { dsa-signature \| pre-share \| rsa-signature } | 配置 IKE 安全协议采用的认证方法 |
| authentication-algorithm { md5 \| sha } | 配置 IKE 安全协议采用的认证算法 |
| ike keychain keychain-name | 创建并进入一个 IKE keychain 视图 |

续表

| 命　　令 | 描　　述 |
|---|---|
| pre-shared-key { address address [ mask \| mask-length ] \| hostname host-name } key { cipher cipher-key \| simple simple-key } | 配置预共享密钥 |
| match local address { interface-type interface-number \| address [ vpn-instance vpn-name ] } | (keychain 视图)限制 IKE keychain 的使用范围 |
| ike profile profile-name | 创建 IKE profile,并进入 IKE profile 视图 |
| exchange-mode { aggressive \| main } | 配置 IKE 第一阶段的协商模式 |
| keychain keychain-name | 指定采用预共享密钥认证时使用的 IKE keychain |
| certificate domain domain-name | 指定 IKE 协商采用数字签名认证时使用的 PKI 域 |
| local-identity { address address\| dn \| fqdn[fqdn-name] \| user-fqdn [user-fqdn-name] } | 配置本端身份信息,用于在 IKE 认证协商阶段向对端标识自己的身份 |
| proposal proposal-number | 配置 IKE profile 引用的 IKE 提议 |
| match remote { certificate policy-name \| identity { address address[ mask \| mask-length ] \| range low-address high-address [ vpn-instance vpn-name ] \| fqdnfqdn-name \| user-fqdnuser-fqdn-name } } | 配置一条用于匹配对端身份的规则 |
| match local address { interface-type interface-number \| address [ vpn-instance vpn-name ] } | (ike profile 视图)来限制 IKE profile 的使用范围 |
| displayikeproposa | 显示每个 IKE 提议配置的参数 |
| display ikesa [ verbose [ connection-id connection-id \| remote-address remote-address [ vpn-instance vpn-name ] ] ] | 显示当前 IKE SA 的信息 |
| reset ikesa [ connection-idconnection-id] | 清除 IKE 建立的安全隧道 |
| debugging ike { all \| error \| event \| packet } | 调试 IKE 信息 |
| ipsec transform-set transform-set-name | 创建安全提议,并进入安全提议视图 |
| protocol { ah \| ah-esp \| esp } | 配置安全提议采用的安全协议 |
| esp encryption-algorithm { 3des-cbc \| aes-cbc-128 \| aes-cbc-192 \| aes-cbc-256 \| des-cbc \| null } | 配置 ESP 协议采用的加密算法 |
| espauthentication-algorithm { md5 \| sha1 } | 配置 ESP 协议采用的认证算法 |
| ahauthentication-algorithm { md5 \| sha1 } | 配置 AH 协议采用的认证算法 |
| encapsulation-mode { transport \| tunnel } | 配置安全协议对 IP 报文的封装形式 |
| ipsecpolicy policy-name seq-numberisakmp | 创建一条安全策略,并进入安全策略视图 |
| security aclacl-number | 指定 IPSec 安全策略/IPSec 安全策略模板引用的 ACL |
| transform-set transform-set-name | 指定 IPSec 安全策略/IPSec 安全策略模板/IPSec 安全框架所引用的 IPSec 安全提议 |
| ike-profile profile-name | 指定 IPSec 安全策略/IPSec 安全策略模板引用的 IKE profile |
| local-addressip-address | 配置 IPSec 隧道的本端 IP 地址 |

续表

| 命　　令 | 描　　述 |
|---|---|
| remote-addressip-address | 指定 IPSec 隧道的对端 IP 地址 |
| sa duration｛time-basedseconds｜traffic-basedkilobytes｝ | 配置 IPSec SA 的生存时间 |
| ipsec apply policy policy-name | 应用指定的安全策略组 |
| display ipsec policy［policy-name［seq-number］］ | 显示安全策略的信息 |
| display ipsec transform-set［transform-set-name］ | 显示安全提议的信息 |
| display ipsecsa「brief｜count｜policy policy-name ［seq-number］｜interface interface-type interface-number｜remoteip-address」 | 显示安全联盟的相关信息 |
| display ipsec statistics［tunnel-id tunnel-id］ | 显示 IPSec 处理报文的统计信息 |
| displayipsectunne | 显示 IPSec 隧道的信息 |
| reset ipsecsa［spispi-number｜policy policy-name ［seq-number］｜remote ip-address］ | 清除已经建立的安全联盟 |
| debugging ipsec｛all｜crror｜packet［policy policy-name［seq-number］｜remote ip-address｜spispi-number］｝ | 调试 IPSec 信息 |

# 3.6　思考题

如果在 RTA 和 RTB 上添加下列 IKE 提议配置并在 IKE profile 中引用,则协商出的 ISAKMP SA 将采用的验证算法是什么?

```
[RTA]ike proposal 10
[RTA-ike-proposal-10] encryption-algorithm aes-cbc 128
[RTA-ike-proposal-10] dh group2
[RTA-ike-proposal-10] authentication-algorithm md5
[RTA]ike profile profile1
[RTA-ike-profile-profile1]proposal 10

[RTB]ike proposal 20
[RTB-ike-proposal-20] encryption-algorithm aes-cbc 128
[RTB-ike-proposal-20] dh group2
[RTB-ike-proposal-20] authentication-algorithm md5
[RTB]ike profile profile1
[RTB-ike-profile-profile1]proposal 20
```

**答**:协商出的 ISAKMP SA 将采用的验证算法是 MD5,因为上述 IKE 提议配置将优先于默认 IKE 提议生效,因此默认的 SHA 算法没有被选中。

**实验4**

# 配置IPSec保护传统VPN数据

## 4.1 实验内容与目标

完成本实验,应该能够达到以下目标。

(1) 配置 IPSec 保护 GRE 隧道。

(2) 以 iNode 和路由器配合,用 IPSec 保护 L2TP 隧道。

## 4.2 实验组网图

实验任务 1 组网如实验图 4-1 所示,实验任务 2 组网如实验图 4-2 所示。

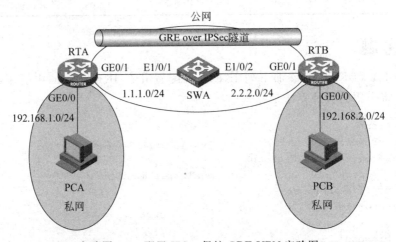

实验图 4-1　配置 IPSec 保护 GRE VPN 实验图

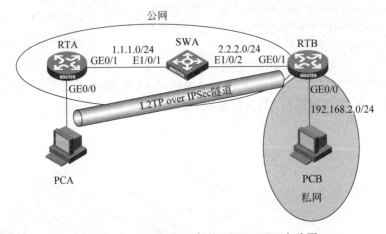

实验图 4-2　配置 IPSec 保护 L2TP VPN 实验图

## 4.3　实验设备和器材

本实验所需的主要设备和器材如实验表 4-1 所示。

实验表 4-1　实验设备和器材

| 名称和型号 | 版　本 | 数量 | 描　　述 |
|---|---|---|---|
| MSR36-20 | CMW 7.1.049-R0106P08 | 2 | |
| S5820V2-54QS-GE | CMW 7.1.045-R2311P03 | 1 | |
| PC | Windows 7 SP1 | 2 | |
| 第 5 类 UTP 以太网连接线 | — | 4 | 其中包括交叉线 2 根 |
| iNode 客户端安装程序 | iNode PC 7.2(E0403) | 1 | |

## 4.4　实验过程

### 实验任务 1　配置 GRE over IPSec

本实验任务要求在 RTA 和 RTB 之间建立 GRE 隧道,并在 RTA 和 RTB 直接建立 IPSec 隧道保护 GRE 隧道。

**步骤 1:搭建实验环境**

连接设备。在 SWA 上配置 VLAN2,将接口 GE1/0/2 加入 VLAN2。

```
[SWA]vlan 2
[SWA-vlan2]port GigabitEthernet 1/0/2
```

根据实验表 4-2 配置各物理接口的地址。其中 PCA、PCB 的默认网关分别配置为 RTA 和 RTB。

实验表 4-2　各设备接口 IP 地址

| 设备 | 接　口 | 地　　址 | 备注 |
|---|---|---|---|
| RTA | GE0/0 | 192.168.1.1/24 | 私网 |
| | GE0/1 | 1.1.1.1/24 | 公网 |
| | Tunnel0 | 192.168.3.1/30 | 私网 |
| RTB | GE0/0 | 192.168.2.1/24 | 私网 |
| | GE0/1 | 2.2.2.1/24 | 公网 |
| | Tunnel0 | 192.168.3.2/30 | 私网 |
| SWA | VLAN1 | 1.1.1.2/24 | 公网 |
| | VLAN2 | 2.2.2.2/24 | 公网 |
| PCA | 以太口 | 192.168.1.2/24 | 私网 |
| PCB | 以太口 | 192.168.2.2/24 | 私网 |

**步骤 2:检测公网连通性**

查看 SWA 的接口状态,确认其工作正常。应使用的命令为:

在 SWA、RTA 和 RTB 上为公网配置 OSPF,保证所有公网接口全部启动 OSPF 并均处于 Area 0 中。命令为：

---

在 RTA 上查看路由表，确认 OSPF 路由已正确学习，命令为：

---

在 RTA 上检测与 RTB 的公网接口的连通性，此时应该可以连通。

至此，实际上以 SWA 模拟的公网已经通信正常。

**步骤 3：配置 GRE 隧道接口**

在 RTA 和 RTB 上建立隧道接口 Tunnel0，为其配置 IP 地址、隧道起点和终点。应使用
的命令为：

---

**步骤 4：配置私网路由**

在 RTA 和 RTB 上为包括 Tunnel 接口在内的私网接口配置 RIPv2。命令为：

---

在 PCA 上检测与 PCB 的连通性，此时应该可以连通：

```
C:\Documents and Settings\User>ping 192.168.2.2
```

```
Pinging 192.168.2.2 with 32 bytes of data:

Reply from 192.168.2.2: bytes=32 time<1ms TTL= 254
Reply from 192.168.2.2: bytes=32 time<1ms TTL= 254
Reply from 192.168.2.2: bytes=32 time<1ms TTL= 254
Reply from 192.168.2.2: bytes=32 time<1ms TTL= 254

Ping statistics for 192.168.2.2:
    Packets: Sent=4, Received=4, Lost=0(0%  loss),
Approximate round trip times in milli-seconds:
    Minimum=0ms, Maximum=0ms, Average=0ms
```

查看 RTA 与 RTB 的路由表,解读路由表,指出其中的公网路由和私网路由。

```
<RTA>display ip routing-table
Routing Tables: Public
          Destinations : 10       Routes : 10

Destination/Mask     Proto     Pre     Cost     NextHop        Interface

1.1.1.0/24           Direct    0       0        1.1.1.1        GE0/1
1.1.1.1/32           Direct    0       0        127.0.0.1      InLoop0
2.2.2.0/24           OSPF      10      2        1.1.1.2        GE0/1
127.0.0.0/8          Direct    0       0        127.0.0.1      InLoop0
127.0.0.1/32         Direct    0       0        127.0.0.1      InLoop0
192.168.1.0/24       Direct    0       0        192.168.1.1    GE0/0
192.168.1.1/32       Direct    0       0        127.0.0.1      InLoop0
192.168.2.0/24       RIP       100     1        192.168.3.2    Tun0
192.168.3.0/30       Direct    0       0        192.168.3.1    Tun0
192.168.3.1/32       Direct    0       0        127.0.0.1      InLoop0
```

### 步骤 5：配置 IPSec 保护 GRE 隧道

配置 IPSec＋IKE 主模式,对 GRE 隧道封装数据进行保护。使用预共享密钥方式,IKE 提议采用 MD5 验证算法和 3des 加密算法。请补全下列命令为:

```
[RTA]acl number 3000
[RTA-acl-adv-3000] rule 0 permit _____
[RTA]ike proposal 1
[RTA-ike-proposal-1]authentication-method _____
[RTA-ike-proposal-1]authentication-algorithm _____
[RTA-ike-proposal-1]encryption-algorithm _____
[RTA-ike-proposal-1]quit
[RTA]ike keychain keychain1
[RTA-ike-keychain-keychain1]pre-shared-key address _____ key simple h3c
[RTA-ike-keychain-keychain1]quit
[RTA]ike profile profile1
[RTA-ike-profile-profile1]local-identity address _____
[RTA-ike-profile-profile1]match remote identity address 2.2.2.1 255.255.255.0
[RTA-ike-profile-profile1]keychain keychain1
[RTA-ike-profile-profile1]proposal 1
[RTA-ike-profile-profile1]quit
[RTA]ipsec transform-set tran1
[RTA-ipsec-proposal-prop1]esp authentication-algorithm sha1
```

```
[RTA-ipsec-proposal-prop1]esp encryption-algorithm aes-cbc-128
[RTA-ipsec-transform-set-tran1]quit
[RTA]ipsec policy policy1 1 isakmp
[RTA-ipsec-policy-isakmp-policy1-1]_____(隧道对端地址)
[RTA-ipsec-policy-isakmp-policy1-1]_____(引用安全 ACL)
[RTA-ipsec-policy-isakmp-policy1-1]_____(引用安全提议)
[RTA-ipsec-policy-isakmp-policy1-1]_____(引用 IKE profile)
[RTA-ipsec-policy-isakmp-policy1-1]quit
[RTA]interfaceGigabitEthernet 0/1
[RTA-GigabitEthernet0/1]_____(应用安全策略)
[RTA-GigabitEthernet0/1]quit


[RTB]acl number 3000
[RTB-acl-adv-3000] rule 0 permit _____
[RTB]ike proposal 1
[RTB-ike-proposal-1]authentication-method _____
[RTB-ike-proposal-1]authentication-algorithm _____
[RTB-ike-proposal-1]encryption-algorithm _____
[RTB-ike-proposal-1]quit
[RTB]ike keychain keychain1
[RTB-ike-keychain-keychain1]pre-shared-key address _____key simple h3c
[RTB-ike-keychain-keychain1]quit
[RTB]ike profile profile1
[RTB-ike-profile-profile1]local-identity address _____
[RTB-ike-profile-profile1]match remote identity address 1.1.1.1 255.255.255.0
[RTB-ike-profile-profile1]keychain keychain1
[RTB-ike-profile-profile1]proposal 1
[RTB-ike-profile-profile1]quit
[RTB]ipsec transform-set tran1
[RTB-ipsec-transform-set-tran1]esp authentication-algorithm _____
[RTB-ipsec-transform-set-tran1]esp encryption-algorithm _____
[RTB-ipsec-transform-set-tran1]quit
[RTB]ipsec policy policy1 1 isakmp
[RTB-ipsec-policy-isakmp-policy1-1]_____(隧道对端地址)
[RTB-ipsec-policy-isakmp-policy1-1]_____(引用安全 ACL)
[RTB-ipsec-policy-isakmp-policy1-1]_____(引用安全提议)
[RTB-ipsec-policy-isakmp-policy1-1]_____(引用 IKE profile)
[RTB-ipsec-policy-isakmp-policy1-1]quit
[RTB]interfaceGigabitEthernet 0/1
[RTB-GigabitEthernet0/1]_____(应用安全策略)
[RTB-GigabitEthernet0/1]quit
```

**注意**：安全 ACL 匹配的是隧道源、目的 IP 地址之间的数据流。

**步骤 6：检验隧道工作状况**

稍候检查 RTA 上的路由表，应该仍然具有来自 RTB 的 RIP 路由。

验证 PCA 与 PCB 之间的连通性，此时应该是可以连通的。

用 ping 命令从 PCA 检测与 PCB 的连通性，可发现成功收到全部 Echo Reply 包。这是因为

_____

_____

在 RTA 与 RTB 上查看 IPSec/IKE SA 相关信息，命令为：

此时 ISAKMP SA 和 IPSec SA 应该都已经正常生成。观察 IPSec SA 中 IP 地址、SPI 等参数的对应关系。其中可以观察到 RTA 和 RTB 的对应方向的 SPI 值是相同的,采用的验证算法和加密算法也相同。

**步骤 7：观察 IPSec 工作过程**

在 RTA 上打开 debugging 开关:

```
<RTA>terminal monitor
% Current terminal monitor is on
<RTA>terminal debugging
% Current terminal debugging is on
<RTA>debug ike packet
<RTA>debug ipsec packet
```

在 RTA 上 ping RTB,同时观察 debugging 信息输出,检验路由器实际收发的报文。可见路由器通过隧道发送了_____ 个包,收到了_____ 个包,这些包的源地址是_____,目的地址是_____,这是由于_____。

# 实验任务 2　配置 L2TP over IPSec

本实验以 iNode 客户端与 RTB 建立 L2TP 隧道,并同时在 iNode 客户端和 RTB 上配置 IPSec 保护 L2TP 隧道。

执行本实验任务前,请清除上一实验任务的所有配置。

**步骤 1：搭建实验环境**

连接设备。在 SWA 上配置 VLAN2,将接口 E1/0/2 加入 VLAN2。

```
[SWA]vlan 2
[SWA-vlan2]port GigabitEthernet 1/0/2
```

根据实验表 4-3 配置各接口的地址。其中 PCA、PCB 的默认网关分别配置为 RTA 和 RTB。

实验表 4-3　各设备接口 IP 地址

| 设备 | 接　　口 | 地　　　址 | 备注 |
|------|----------|------------|------|
| RTA | GE0/0 | 3.3.3.1/24 | 公网 |
| | GE0/1 | 1.1.1.1/24 | 公网 |
| RTB | GE0/0 | 192.168.2.1/24 | 私网 |
| | GE0/1 | 2.2.2.1/24 | 公网 |
| | Virtual-Template1 | 192.168.1.1/24 | 私网 |
| SWA | VLAN1 | 1.1.1.2/24 | 公网 |
| | VLAN2 | 2.2.2.2/24 | 公网 |
| PCA | 以太口 | 3.3.3.2/24 | 公网 |
| PCB | 以太口 | 192.168.2.1/24 | 私网 |

**步骤 2：配置公网路由**

在 RTA、RTB 和 SWA 上配置 OSPF，保证三台设备上所有公网接口都可互通，命令为：

配置完成后，查看 RTA、RTB 和 SWA 的路由表，并使用 ping 命令，确认 3 台设备可以互通。

**步骤 3：配置 LNS**

在 RTB 上进行配置。首先启动 L2TP 功能，命令为：

然后配置 abc.com 域，使用本地验证方式，并配置 IP 地址池 192.168.1.2～192.168.1.100。此域用于提供对 L2TP VPN 用户进行身份验证的参数，此地址池用于对 L2TP VPN 客户端分配 IP 地址，命令为：

随后添加一个本地用户"vpdnuser"，并配置其密码"Hello"，服务类型"ppp"，用于对 L2TP VPN 用户进行身份验证，命令为：

接着配置 L2TP 组 1，指定其接收来自 abc.com 域且名为 LAC 的对端设备发起的控制连接，并配置了相应的隧道本端名称、隧道验证密码等，命令为：

最后还需要配置一个虚模板接口，以便对拨入的 L2TP VPN 用户进行身份验证，为其分配地址并与其进行 IP 通信，命令为：

**步骤4：安装 iNode 客户端**

在 PCA 上安装 iNode 客户端。启动安装程序，跟随安装向导完成安装即可。

**注意**：要使 iNode 客户端支持 L2TP 功能，在安装过程中必须确认安装虚拟网卡(Virtual NIC)。

当使用 iNode 客户端建立 L2TP 连接时，如果系统提示"Windows IPSEC Services(IPSEC Services or IPsec Policy Agent) is running, please stop it and try again."，则说明系统内的 IPSec 服务已经启动，需要关闭。在"控制面板"→"管理工具"→"服务"中找到"IPSEC services"或者"IPSec Policy Agent"服务，将其禁用即可。

**步骤5：在 iNode 客户端上配置 L2TP**

启动 iNode 客户端程序，新建一个 L2TP IPSec VPN 连接，将登录用户名设置为"vpdnuser@abc.com"，登录密码设置为"Hello"，LNS 服务器地址为"2.2.2.1"，隧道名称"LAC"，选择认证模式为"CHAP"，设置为使用隧道验证密码且输入隧道验证密码"aabbcc"。

启动 iNode 客户端程序，在其主界面窗口中选择菜单"文件"→"新建连接"，启动新建连接向导，如实验图 4-3 所示。

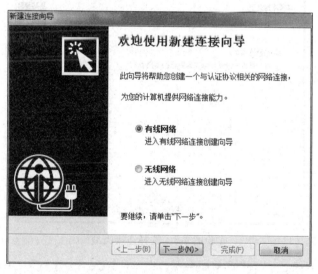

实验图 4-3　进入新建连接向导

单击"下一步"按钮，进入实验图 4-4 所示窗口，选中"L2TP IPsec VPN 协议"。

单击"下一步"按钮，进入实验图 4-5 所示窗口，选中"普通连接"。

单击"下一步"按钮，进入实验图 4-6 所示窗口，在"连接名"处输入一个连接名称，如"我的 VPN 连接"，在"登录用户名"处输入用户名，在"登录密码"处输入密码。

单击"下一步"按钮，进入实验图 4-7 所示窗口，输入"LNS 服务器"地址。

单击"高级"按钮进入实验图 4-8 所示的窗口，进入"L2TP 设置"选项卡，输入"隧道名称"为 LAC，"选择认证模式"为 CHAP，选中"使用隧道验证密码"并输入隧道验证密码 aabbcc。单击"确定"按钮回到实验图 4-7 所示窗口。

单击"下一步"按钮进入实验图 4-9 所示的窗口，单击"创建"按钮，即可创建新建连接。

**步骤6：测试 L2TP 连通性**

从 PCA 上发起 L2TP 连接。此时 L2TP 连接应可以正常工作。

实验图 4-4　选择认证协议

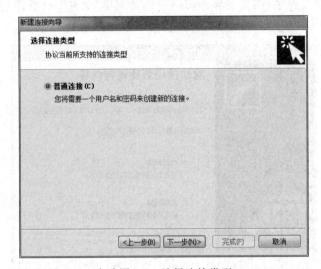

实验图 4-5　选择连接类型

实验图 4-6　设置用户名和密码

实验图 4-7　VPN连接基本设置

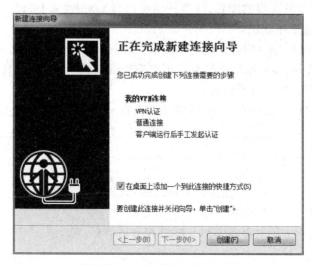

实验图 4-8　VPN连接高级属性

实验图 4-9　完成新建连接向导

确保 L2TP 工作正常后,进入下一个步骤。

**步骤 7:在 LNS 上配置 IPSec/IKE**

在 RTB 上配置 IPSec/IKE 参数:

```
[RTB]ike identity fqdn rtb
[RTB]ike proposal 1
[RTB-ike-proposal-1]encryption-algorithm des-cbc
[RTB-ike-proposal-1]authentication-method pre-share
[RTB-ike-proposal-1]authentication-algorithm sha
[RTB-ike-proposal-1]quit
[RTB]ike keychain keychain1
[RTB-ike-keychain-keychain1]pre-shared-key hostname users key simple h3c
[RTB-ike-keychain-keychain1]quit
[RTB]ike profile profile1
[RTB-ike-profile-profile1]proposal 1
[RTB-ike-profile-profile1]keychain keychain1
[RTB-ike-profile-profile1]exchange-mode aggressive
[RTB-ike-profile-profile1]match remote identity fqdn users
[RTB-ike-profile-profile1]quit
[RTB]ipsec transform-set tran1
[RTB-ipsec-transform-set-tran1]protocol esp
[RTB-ipsec-transform-set-tran1]esp authentication-algorithm md5
[RTB-ipsec-transform-set-tran1]esp encryption-algorithm des-cbc
[RTB-ipsec-transform-set-tran1]quit
[RTB]ipsec policy-template templete1 1
[RTB-ipsec-policy-template-templete1-1]transform-set tran1
[RTB-ipsec-policy-template-templete1-1]ike-profile profile1
[RTB-ipsec-policy-template-templete1-1]quit
[RTB]ipsec policy policy1 1 isakmp template templete1
[RTB]interface GigabitEthernet 0/1
[RTB-GigabitEthernet0/1]ipsec apply policy policy1
[RTB-GigabitEthernet0/1]quit
```

**步骤 8:在 iNode 客户端配置 IPSec/IKE**

在 iNode 客户端上做适当的配置,使客户端可以与 LNS 建立 L2TP over IPSec 隧道。

**步骤 9:检验隧道工作状况**

在 PCA 上用 iNode 客户端发起呼叫,检验是否成功通信。此时应可以正常建立 L2TPover IPSec 隧道,从客户端反馈信息应可以看到呼叫成功,并获得 IP 地址。

在 PCA 用 ipconfig 命令查看连接:

在 PCA 上用 ipconfig 命令查看连接,可见目前有_____个连接,分别是:

_____

_____

_____

其中,_____连接是私网连接,其地址来源于_____。

在 PCA 上检测对 PCB 的连通性,此时应可以连通。

在 RTB 上用 display 命令查看 L2TP 隧道和会话信息,命令为:

_____

可见已建立_____个隧道,其中包含_____个会话。

可见 ISAKMP SA 是通过 IKE _____（主模式/野蛮模式）协商生成的。

# 4.5  实验中的命令列表

本实验所使用的命令如实验表 4-4 所示。

**实验表 4-4  实验命令列表**

| 命　令 | 描　述 |
|---|---|
| **ike identity** ﹛ **address** *address* ︱ **dn** ︱ **fqdn** ［*fqdn-name*］ ︱ **user-fqdn** ［*user-fqdn name*］﹜ | 全局配置本端身份信息 |
| **ike proposal** *proposal-number* | 创建 IKE 安全提议，并进入安全提议视图 |
| **encryption-algorithm** ﹛ **3des-cbc** ︱ **aes-cbc-128** ︱ **aes-cbc-192** ︱ **aes-cbc-256** ︱ **des-cbc**﹜ | 配置 IKE 安全协议采用的加密算法 |
| **authentication-method** ﹛ **dsa-signature** ︱ **pre-share** ︱ **rsa-signature**﹜ | 配置 IKE 安全协议采用的认证方法 |
| **authentication-algorithm** ﹛ **md5** ︱ **sha** ﹜ | 配置 IKE 安全协议采用的认证算法 |
| **ike keychain** *keychain-name* | 创建并进入一个 IKE keychain 视图 |
| **pre-shared-key** ﹛ **address** *address* ［ *mask* ︱ *mask-length*］ ︱ **hostname** *host-name* ﹜ **key** ﹛ **cipher** *cipher-key* ︱ **simple** *simple-key* ﹜ | 配置预共享密钥 |
| **match local address** ﹛ *interface-type interface-number* ︱ *address* ［ **vpn-instance** *vpn-name* ］﹜ | （keychain 视图）限制 IKE keychain 的使用范围 |
| **ike profile** *profile-name* | 创建 IKE profile，并进入 IKE profile 视图 |
| **exchange-mode** ﹛ **aggressive** ︱ **main** ﹜ | 配置 IKE 第一阶段的协商模式 |
| **keychain** *keychain-name* | 指定采用预共享密钥认证时使用的 IKE keychain |
| **certificate domain** *domain-name* | 指定 IKE 协商采用数字签名认证时使用的 PKI 域 |
| **local-identity** ﹛ **address** *address* ︱ **dn** ︱ **fqdn**［*fqdn-name*］ ︱ **user-fqdn** ［ *user-fqdn-name*］ ﹜ | 配置本端身份信息，用于在 IKE 认证协商阶段向对端标识自己的身份 |
| **proposal** *proposal-number* | 配置 IKE profile 引用的 IKE 提议 |
| **match remote**﹛ **certificate** *policy-name* ︱ **identity** ﹛ **address** *address*［*mask* ︱ *mask-length*］ ︱ **range** *low-address high-address*［**vpn-instance** *vpn-name*］ ︱ **fqdn** *fqdn-name* ︱ **user-fqdn** *user-fqdn-name*﹜﹜ | 配置一条用于匹配对端身份的规则 |
| **match local address** ﹛ *interface-type interface-number* ︱ *address* ［ **vpn-instance** *vpn-name* ］﹜ | （ike profile 视图）来限制 IKE profile 的使用范围 |
| **displayikeproposa** | 显示每个 IKE 提议配置的参数 |
| **display ikesa** ［ **verbose** ［ **connection-id** *connection-id* ︱ **remote-address** *remote-address* ［ **vpn-instance** *vpn-name*］］］ | 显示当前 IKE SA 的信息 |
| **reset ikesa** ［ **connection-id** *connection-id* ］ | 清除 IKE 建立的安全隧道 |

续表

| 命　　令 | 描　　述 |
| --- | --- |
| **debugging ike**〔 **all** ∣ **error** ∣ **event** ∣ **packet** 〕 | 调试 IKE 信息 |
| **ipsec transform-set** *transform-set-name* | 创建安全提议,并进入安全提议视图 |
| **protocol**〔 **ah** ∣ **ah-esp** ∣ **esp** 〕 | 配置安全提议采用的安全协议 |
| **esp encryption-algorithm**〔**3des-cbc** ∣ **aes-cbc-128** ∣ **aes-cbc-192** ∣ **aes-cbc-256** ∣ **des-cbc** ∣ **null**〕 | 配置 ESP 协议采用的加密算法 |
| **espauthentication-algorithm**〔 **md5** ∣ **sha1** 〕 | 配置 ESP 协议采用的认证算法 |
| **ahauthentication-algorithm**〔 **md5** ∣ **sha1** 〕 | 配置 AH 协议采用的认证算法 |
| **encapsulation-mode**〔 **transport** ∣ **tunnel** 〕 | 配置安全协议对 IP 报文的封装形式 |
| **ipsecpolicy** *policy-nameseq-number* **isakmp** | 创建一条安全策略,并进入安全策略视图 |
| **security acl** *acl-number* | 指定 IPSec 安全策略/IPSec 安全策略模板引用的 ACL |
| **transform-set** *transform-set-name* | 指定 IPSec 安全策略/IPSec 安全策略模板/IPSec 安全框架所引用的 IPSec 安全提议 |
| **ike-profile** *profile-name* | 指定 IPSec 安全策略/IPSec 安全策略模板引用的 IKE profile |
| **local-address** *ip-address* | 配置 IPSec 隧道的本端 IP 地址 |
| **remote-address** *ip-address* | 指定 IPSec 隧道的对端 IP 地址 |
| **sa duration**〔 **time-based** *seconds* ∣ **traffic-based** *kilobytes*〕 | 配置 IPSec SA 的生存时间 |
| **ipsec apply policy** *policy-name* | 应用指定的安全策略组 |

## 4.6　思考题

在实验任务 1 中,配置 IPSec 后没有用 ping 来触发 IPSec 隧道的建立,为什么隧道会自动建立?

**答**:因为 GRE 隧道中有一些固有流量。例如,定时发送的 RIP 协议包。

# BGP/MPLS VPN基础

## 5.1 实验内容与目标

完成本实验,应该能够达到以下目标。

(1) 深入理解 BGP/MPLS VPN 的实现原理。

(2) 掌握 BGP/MPLS VPN 的配置方法。

(3) 掌握 BGP/MPLS VPN 的基本故障排查手段。

## 5.2 实验组网图

实验组网如实验图 5 1 所示。

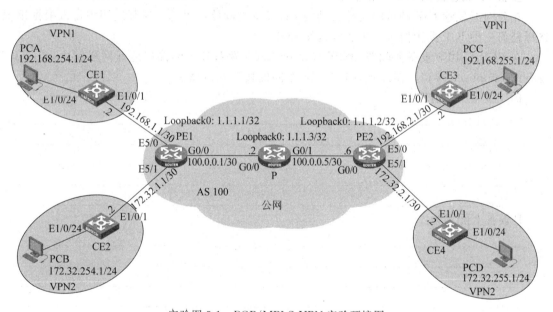

实验图 5-1　BGP/MPLS VPN 实验环境图

## 5.3 实验设备和器材

本实验所需的主要设备和器材如实验表 5-1 所示。PE1、P、PE2 采用 MSR36-20 路由器,CE1、CE2、CE3 和 CE4 采用 S5820v2 交换机,PCA、PCB、PCC 和 PCD 采用四台 PC 来模拟,各台设备之间采用以太网线相连。

实验表 5-1　实验设备和器材

| 名称和型号 | 版本 | 数量 | 描述 |
|---|---|---|---|
| MSR36-20 | CMW 7.1.049-R0106P08 | 3 | |
| S5820v2 | CMW 7.1.045-R2311P03 | 4 | |
| PC | — | 4 | |
| 第 5 类 UTP 以太网连接线 | — | 10 | |

# 5.4　实验过程

## 实验任务　BGP/MPLS VPN 基本配置

实验图 5-1 所示为 BGP/MPLS VPN 应用的一个典型组网,在该 MPLS 网络中承载了两个 VPN——VPN1 和 VPN2。要求 VPN1 的用户即 PCA 与 PCC 之间可以互通,VPN2 的用户即 PCB 与 PCD 之间也可以互通,相反 VPN1 的用户和 VPN2 的用户之间不能互通。

该网络地址规划如实验图 5-1 标注。

**步骤 1:搭建环境,执行基本配置**

按照组网图连接各设备,并完成接口地址配置。

**步骤 2:配置公网 IGP 路由协议**

在公网上配置 IGP 的目的是让公网的 PE 设备之间路由可达。实际应用中可以根据情况选择任何一种 IGP 路由协议。本实验选用 OSPF。

在 PE1、P、PE2 设备上配置 OSPF Router ID,并发布各公网接口地址网段路由,包括 PE 设备的 Loopback 接口。需注意,PE 与 CE 之间的接口网段属于_____(公网/私网)。

PE1 设备上配置为:

_____

_____

_____

_____

_____

P 设备上配置为:

_____

_____

_____

_____

_____

_____

PE2 设备上配置为:

_____

_____

_____

_____

_____

检查各公网设备间 OSPF 邻居状况,在 PE 设备上检查是否学习到对端 PE 的路由,并检查是否可达。

检查 OSPF 邻居状况,确保各路由器之间建立了邻接关系。

检查 PE 和 P 设备路由表,确认 PE 和 P 设备学习到完整的公网路由。

检查 PE 之间的互通性,确保 PE 之间互相可达。

**步骤 3:配置 MPLS 和 MPLS LDP**

该部分配置包括在公网设备的系统和接口模式下使能 MPLS 和 MPLS LDP,目的是在 PE 之间建立起 MPLS LSP,后续作为私网数据的隧道。

在系统视图设置 LSR ID 并使能 MPLS 及 MPLS LDP。

PE1 设备配置:

```
[PE1]_____ (配置 LSR ID)
[PE1]_____ (启动 LDP)
```

P 设备配置:

```
[P]_____ (配置 LSR ID)
[P]_____ (启动 LDP)
```

PE2 设备配置:

```
[PE2]_____ (配置 LSR ID)
[PE2]_____ (启动 LDP)
```

在接口视图使能 MPLS 及 MPLS LDP,需要在 PE 和 P 设备的所有公网接口使能 MPLS 和 MPLS LDP。

PE1 设备配置:

```
[PE1]int g0/0
[PE1-GigabitEthernet0/0]_____ (启动 MPLS)
[PE1-GigabitEthernet0/0]_____ (启动 LDP)
```

P 设备配置:

```
[P]int g0/0
[P-GigabitEthernet0/0]_____ (启动 MPLS)
[P-GigabitEthernet0/0]_____ (启动 LDP)
[P]int g0/1
[P-GigabitEthernet0/1]_____ (启动 MPLS)
[P-GigabitEthernet0/1]_____ (启动 LDP)
```

PE2 设备配置:

```
[PE2]int g0/0
[PE2-GigabitEthernet0/0]_____ (启动 MPLS)
[PE2-GigabitEthernet0/0]_____ (启动 LDP)
```

配置完成后,在 PE 和 P 设备上检查 MPLS LDP 邻居状况,确保 LDP 邻居建立正常。命令为:

_____

检查 PE 之间的 LSP 是否建成,确保 LSP 正常建立。命令为:

_____

**步骤 4：配置 VPN 及其 RD 和 RT**

在 PE1 和 PE2 上都需要创建两个 VPN，即 VPN1 和 VPN2。其中 PE1 上的 VPN1 需要和 PE2 上的 VPN1 互通，于是可以设计 PE1 和 PE2 上的 VPN1 的 RT 参数 Import Target 和 Export Target 值均为 100：1；同时 PE1 上的 VPN2 需要和 PE2 上的 VPN2 互通，于是可以设计 PE1 和 PE2 上的 VPN2 的 RT 参数 Import Target 和 Export Target 值均为 100：2。在这样的设计下，VPN1 和 VPN2 的路由将不能互相学习，也就达到了不能互通的要求。

关于 RD 值的设计，只要同一台 PE 上不同的 VPN 的 RD 值不相同即可。这里为了更加清晰，在 PE1 和 PE2 上 VPN1 的 RD 值均设计为 100：1，而 VPN2 的 RD 值均设计为100：2。

确定 RD 和 RT 的设计后，即可按照下面的方法在 PE1 和 PE2 上分别配置两个 VPN。

PE1 设备配置：

```
[PE1]ipvpn-instance vpn1
[PE1-vpn-instance-vpn1] _____ (配置 RD)
[PE1-vpn-instance-vpn1] _____ (配置 RT)
[PE1]ipvpn-instance vpn2
[PE1-vpn-instance-vpn2] _____ (配置 RD)
[PE1-vpn-instance-vpn2] _____ (配置 RT)
```

PE2 设备配置：

```
[PE2]ipvpn-instance vpn1
[PE2-vpn-instance-vpn1] _____ (配置 RD)
[PE2-vpn-instance-vpn1] _____ (配置 RT)
[PE2]ipvpn-instance vpn2
[PE2-vpn-instance-vpn2] _____ (配置 RD)
[PE2-vpn-instance-vpn2] _____ (配置 RT)
```

**步骤 5：配置私网接口与 VPN 绑定**

将用户接入的接口与对用的 VPN 进行绑定。PE1 上需要将 GigabitEthernet0/1 接口与VPN1 进行绑定，GigabitEthernet0/2 接口与 VPN2 进行绑定。

PE1 设备配置：

```
[PE1]intGigabitEthernet0/1
[PE1-GigabitEthernet0/1] _____
[PE1]intGigabitEthernet0/2
[PE1-GigabitEthernet0/2]_____
```

PE2 设备配置：

```
[PE2]intGigabitEthernet0/1
[PE2-GigabitEthernet0/1]_____
[PE2]intGigabitEthernet0/2
[PE2-GigabitEthernet0/2]_____
```

**步骤 6：配置 PE 与 CE 之间的路由协议**

PE 和 CE 之间的路由协议有多种选择，其中在 PE 设备上需要运行对应路由协议的多实例。本实验采用应用最为广泛的 OSPF 路由协议。

PE1 设备配置：

```
[PE1]ospf 10 _____ (为 VPN1 配置 OSPF)
[PE1-ospf-10]area 0
```

```
[PE1-ospf-10-area-0.0.0.0]network _____
[PE1]ospf 20 _____ (为 VPN2 配置 OSPF)
[PE1-ospf-20]area 0
[PE1-ospf-20-area-0.0.0.0]network _____
```

CE1 设备配置：

```
[CE1]ospf
[CE1-ospf-1]area 0
[CE1-ospf-1-area-0.0.0.0]network _____
[CE1-ospf-1-area-0.0.0.0]network _____
```

CE2 设备配置：

```
[CE2]ospf
[CE2-ospf-1]area 0
[CE2-ospf-1-area-0.0.0.0]network _____
[CE2-ospf-1-area-0.0.0.0]network _____
```

PE2 设备配置：

```
[PE2]ospf 10 _____ (为 VPN1 配置 OSPF)
[PE2-ospf-10]area 0
[PE2-ospf-10-area-0.0.0.0]network _____
[PE2]ospf 20 _____ (为 VPN2 配置 OSPF)
[PE2-ospf-20]area 0
[PE2-ospf-20-area-0.0.0.0]network _____
```

CE3 设备配置：

```
[CE3]ospf
[CE3-ospf-1]area 0
[CE3-ospf-1-area-0.0.0.0]network _____
[CE3-ospf-1-area-0.0.0.0]network _____
```

CE4 设备配置：

```
[CE4]ospf
[CE4-ospf-1]area 0
[CE4-ospf-1-area-0.0.0.0]network _____
[CE4-ospf-1-area-0.0.0.0]network _____
```

检查 PE 和 CE 之间的 OSPF 邻居状况，确保 OSPF 邻接关系全部正确建立。

检查 PE 上各 VPN 的路由表，确保其学习到了本端 CE 设备的私网路由。命令为：

---

**步骤 7：配置 PE 之间 MP-BGP 邻居**

首先在 BGP VPNv4 视图下使能 BGP 邻居。

PE1 设备配置：

```
[PE1]bgp 100
[PE1-bgp]peer 1.1.1.2 as-number 100
[PE1-bgp]peer 1.1.1.2 connect-interface LoopBack 0
[PE1-bgp]_____ (进入 VPNv4 视图)
[PE1-bgpvpnv4]_____ (配置 BGP 邻居)
```

PE2 设备配置：

```
[PE2]bgp 100
[PE2-bgp]peer 1.1.1.1 as-number 100
[PE2-bgp]peer 1.1.1.1 connect-interface LoopBack 0
[PE2-bgp]_____ (进入 VPNv4 视图)
[PE2-bgp-vpnv4]_____ (配置 BGP 邻居)
```

在 PE 上检查 MP-BGP 邻居建立状况，确保邻居关系正确建立。命令为：

_____

**步骤 8：配置本地 VPN 路由与 MP-BGP 之间的路由引入引出**
首先将本地 VPN 的路由引入 MP-BGP，以传递给远端 PE。
PE1 设备配置：

```
[PE1-bgp]ipvpn-instance vpn1
[PE1-bgp-vpn1]_____ (进入 IPv4 单播地址簇)
[PE1-bgp-ipv4-vpn1]_____ (引入 OSPF 路由)
[PE1-bgp-ipv4-vpn1]_____ (引入直连路由)
[PE1-bgp]ipvpn-instance vpn2
[PE1-bgp-vpn2]_____ (进入 IPv4 单播地址簇)
[PE1-bgp-ipv4-vpn2]_____ (引入 OSPF 路由)
[PE1-bgp-ipv4-vpn2]_____ (引入直连路由)
```

PE2 设备配置：

```
[PE2-bgp]ipvpn-instance vpn1
[PE2-bgp-vpn1]_____ (进入 IPv4 单播地址簇)
[PE2-bgp-ipv4-vpn1]_____ (引入 OSPF 路由)
[PE2-bgp-ipv4-vpn1]_____ (引入直连路由)
[PE2-bgp]ipvpn-instance vpn2
[PE2-bgp-vpn2]_____ (进入 IPv4 单播地址簇)
[PE2-bgp-ipv4-vpn2]_____ (引入 OSPF 路由)
[PE2-bgp-ipv4-vpn2]_____ (引入直连路由)
```

将通过 MP-BGP 路由协议从远端 PE 学习到的私网路由引入 PE 和 CE 之间的路由协议，以设法将这部分路由传给对应 VPN 的 CE 设备。
PE1 设备配置：

```
[PE1]ospf 10
[PE1-ospf-10]_____ (引入 BGP 路由)
[PE1]ospf 20
[PE1-ospf-20]_____ (引入 BGP 路由)
```

PE2 设备配置：

```
[PE2]ospf 10
[PE2-ospf-10]_____ (引入 BGP 路由)
[PE2]ospf 20
[PE2-ospf-20]_____ (引入 BGP 路由)
```

检查 PE 设备路由表,确保已学习到远端 VPN 的私网路由。命令为:

检查 CE 设备路由表,确保已学习到远端 VPN 的私网路由。命令为:

用 ping 命令检查用户业务之间的互通性。PCA 访问 PCC,应可以互通;PCA 访问 PCB,应不能互通。

## 5.5　实验中的命令列表

本实验所用的命令如实验表 5-2 所示。

表 5-2　实验命令列表

| 命　　令 | 描　　述 |
| --- | --- |
| **mpls lsr-id** *lsr-id* | 配置本节点的 LSR ID |
| **mpls ldp** | 使能 LDP 能力 |
| **ip vpn-instance** *vpn-instance-name* | 创建 VPN 实例,并进入 VPN 实例视图 |
| **route-distinguisher** *route-distinguisher* | 配置 VPN 实例的 RD |
| **vpn-target** *vpn-target* & ＜ 1-8 ＞ ［ **both** \| **export-extcommunity** \| **import-extcommunity**］ | 将当前 VPN 实例与一个或多个 VPN Target 相关联 |
| **ip binding vpn-instance** *vpn-instance-name* | 将当前接口与 VPN 实例关联 |
| **ospf** ［ *process-id* \| **router-id** *router-id* \| **vpn-instance** *vpn-instance-name*］ | 创建 PE-CE 间的 OSPF 实例 |
| **address-family vpnv4** | 进入 BGP-VPNv4 子地址簇视图 |
| **ip vpn-instance** *vpn-instance-name* | 进入 BGP-VPN 实例视图 |

## 5.6　思考题

为什么配置 PE1 与 PE2 建立 BGP 邻居时一定要配置 connect-interface 为 LoopBack 0?如果不配置,或者配置采用接口地址作为建立 BGP 邻居的地址,那么结果会怎样?

**答**:配置 PE1 和 PE2 建立 BGP 邻居采用 Loopback 0 作为 connect-interface 的原因有两个。

其一,这样能够有效增强 BGP 邻居的健壮性,因为实际网络中 PE1 和 PE2 可能有多条路径可达,如果采用接口地址建立邻居,可能因为该接口的故障导致 BGP 邻居中断,而此时 PE1 和 PE2 还是有其他路径可达的。

其二,因为在 BGP MPLS VPN 的组网中,PE 设备将本地的私网路由传递给对端 PE 时,路由中的下一跳地址就是与对端 PE 建立邻居的地址。这个地址如果不是 Loopback 0,在默认的 MPLS LDP 标签分配方法中,将不会有到这个下一跳地址的隧道,私网数据就无法转发了。

实验6

# 配置流量监管

## 6.1 实验内容与目标

完成本实验,应该能够达到以下目标。

(1) 深入理解流量监管工具的作用。

(2) 配置 CAR 进行流量监管和标记并查看相关信息。

## 6.2 实验组网图

实验组网如实验图 6-1 所示。PCA 和 PCB 为两台主机,通过 RTA 和 RTB 两台路由器相连。路由器之间为 64Kbps 的串行线路,PC 与路由器之间为以太网。网络地址如实验图 6-1 所示。

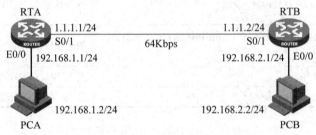

实验图 6-1 配置流量监管实验环境图

## 6.3 实验设备和器材

本实验所需的主要设备和器材如实验表 6-1 所示。

实验表 6-1 实验设备和器材

| 名称和型号 | 版 本 | 数量 | 描述 |
| --- | --- | --- | --- |
| MSR36-20 | CMW7.1.049-R0106 | 2 | |
| PC | Windows 7 | 2 | |
| V.24 DTE 串口线 | — | 1 | |
| V.24 DCE 串口线 | — | 1 | |
| 第 5 类 UTP 以太网连接线 | — | 2 | |

## 6.4 实验过程

### 实验任务 配置入方向的流量监管

在本实验中,PCB 作为一台 FTP 客户端,从作为服务器的 PCA 上进行文件下载。验证

CAR 不但可以对特定的流量进行限速，而且也能对其进行重标记。

**步骤 1：搭建试验环境，进行基本连通性配置**

搭建实验图 6-1 所示的试验环境，RTA 和 RTB 之间用 V.24 电缆连接，在接口上采用 PPP 协议。在 RTA 和 RTB 上分别配置静态路由，在 PCA 和 PCB 上分别配置默认网关 192.168.1.1 和 192.168.2.1，以保证两台 PC 之间互相能够 Ping 通。

**步骤 2：观察不配置 CAR 时的下载速率**

在 PCB 上用 FTP 从 PCA 下载一个较大的文件，观察并记录其耗时和速率。

---

**步骤 3：配置 CAR 限速和标记**

配置 CAR，对 PCA 发送的数据限速 32Kbps，同时对允许通过的报文重标记 IP Precedence 为 5。请补全下列命令为：

```
[RTA]acl number 2000
[RTA-acl-basic-2000]rule _____
[RTA-acl-basic-2000]quit
[RTA]intGigabitEthernet0/0
[RTA-GigabitEthernet0/0]qos car _____
```

**步骤 4：观察配置 CAR 之后的下载速率**

在 PCB 上用 FTP 从 PCA 下载同一个文件，观察并记录其耗时和速率。

---

与上一次记录的数据相比，变化为 _____

用抓包工具（如 Ethereal）抓取 PCA 传送给 PCB 的包，可以看到报文 IP Precedence 值 _____（有/无）变化，值为 _____。

**步骤 5：在设备上查看流量监管的统计信息**

在设备上查看流量监管的统计信息，查看被标记为 Red(红色) 和 Green(绿色) 的报文统计，应使用的命令为：

---

# 6.5　实验中的命令列表

本实验所使用的命令如实验表 6-2 所示。

**实验表 6-2　命令列表**

| 命　　令 | 描　　述 |
|---|---|
| **qos car** 〈 **inbound** │ **outbound** 〉〈 **any** │ **acl** 〔 **ipv6** 〕acl-number │ **carl** carl-index 〉 **cir** committed-information-rate 〔 **cbs** committed-burst-size 〔 **ebs** excess-burst-size 〕〕〔 **pir** peak-information-rate 〕〔 **green** action 〕〔 **red** action 〕 | 端口下启用 CAR，对符合监管条件的报文进行度量和操作 |
| **display qos car interface** 〔 *interface-type interface-number* 〕 | 查看接口下配置 CAR 的统计信息 |

## 6.6　思考题

　　为什么在采用 CAR 之后，FTP 的平均流量并没有达到配置的 32Kbps，而是小于这个值？

　　**答**：这是因为被流量监管所丢弃的报文被上层协议重传了；同时 TCP 自身的窗口机制也适时地调整了发送速率，导致实际的传输速率在 32Kbps 以下进行波动；另外 TCP 的连接确认机制也要消耗一些时间。

# 配置拥塞管理

## 7.1 实验内容与目标

完成本实验，应该能够达到以下目标。

（1）深入理解并掌握 QoSpolicy 的配置方法。

（2）配置 QoSpolicy 实现 CBQ 并查看相关信息。

## 7.2 实验组网图

实验组网如实验图 7-1 所示。由 2 台 MSR3620（RTA、RTB）路由器、2 台电话机、2 台 PC（PCA、PCB）组成，互联方式和 IP 地址分配参见图 7-1。

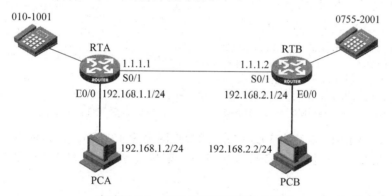

实验图 7-1　配置拥塞管理实验环境图

路由器 RTA 和 RTB 通过低速串口连接，RTA 和 RTB 的语音模块和电话机连接，提供 VoIP 服务。RTA 的 E0/0 端口和 PCA 连接，RTB 的 E0/0 端口和 PCB 连接。PCA 和 PCB 上安装 FTP Server 软件，通过 FTP 协议互相传输大的数据文件。

## 7.3 实验设备和器材

本实验所需的主要设备和器材如实验表 7-1 所示。

实验表 7-1　实验设备和器材

| 名称和型号 | 版　　本 | 数量 | 描　　述 |
| --- | --- | --- | --- |
| MSR3620 | CMW7.1.049-R0106 | 2 | 各带一块 FXS 语音模块 |
| 电话机 | — | 2 | |
| PC | Windows 7 | 2 | 安装 FTP Server 软件 |
| 第 5 类 UTP 以太网连接线 | — | 4 | 其中包括交叉线 2 根 |
| RJ-11 接头电话线 | — | 2 | |

# 7.4　实验过程

本实验要求配置 CBQ 队列,在发生拥塞时,保证对语音业务的加速转发,对数据传输业务确保转发。

**注意**：*请勿带电插拔语音模块,否则极易损坏设备。*

## 实验任务　配置 CBQ

### 步骤 1：连接设备,执行基本配置

首先,依照实验图 7-1 所示搭建实验环境,完成路由器 RTA 与 RTB 的接口 IP 地址的配置,为了使 PCA 和 PCB 可以互相访问。在 RTA 上配置通往 192.168.2.0 网段的静态路由,下一跳为 1.1.1.2,在 RTB 上配置通往 192.168.1.0 网段的静态路由,下一跳为 1.1.1.1。用 LR 将 RTA 和 RTB 之间的串口速率限制在 128Kbps。

```
[RTA]interface Serial 0/1
[RTA-Serial0/1]ip address 1.1.1.1 24
[RTA-Serial0/1]qos lr outbound cir 128
[RTA-Serial0/1]interface Ethernet0/0
[RTA-GigabitEthernet0/0]ip address 192.168.1.1 24
[RTA-GigabitEthernet0/0]ip route-static 192.168.2.0 24 1.1.1.2

[RTB]interface Serial 0/1
[RTB-Serial0/1]ip address 1.1.1.2 24
[RTA-Serial0/1]qos lr outbound cir 128
[RTB-Serial0/1]interface Ethernet0/0
[RTB-GigabitEthernet0/0]ip address 192.168.2.1 24
[RTB-GigabitEthernet0/0]ip route-static 192.168.1.0 24 1.1.1.1
```

配置主机 PCA 的 IP 地址为 192.168.1.2/24,网关为 192.168.1.1,配置主机 PCB 的 IP 地址为 192.168.2.2/24,网关为 192.168.2.1。配置完成后,主机 PCA 和 PCB 之间可以 Ping 通。

### 步骤 2：配置 VoIP

在 RTA 和 RTB 上配置 VoIP,使实验图 7-1 所示的两部电话能用图中号码互相拨通,且采用 G.711a 语音编码。

RTA 设备 VoIP 配置：

```
#配置到 RTB 的语音实体
[RTA] voice-setup
[RTA-voice] dial-program
[RTA-voice-dial] entity 0755 voip
[RTA-voice-dial-entity755] match-template 0755...
[RTA-voice-dial-entity755] address ip 1.1.1.2
[RTA-voice-dial-entity755] quit

#配置本地 FXS 端口 Line 1/0 对应的 POTS 语音实体
[RTA-voice-dial] entity 1001 pots
[RTA-voice-dial-entity1001] match-template 0101001
[RTA-voice-dial-entity1001] line 1/0
[RTA-voice-dial-entity1001] codec g711alaw
```

```
[RTA-voice-dial-entity1001] quit
```

RTB 设备 VoIP 配置：

```
#配置到 RTA 设备的 VoIP 语音实体
[RTB] voice-setup
[RTB-voice] dial-program
[RTB-voice-dial] entity 010 voip
[RTB-voice-dial-entity10] match-template 010...
[RTB-voice-dial-entity10] address ip 1.1.1.1
[RTB-voice-dial-entity10] quit

#配置本地 FXS 端口 Line 1/0 对应 POTS 语音实体
[RTB-voice-dial] entity 2001 pots
[RTB-voice-dial-entity1001] match-template 07552001
[RTB-voice-dial-entity1001] line 1/0
[RTB-voice-dial-entity1001] codec g711alaw
[RTB-voice-dial-entity1001] quit
```

以上 VoIP 配置中使用 G.711a 语音编码，占用 64Kbps 带宽。

配置完成后，用 RTA 设备的电话拨打 07552001，或用 RTB 设备的电话拨打 0101001，通话正常，声音清晰。

**步骤 3：检查拥塞时的语音效果**

PCA 使用 FTP 下载 PCB 上的一个大文件，造成 RTB 设备串口 Serial 0/1 出方向拥塞。此时用 RTB 设备的电话拨打 0101001，连续说话，应该无法保持 VoIP 持续通话清晰。

**步骤 4：配置 CBQ**

配置 CBQ，在路由器串口上为语音数据提供 EF 服务，为文件传输提供 AF 服务。请补全下列命令为：

```
#配置匹配语音流的访问控制列表
[RTB]aclnum 2000
[RTB-acl-basic-2000]rule _____
#配置匹配 FTP 数据流的访问控制列表
[RTB]aclnum 2001
[RTB-acl-basic-2001]rule _____
#配置匹配语音流的类
[RTB]traffic classifier EF-voice
[RTB-classifier-EF-voice]if-match _____
#配置匹配 FTP 数据流的类
[RTB]traffic classifier AF-ftp
[RTB-classifier-AF-ftp]if-match _____
#配置 EF 队列，对语音流分配 64Kbps 带宽
[RTB]traffic behavior EF-voice
[RTB-behavior-EF-voice]queue _____
#配置 AF 队列，对 FTP 数据流保证 50Kbps 带宽
[RTB]traffic behavior AF-ftp
[RTB-behavior-AF-ftp]queue _____
#配置 QoS 策略，把类和流行为绑定
[RTB]qos policy CBQ
[RTB-qospolicy-CBQ]_____ (绑定 EF 类和 EF 行为)
[RTB-qospolicy-CBQ]_____ (绑定 AF 类和 AF 行为)
```

#把 QoS 策略应用到端口
```
[RTB]interface Serial 0/1
[RTB-Serial 0/1]_____
```

**步骤 5：再次检查拥塞时的语音效果**

再次在 PCA 上使用 FTP 协议下载 PCB 上的同一个大文件，造成 RTB 设备串口 Serial 0/1 出方向拥塞。此时用 RTB 设备的电话拨打 0101001，语音效果清晰，PCA 到 PCB 的文件下载正常。

使用 display qos policy interface 命令，查看并解读路由器串口的 CBQ 相关信息。

# 7.5　实验中的命令列表

本实验所使用的命令如实验表 7-2 所示。

实验表 7-2　实验命令列表

| 命　　令 | 描　　述 |
| --- | --- |
| **entity** *entity-number* ⟨ **ivr** ｜ **pots** ｜ **voip**⟩ | 创建语音实体 |
| **match-template** *match-string* | 配置语音实体的号码模板 |
| **line** *line-number* | 将语音实体与指定的语音用户线绑定 |
| **default entity compression** | 配置全局范围内编解码方式的默认值 |
| **acl number** *acl-number*［ **name** *acl-name*］［ **match-order** ⟨ **auto** ｜ **config**⟩ ］ | 创建访问控制列表 |
| **traffic classifier** *tcl-name* ［ **operator** ⟨ **and** ｜ **or** ⟩ ］ | 创建类 |
| **if-match** *match-criteria* | 为类定义规则 |
| **traffic behavior** *behavior-name* | 创建行为 |
| **queue ef bandwidth** ⟨ *bandwidth* ［**cbs** *burst* ］｜ **pct** *percentage* ［ **cbs-ratio** *ratio* ］⟩ | 配置 EF 队列 |
| **queue af bandwidth** ⟨ *bandwidth* ｜ **pct** *percentage* ⟩ | 配置 AF 队列 |
| **qos policy** *policy-name* | 创建策略 |
| **classifier** *tcl-name* **behavior** *behavior-name* | 在策略中把类和行为绑定 |

# 7.6　思考题

（1）如果 PCA 和 PCB 通过 ftp 双向传输大文件，应该如何保证 RTA 和 RTB 之间的通话质量？

答：需要在 RTA 和 RTB 设备的串口都进行拥塞管理配置，保证语音流优先。

（2）除了 CBQ 外，还可以使用哪种队列技术，既可以保证语音流量优先转发，又可以保证其他数据流可以分得合理的带宽？

答：可以通过 RTPQ 队列和其他用户队列技术组合应用实现。